21世纪应用型高等院校示范性实验教材

常熟理工学院教材基金资助出版

基础化学实验

有机化学部分

主　　编　杨高文

参编人员　柴　文　曾小君　杨　捷

　　　　　程洪见　胡丽华

南京大学出版社

图书在版编目（CIP）数据

基础化学实验（有机化学部分）/ 杨高文主编. — 南京：南京大学出版社，2010.12（2024.12 重印）

ISBN 978 - 7 - 305 - 07911 - 5

Ⅰ.①基… Ⅱ.①杨… Ⅲ.①化学实验－高等学校－教材 ②有机化学－化学实验－高等学校－教材 Ⅳ.①O6 - 3

中国版本图书馆 CIP 数据核字（2010）第 239900 号

出版发行　南京大学出版社
社　　址　南京市汉口路 22 号　　　邮　编　210093
书　　名　**基础化学实验（有机化学部分）**
　　　　　JICHU HUAXUE SHIYAN（YOUJI HUAXUE BUFEN）
主　　编　杨高文
责任编辑　蔡文彬　　　　　　　　编辑热线　025 - 83592146
照　　排　南京南琳图文制作有限公司
印　　刷　江苏凤凰数码印务有限公司
开　　本　787×1092　1/16　印张 17.75　字数 443 千
版　　次　2024 年 12 月第 1 版第 7 次印刷
ISBN 978 - 7 - 305 - 07911 - 5
定　　价　49.00 元

网址：http://www.njupco.com
官方微博：http://weibo.com/njupco
官方微信号：njupress
销售咨询热线：（025）83594756

前　言

　　化学本质上是一门实验科学,化学实验是培养学生创新意识和创新能力、引导学生确立正确科学思维和科学方法、提高学生科学素质的重要手段。以实验为手段培养学生的实践能力和创新精神是化学教学最显著的特点。

　　基础化学实验是大学生进入大学后接受系统实验方法和实验技能训练的开端,学生通过实验思想、方法、手段以及综合实验技能训练,学会科学的方法和思维,从而具有自学能力和解决问题的能力。教材是教学环节中重要的一环,是教师实现优秀教学之本。为此,本着深化实验教学改革、突出实验教学特色、着力培育打造精品的原则,我们根据教育部化学专业、应用化学专业、生物学专业和化工、食品、材料类等相关专业实验教学的基本要求与内容,结合高校各类不同专业有机化学实验教学改革的多年实践,在江苏省基础化学实验示范中心建设成果的基础上编写了本教材。本教材力求做到"夯实基础、旨在创新",体现学科发展的新技术与新方法,以满足更多专业高素质创新人才培养的需求。

　　本书采用了新的实验模块体系,按基本操作、基础实验、综合实验、设计和研究与应用型实验模块编排,内容包括有机化学实验基础知识介绍、有机化学实验基本操作技术、基本操作实验、基础型实验——有机化合物的制备、绿色有机合成和天然有机产物的提取与分离实验、提高性与应用型实验以及附录等七个部分。既注重学生实验技能的训练、基本理论的掌握,又注重学生实验能力、分析解决问题能力及创新能力的培养。实验内容由认知层次→应用层次→创新层次,实验类型由基础实验→综合实验→设计研究实验,实验方式由必做实验→开放实验,形成了一个有机完整的实验教学新体系。

　　本书以经典的、有代表性的有机化学反应为主线,按照"科学性、先进性、实用性、趣味性、绿色化"的原则选编了近80个实验项目。考虑到实验单独设课和实验课超前理论课的可能性,教材对知识背景、基本原理的介绍、实验步骤的表述和注释尽量详尽,并列有具有启发性的思考题。在有机化合物的制备章节中介绍了各类有机物的一般制备方法与合成路线,有利于学生掌握不同类型有机物制备的区别与联系。

尽管基础化学实验在低年级开设,学生的知识基础和学习能力还比较薄弱,但我们仍然重视教学内容适当反映科学研究的新成果、新方法和新技术。如微波法制备二苯醚、在离子液体中合成查尔酮、微波辐射下阳离子交换树脂催化合成 1-萘乙酸甲酯、相转移催化法制备二茂铁、5-氨基四唑-1-乙酸及 Cu(Ⅱ)配合物合成与表征等实验内容都是根据近年来研究的新成果、新方法和新技术编著而成的,能使学生早日了解和接触一些新的研究领域、新的实验方法、新的实验手段及实验仪器,拓宽学生的知识面。

本书由常熟理工学院化学与材料工程学院杨高文、柴文、曾小君、杨捷、程洪见老师以及苏州大学材料与化学化工学部胡丽华老师合作编写。杨高文教授定稿主编。袁荣鑫、李巧云、徐肖邢等几位教授对此书的编写一直非常关心,提出了很多宝贵的纲领性、建设性意见。本书的编写过程中得到了常熟理工学院教务处、化学与材料工程学院和江苏省化学基础实验示范中心的支持、指导和关心,在此表示衷心的感谢。本书的编写参考了兄弟院校已出版的教材,谨表谢意。

本教材选编的实验,充分考虑了不同层次和不同专业的教学需要。可以根据不同的教学对象选择不同的教学内容,作为高等学校化学、应用化学、化工类、材料类、生物食品类、农学、医学、药学、环境类等专业有机化学实验的教材或教学参考书。

限于编者水平,书中疏漏、错误之处在所难免,敬请有关专家和广大师生指正。

编　者

2010 年 10 月

目　　录

第一章　有机化学实验基础知识介绍

§1.1　有机化学实验课程介绍

1.1.1　有机化学实验课程的性质和地位

在传统的课程结构体系中,有机化学实验归属于二级学科——有机化学。而随着化学学科的深入发展,在学科继续分化的同时,又出现了学科之间和学科之内的综合趋势。现代化学发展中"理论化学"和"实验化学"的特征已经十分明显。从现代化学发展的特征和趋势审视传统的化学实验课,有机化学实验不应再从属于二级学科有机化学,而应该是一级化学学科基础上的化学实验课程体系的一个构成要素。如果对有机化学实验课进行重新定义,有机化学实验课应该是一门以有机物和有机化学反应为实验对象,应用实验技术理论和方法解决和分析化学实际问题的化学实验课。从二级学科的角度分析,有机化学实验是学习有机化学的另一种途径和方法;从一级学科角度分析,有机化学实验是基础化学实验的一个部分。其教学应以理论有机化学为基础,以有机物和有机化学反应为实验对象,以掌握和学习实验技术理论和方法并以此为指导解决化学实际问题为教学目的。因此,有机化学实验是基础化学实验教学的组成部分,它既不隶属于理论有机化学课,也不能为理论有机化学课所替代,与理论有机化学课是平等相对、相辅相成的关系。

1.1.2　有机化学实验课程的教学目的和任务

有机化学实验的教学目的是依据不同专业人才的培养要求,使学生具备必要的解决有机化学实际问题的基本技能和素质,为专业课和专业技能的继续学习和深造奠定基础。因此,有机化学实验的主要教学任务是:① 使学生掌握必要的解决有机化学问题的基本技术理论、技术方法和实验技能;② 通过有机化学实验课程的学习,巩固和促进理论有机化学的学习;③ 养成良好的科学实验习惯,锻炼和培养学生的科学素质和能力。

1.1.3　有机化学实验课程的特点

有机化学实验中所学习的实验技术理论和知识,仅仅是基础化学实验技术理论和方法在有机化学分支学科中的具体应用。由于其使用的对象主要是有机化合物,所以又使有机化学实验具有和其他化学实验明显不同的特点。

1. 有机化学制备实验的特点

有机化学实验研究的对象主要是有机化合物。有机化合物的性质与无机化合物和高分子化合物不同,有机化合物的反应也与无机化合物的反应特点迥然不同,如反应时间长、副产物多、产率低、反应条件要求严格等,这些特点也就是有机化学制备实验的特点。

2. 有机化合物分离纯化和结构鉴定实验的特点

尽管有机物的构成元素种类很少，但由于同分异构现象和同系物的存在，使得有机物的结构十分复杂和多样。物质之间的分离纯化和鉴别主要根据组分之间的结构和性质上的差异。同系物和同分异构体之间，由于结构的相似性和相近性，其理化性质差异很小。因此这样的有机物之间的分离纯化和结构鉴别十分复杂和困难，常常成为实验成败的关键。

通常情况下，对于结构和性质上差别较大的有机物的分离纯化，可以考虑采用蒸馏、萃取、升华、重结晶、过滤等经典实验技术。对于结构性质相近、很难用经典技术分离的有机物，则要依靠色谱和电泳等近代化学技术才能达到较好的分离纯化效果。而且大多数情况下只采用一种方法很难达到满意的分离纯化效果，还需要综合运用这些实验技术。

鉴于有机物结构层次的多样性，以及结构间的相似性和复杂性，有机物的结构鉴定和鉴别也十分困难和复杂。不但要依据元素分析、物理常数测定和化学性质鉴别，还要综合运用色谱分析、质谱分析和光学分析等多种近现代技术，才能最终得到比较确切的实验结论。对于蛋白质、核酸、多糖等生物大分子以及超分子有机化合物，其结构层次更加多样和复杂，而且其结构与功能密切相关。因此，这些物质的结构分析更具挑战性，在医学和生物学领域更加重要。

可见，各种分离纯化技术和结构鉴定技术在有机化学实验中都有十分广泛和深入的具体应用，是有机化学实验中十分重要的教学内容。

3. 有机化学实验环境和实验条件的特点

有机化学反应存在着速度缓慢、历程复杂、副产物多等特点，大多数有机物又具有沸点低、易挥发、易燃易爆等特性，有机物的化学性质也易受光、热、磁、空气、微生物等外界因素的影响而发生变化。因此，有机化学实验的环境和条件常需要进行严格的操控，才能保证实验的正常进行。与无机化学实验相比，其明显特点是：① 实验条件和环境的控制要求更加严格，否则很容易导致实验的失败；② 出于对实验的各种控制，实验反应的装置更加复杂；③ 用到的实验设备和仪器更多；④ 要随时注意实验安全和环保问题。

1.1.4　有机化学实验课程的主要内容

1. 有机物的获取和创造

有机化学实验以有机物为主要研究对象，有机化合物也是有机化学实验的物质基础。有机化合物的获取是有机化学实验的主要内容之一。有机物的获取有两个主要途径：一是从自然界中的有机材料中分离得到；二是通过化学技术合成创造。生物合成具有一定的定向性和方向性，但生物体内的化学反应十分复杂和微妙，很难人为控制。因此，生物技术的人为控制和化学合成技术的发展是有机化学学科的一个重要方向和标志。

2. 有机物的性质和有机化学反应

要研究有机化合物，就必须掌握其性质和化学反应规律。有机物的性质常因其特征结构的不同而不同，也会因为结构特点的多样性共存而存在多种化学特性。因此正确理解和掌握化合物的结构及其性质是研究有机化合物所必须具备的前提。这些内容常常是理论有机化学的主要内容。离开有机化学理论教学的基础内容，有机化学实验也是不可想象的。对这些性质的发现和掌握也只有通过实验才能得以实现和确认。因而研究和控制有机化合物的性质和化学反应是有机化学实验的重要内容之一。

有机物性质和化学反应的主要特点是：① 有机化合物的极性整体上都小于无机物,有机物之间很小的极性差异常常会引起其性质和行为上的较大变化,因此,有机物的性质与选择的溶剂体系有着十分密切的关系;② 有机物的性质多样,化学反应常多方向共存,常常因反应环境和条件的不同而不同,因此化学反应的产物常为混合物,合成产率一般较低;③ 有机化学反应大多数速度缓慢,一般需要较长的反应时间;④ 大多数有机化合物易燃、易爆、易挥发,因此其实验安全问题尤为重要。

3. 有机物的分离和纯化

化学合成或从天然材料提取的有机物,都是有机物的混合体,因此有机化学实验中经常需要使用各种分离纯化技术对有机物进行分离纯化,因而分离纯化也就成为有机化学实验中的一项重要内容。分离纯化的理论和实验技术在有机化学实验中占有相当重要的地位,应重点掌握和学习。

有机物的分离具有非常明显的特点：① 大量的有机物存在异构体和同系物的问题,异构体和同系物之间的性质差别并不显著,因此对其进行分离和纯化十分关键和困难,常常要求特别精细;② 有机物的稳定性一般比较差,因此在分离纯化过程中很容易被破坏,分离纯化条件的选择和控制相当重要;③ 任何分离纯化技术都是利用组分之间的差异,所以有机物之间的任何结构和性质上的差异都可以作为分离的依据。因此,分离纯化技术不仅涉及化学技术,还与物理、机械、数学、电子、生物等其他学科的技术密切相关,尤其是近现代的色谱分离纯化技术。

常用的有机物分离纯化技术主要有以下几类：① 用于分离纯化固体或固-液有机混合物的重结晶和过滤技术、膜分离技术、升华技术、沉淀和离心技术等;② 用于液体有机物分离纯化的蒸馏技术、萃取技术等;③ 用于精细分离纯化的色谱和电泳技术。

有关分离纯化技术的详细内容可参见有关化学实验技术教程。

4. 有机物的结构分析和结构确证

有机物结构的复杂多变和结构层次的多样性,正是有机物化学组成简单而其性质和生物学功能多样性的根本原因。有机物的结构变化异常丰富,尤其是其空间结构的变化更是丰富多彩。结构是化学性质的决定性因素,不同的结构,常常有着不同的性质和生物功能,而相似的结构具有相近的性质。因此,研究有机化合物的结构显得十分重要而又富有挑战性。有机化合物的结构分析和确证是有机化学实验的另一个重要任务和内容。由于具有相同的官能团和类似结构的化合物,具有极为相近的性质和外部特征,因此区分结构相近的有机物系会比较困难。

有机物的结构研究主要有两个方面：一方面是理论上的结构分析,即运用结构化学的研究理论和方法,如原子轨道理论、电子轨道理论、分子轨道理论、电子效应、空间效应、立体化学等,阐述有机物的结构特征和本质;另一方面是从实验角度鉴定和表征有机物的结构,以确证有机物。有机物的结构千差万别,尤其是有机物的立体结构和空间构象更加多变和复杂,因此,有机物的结构表征和确证十分繁杂和艰难,常常要借助于化学和非化学的手段和技术进行综合分析和推断,尤其要依靠紫外光谱、红外光谱、拉曼光谱、核磁共振谱、X 射线衍射法、旋光法、圆二色谱法等各种光学分析法和质谱等现代分析技术。关于有机物的结构鉴定与表征技术的详细内容见有关化学实验技术教程。

5. 有机物的开发和利用

研究有机物的最终目的是为人类的发展和进步做出贡献,为人类认识世界和改造世界做出贡献。因此,有机物的开发和利用是有机化学实验的一个主要目的和任务。如对生命物质的研究可以揭示生命的本质,从而为人类和生物体的发展提供技术支持和可靠保障。有机化合物的获取和创造可以为人类的生存提供大量的物质基础和条件,满足人类生存和发展的需要。

§1.2 有机化学实验室规则与安全知识

1.2.1 有机化学实验室规则

安全实验是实验的基本要求。在实验前,学生必须学习有机化学实验的一般知识及危险化学药品的使用与保存,了解实验室的安全及一些常用仪器设备,在进行每个实验以前还必须认真预习有关实验内容,明确实验的目的和要求,了解实验的基本原理、内容和方法,写好实验预习报告,知道所用药品和试剂的毒性和其他性质,牢记操作中的注意事项,安排好当天的实验。

在实验过程中应养成细心观察和及时记录的良好习惯,凡实验所用物料的质量、体积以及观察到的现象和温度等所有数据,都应立即如实地填写在记录本中。记录本应顺序编号,不得撕页缺号。实验完成后,应计算产率,然后将记录本和盛有产物、贴好标签的样品瓶交给教师核查。

实验台面应该保持清洁和干燥,不是立即要用的仪器,应保存在实验柜内,需要放在台面上待用的仪器,也应放得整齐有序,使用过的仪器应及时洗净。所有废弃的固体和滤纸等应丢入废物缸内,绝不能丢入水槽或下水道,以免堵塞。有异臭或有毒物质的操作必须在通风橱内进行。

为保证实验课顺利进行,使学生养成良好的实验室工作作风,要求学生遵守以下有机化学实验室规则。

实验室规则

(1) 在实验室内戴好防护眼镜,备齐实验记录本及与实验有关的其他用品。

(2) 课前必须认真预习,写好预习笔记,参照预习笔记进行实验操作。教师认真检查每个学生的预习情况。

(3) 在实验过程中及时、认真记录,实验结束后要经教师审阅、签字。

(4) 遵从教师的指导,注意安全,严格按照操作规程和实验步骤进行实验。发生意外事故时,要镇静,及时采取应急措施,并立即报告指导教师。

(5) 爱护仪器,节约药品,取完药品要盖好瓶盖。仪器损坏应及时报损。实验中发生错误,必须报告教师,作出恰当处理。

(6) 遵守课堂纪律,不得旷课、迟到。实验室内要保持安静,不许喧哗、不许擅自离开岗位。

（7）保持实验室整洁。实验自始至终需保持桌面、地面、水池清洁,书包、衣物及与实验无关物品应放在指定地点。公用仪器、药品、试剂用完要放回原处。

（8）不得将实验所用仪器、药品随意带出实验室。

（9）废弃有机溶剂、废液及废渣不许倒进水池,必须倒在指定的废液缸中。

（10）实验完毕,值日生要做好清洁卫生工作,检查实验室安全,关好水、电、煤气及门窗。

1.2.2 实验室安全知识

掌握实验室安全知识对于每个实验工作者是非常重要的,因为很多有机化合物具有易燃、易爆和毒性等特性。与其他化学实验相比,有机化学实验存在更多的潜在危险。只有提高安全意识,加强防护措施,才能避免危险,防止发生事故。

1. 保护眼睛和其他个人安全防护

在实验室中要戴上安全防护眼镜,因为实验过程中可能由于小小的疏忽而发生爆炸,反应过猛引起暴沸或因清洗不慎仪器炸裂,这些都有可能使玻璃碎片、化学药品溅入眼睛。因此戴上防护眼镜是保护眼睛的最方便、最有效的措施。

注意! 如有玻璃碎片进入眼睛,切勿用手搓揉,应用镊子小心取出或用水洗出。最好立即去医院治疗处理。

实验时不应穿过于肥大的衣服,必须穿实验服做实验,预先要把长头发扎起来。在实验室中不许穿露脚趾及脚面的鞋子。

实验室中不得存放食物和饮料,严禁在实验室内饮食。

2. 防火

有机化学实验常常需要使用大量有机溶剂,绝大多数有机溶剂(如乙醚、己烷、石油醚、四氢呋喃、甲醇、苯、丙酮等)都是易挥发、易燃的液体。乙醚、戊烷和己烷等尤其危险,它们与适量空气混合时遇明火会发生爆炸。但有些实验操作需要使用明火,如水溶液加热。而绝大多数有机溶剂的着火点都比水的沸点(100℃)低。因此切不可利用明火加热有机溶剂。

必须牢牢记住"点明火必须远离有机溶剂,操作易燃溶剂必须远离火源"的基本原则。要提高警惕! 当实验使用明火时,要仔细察看周围是否有易燃溶剂;倾倒和存放有机溶剂时,务必远离火源。不要将大量易燃溶剂存放在实验室内,应当储存在危险品仓库中。废弃有机溶剂不可倒在水池和下水道中,以免引起下水道起火。严禁在有机化学实验室内吸烟。

每个在实验室实验和工作的人员都要清楚所在实验室中灭火器、沙箱及灭火毯等灭火器材的放置地点,并了解其使用方法。如果发生失火,切勿惊慌。若是烧瓶上的小火,通常只需用一块石棉网或玻璃片盖住瓶口,即可迅速熄灭。若是火势较大,首先应立即切断实验室电源,使用灭火器(二氧化碳灭火器、泡沫灭火器、四氯化碳灭火器)、黄沙等将火熄灭。油浴及有机溶剂着火,切忌用水灭火,这反而会引起火势蔓延。若衣服着火,切勿在实验室内奔跑,加剧火焰燃烧,以致将火种引至他处,应该用防火毯包裹熄灭。如果火焰较大,应躺在地上(以防烧向头部),裹紧防火毯至其熄灭,也可在地上滚灭,或打开近处自来水冲淋熄灭。

若有轻度烧伤或烫伤者,可涂抹烫伤软膏。伤势严重者应立即送往医院急救。

注:常见灭火器的简介和使用方法

四氯化碳灭火器:用以扑灭电器内或电器附近之火,但不能在太狭小和通风不良的实验室中使用,因为四氯化碳在高温时生成剧毒的光气。此外,四氯化碳和金属钠接触也会发生爆炸。

二氧化碳灭火器:是有机化学实验室中最常用的一种灭火器,在其钢筒内装有压缩的液态二氧化碳,使用时打开开关,二氧化碳气体立即喷出,常用以扑灭有机物及电器设备着火。使用时应注意:一手提起灭火器,一手握住喷出二氧化碳喇叭筒的把手。因喷出二氧化碳,瓶内气压骤然降低,温度也骤然下降,手若直接握在喇叭筒上易被冻伤。

泡沫灭火器:内部分别装有含发泡剂的碳酸氢钠溶液和硫酸铝溶液,使用时将筒身颠倒,两种溶液立即反应生成硫酸氢钠、氢氧化铝及大量二氧化碳。灭火器筒内压力突然增大,大量二氧化碳泡沫喷出。除非大火,通常不必使用泡沫灭火器。

无论何种灭火器,皆应从火的四周开始向中心扑灭。

3. 防爆炸

有机化学实验使用的试剂、药品品种繁多,实验操作手段变化多样,实验中难免会遇到易燃易爆试剂、药品和具有潜在爆炸危险的操作。所以防爆是另一项重要安全防护措施。

当空气中混杂的易燃有机溶剂蒸气和易燃、易爆气体的含量达到一定极限时,遇明火即可发生燃烧爆炸。

使用这些易燃溶剂和气体时,在实验前要严格检查装置是否有漏气情况,使用氢气、乙炔气等,要注意保持室内空气流通,严禁明火,并防止产生火星,如敲击、鞋钉摩擦、马达炭刷或电器开关等都可能产生火花。煤气开关应经常检查,保持完好,发现漏气立即熄灭附近火源,打开窗户,用肥皂水查出漏气地方,立即抢修。

某些有机反应中,使用氯酸钾、过氧化物、浓硝酸等强氧化剂,反应很剧烈,操作不慎就会发生爆炸或燃烧。因此使用过氧化物时应注意切勿与还原性物质接触,如过氧化苯甲酰不要与衣服、纸张、木材接触,否则也会引起着火爆炸;氢化铝锂和金属钠(钾)遇水发生猛烈燃烧爆炸,使用时要注意防水;有些有机反应会生成具有爆炸性的化合物,如实验得到的重氮盐、乙炔酮、乙炔银等放干后易爆炸,叠氮化合物、硝酸酯、多硝基化合物等都是可爆物质,在实验中使用和操作这些化合物时要小心,严格遵守操作规程;乙醚及共轭多烯长期储存,会生成过氧化物,使用前必须检查有无过氧化物,若有,须经除去方可使用。切勿将任何倒出的试剂药品再倒回原储瓶中,谨防不慎,错将其他异物引入瓶内,发生化学反应,造成爆炸事故。

严格按操作规程进行实验。常压蒸馏或回流操作要加沸石,以防液体局部过热,暴沸冲出。在反应时切勿将仪器安装成封闭体系,全套仪器装置必须有一出口通向大气,否则会因加热体系内压增大引起爆炸。减压蒸馏时,预先要仔细检查仪器,绝不可使用残损仪器,蒸馏瓶及接受瓶应该选用圆底烧瓶,不能使用锥形瓶或平底瓶,否则会因瓶底受压不均发生爆炸。加压操作(如高压釜、封管实验等),应时刻注意系统内压力是否超过安全负荷。

在实验操作中必须小心谨慎,注意安全防护。开始实验前首先应该仔细检查仪器是否完整无损,安装是否正确;操作时要精神集中,时刻注意反应情况是否正常;使用易燃、易爆药品或进行潜在有爆炸危险的操作和反应时,务必注意防护,采取适当的防爆措施,如注意戴好防护眼镜、防护面罩,用防护屏遮挡,或在通风橱内安装仪器进行操作。

4. 预防中毒

有机化学实验经常接触的无机和有机化学药品中有个别是剧毒的,使用时务必小心谨慎。另外,有些药品有腐蚀性和刺激性,有些长期或大量接触会引起慢性或急性中毒,使用时也要小心。因此,事先了解实验中使用的每种化学药品的毒性,提高警惕,加强防护十分重要。

有毒气体:氟、氯、溴(蒸气)、氢氰酸、氟化氢、溴化氢、氯化氢、二氧化硫、硫化氢、光气、二氧化氮、氨气、一氧化碳等都是窒息性或刺激性气体,要特别指出,氢氰酸、光气、氟等是剧毒的,如氢氰酸在空气中的含量达 3/10 000 时,便可在数分钟内致人死亡。使用毒性气体必须在通风橱内进行,并注意安装气体吸收装置,防止气体逸至室内。若有气体大量泄漏,要立即关闭气源,打开门窗,停火、停电、停止实验,迅速离开现场。如有中毒,要立即抬至空气流通的地方,保持静卧,必要时做人工呼吸或给氧急救,并尽快请医生治疗。

强酸和强碱:硫酸、盐酸、硝酸、氢氧化钠、氢氧化钾均刺激皮肤,有腐蚀作用,会造成化学烧伤,强酸的烟雾会刺激呼吸道。打碎碱块时要戴防护眼镜,稀释硫酸时必须在搅拌下将硫酸慢慢倒入水中,切忌将水倒入硫酸中。如溅入眼睛或损伤皮肤,都要先用大量水冲洗。如果被酸损伤,立即用 3%～5% 碳酸氢钠溶液冲洗后再用水洗;如果被碱损伤,立即用 1%～2% 硼酸溶液冲洗后再用水洗。当腐蚀性毒物进入口中,若是强酸且已吞下,应先大量饮水后服用氢氧化铝软膏和鸡蛋白;若是强碱,也应先大量饮水后服用醋或酸果汁、鸡蛋白。无论酸、碱中毒皆可灌注牛奶,采取必要措施后,要立即把病人送入医院。

剧毒试剂:氰化物(如氰化钠、氰化钾)、氯化汞、硫酸二甲酯等都为剧毒药品。氰化物与酸作用或在空气中遇潮产生氰氢酸,沾及伤口或内服极小量均可迅速致死。硫酸二甲酯是剧毒的油状液体,腐蚀刺激皮肤、粘膜和呼吸系统,损坏心、肝、肺、肾等内脏功能,影响神经和血液循环系统。其蒸气在空气中含量达 1% 时,如果吸入体内便有致命危险。剧毒药品必须由专人负责,妥善保管,实验者必须做好安全防护,遵守操作规程:事先应戴好橡皮手套,切忌让剧毒药品接触皮肤、五官及伤口;操作时注意不让剧毒物质掉在桌面上(最好在大搪瓷盘中操作);操作完毕立即洗手;实验后,残渣和废液注意妥善处理,绝不可随意倒入下水道,造成环境污染。

有机溶剂:这是有机化学实验中大量使用的化学试剂,除去易燃性外,它们的第二种危害是毒性。许多含氯有机溶剂吸入体内不易排出,发生累积中毒引起肝硬化,过多接触苯也会发生累积中毒从而导致白血病。氯仿和乙醚是麻醉剂,当过量吸入会昏睡不醒、恶心、呕吐。甲醇对视神经特别有害。使用有机溶剂,特别是对易挥发的溶剂应在通风橱内操作。需要检查某种试剂的气味时,切忌用鼻子凑近容器口深深地吸气,正确方法是将盛着该物质的容器握在离鼻子较远的距离,用手煽动,让蒸气飘过来,嗅到气味即可;另一种方法是用一个被该物质湿润的塞子,置鼻子下边晃动,轻轻吸气,嗅其气味。

致癌物质:致癌物分以下几类化合物:① 某些烷基化剂,如硫酸二甲酯、对甲苯磺酸甲酯、亚硝基二甲胺、偶氮乙烷及一些丙烯酯类等,长期摄入体内有致癌作用;② 某些芳香胺,其中有2-乙酰氨基芴、4-乙酰氨基联苯、2-乙酰氨基苯酚、α-萘胺、β-萘胺、2,4-二甲氨基偶氮苯等,这些化合物在肝脏中经代谢后有致癌作用;③ 稠环芳烃类化合物,如3,4-苯并蒽、1,2,5,6-二苯并蒽和9,10-二甲基-1,2-苯并蒽都是致癌物质,尤其是后者为强致癌物;④ N-亚硝基化合物,如N-甲基-N-亚硝基苯胺、N-甲基-N-亚硝基脲、N-亚硝基二甲胺、N-亚硝基氢化吡啶;⑤ 石棉粉尘。这些物质长期摄入体内有致癌作用,应予以注意。

其他有毒物质有以下几种:

汞:在室温下易挥发,汞蒸气极毒,可导致急性或慢性中毒。使用时要注意通风,存放或使用时常在其表面覆盖一层水或甘油。若洒在地上,要尽快用滴管或水泵将汞珠吸起,尽量收集完全,无法收集的细粒再洒上硫磺粉或三氯化铁溶液予以清除。

溴:为易挥发液体。能烧伤皮肤,蒸气刺激粘膜,进入眼睛可烧伤而失明。存放和使用时常在其表面覆盖一层水,防止挥发。如触及皮肤要立即用大量水冲洗,再用乙醇洗或用甘油按摩,最后涂以硼酸凡士林。若不慎撞翻,应立即泼洒碱液,再盖上沙子。

黄磷:也是极毒物质,切不可直接用手拿,否则触及皮肤会引起持久性烧伤。

苯胺及其衍生物:长期大面积接触均会导致慢性中毒,从而造成贫血。

硝基苯及其他芳香硝基化合物:中毒后引起顽固性贫血及黄疸病,刺激皮肤会引起湿疹。

苯酚:烧伤皮肤,引起皮肤坏死或皮炎,沾染后应立即用温水及稀乙醇清洗。

生物碱:绝大多数具有强烈毒性,皮肤也可吸收,少量服入体内可导致中毒甚至死亡。

5. 割伤救护

若因玻璃割伤,先取出伤口中的碎玻璃或固体,再用蒸馏水冲洗,涂上红药水,用纱布、棉花包扎或敷上创可贴药膏。大伤口应先扎紧主血管,防止大量出血,急送医院救治。

6. 实验室应备的急救箱

碘酒,红汞,紫药水,甘油,凡士林,烫伤油膏(如金万红烫伤软膏等),70%医用酒精。3%双氧水,1%醋酸溶液,1%硼酸溶液及1%碳酸氢钠溶液。绷带,纱布,药棉,棉签,橡皮膏,镊子,医用剪刀等。

§1.3　有机化学实验的预习、记录和实验报告的基本要求

1.3.1　实验前务必做好预习

课前预先对实验原理、操作、安全事项等基本内容有所了解,才能做到心明眼亮,获得较好的实验结果。有机化学实验操作如同厨师烧菜烹饪,一个优秀厨师在烹饪时绝对不是一行行地照菜谱照方抓药,而是胸有成竹,充分准备,合理安排,做起事来得心应手。

因为有机化学实验经常使用有毒、易燃或易爆的药品试剂,如果操作不慎容易发生危险。对该做的实验一无所知,也不做安全防护准备,在实验中慌慌张张,手忙脚乱,这不仅做不好实验,还很容易引发事故。所以课前认真预习对于做好有机化学实验尤为重要,应该列在《实验室规则》和《实验室安全规则》中,要求学生必须遵守,教师应该严格检查学生预习情

况,使实验中的潜在危险降到最低限度。

预习的具体内容是:了解实验的目的要求,实验原理,实验内容与操作步骤;了解所使用的仪器,药品试剂用量和性能;了解实验中的注意事项及安全操作规程;合理安排实验时间进度,并写出实验预习笔记。

实验预习笔记应尽量用流程图表示,也可用文字写,叙述简明扼要,以便在参照预习笔记进行操作时自己能够一目了然。

1.3.2　在实验过程中要认真记录

认真做好实验记录是每个实验者必须做到的。记录是实验的基本资料,是研究工作的原始记载,是整理实验报告和研究论文的根本依据。许多事实证明,常因实验数据记录不仔细,造成结果错误。实验记录也是培养学生严谨的科学作风和良好工作习惯的重要环节。

具体记录的内容是:① 实验目的、反应式和有关的参考资料;② 使用的仪器品种、大小及仪器装置,所有测试仪器的名称、规格与型号;③ 药品、试剂的规格(包括纯化方法)和用量;④ 反应的操作步骤及现象;⑤ 产品的分离提纯方法;⑥ 产品的产量、产率、测定的物理常数数据及光谱分析谱图;⑦ 实验中的挫折及处理手段。

实验记录应该不忘六个字:"真实"、"详细"、"及时"。"真实"是指记录应该反映实验中的真实情况,不是抄书,也不是抄袭他人的数据或内容,而是根据自己的实验事实如实地、科学地记叙,绝不可做任何不符实际的虚伪报道。"详细"是要求对实验中的任何数据、现象以及上述各项内容都做详细记录,甚至包括自己认为无用的内容都要不厌其烦地记下来。有些数据、内容,宁可在整理总结实验报告时被舍去,也不要因为缺少数据而浪费大量时间重新实验。记录应注意清楚和明白,不仅自己目前能看懂,而且在几十年后也应该看得懂。"及时"是指实验时要边做边记,不要在实验结束后补做"回忆录"。回忆容易造成漏记和误记,影响实验结果的准确性和可靠程度。

实验记录无统一格式要求,但需要做到:① 记录本要编写页码;② 要记录实验名称和日期;③ 若有实验谱图也要注意编写号码;④ 实验记录本最好能将实验项目编成目录。

1.3.3　实验报告的整理

实验操作完成后,必须根据自己的实验记录进行归纳总结,分析讨论,整理成文。实验报告的书写在文字和格式方面都有较严格的要求,应该做到叙述简明扼要,文字通顺,条理清楚,字迹工整,图表清晰。另外,必须强调的是,在根据实验记录整理成文之后,还要认真写出"实验讨论";应该对实验原理、操作方法、反应现象给予解释说明;对操作中的经验教训和实验中存在的问题提出改进性建议以及回答思考题等。通过讨论达到从感性认识上升到理性认识的目的。只有完成了实验报告的整理后,才能算真正完成了一个实验的全过程。

实验报告格式大体包括七项内容:① 实验目的;② 实验原理;③ 主要试剂及产物的物理常数;④ 仪器装置图;⑤ 操作步骤(包括实验结果);⑥ 实验讨论及产品的物理常数;⑦ 思考题。

§1.4　有机化学实验的常用装置和仪器

1.4.1　有机化学实验常用的玻璃仪器

有机实验用玻璃仪器按其口塞是否标准及磨口,分为标准磨口仪器和普通玻璃仪器两类。使用玻璃仪器,皆应轻拿轻放,容易滑动的仪器(如圆底烧瓶),不要重叠放置,以免打破。

1. 标准磨口仪器

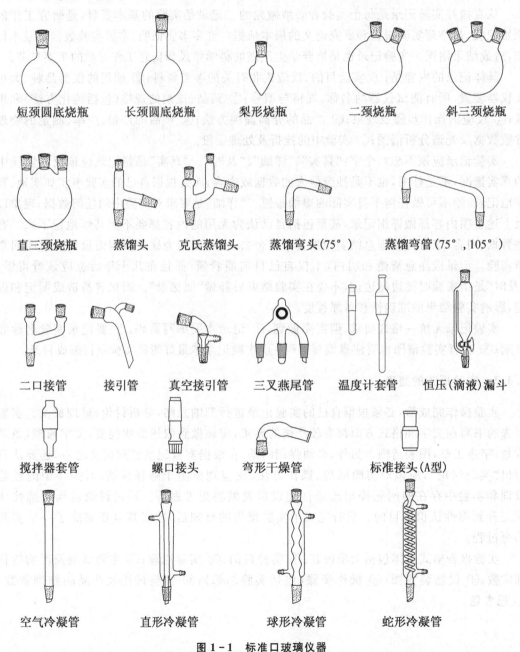

短颈圆底烧瓶　　长颈圆底烧瓶　　梨形烧瓶　　二颈烧瓶　　斜三颈烧瓶

直三颈烧瓶　　蒸馏头　　克氏蒸馏头　　蒸馏弯头(75°)　　蒸馏弯管(75°,105°)

二口接管　　接引管　　真空接引管　　三叉燕尾管　　温度计套管　　恒压(滴液)漏斗

搅拌器套管　　螺口接头　　弯形干燥管　　标准接头(A型)

空气冷凝管　　直形冷凝管　　球形冷凝管　　蛇形冷凝管

图1-1　标准口玻璃仪器

有机化学实验中,最好采用标准磨口的玻璃仪器。这种仪器可以和相同编号的标准磨口相互连接,既可免去配塞子及钻孔等手续,又能避免反应物或产物被软木塞(或橡皮塞)所玷污。标准磨口玻璃仪器口径的大小,通常用数字编号来表示,该数字是指磨口最大端直径的毫米整数。常用的有10,14,19,24,29,34,40,50等。相同编号的磨口、磨塞可以紧密连接。有时两个玻璃仪器,因磨口编号不同无法直接连接时,则可借助不同编号的磨口接头(或称大小头),使之连接。

使用标准磨口玻璃仪器时须注意:

(1) 磨口处必须洁净,若粘有固体杂物,会使磨口对接不严密,导致漏气。若有硬质杂物,更会损坏磨口。

(2) 用后应拆卸洗净,否则若长期放置,磨口的连接处常会粘牢,难以拆开。

(3) 一般用途的磨口无需涂润滑剂,以免玷污反应物或产物。若反应中有强碱,则应涂润滑剂,以免磨口连接处因碱腐蚀粘牢而无法拆开。减压蒸馏时,磨口应涂真空脂,以免漏气。

(4) 安装标准磨口玻璃仪器装置时,应注意安装得正确、整齐、稳妥,使磨口连接处不受歪斜的应力,否则易将仪器折断,特别是在加热时,仪器受热,应力更大。

2. 普通玻璃仪器

普通玻璃仪器如图1-2所示。

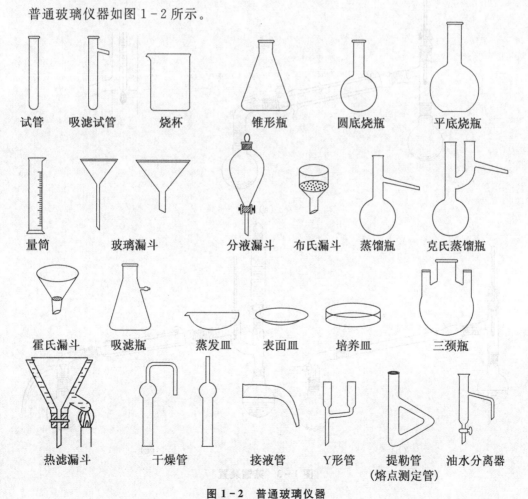

图1-2　普通玻璃仪器

1.4.2　有机化学实验常用金属用具

有机实验中常用的金属用具有:铁架,铁夹,铁圈,三脚架,水浴锅,镊子,剪刀,三角锉刀,圆锉刀,压塞机,打孔器,水蒸气发生器,煤气灯,不锈钢刮刀,升降台等。

1.4.3　有机化学实验中的常用装置

1. 蒸馏装置

蒸馏是分离两种以上沸点相差较大的液体和除去有机溶剂的常用方法。图1-3是几种常用的蒸馏装置,可用于不同要求的场合。图1-3(a)是最常用的蒸馏装置。由于这种装置出口处与大气相通,可能逸出馏液蒸气,若蒸馏易挥发的低沸点液体时,需将接液管的支管连上橡皮管,通向水槽或室外。支管口接上干燥管,可用作防潮的蒸馏。图1-3(b)是应用空气冷凝管的蒸馏装置,常用于蒸馏沸点在140℃以上的液体。若使用直形冷凝管,由于液体蒸气温度较高会使冷凝管炸裂。图1-3(c)为蒸除较大量溶剂的装置,由于液体可自滴液漏斗中不断加入,既可调节滴入和蒸出的速度,又可避免使用较大的蒸馏瓶。

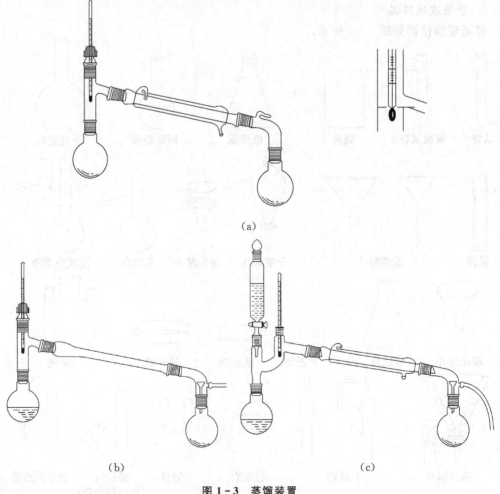

(a)

(b)　　　　　　　　　　(c)

图1-3　蒸馏装置

2. 回流装置

很多有机化学反应需要在反应体系的溶剂或液体反应物的沸点附近进行,这时就要用回流装置。图1-4(a)是一般回流装置;图1-4(b)是可以隔绝潮气的回流装置,若回流中无不易冷却物放出,还可把气球套在冷凝管上口,来隔绝潮气的渗入;图1-4(c)为带有吸收反应中生成气体的回流装置,适用于回流时有水溶性气体(如氯化氢、溴化氢、二氧化硫等)产生的实验;图1-4(d)是回流过程中可以同时进行油水分离的回流装置;图1-4(e)～(g)为回流时可以同时滴加液体和进行反应的装置。回流加热前应先放入沸石,根据瓶内液体的沸腾温度,可选用水浴、油浴或石棉网直接加热等方式。在条件允许下,一般不采用隔石棉网直接用明火加热的方式。回流的速率应控制在液体蒸气浸润不超过两个球为宜。

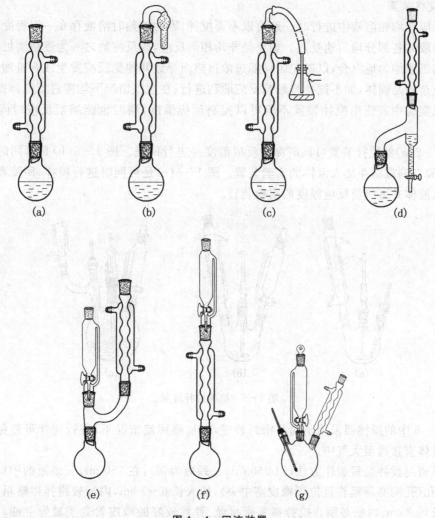

(a)　　　　(b)　　　　(c)　　　　(d)

(e)　　　　(f)　　　　(g)

图 1-4　回流装置

3. 气体吸收装置

图1-5为气体吸收装置,用于吸收反应过程中生成的有刺激性和水溶性的气体(例如氯化氢、二氧化硫等)。其中,图1-5(a)和图1-5(b)可作少量气体的吸收装置。图

1-5(a)中的玻璃漏斗应略微倾斜使漏
斗口一半在水中,一半在水面上。这样
,既能防止气体逸出,亦可防止水被倒吸
至反应瓶中。若反应过程中有大量气体
生成或气体逸出很快时,可使用图
1-5(c)的装置,水自上端流入(可利用
冷凝管流出的水)抽滤瓶中,在恒定的平
面上溢出。粗的玻管恰好伸入水面,被
水封住,以防止气体逸入大气中。图中
的粗玻管也可用 Y 形管代替。

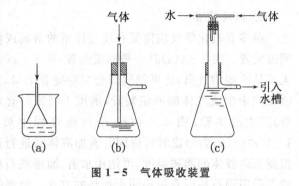

图 1-5　气体吸收装置

4. 搅拌装置

当反应在均相溶液中进行时一般可以不要搅拌,因为加热时溶液存在一定程度的对流,
从而保持液体各部分均匀地受热。如果是非均相间反应,或反应物之一为逐滴滴加时,应尽
可能使其迅速均匀地混合,以避免因局部过浓过热而导致其他副反应发生或有机物的分解;
有时反应产物是固体,如不搅拌将影响反应顺利进行;在这些情况下均需进行搅拌操作。在
许多合成实验中若使用搅拌装置不但可以控制反应温度,同时也能缩短反应时间和提高
产率。

图 1-6(a)的搅拌装置可同时测量反应温度并进行回流。图 1-6(b)是可同时进行搅
拌、回流和自滴液漏斗加入液体的实验装置。图 1-6(c)是可同时进行搅拌、回流和自滴液
漏斗加入液体并可测量反应温度的实验装置。

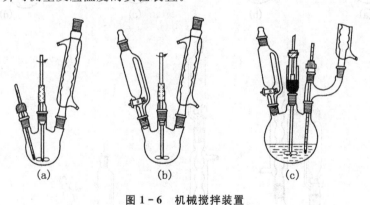

(a)　　　　　　　　　(b)　　　　　　　　　(c)

图 1-6　机械搅拌装置

图 1-6 中的搅拌器采用了简易密封装置,在加热回流情况下,进行搅拌可避免蒸气或
生成的气体直接逸至大气中。

简易密封搅拌装置制作方法(以 250 mL 三颈瓶为例):在 250 mL 三颈瓶的中口配置橡
皮塞,打孔(孔洞必须垂直且位于橡皮塞中央),插入长 6~7 cm,内径较搅拌棒略粗的玻管。
取一段长约 2 cm、内壁必须与搅拌棒紧密接触、弹性较好的橡皮管套于玻管上端。然后自
玻管下端插入已制好的搅拌棒。这样,固定在玻管上端的橡皮管因与搅拌棒紧密接触而达
到了密封的效果。在搅拌棒和橡皮管之间滴入少量甘油[凡质子性溶剂有影响的反应(如
Grignard 反应等),应避免用甘油或水作润滑剂],对搅拌可起润滑和密封作用。搅拌棒的
上端用橡皮管与固定在搅拌器上的一短玻璃棒连接,下端接近三颈瓶底部,离瓶底适当距

离,不可相碰。且在搅拌时要避免搅拌棒与塞中的玻璃管相碰。这种简易密封装置[见图1-7(a)]在一般减压(1.33 kPa～1.6 kPa)时也可使用。

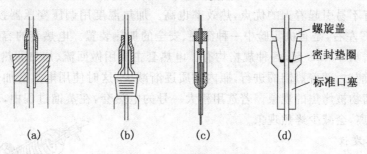

螺旋盖
密封垫圈
标准口塞

(a)　　　(b)　　　(c)　　　(d)

图 1-7　常用密封装置

在使用磨口仪器进行反应而密封要求又不高的情况下,可使用图1-7(b)的简易密封装置。另一种液封装置,见图1-7(c),可用惰性液体(如石蜡油)进行密封。图1-7(d)是由聚四氟乙烯制成的搅拌密封塞,由上面的螺旋盖、中间的硅橡皮密封垫圈、和下面的标准口塞组成。使用时只需选用适当直径的搅拌棒插入标准口塞与垫圈孔中,在垫圈与搅拌棒接触处涂少许甘油润滑,旋动螺旋口至松紧合适,并把标准口塞紧在烧瓶上即可。搅拌机的轴头和搅拌棒之间还通过两节真空橡皮管和一段玻璃棒连接,这样搅拌器导管不致磨损或折断。

搅拌棒通常由玻璃棒制成,式样很多。图1-8是几种常见的搅拌棒。

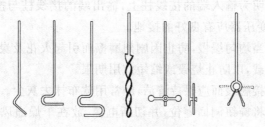

图 1-8　各式搅拌棒

恒温磁力搅拌器,可用于液体恒温搅拌,使用方便,噪声小,搅拌力较强,调速平衡,温度采用电子自动恒温控制。

1.4.4　有机化学实验中常用装置的安装方法

有机化学实验常用的玻璃仪器装置,一般皆用铁夹将仪器依次固定于铁架上。铁夹的双钳应贴有橡皮、绒布等软性物质,或缠上石棉绳、布条等。若铁钳直接夹住玻璃仪器,则容易将仪器夹坏。

用铁夹夹玻璃器皿时,先用左手手指将双钳夹紧,再拧紧铁夹螺丝,做到夹物不松不紧。仪器安装应先下后上,从左到右,做到正确、整齐、稳妥、端正,其轴线应与实验台边沿平行。

1.4.5　有机化学实验常用其他仪器

1. 电吹风

实验室中使用的电吹风应可吹冷风和热风,供干燥玻璃仪器之用。

2. 电加热套

它是玻璃纤维包裹着电热丝织成帽状的加热器，加热和蒸馏易燃有机物时，由于它不是明火，因此具有不易引起着火的优点，热效率也高。加热温度用调压变压器控制，最高加热温度可达 400℃ 左右，是有机实验中一种简便、安全的加热装置。电热套的容积一般与烧瓶的容积相匹配，从 50 mL 起，各种规格均有。电热套主要用做回流、加热的热源。用它进行蒸馏或减压蒸馏时，随着蒸馏的进行，瓶内物质逐渐减少，这时使用电热套加热就会使瓶壁过热，造成蒸馏物被烤焦的现象。若选用稍大一号的电热套，在蒸馏过程中，不断拉开烧瓶与电热套的距离，会减少烤焦现象。

3. 旋转蒸发仪

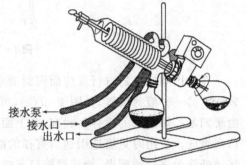

旋转蒸发仪是由马达带动可旋转的蒸发器（圆底烧瓶）、冷凝器和接受器组成（见图 1-9），一般与循环水真空泵相连接，在减压下操作，可一次进料，也可分批加入蒸发料液。蒸发器旋转时，会使料液的蒸发面大大增加，加快蒸发速度。因此，它是浓缩溶液、回收溶剂的理想装置。

接水泵 ←
接水口 ←
出水口 ←

图 1-9　旋转蒸发仪

4. 调压变压器

调压变压器是调节电源电压的一种装置，常用来调节加热电炉的温度，调整电动搅拌器的转速等。使用时应注意：

（1）电源应接到注明为输入端的接线柱上，输出端的接线柱与搅拌器或电炉等的导线连接，切勿接错。同时变压器应有良好的接地。

（2）调节旋钮时应当均匀缓慢，防止因剧烈磨擦而引起火花及炭刷接触点受损。

（3）不允许长期过载，以防止烧毁或缩短使用期限。

（4）炭刷及绕线组接触表面应保持清洁，经常用软布抹去灰尘。

（5）使用完毕后应将旋钮调回零位，并切断电源，放在干燥通风处，不得靠近有腐蚀性的物体。

5. 反应搅拌器

电动机械搅拌器（或小马达连调压变压器）在有机实验中作搅拌用。一般适用于油水等溶液或固液反应中，不适用于过粘的胶状溶液。若超负荷使用，很易发热而烧毁。使用时必须接上地线。平时应注意经常保持清洁干燥，防潮防腐蚀。轴承应经常加油保持润滑。

（a）机械搅拌器　　　　（b）磁力搅拌器　　　（c）带加热套的磁力搅拌器

图 1-10　各种反应搅拌器

磁力搅拌器是通过磁场的不断旋转变化来带动反应容器内磁转子随之旋转，从而达到连续搅拌的目的。一般都有控制转速和加热的装置。在反应物的量较少、加热温度不高的情况下使用磁力搅拌器尤为合适。

6. 烘箱

烘箱用于干燥玻璃仪器或烘干无腐蚀性、加热时不分解的物品。具有挥发性的易燃物或刚用酒精、丙酮淋洗过的玻璃仪器切勿放入烘箱内，以免发生爆炸。

图 1-11 烘箱

7. 其他仪器设备

有机化学实验室经常还会用到台秤、钢瓶、减压表等各种金属和玻璃用具，如图 1-12 所示。

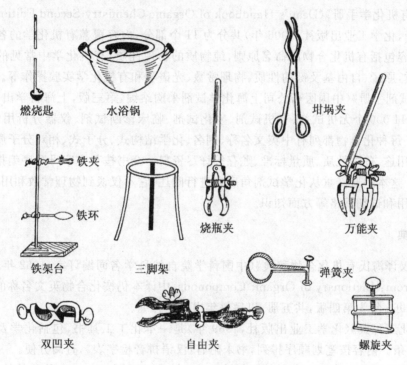

燃烧匙　　水浴锅　　坩埚夹

铁夹　　铁环　　烧瓶夹　　万能夹

铁架台　　三脚架　　弹簧夹

双凹夹　　自由夹　　螺旋夹

图 1-12 各种常用金属用具

§1.5 有机化学实验室常用手册和辞典

1.5.1 手册

(1)《CRC 化学和物理手册》(CRC Handbook of Chemistry and Physics: 83rd. ed., David R. Lide, CRC Press, 2002.)是美国化学橡胶公司的标志性出版物，现在属于 Taylor & Francis 集团公司。从 1913 年至今已出版到第 90 版，近十年每年出一新版。90 多年来，一直是全球的学术图书馆、实验室和工业企业的核心收藏。全书共分 20 个部分，包含两个附录和一个索引。其中的第三部分（Section 3：Physical Constants of Organic Compounds）是手册中最多的一部分，这部分的主要内容是 10 000 多种有机化合物物理常数表，如颜色、晶形、比旋光度、熔点、沸点、密度、折射率数据和在不同溶剂中的溶解性能，还包括有机化合物的国际命名法、俗名等。

（2）《兰氏化学手册》（Lange's Handbook of Chemistry：15th ed. John A. Dean, McGraw-Hill, 1999）是一部资料齐全、数据翔实、使用方便、供化学及相关科学工作者使用的单卷式化学数据手册，目前出版至第 16 版，第 15 版已由魏俊发等译成中文《兰氏化学手册》，科学出版社 2003 年出版。全书共分 11 部分，最后为索引。其中第一部分有机化合物（Section 1：Organic Compounds）占全手册的 1/4，其主要内容包括：有机化合物命名法，纯物质的物理性质和有机化合物的物理常数。后者是第一部分的核心内容，收录了 4 000 多种化合物，并且按照英文名称的字母顺序排列。

（3）《有机化学手册》（Dean's Handbook of Organic Chemistry-Second Edition，张书圣、温永红等译，化学工业出版社，2006 年）共分为 11 个部分，内容覆盖有机化学的各个研究领域，主要内容包括有机化合物的命名原则，纯物质的物理性质，有机化学中常见的有机化合物及其性质，原子、自由基及键的性质，物理常数、光谱学和有机化学实验操作等。

（4）《试剂手册》（中国医药公司上海化学试剂采购站编，第三版，上海科学出版社，2002 年）收录了 11 000 个无机试剂、有机试剂、生化试剂、临床诊断试剂、仪器分析用试剂、精细化学品等。每种化合物都列有中英文名称、别名、化学结构式、分子式、相对分子质量、性状、理化常数、用途、危险性质、质量标准、贮存等详尽资料。全书按英文字母顺序编排，后附中、英文索引。这本手册着重从化学试剂角度来进行阐述，它不仅谈到物理常数和用途，而且谈到贮存、运用和试剂规格等方面知识。

1.5.2　辞典

（1）《汉译海氏有机化合物辞典》（中国科学院自然科学名词编订室，1962 年）本书译自 L. V. Heibrom：Dictionary of Organic Compounds，中译本仍按化合物英文名称的字母顺序排列。至 1965 年为第四版，共五册，以后每年出一本补编。

（2）《化工辞典》（化学工业出版社，1969 年）是一本化工工具书，包括化学及化工的名词 9 500 多条。内容按笔划顺序排列，书末附有《汉语拼音检字表》，查阅方便。

（3）《化学药品辞典》（上海科技出版社，1975 年）本书列出 6 000 余种药品的英文名称、化学式、性状、常数、来源和用途等。按中文笔划排列，附有英文索引。

1.5.3　《默克索引》化学药品和药物百科全书

这本手册（原英文是《The Merck Index》）未译成中文，化合物的名称按英文字母顺序排列，包括分子式、结构式、物理常数、制备方法简介和文献。现已出至第 14 版。

很明显，一本实验教材不可能包括所有的实验内容，因此参考其他实验书是有必要的。

第二章　有机化学实验基本技术

§2.1　仪器的清洗、干燥和塞子的配置

2.1.1　仪器的清洗

在进行有机反应时为了避免杂质混入反应物中，实验用仪器必须清洁干燥。有机化学实验中最简单而常用的清洗玻璃仪器的方法是用长柄毛刷（试管刷）蘸上皂粉或去污粉，刷洗润湿的器壁，直至玻璃表面的污物除去为止，最后再用自来水清洗。有些有机反应残留物为胶状或焦油状，用洗衣粉很难洗净，这时可根据具体情况采用规格较低或回收的有机溶剂（如乙醇、丙酮、苯和乙醚等）浸泡后洗涤。

为了使清洗工作简便有效，最好在每次实验结束后，立即清洗使用过的仪器，因为污物的性质在当时是清楚的，容易用合适的方法除去。例如已知瓶中残渣为碱性时，可用稀盐酸或稀硫酸溶解；反之，酸性残渣可用稀的氢氧化钠溶液除去。若已知残留物溶解于某常用的有机溶剂中，可用适量的该溶剂处理。

有机实验室中常用超声波清洗器来洗涤玻璃仪器，既省时又方便。

2.1.2　仪器的干燥

进行有机化学实验的玻璃仪器除需要洗净外，还常常需要干燥。一般将洗净的仪器倒置一段时间后，若没有水迹，即可使用。有些须严格要求无水的实验，仪器的干燥与否甚至成为实验成败的关键。为此，可将所使用的仪器放在烘箱中烘干。较大的仪器或者在洗涤后需立即使用的仪器，为了节省时间，可将水尽量沥干后，加入少量丙酮或乙醇摇洗（使用后的乙醇或丙酮应倒回专用的回收瓶中），再用电吹风吹干。先通入冷风 $1\sim2$ min，当大部分溶剂挥发后，再吹入热风使干燥完全（有机溶剂蒸气易燃烧和爆炸，故不宜先用热风吹）。吹干后，再吹冷风使仪器逐渐冷却。否则，被吹热的仪器在自然冷却过程中会在瓶壁上凝结一层水汽。

2.1.3　塞子的配置

为使各种不同的仪器连接装配成套，在没有标准磨口仪器时，就要借助于塞子。塞子选配是否得当，对实验影响很大。在有机化学实验中，仪器上一般使用橡皮塞。

塞子的大小应与所塞仪器颈口相适合，塞子进入颈口的部分不能少于塞子本身高度的 $1/3$，也不能多于 $2/3$（见图 $2-1$）。

当把玻管或温度计插入塞中时，应将手握住玻管接近塞子

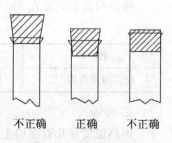

不正确　　　正确　　　不正确

图 $2-1$　塞子的配置

的地方,均匀用力慢慢旋入孔内,握管手不要离塞子太远,否则易折断玻管(或温度计)造成割伤事故。在将玻管插入橡皮塞时可以沾一些水或甘油作为润滑剂,必要时可用布包住玻管。

每次实验后将所配好用过的塞子洗净、干燥,保存备用,以节约器材。

§2.2 加热与冷却

2.2.1 加热

在有机化学实验中,经常要对反应体系加热,以提高反应速度,在提纯、分离化合物及测定一些物理常数时,也常常需要加热。

实验室常用的热源有煤气灯、酒精灯、电炉、电热套等。除少数情况外,一般玻璃仪器不能用火直接加热,否则会损坏仪器,同时由于局部过热会使有机化合物分解。

为了使反应完全、顺利地进行,可根据反应物的性质和反应要求,选用以下几种不同的加热方式。

1. 石棉网加热

把石棉网放在三角架或铁环上,用煤气灯或酒精灯在下面加热,石棉网上的烧瓶与石棉网之间应留有空隙,以避免由于局部过热引起有机化合物分解,但加热低沸点化合物或减压蒸馏时不能用这种加热方式。

2. 水浴

当所加热的化合物沸点在80℃以下时,可选用电热恒温水浴加热。对于像乙醚(沸点34.5℃)等低沸点易燃溶剂,不能用明火加热,应用预先加热好的水浴加热,有条件的使用电热恒温水浴更为方便。

3. 油浴

在100~250℃之间加热可选择油浴,油浴传热均匀,在油浴中放入一支温度计,通过变压器调节电压大小来控制加热圈,从而控制油浴温度。加热油浴时,应避免水溅入。

油浴能达到的最高温度与所用油的种类有关。植物油长期加热易分解,若在其中加入1%的对苯二酚,可增加它们受热时的稳定性。甘油和邻苯二甲酸二丁酯适合的最高温度为140℃~150℃,温度过高则容易分解。

液体石蜡可加热到220℃,温度过高虽不易分解但容易燃烧。固体石蜡也可以加热到220℃,由于它在室温时是固体,便于保存。但使用完毕,应先取出浸在油浴中的容器。

硅油和真空泵油在250℃以上仍较稳定,但价格较高,若条件允许,它们是理想的浴油。

表 2-1 常用油浴介质

名 称	乙二醇	三甘醇	甘油	有机硅油	石蜡油
使用温度范围/℃	10~180	0~250	−20~260	−40~350	60~230

4. 砂浴

加热温度在几百度以上使用砂浴,在铁盘中放入清洁干燥的细砂,把盛有反应物的容器放入砂中,在铁盘下加热。由于砂子的热传导能力较差,散热快,所以容器底部的砂子要薄一些,容器周围的砂层要厚一些。尽管如此,砂浴的温度仍不易控制,所以使用较少。

5. 电热套

电热套与调压变压器结合起来使用是方便又较安全的加热方法。电热套使用时大小要合适,否则会影响加热效果。它主要在回流加热时使用,蒸馏和减压蒸馏时最好不用。因为随着蒸馏的进行,瓶内物质减少,会导致瓶壁过热现象。

此外,还可以采用其他方法进行加热,如蒸馏低沸点溶剂时,可以用 250 W 的红外灯加热。将物质高温加热时,也可以使用熔融的盐,如将等质量的硝酸钠和硝酸钾的混合物加热,218℃熔化,在 700℃以下是稳定的。

2.2.2 冷却

许多有机化学反应是放热反应,反应产生的热使反应体系温度迅速升高,如果不能有效地控制反应温度,往往引起副反应,使易挥发的物质损失或使化合物分解,甚至出现冲料、爆炸等事故。为了把温度控制在一定范围内,需要冷却。另外,有一些反应必须在低温下进行,需要冷却降温;用重结晶方法提纯固体化合物时,为了降低化合物在溶剂中的溶解度,也需要冷却。

简单的冷却方法是把反应器置于冷水浴中。如果要控制温度在室温以下,可用碎冰与水的混合物,由于它和容器的接触面积大,故冷却效果比只用冰好。如果有水存在并不妨碍反应的进行,也可以把冰块投入到反应物中,可有效地保持低温。如果需要冷却到 0℃以下,可根据需要选用冰盐水浴或装有有机冷却剂的冷却装置。可按表 2-2 配制更强的冷却剂。

表 2-2　常用冷却剂组成及最低冷却温度

冷却剂组成	最低冷却温度(℃)	冷却剂组成	最低冷却温度(℃)
甲酰胺/干冰	2	六水合氯化钙(1.4 份)+碎冰(1 份)	-55
苯/干冰	5	正辛烷/干冰	-56
环己烷/干冰	6	异丙醚/干冰	-60
1,4-二氧六环/干冰	12	干冰+乙醇	-72
对二甲苯/干冰	13	乙酸丁酯/干冰	-77
冰水	0	干冰+丙酮	-78
乙二醇/干冰	-10	丙胺/干冰	-83
环庚烷/干冰	-12	乙酸乙酯/液氮	-83
苯甲醇/干冰	-15	正丁醇/液氮	-89
氯化铵(1 份)+碎冰(4 份)	-15	己烷/液氮	-94
氯化钠(1 份)+碎冰(3 份)	-21	丙酮/液氮	-94
四氯乙烯/干冰	-22	甲苯/液氮	-95
四氯化碳/干冰	-23	甲醇/液氮	-98

冷却剂组成	最低冷却 温度(℃)	冷却剂组成	最低冷却 温度(℃)
1,3-二氯苯/干冰	-25	干冰+乙醚	-100
邻二甲苯/干冰	-29	环己烷/液氮	-104
六水合氯化钙(1份)+碎冰(1份)	-29	乙醇/液氮	-116
间甲苯胺/干冰	-32	乙醚/液氮	-116
乙腈/干冰	-41	正戊烷/液氮	-131
吡啶/干冰	-42	异戊烷/液氮	-160
间二甲苯/干冰	-47	液氮	-196

注意:致冷温度低于-38℃时,不能使用水银温度计,而须采用有机液体低温温度计。

为了使冰盐混合物能达到预期的冷却温度,在配制冷却剂时要将盐类物质与冰块分别仔细地粉碎,然后仔细地混合均匀,在盛装冷却剂的容器外面,用保温材料仔细地加以保护,使之较长时间地维持在低温状态。如果在配制时,粉碎的冰块过大,混合不均匀,保温措施差,则所配制的冷却剂不能达到预期的低温。

表2-2中固体 CO_2(即干冰)可用保温桶向当地酒厂购买,也可用二氧化碳钢瓶中的二氧化碳(应当在有经验的教师指导下进行操作)。干冰必须在铁研缸(不能用瓷研缸)中粉碎,操作时应戴护目镜和手套。由于有爆炸的危险,如用保温瓶盛装时,外面应当用石棉绳或类似材料,也可以用金属丝网罩或木箱等加以防护。瓶的上缘是特别敏感的部位。在配制时,将固体 CO_2 加入到工业酒精(或其他溶剂)中,并进行搅拌,两者用量并无严格规定,固体 CO_2 应当使用过量。用低温温度计进行浴温的测量。

如要使用更低温度的冷却剂,可使用液氮,温度可冷至-195.8℃。液氮的使用,应当在有经验的教师指导下进行。

§2.3　干燥与干燥剂

借助热能使物料中水分(或溶剂)气化的过程称为干燥。干燥可分为自然干燥和人工干燥两种。在化学工业上,有真空干燥、冷冻干燥、气流干燥、微波干燥、红外线干燥和高频率干燥等方法。

在有机化学实验中,干燥是一种重要的操作。许多有机反应需要在绝对无水的条件下进行,所用的原料及溶媒都应当经过干燥,而且还要防止空气中的水分侵入反应体系与介质,对进入的空气进行干燥处理。通过合成制得的产品,要经过干燥处理后,才能成为合格的产品。

干燥剂是指能除去潮湿物质(固体、液体、气体)中水分的物质。干燥剂有化学干燥剂和物理干燥剂两种。化学干燥剂是一类能吸去水分并常伴有化学反应的物质(如石灰、五氧化二磷等);物理干燥剂是一类能吸附水分或与水形成共沸物,而不伴有化学反应的物质(如用硅胶除去空气中水分,用苯除去酒精中水分)。

干燥可分为物理方法和化学方法两大类。

(1) 物理干燥方法：使用真空干燥、冷冻干燥、气流干燥、微波干燥、红外线干燥、高频率干燥、分馏、共沸蒸馏、吸附等方法进行干燥。

(2) 化学干燥方法：使用能与水生成水合物的化学干燥剂进行干燥，如浓硫酸、无水氯化钙、无水硫酸铜及无水氯化镁等，以及能与水反应后生成其他化合物者，如磷酸酐、氧化钙、钙、钠、镁及碳化钙等。

2.3.1 气体的干燥

将固体干燥剂装填在干燥塔中，需要干燥的气体从塔底部进入干燥塔，经过干燥剂脱水后，从塔的顶部流出。

化学惰性气体可使用瓶内装有浓硫酸的洗气瓶进行干燥，在该瓶的前后还应安装两只洗气瓶作为安全瓶。

在有机反应体系需要防止空气入侵时，在反应器连通大气的开口处，都应当接干燥管，管内盛有无水氯化钙或钠石灰等干燥剂。

不同性质的气体，应当选择不同类别的干燥剂，参见表 2-3。

表 2-3 用于气体干燥的干燥剂

干燥剂	气体	干燥剂	气体
CaO	NH_3、胺等	KOH(熔融体)	NH_3、胺等
$CaCl_2$(熔融体)	H_2、O_2、HCl、CO、CO_2、N_2、SO_2、烷烃、烯烃、氯代烃、乙醚	$CaBr_2$	HBr
P_2O_5	H_2、O_2、CO_2、N_2、SO_2、烷烃、乙烯	CaI_2	HI
H_2SO_4	O_2、CO、CO_2、N_2、Cl_2、烷烃	碱石灰	O_2、N_2、NH_3、胺

分子筛是由 SiO_2 与 Al_2O_3 组成，具有均一微孔结构，而能将不同大小的分子分离或作为选择性反应的固体吸附剂或催化剂。作为商品出售的 A 型分子筛(4A 或 5A)只吸附水，不吸附乙烯、乙炔、二氧化碳、氨和更大的分子，是一种比较理想的气体干燥剂。

可用分子筛干燥的气体有：空气、天然气、氩、氦、氧、氢、重整氢、裂解气、乙炔、乙烯、二氧化碳、硫化氢、六氟化硫。干燥后的气体中的含水量小于 $10\ mg \cdot m^{-3}$。

2.3.2 液体的干燥

1. 干燥剂脱水

通过将液体与干燥剂放在一起，并通过激烈振荡而使液体得到干燥。对于含有大量水分的液体，干燥宜分几次进行。每隔一定时间倾出液体，用新干燥剂调换已失效的干燥剂，直至没有明显的水被吸收为止。显然，采用干燥剂脱水的方法进行液体的干燥处理时，液体有明显的被干燥剂吸附的损耗，所以投放干燥剂的量要恰当，以干燥脱水达到标准为宜，不宜过多地投放，使损失减少到最低的程度。加入干燥剂时，可分批加入，每加一次放置十几分钟。一般干燥剂的用量首次为每 10 mL 液体加 0.5~1 g。干燥前，液体呈浑浊状，经干燥后变成澄清，且干燥剂无明显吸水现象。

在实验室中最常用的干燥剂和适用范围,可参见表2-4,供实验者选择。

表 2-4　常用的干燥剂

干燥剂	酸碱性	与水作用产物	适用范围	不宜使用的场合	备　注
P_2O_5	酸性	HPO_3 $H_2P_2O_7^{2-}$ $H_2PO_4^-$	中性及酸性气体、乙炔、二硫化碳、烃、卤代烃、有机酸溶液(用于干燥器)	碱性物、醇、乙醚、酮、易聚合物质、HF、HCl	吸湿性很强,干燥气体时需与载体相混合。建议干燥时先预干燥,干燥后溶液蒸馏可与干燥剂分开
H_2SO_4	酸性	H_3O^+ HSO_4^-	饱和烃、卤代、中性与酸性气体(用于干燥器和洗气瓶)	不饱和化合物、醇、酚、酮、碱性物质(胺等)、H_2S、HI	不适用于高温下的真空干燥。脱水效率高
钠碱石灰 CaO·BaO	碱性	$Ba(OH)_2$ 或 $Ca(OH)_2$	胺、醇、乙醚、中性及碱性气体	醛、酮、酸性物质等对碱敏感的化合物	特别适宜于干燥气体。作用慢,但效率高。干燥后,可将溶液蒸馏而与干燥剂分开
KOH 或 NaOH	碱性	碱性溶液	烃、乙醚、胺、氨(用于干燥器中)	醛、酮、酸	吸湿性强,快速而有效
K_2CO_3	碱性	$KCO_3·1.5H_2O$ $K_2CO_3·2H_2O$	丙酮、胺、酯、腈等	脂肪酸及酸性有机物	吸湿性强但脱水量及效率一般
Na	碱性	H_2+NaOH	烃、醚、叔胺	氯代烃、醇、酯、胺	效率高,作用慢。要预干燥后,再用 Na 干燥
$CaCl_2$	中性	$CaCl_2·H_2O$ $CaCl_2·2H_2O$ $CaCl_2·6H_2O$	烃、烯烃、丙酮、醚、烷基卤化物中性气体、HCl	醇、酯、胺、酚、酸、($CaCl_2·6H_2O$ 在 30℃以上失水)	价廉,含有碱性杂质脱水量大,作用快,效率不高。良好的初步干燥剂
Na_2SO_4	中性	$NaSO_4·7H_2O$ $NaSO_4·10H_2O$	卤代烃、醇、醛、酯、酸、酚等各类有机物的干燥	$Na_2SO_4·10H_2O$ 在 33℃以上失水不能用它作干燥剂	价格便宜,脱水量大作用慢,效率低,为良好的初步脱水剂
$MgSO_4$	中性	$MgSO_4·H_2O$ $MgSO_4·7H_2O$	卤代烃、醇、醛、酯、硝基化合物、酸、酚等 $CaCl_2$ 不能干燥的物质	$MgSO_4·7H_2O$ 在 48℃以上失水	比 Na_2SO_4 作用快,效率高。是一个性能良好的干燥剂
$CaSO_4$	中性	$CaSO_4·H_2O$ $CaSO_4·2H_2O$	适用范围广。适用于各类有机物的干燥		常与硫酸镁配合,作最后干燥用。干燥速度快,干燥效率中等
$CuSO_4$	中性	$CuSO_4·H_2O$ $CuSO_4·3H_2O$ $CuSO_4·5H_2O$	乙醇、乙醚等	甲醇	比 $MgSO_4$、Na_2SO_4 效率高,但价贵
硅胶	中性	牢固吸附水分	用于干燥器中,也可用于液体脱水		吸水量可达 40%,经烘干后可反复使用
分子筛 3A 或 4A	中性	牢固吸附水分	适用于各类有机物的干燥和许多气体的干燥		快速、高效。需将液体初步干燥后使用

由表 2-4 可知,干燥剂的使用要有针对性和回避原则。例如干燥醇类化合物,不能选用 $CaCl_2$,因为 $CaCl_2$ 易与醇形成 $CaCl_2 \cdot 4C_2H_5OH$ 等,使所要干燥的物质蒙受严重的损失,导致干燥操作的失败。

检查液体中是否有水,可在液体中加入无水氯化钴(或无水溴化钴),若有水,则无水钴盐从蓝色变为粉红色的水合物。也可以用无水硫酸铜(无色)检验,遇水后变为蓝色。

在实验中,液态有机化合物的干燥操作一般在干燥的三角烧瓶内进行。待大量水分除去后,按照条件选择适当适量的干燥剂投入液体里,用塞子塞紧(用金属钠作干燥剂时则例外,此时塞中应插入一个无水氯化钙管,使氢气放空而水气不致进入),振荡片刻,如出现干燥剂附着器壁或相互粘结时,说明干燥剂用量不够,应再添加干燥剂。如投入干燥剂后出现水相,必须用吸水管把水吸出,然后再添加新的干燥剂。放置一定时间,直至干燥后的液体外观上是澄清透明。干燥时所用干燥剂的颗粒应适中,颗粒太大,表面积小,加入的干燥剂吸水量较小;如颗粒太小,呈粉状,吸水后易呈糊状,分离困难。对于低沸点液体的干燥,可采用冷却阱使水及其他可凝结的杂质凝固下来。

2. 共沸干燥

利用共沸混合物的形成,可将混合物中的某一组分蒸馏带出。共沸干燥就是将一种既能与水形成共沸混合物,又尽可能(在冷却时)与水不互溶的物质(如苯等)(见表 2-5),加入待干燥的液体中,然后在带有除水器的回流装置中,加热至沸,水与苯形成共沸混合物被蒸出(共沸点温度为 69℃),蒸气冷却后流出的水滴沉淀于分水器刻度管底部而被放出。常用的带水剂有:苯、甲苯、二甲苯、三氯甲烷、四氯化碳等。对于分离要求不很严格的分水操作,也可在加入带水剂后,用蒸馏的方法,弃去混浊的馏出液,直至馏出液澄清为止。

表 2-5 常见的二、三元共沸混合物

二、三元共沸混合物	组分沸点/℃	组成 w/%	共沸混合物沸点/℃
水-丙烯醛	100~52.5	2.6~97.4	52.4
水-四氯化碳	100~76.8	96~4	66
水-苯	100~80.6	9~81	69.2
水-乙酸乙酯	100~78	9~91	70
水-乙腈	100~82	16.3~83.7	76.5
水-乙酸	100~118.1	97~3	76.6
水-乙醇	100~78.3	5~95	78.15
水-叔丁醇	100~82.5	11.8~88.2	79.9
水-异丙醇	100~82.5	12.6~87.4	80.3
水-甲苯	100~110.6	20~80	84.1
水-正丙烷	100~97.3	28.3~71.7	87
水-1,4 二氧六环	100~101.3	18~82	87.8
水-吡啶	100~115	57~43	94
水-丙酸	100~141.4	82.2~17.8	99.1

二、三元共沸混合物	组分沸点/℃	组成 w/%	共沸混合物沸点/℃
水-丙酮氰醇	100～分解	15～85	99.9
水-甲酸	100～100.7	23～77	107.3
水-乙醇-苯	100～78.3～80.6	7.4～18.5～74.1	64.86
水-乙醇-四氯化碳	100～78.3～76.54	3.4～10.3～86.3	61.80
水-乙醇-二氯乙烷	100～78.3～83.7	5～17～78	66.70
水-异丙醇-苯	100～82.3～80.6	7.5～18.7～73.8	66.50
水-正丙醇-苯	100～97.3～80.6	8.6～9.0～82.4	68.5
水-乙醇-乙酸乙酯	100～78.3～78	10.3～8.8～80.9	70.3

2.3.3　固体的干燥

1. 自然晾干

固体干燥可以用自然晾干的方式进行干燥操作。将待干燥的样品,放在培养皿中,上面再覆盖一张滤纸,以防污染,置于实验室内,让其自然干燥,约需数日。在实验时间允许时,可以采用这种方便的干燥方法。

2. 加热干燥

待干燥的样品,若热稳定性好,熔点较高,则可将样品置于表面皿(或蒸发皿)内,在水浴或砂浴上加热烘干。也可以采用红外线灯(红外线辐射器)直接辐照试样,进行烘干。在加热烘干过程中,需注意观察,防止过热、熔化,应当控制加热强度。不时用玻璃棒进行翻动,防止试样的结块。有些被干燥的物质,在较高温度下会分解,可以采用真空干燥方法,在较低的温度下进行干燥。

在图 2-2(a)中的真空干燥器内存放的干燥剂,应视待干燥的样品性质而定,可参照表 2-4 中所列的常用干燥剂进行选择。由于采用抽真空干燥,所以干燥速度较快。

当在烘箱或真空干燥器内干燥效果欠佳时,则要使用减压恒温干燥枪或真空恒温干燥器,见图 2-2(b,c)。由于干燥仓内的容积有限,只能干燥处理少量样品。

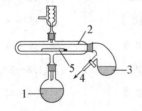
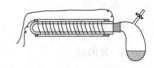

(a) 真空干燥器　(b) 减压恒温干燥枪(1. 盛溶剂的烧瓶; 2. 夹层;3. 曲颈瓶中 P_2O_5;4. 接水真空泵;5. 放样品的玻璃或瓷的小船)　(c) 真空恒温干燥器

图 2-2　干燥器类型

油浴烘箱可以克服普通电热鼓风烘箱由于使用电加热而引起的一些问题(静电问题、明火加热等)。在处理比较大量的固体有机化合物的干燥操作方面,是一种比较安全的干燥仪器。

3. 微波加热干燥

当有机物极性增大时,用微波加热干燥的速度更快。方法是:将盛有固体有机化合物的烧杯置于中温微波炉中,启动开关,加热几分钟后,让其自然冷却或放入干燥器中冷却后即可。

4. 冷冻干燥

把含水的有机物放在高真空的容器中,先冷冻至固体状态,然后利用冰的蒸气压力较高的性质,使水分从冰冻的体系中升华,有机物即成固体。对于受热时不稳定物质的干燥,该方法特别适用。

§2.4　有机化学实验中的无水无氧操作

一些有机化学反应必须在无水条件下进行,如傅氏反应、格氏反应,有的甚至要求无水无氧条件。无水反应所用溶剂必须经过严格的无水处理(详见附录三:常用有机溶剂的纯化),反应试剂也必须经过干燥处理。所用仪器洗净后在烘箱中于 110℃～120℃ 至少烘 2 h,然后放在干燥器中冷却至室温或趁热安装,将开口处用塞子塞紧,防止空气中的水蒸气侵入。进行反应时,开口处连接一干燥系统,以隔绝空气中的潮气。

对于严格的无水无氧实验操作,人们发明了一些特殊的仪器设备,总结出了一套较为完善的实验操作技巧,可以解决敏感化合物的反应、分离、纯化、转移、分析及储藏等一系列问题。

无水无氧实验操作技术目前采用三种方法:① 高真空线技术(vacuum-line);② 手套箱操作技术(glove-box);③ 在惰性气流中使用 Schlenk 型容器操作。这些方法各有优缺点,可根据实验目的选择或组合使用。

1. 高真空线技术

该方法在真空系统中操作。真空系统一般采用玻璃仪器装配,所使用的试剂量较少(从毫克级到克级),不适合氟化氢及其他一些活泼的氟化物的操作。该操作所需的真空度可以由机械真空泵或扩散泵提供,并配合使用液氮冷阱。本方法的特点是真空度高,可以很好地排除空气,适用于液体的转移、样品的储存等操作,没有污染。

2. 手套箱操作技术

手套箱是一种进行化学操作的密封箱,带有视窗,具有传递物料孔和伸入双手的橡皮手套,内有电源和抽气口,相当于一个小型实验室,常用来操作带有毒性或放射性的物质,以确保工作环境不受污染。箱体常用不锈钢(或有机玻璃等)作材料,并装有有机玻璃面板和照明设备。

手套箱中的空气用惰性气体反复置换,在惰性气氛中进行操作,这为空气敏感的物质提供了更直接地进行精密称量、物料转移、小型反应、分离纯化等实验操作的方法,其操作量可以从几百毫克至几千克。但是,使用手套箱操作技术,其装置价格贵,占地多,用橡皮手套操作也不灵便。该方法可以用高真空线技术和 Schlenk 管法代替。

3. Schlenk 操作技术

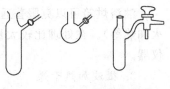

Schlenk 管是以研究 Grignard 试剂平衡反应著称的 Schlenk 设计的,实际上是将有机合成中各类玻璃仪器上加侧管、接活塞而制成的,基本样式如图 2-3 所示,从侧管导入惰性气体,并将体系反复抽真空-充惰性气体,在气流中操作。

图 2-3　Schlenk 管基本样式

这一方法比手套箱操作更安全、更有效、更便捷,一般操作量从几克到几百克。大多数的实验操作,如称量、加料、搅拌、回流、重结晶、升华等,以及样品的储存皆可在其中进行,同时也用于溶液及少量固体的转移。Schlenk 操作技术是最常用的无水无氧操作技术,已被化学工作者广泛采用。

以下具体介绍几种实验室常用的无水无氧操作技术。

2.4.1　惰性气体的纯化

常用的惰性气体主要是氮气、氩气和氦气。由于氮气价廉易得,大多数有机金属化合物在其中均能保持稳定,因此最为常用。但是,鉴于一些有机稀土金属化合物在氮气中的不稳定性,研究中高纯氩(含量 99.99%,含氧和水总量为 $10 \times 10^{-5} \sim 50 \times 10^{-5}$)更常用。当操作特别敏感的化合物,例如含 f 电子的有机金属化合物,要求惰性气体中氧的含量小于 5×10^{-5},这时所用的惰性气体必须再进行纯化处理——脱水脱氧,方可达到实验的要求。

脱水的三种基本方法是:① 低温凝结;② 将气体压缩使水的分压增加而冷凝;③ 使用干燥剂。较为方便的是使惰性气体通过干燥剂,如 4A 分子筛或 5A 分子筛进行干燥,必要时可将其中两种方法结合使用以求高效。

惰性气体脱氧主要采用干燥法脱氧,有的脱氧剂需要加热,以保证与氧反应的合适速度,有的脱氧剂则在常温即可脱氧。常用的脱氧剂有以下几种:活性铜、氧化锰、镍催化剂、银分子筛、钯 A 分子筛、钾-钠合金等。

2.4.2　溶剂处理

凡是无水无氧实验过程中使用的试剂和溶剂都要经过脱水脱氧的预处理。处理的溶剂量较大时,可以使用成套既可回流又可蒸馏的装置,即无水无氧溶剂蒸馏器,如图 2-4 所示。

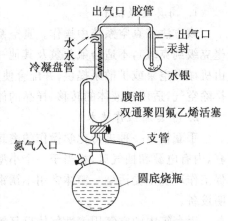

把待处理的溶剂置于圆底烧瓶中,加入合适的脱水剂。用电热套加热回流,双斜三通活塞接通回流腔及圆底烧瓶,加热温度控制在溶剂能平稳回流为宜;停止加热冷却时必须由惰性气体饱和。所处理的溶剂达到无水无氧的要求后,将双斜三通活塞接通回流腔及支管,即刻蒸出使用,或者蒸出来用预先脱水脱氧的储液瓶接收,在惰性气体的保护下封管备用。严格地讲,应该每天进行回流,随用随蒸,效果最佳。

图 2-4　无水无氧溶剂蒸馏器

这套装置结构简单、操作方便、效率高、安全可靠,所处理的溶剂可多可少,干燥剂的利用率较高,溶剂和干燥剂可以不断补充,因此,是目前处理溶剂最常用的装置。

2.4.3　试剂的取用和转移

　　液体试剂可以用注射器定量转移。注射器应保存在干燥器中,使用前先通过反复吸入和挤出惰性气体将针筒冲洗 10 次以上,可以除去空气和吸附在内壁上的水汽。使用注射器移取液体时,先吸入干燥的高纯惰性气体,然后将其压入密封的储液瓶中,再利用瓶中压力缓慢地将溶液压入注射器到所需的体积。注射器中已准确量好的溶液要迅速地转移到反应装置中,转移时只要把注射针头刺入反应瓶或加料漏斗上的反口胶塞即可。有的液体试剂需在反应过程中缓慢滴加,则应该将试剂注入恒压滴液漏斗。

　　"双针尖技术"也是实验中常用的,如图 2-5 所示。具体操作是通过隔膜橡胶塞将不锈钢管从 A 瓶子的上口插入,惰性气体从侧管导入并从钢管放出。钢管中的惰性气体置换后,将管子的另一端插入 B 瓶内,气体从 B 瓶侧管导出。将 A 瓶中的钢管一端插入液面下,A 瓶内的液体被惰性气体压入管子而流入 B 瓶中。

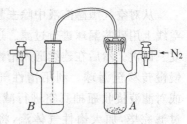

图 2-5　利用"双针尖技术"转移液体物料的装置

　　对空气敏感的固体试剂,经无水无氧处理后于惰性气氛下保存在样品瓶中,在连续通惰性气体下通过三通管倒入反应瓶中,用减重法计量。对空气不敏感的固体试剂,如反应需要先加入,可先将其放在反应瓶中与体系一起抽真空、充惰性气体。如需在反应过程中加入,可在连续通惰性气体的情况下,直接从加料口将固体加入,如图 2-6 所示。在惰性气体环境下处理固体试剂较为困难,最稳妥的解决办法是利用手套箱;或者将固体物质溶解成溶液,这样就可以凭借液体的转移技术进行操作。

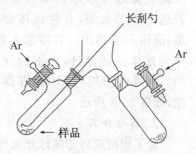

图 2-6　固体物料转移装置

　　实验室中定量转移气体常用小钢瓶。使用时,可将一根一端装有针头的软管通过鼓泡器和针形阀接到钢瓶的减压阀上。这个鼓泡器作为安全装置,其中放有数量足够的汞或石蜡油,以使气体在正常情况下能流过针管,一旦针尖被堵塞,气体即由鼓泡器旁路而进入通风橱。管路和鼓泡器均用惰性气体冲洗。不用时可将针头别入硬橡皮塞以免被玷污。若钢瓶较轻,使用前须称重;倘若钢瓶太重而不便称量,可用气体计量管计量气流的速度,同时计取时间,直至通入的气体达到所需数量为止。对于少量气体,可用气体注射器。

2.4.4　惰性气氛下进行反应的技术

　　对于无水无氧要求不高的反应,可以直接将反应体系中的空气用惰性气体置换,然后采用"气球法"装置进行反应,如图 2-7 所示。常用橡胶制成气球,充入惰性气体以保护反应体系;由于气球可以承受一定的压力,所以当容器内产生气体时也较安全。

　　进行严格无水无氧的化学反应,一般采用标准的 Schlenk

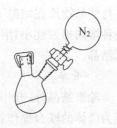

图 2-7　"气球法"反应装置

操作,即在惰性气流下,使用 Schlenk 型容器和注射器进行。没有 Schlenk 型容器时,也可以使用普通仪器、三通管和三通活塞等替代。反应仪器安装后,先抽真空,同时烘烤仪器,除去仪器内的空气及内壁吸附的水汽,然后通惰性气体,如此反复三四次,即可保证无水无氧条件。因此,Schlenk 操作是较为理想的实验方法。

2.4.5 惰性气氛下进行分离纯化的技术

Schlenk 法除了用于物料转移、化学反应以外,还可用于过滤、蒸馏、重结晶、升华、浓缩、柱层析等分离纯化操作以及红外及核磁分析等的制样。

1. 过滤

从对空气敏感溶液中除去悬浮杂质或从中分离出对空气敏感的固体产物时,可以在真空线上用砂芯漏球进行过滤。过滤时先将漏球与滤液接收瓶装好,抽真空-充惰性气体,反复三四次。然后在连续通入惰性气流的情况下,将反应瓶与漏球上口对接。将反应混合物慢慢转移至漏球。利用惰性气体压滤或对滤液接收瓶抽真空进行减压抽滤。过滤完毕,加大惰性气体流,将漏球与滤液接收瓶分开,再分别处理。该方法关键是要选择砂芯粗细合适的漏斗。若选的砂芯太细,有时固体会堵塞孔道,液体不易滤出。若砂芯太粗,则固体与液体一起穿过,达不到分离的目的。也可以使用 Schlenk 容器进行过滤,如图 2-8 所示。

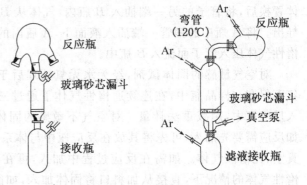

图 2-8　Schlenk 容器过滤装置

2. 离心分离

除了用玻璃砂芯漏球分离固液混合物以外,也常采用离心分离的方法,使用可离心的 Schlenk 反应瓶或在其他反应瓶中反应后,在惰性气氛下转移到离心瓶中,再在大型沉淀离心机中离心。离心后,在惰性气氛下倾出或用注射器吸出上层清液。

3. 重结晶

重结晶常用于产物的分离和纯化。对空气敏感的化合物,特别是有机金属化合物一般热稳定性较差。而且,在热溶液中,化合物对氧的敏感性提高,必须严格地防止氧化。因此,对于此类化合物,更多的是将固体物质在室温下溶于溶剂,然后将滤液冷至室温以下结晶(冰浴或更低温度中)。很多情况下,仅仅通过单一溶剂重结晶还是不能获得理想的结果。更常用的方法是混合溶剂重结晶,即采用改变溶剂的成分来降低溶质溶解度的办法重结晶。将待结晶物质在室温下溶于易溶的溶剂中,然后逐渐加入一种与前一种溶剂相混溶且比前一种溶剂挥发性小,溶解度低的溶剂,加入的量以恰好不析出沉淀为宜,然后置于室温或冷藏结晶。

4. 升华

除重结晶外,升华是另一种有用的提纯技术。升华是将固体变为蒸气,随后又使蒸气冷凝为固体的联合操作。如果产物具有升华性能,即可采用高真空升华技术进行纯化,但缺点是不易分开、蒸气压彼此相近的化合物。普通的升华装置完全可以用于空气敏感化合物。

将粗产品在惰性气氛下加入升华仪后,上面必须覆盖一层玻璃棉,这样便于取出升华物。将升华仪抽空后,样品加热到所需的升华温度,蒸气在收集部位(可以用空气、水或冰等冷却)凝结成固体。

5. 蒸馏

液体产品通常采取蒸馏纯化,把常压或减压蒸馏装置接在真空线上操作即可。

6. 柱层析

色层分离法是分离纯化产物的一项重要技术,但对空气敏感的物质此法用得较少。所有的操作,包括样品溶液上柱、展开、洗脱都要在惰性气体保护下进行。

无水无氧实验技术虽说操作稍难,但只要与研究目的相符合的器具配套,操作耐心细致,则采用与通常有机合成相差不多的方法便可合成出具有有趣特性的化合物。

§2.5　过　滤

分离悬浮在液体中的固体颗粒的操作称为过滤。通常将原有的悬浮液称为滤浆,滤浆中的固体颗粒称为滤渣。滤浆经过滤积累在过滤介质上的滤渣层(湿团体块)称为滤饼,透过滤饼与过滤介质的澄清液体称为滤液。在过滤过程中,过滤介质只起拦阻作用,而真正起过滤作用的是滤饼本身。

过滤一般分为普通过滤、减压过滤和加热过滤。

2.5.1　过滤介质

过滤介质应选择恰当,使选择过滤介质的孔径正好小于过滤沉淀中最小颗粒的直径,可起到拦阻颗粒的作用。通常所观察到的过滤速度减慢是滤饼层集结紧密,起阻挡作用之故。实验室中常用的过滤器材有砂芯漏斗、滤纸、玻璃棉等。

1. 砂芯漏斗

砂芯漏斗又称为烧结玻璃漏斗。它是由玻璃粉末烧结制成多孔性滤片,再焊接在相同或相似的膨胀系数的玻壳或玻璃上所形成的一种过滤容器。若滤液具有碱性,或者有酸性物质、酸酐或者有氧化剂等存在,对普通滤纸有腐蚀性作用,在过滤(或吸滤)时容易发生滤纸破损、待滤物穿透滤纸而泄漏而导致过滤的失败。而选用砂芯漏斗可代替铺设有滤纸的漏斗,进行有效的分离。表2-6列出国产砂芯漏斗的型号、规格和用途,供实验者针对不同沉淀颗粒尺寸,选用不同型号的漏斗,以达到最佳过滤效果。

表 2-6　国产砂芯漏斗的型号、规格和用途

型　号	滤板平均孔径/μm	一般用途
1	80~120	滤除大颗粒沉淀
2	40~80	滤除较大颗粒沉淀
3	15~40	滤除化学反应中的一般结晶和杂质,过滤水银
4	5~15	滤除细颗粒沉淀
5	2~15	滤除极细颗粒,滤除较大的细菌
6	<2	滤除细菌

在有机化学实验中,3#或4#砂芯漏斗使用得较多,其他型号用得很少。

砂芯漏斗若是新购置的,在使用前,应当用热盐酸或铬胺洗液进行抽滤,随即用蒸馏水洗净,除去砂芯中的尘埃等外来杂质。

砂芯漏斗不能过滤浓氢氟酸、热浓磷酸、热(或冷)浓碱液。这些试剂可溶解砂芯中的微粒,有损于玻璃器皿,使滤孔增大,并有使芯片脱落的危险。砂芯漏斗在减压(或受压)使用时其两面的压力差不允许超过101.3 kPa。在使用砂芯漏斗时,因其有熔接的边缘,在使用时的温度环境要相对稳定些,防止温度急剧升降,以免容器破损。

砂芯漏斗的洗涤工作是很重要的,洗涤不仅是保持仪器的清洁,而且对于保持砂芯漏斗的过滤效率不下降,延长其使用寿命等都有重要作用。砂芯漏斗每次用毕或使用一段时间后,会因沉淀物堵塞滤孔而影响过滤效率,因此必须及时进行有效的洗涤。可将砂芯漏斗倒置,用水反复进行冲洗,以洗净沉淀物,烘干后即可再用。还可根据不同性质的沉淀物,有针对性的进行"化学洗涤"。例如,对于脂肪、脂膏、有机物等沉淀,可用四氯化碳等有机溶剂进行洗涤。碳化物沉淀可使用重铬酸盐的温热浓硫酸浸泡过夜。经碱性沉淀物过滤后的砂芯漏斗,可用稀酸溶液洗涤。经酸性沉淀物过滤后的砂芯漏斗,可用稀碱溶液洗涤。然后再用清水冲洗干净,烘干后备用。

砂芯漏斗不能用来过滤含有活性炭颗粒的溶液,因为细小颗粒的炭粒容易堵塞滤板的洞孔,使其过滤效率下降,甚至报废。

由于砂芯漏斗的价格较贵,有时难以彻底洗净滤板,还要防范强碱、氢氟酸等的腐蚀作用,故其使用的范围并不广泛。

2. 滤纸

有机化学实验室最常使用的过滤介质是滤纸,在无机化学实验中已有较多的接触,在此不再累述。需要补充的是,普通滤纸的滤孔尺寸大小在 $2\sim5~\mu m$,细滤纸的滤孔尺寸大小在 $0.8\sim1.7~\mu m$。根据沉淀物的性质和沉淀颗粒的大小,选择合适滤孔的滤纸,可以在确保实验质量的前提下,加速实验的进程。

3. 其他过滤介质

棉织布:可用质地致密的棉织布代替滤纸。

毛织物(或毛毡):可用以过滤强酸性溶液。

涤纶布、氯纶布:可用在强酸性或强碱性溶液的过滤中。

玻璃棉:可用以过滤酸性介质。因其孔隙大,只适合于分离颗粒较粗的试样。

在实验室处理过滤溶液量较大时,可以根据被过滤物质的性质,有选择性地选用上述过滤介质。

2.5.2　减压过滤

减压过滤是指在与过滤漏斗密闭连接的接受器中造成真空,过滤表面的两面发生压力差,使过滤能加速进行的一种过程。减压过滤是一种在实验室和工业生产上广泛应用的操作技术之一。

1. 减压过滤装置

减压过滤装置,主要由减压系统、过滤装置与接受容器组成。减压系统一般由微型水循环真空泵与安全瓶组成。用布氏漏斗过滤,接受容器为吸滤瓶。装置见图 2-9(a)所示。

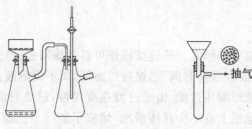

(a) 带安全瓶的过滤装置　　(b) 玻璃钉抽气过滤装置

图 2 - 9　过滤装置

在装配时注意使布氏漏斗的最下端斜口的尖端离开吸滤瓶的支管部位最远(因为位置不当,易使滤液吸入支管而进入抽气系统)。吸滤瓶的支管连接一个配有二通活塞的安全瓶,再与抽气水泵相连接。

布氏漏斗内的滤纸应剪成略比布氏漏斗的内径小一些,但能完全覆盖住所有滤孔的圆形滤纸为宜。不能剪成比布氏漏斗内径大的圆形滤纸,这样滤纸的周边会皱折,不可能全部紧贴器壁与滤板面,使待过滤的溶液会不经过滤纸而流入吸滤瓶内。在用橡皮管相互连接时,应选用厚壁橡皮管,以使抽气时管子不会压扁。吸滤瓶与安全瓶都应在铁架台上固定好,以防操作时不慎碰翻,造成损失。由于在进行减压操作时,吸滤瓶与安全瓶均要承受压力,不能用薄壁器皿作为安全瓶,因而器皿的器壁厚度与制造质量均要符合产品的质量要求,器皿的外观上不能有伤痕或裂缝。

对于少量或微量固体样品的过滤,可采用图 2 - 9(b)所示的玻璃钉抽气过滤装置。

2. 减压过滤操作

在抽滤前,用同一种溶剂将滤纸湿润,使滤纸面紧贴在布氏漏斗的滤面上。然后,打开抽气泵,将滤纸吸紧,以免待滤的固液混合物未经滤纸而直接从未贴紧的滤纸与滤面间隙漏入吸滤瓶中。在过滤时,可先倾入混合物的上层澄清液,由于固体颗粒较少,会很快滤完,然后将其余的部分均匀地倾注在整个滤面上,一直抽气直至无滤液的液滴流出为止。此时再用玻璃瓶塞压紧滤饼,以尽量压出滤液。

直接在布氏漏斗上洗涤滤饼,可以减少因转移滤饼而造成的产品损失。在将待滤物抽干、压干后,将安全瓶上的二通活塞打开(或拔掉吸滤瓶上的橡皮管),使吸滤瓶内恢复为常压状态,在布氏漏斗上加入一定量的洗涤溶剂(加入的量应当至少能覆盖住滤饼),放置,使溶剂慢慢地渗入滤饼,并从漏斗的下端开始涌出时,可以开动水泵抽气,直至抽干、压干为止。经几次反复洗涤,抽干,可把滤饼洗净。

在停止抽滤时,不要马上关闭抽气泵,而是应该先打开安全瓶上的二通活塞,接通大气,使吸滤瓶内恢复为常压状态,然后才能关闭抽气泵。否则,会使水倒流入安全瓶内。

在过滤强酸性或强碱性溶液时,滤纸容易破损,溶液会穿透滤纸而流入吸滤瓶内。此时,可用滤布等代替进行减压过滤操作。

在使用抽气泵进行减压过滤操作时,有时会感到过滤速度很慢,吸滤瓶内的真空度不够,这可能是微型循环水真空泵中的循环水温过高或溶解易挥发气体过多所致,可通过及时换水或向循环水中加冰等方法来解决。

如果要改用真空泵进行减压过滤,一定要增加油泵的保护装置,否则会使真空泵的功能迅速下降,甚至损坏真空泵。

2.5.3　热过滤

热过滤是过滤操作的一种形式。热过滤操作可以过滤除去一切不溶杂质。热过滤操作要求在过滤除去杂质时,要以最短时间,迅速通过滤纸,而不使溶液温度下降,保持其温度变化不大。如果采用普通锥形漏斗过滤,由于过滤速度过慢,过滤时间太长,使溶液的温度陡降,溶解度下降,从而在滤纸上有不少晶体析出,堵塞了滤纸上的滤孔,阻碍滤液的通过,导致过滤操作的失败。

1. 用保温漏斗进行热过滤

保温漏斗是铜质夹层漏斗,夹层内注热水,有一短柄可以进行加热。保温漏斗内放一个玻璃漏斗(如图 2-10 所示),保温漏斗内放折叠式滤纸。

普通锥形漏斗中用的滤纸的过滤面积,只是其滤纸面积的 3/4,而折叠式滤纸的过滤面积是滤纸面积的全部,从过滤面积上相比较,折叠式比普通滤纸多 1/4,过滤的速度同样会有

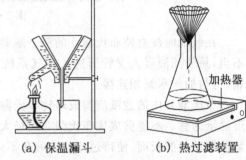

(a) 保温漏斗　　　　(b) 热过滤装置

图 2-10　保温漏斗与热过滤装置

较大的提高。折叠式滤纸应当折成扇面状,一经展开就成为热过滤用滤纸,具体折叠方法见图 2-11。

先把滤纸折成半圆形,再对折成圆形的 1/4,然后将边 2 与边 3 对折得边 4,1 与 3 折出得边 5,如图 2-11(a);再将 2 与 5 对折得边 6,1 与 4 对折得边 7,如图 2-11(b);同样将 2 与 4 对折得边 8,1,5 对折得边 9,如图 2-11(c)。这时折得的滤纸外形如图 2-11(d)。继续将滤纸以反方向从一端依此对折 1 和 9,9 和 5 等直至另一端 8 和 2,使滤纸成扇形如图 2-11(e)。将双层滤纸打开呈如图 2-11(f)形状。最后将 1 和 2 处的同向面分别反向对折,即可得到一内外交错的扇形折叠滤纸如图 2-11(g)。滤纸的圆心部位不宜重压,因为在过滤时,它承受的压力最大,以免破损泄漏。将展开后的滤纸经整理后放在玻璃滤斗中。

在热过滤操作时,应将保温漏斗注入热水,放入玻璃漏斗与折叠滤纸,在保温漏斗的柄部加热。过滤时,逐渐将热的待滤溶液沿着玻璃棒分批加入漏斗中,不宜一次加入太多。在漏斗上面可覆盖表面皿,以减少溶剂的蒸发。

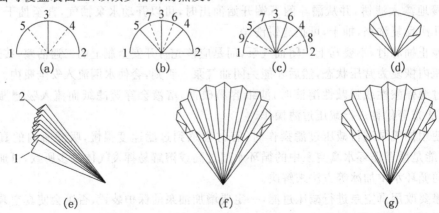

图 2-11　热过滤用的折叠滤纸的折叠法

2．用布氏漏斗进行热过滤操作

由于上述热过滤操作是在常压下进行的,因而热过滤速度是较慢的,容易发生析出晶体等问题,妨碍过滤操作的进程。将布氏漏斗用热水浴或在电烘箱中进行预热后,然后按减压过滤操作方法,将热溶液进行热过滤。这样可以迅速地进行热过滤,而不会发生热溶液析出晶体等问题。

§2.6　有机溶剂的选择与应用

2.6.1　溶剂的定义

溶剂(solvent)是指在化学组成上不发生任何变化并能溶解其他物质(一般指固体)的液体,或者与固体发生化学反应并将固体溶解的液体。

溶剂也称为溶媒,即含有溶解溶质的媒质之意。但是在化学工业上以及实验室里所说的溶剂一般指能够溶解油脂、树脂、药物等有机物(这一类物质多在水中不溶解)而形成均匀溶液的单一化合物或者两种组成以上的混合物。这类除水之外的溶剂称为非水溶剂或有机溶剂。水、液氨等则称为无机溶剂。

2.6.2　溶解现象

溶解过程比较复杂,有的物质在溶剂中以任何比例进行溶解,有的部分溶解,有的则不溶。在有机化学反应过程和有机化学处理过程中通常都要考虑化合物与溶剂的溶解现象。一般认为与溶解过程有关的因素大致有以下几方面:

(1) 相同分子或原子之间的引力与不同分子或原子间引力的相互关系(主要是范德华力);

(2) 分子的极性引起的分子缔合;

(3) 分子复合物的生成;

(4) 溶剂化作用;

(5) 溶剂、溶质的相对分子质量;

(6) 溶解活性基团的种类和数目。

化学组成相似的物质相互容易溶解,极性溶剂容易溶解极性物质,非极性溶剂容易溶解非极性物质。例如:水、甲醇和乙酸彼此之间可以互溶;苯、甲苯和乙醚之间也容易互溶,但是水与苯、甲醇与苯则不能自由混溶,而且在水或甲醇中易溶的物质难溶于苯或乙醚;反之在苯或乙醚中易溶的物质却难溶于水或甲醇。这些现象可以用分子的极性或者分子缔合程度大小进行判断。纤维素衍生物易溶于酮、有机酸、酯、醚类溶剂,这是由于分子中的活性基团与这类溶剂中的氧原子相互作用的结果。有的纤维素衍生物在纯溶剂中不溶,但可溶于混合溶剂。例如:硝化纤维素能溶于醇、醚的混合溶剂;三乙酸纤维素能溶于二氯乙烷、甲醇的混合溶剂。这可能是由于在溶剂之间、溶质与溶剂之间生成复合物,或者发生溶剂化作用的结果。

总之,溶解过程若能够发生,其物质分子间的内聚力应低于物质分子与溶剂分子之间的吸引力才有可能实现。因此,在有机化学反应过程和有机化学处理过程中判断所考察的物质和溶剂的极性,依此来较准确地选择合适的溶剂是十分重要的。

2.6.3 溶剂的溶解能力判断

溶剂的溶解能力,简单地说就是指溶解物质的能力,即溶质被分散或溶解的能力。在水溶液中一般用溶解度来衡量,这只适用于溶解低分子结晶化合物。对于有机溶剂的溶液,尤其是高分子物质,溶解能力往往表现在一定浓度溶液形成的速度和一定溶液的黏度,无法明确地用溶解度来表示。因此,溶剂溶解能力应包括以下几方面:

(1) 将物质分散成小颗粒的能力;

(2) 溶解物质的速度;

(3) 将物质溶解至某一浓度的能力;

(4) 溶解大多数物质的能力;

(5) 与稀释剂混合组成溶剂的能力。

工业上判断溶剂溶解能力的方法有稀释比法、横黏度法、黏度-相图法、贝壳松脂-丁醇(溶解)试验、苯胺点试验等。

2.6.4 有机溶剂的分类

1. 按沸点高低分类(附录2列出了主要溶剂的沸点)

(1) **低沸点溶剂**(沸点在100℃以下)　这类溶剂的特点是蒸发速度快,易干燥,粘度低,大多具有芳香气味。属于这类溶剂的一般是活性溶剂或稀释剂。例如:

甲醚	乙酸异丙酯	甲酸甲酯	二氯甲烷
乙醚	丙酸甲酯	甲酸异丁酯	氯代丁烷
丙醚	丙酸乙酯	二氯乙烷	氯代异戊烷
甲醇	碳酸甲酯	三氯乙烷	四氯化碳
乙醇	丙酮	三氯甲烷	二硫化碳
丙醇	3-戊酮	二氯丙烷	苯
异丙醇	丁酮	溴乙烷	环己烷
乙酸乙酯	2-戊酮	碳酸二甲酯	

(2) **中沸点溶剂**(沸点在100～150℃)　这类溶剂可用于硝基喷漆等,流平性能好。例如:

丁醇	2-庚酮	乙酸仲戊酯	乙酸-2-甲氧基乙酯
异丁醇	环己酮	丙酸戊酯	糠醛
仲丁醇	甲基环己酮	乳酸异丙酯	亚异丙基丙酮
戊醇	乙酸丁酯	碳酸二乙酯	氯苯
仲戊醇	乙酸异丁酯	乙二醇一乙醚	甲苯
甲基戊醇	乙酸仲丁酯	乙二醇一甲醚	二甲苯
四氢糠醇	乙酸甲基戊酯	乙二醇二乙醚	
4-庚酮	乙酸-5-甲氧基丁酯	乙二醇一异丙醚	
2-己酮	乙酸戊酯	乙二醇一乙酸酯	

(3) **高沸点溶剂**(沸点在150～200℃)　这类溶剂的特点是蒸发速度慢,溶解能力强,作

涂料溶剂时涂膜流动性能好，可以防止沉淀和涂膜发白。例如：

苄醇	环己醇	乳酸乙酯	二甘醇—乙醚
2-乙基己醇	双丙酮	丁酸丁酯	二甘醇—甲醚
糠醇	二异丁基（甲）酮	草酸二乙酯	二甘醇二乙醚
双丙酮醇	乙酸环己酯	苯甲酸乙酯	甲氧基二甘醇乙酸酯
甲基己醇	乙酸-2-乙基丁酯	二乙醇一丁醚	丁氧基二甘醇乙酸酯
异佛尔酮	乙酸糠酯	二乙醇—苄醚	乙二醇二乙酸酯
二氯乙醚	乙酰乙酸乙酯	乙酸-2-丁氧基乙酯	二甘醇二乙酸酯

（4）增塑剂和软化剂（沸点在 300℃ 左右）　这类溶剂的特点是形成的薄膜粘结强度和韧性好。例如硝化纤维素用的樟脑，乙基纤维素用的邻苯二甲酸二甲酯，聚氯乙烯用的邻苯二甲酸二辛酯等。

2. 按蒸发速度快慢分类

（1）快速蒸发溶剂　蒸发速度为乙酸丁酯的 3 倍以上，如丙酮、乙酸乙酯、苯等。

（2）中速蒸发溶剂　蒸发速度为乙酸丁酯的 1.5 倍以上，如乙醇、甲苯、乙酸仲丁酯等。

（3）慢速蒸发溶剂　蒸发速度比工业戊醇快，比乙酸仲丁酯慢，如乙酸丁酯、戊醇、乙二醇—乙醚等。

（4）特慢速蒸发溶剂　蒸发速度比工业戊醇慢，如乳酸乙酯、双丙酮醇、乙二醇一丁醚等。

3. 按溶剂化极性分类

（1）极性溶剂是指含有羟基或羧基等极性基团的溶剂。此类溶剂极性强、介电常数大，如乙醇、丙酮等，极性溶剂可溶解酚醛树脂、醇酸树脂。

（2）非极性溶剂是指介电常数低的一类溶剂，如石油烃、苯、二硫化碳等。非极性溶剂溶解油溶性酚醛树脂、香豆酮树脂等。

4. 按溶剂用途分类

可分为：粘度调节剂，增塑剂，共沸混合剂，萃取剂，脱润滑剂，固体用溶剂，浸渍剂，制药用溶剂，载体等。

2.6.5　溶剂的主要性质与选择

在有机化学反应过程和有机化学处理过程中，选择哪种有机溶剂是相当重要的。选择有机溶剂通常除要考虑溶剂的极性、溶解度外，还要考虑蒸气压、共沸现象、密度、粘度、表面张力、蒸发速度、溶剂的脱水性与吸水性以及溶剂的毒性等等。

1. 溶解度

各种物质在给定溶剂中的溶解度可以有很大差别，因为物质的溶解度除与物质和溶剂的性质有关外，还与溶解时的温度、压力等条件有关。随温度的升高，大多数固体和液体的溶解度都随之增加，而气体的溶解度减小；随着压力的增大，气体溶解度增加，固体和液体的溶解度变化很小。

2. 蒸气压

在一定的温度下，当容器中纯净的液体与其蒸气压达到平衡，此时的平衡压力仅因液体的性质和温度而改变，称为该液体的在该温度下的饱和蒸气压，简称为蒸气压。蒸气压的大小与液体的量无关。蒸气压随温度而变化,温度上升,蒸气压增加,由两相变为一相时的温度称为临界温度。当蒸气压与外界压力达到平衡时,液体开始沸腾。液体的饱和蒸气压与外界压力相等时的温度称为该液体的沸点。在一定温度下,每种液体的饱和蒸气压是一个常数。如果在蒸馏过程中物质的沸点时常发生变动,则说明此物质不纯。在液体中溶解任何一种固态物质时,液体的蒸气压下降,沸点上升。但是有机化合物往往能和其他组分形成二元或三元共沸的混合物,它们也有一定的沸点,所以不能认为沸点一定的物质都是纯物质。

3. 共沸

共沸混合物是指处于平衡状态下气相和液相的组成完全相同时的混合溶液。对应的温度称为共沸温度或共沸点。这类混合溶液不能用普通蒸馏的方法分离。共沸温度比低沸点成分的沸点低的混合物称为最低共沸混合物;比高沸点成分的沸点高的称最高共沸混合物。高共沸混合物比低共沸混合物要少。

4. 密度与相对密度

密度是指物质单位体积内所含的质量,密度的单位是 $kg \cdot m^{-3}$。习惯上常用单位为 $g \cdot cm^{-3}$。相对密度是指物质在温度 20℃ 时的密度与纯水在 4℃ 时的密度之比,并以 d_4^{20} 表示。判断有机溶剂、有机物的密度大小在有机化学反应过程和有机化学处理过程(如萃取分离)中是很有意义的。

有机化合物的密度因物质的种类、结构而不同,其数值的范围较大,一般认为有如下的规律性:

(1) 密度随相对分子质量的增加而增大;

(2) 相对分子质量接近的物质中,极性分子的密度比非极性分子大;

(3) 由碳链组成的化合物中,含有支链的密度较小;

(4) 含有几何异构体的物质,其密度的数值范围大多有所不同;

(5) 邻、间、对位取代的苯的衍生物,其密度相差很小;

(6) 对称的醚、酮的密度比不对称的醚、酮要大;

(7) 分子中与碳原子连接的原子,其相对分子质量愈大或极性基团的数目愈多,则该有机物的密度也愈大。

5. 黏度

黏度为流体(气体或液体)在流动中所产生的内部摩擦阻力,其大小由物质种类、温度、浓度等因素而决定。假设在流动中平行于流动方向将流体分成流动速度不同的各层,则任何相邻的接触面上就有着与面平行的而与流动方向相反的阻力存在,称此阻力为黏滞力或摩擦力。如果相距 1 cm 的两层速度相差 $1 \, cm \cdot s^{-1}$,则作用于 1 cm² 面积上的黏滞力便规定为流体的黏性系数,用以表示流体的黏度大小,其单位为 $Pa \cdot s$,即加 10^{-5} N 的力于相距 1 cm、面积为 1 cm² 的流体两层上,使其产生 $1 \, cm \cdot s^{-1}$ 滑动速度时的黏度。

在一般溶液中,当溶质的相对分子质量小、溶液的浓度低时,黏度也比较小。黏度随温度而变化,即温度升高,液体的黏度变小,符合牛顿摩擦定律。但是在实际应用中,多数溶质是高分子物质时的溶液,其黏度并不遵守牛顿摩擦定律。因此有关溶剂或溶液的黏度必须从以下几方面考虑:

(1) 沸点低、蒸气压低、溶解能力强的溶剂一般生成低黏度溶液;

　　(2) 溶质量少可以配制成低黏度溶液；

　　(3) 添加溶解能力差的溶剂，其溶液的黏度增加；

　　(4) 具有不饱和结构的溶剂可生成低黏度溶液；

　　(5) 溶剂本身的相对分子质量大，黏度也大；

　　(6) 缔合程度高的溶液黏度大；

　　(7) 分子能发生凝聚作用的溶剂，一般黏度大；

　　(8) 温度上升黏度减小；

　　(9) 溶质的相对分子质量大，一般可制成高黏度溶液。

6. 表面张力

　　表面张力是指液体表面相邻两部分间单位长度内的相互牵引力，它是分子间力的一种表现。当液面上的分子受液体内部的吸引作用而使液面趋向收缩，其方向与液面相切，单位是 $N \cdot m^{-1}$。表面张力的大小与液体的性质、纯度和温度有关。由于表面张力的作用，液体表面总是具有尽可能缩小的倾向，因此液滴呈球形。

　　测定表面张力的方法有毛细管上升法、毛细管测压法、液滴法和泡压法等。

7. 临界常数

　　当液体物质与其蒸气两种状态共存于边缘状态时称为临界状态。在整个状态下，液体和它的饱和气相密度相同，因此它们的分界面消失。但是这种状态只能在一定温度和压力下才能实现。物质处于临界状态时的温度称为临界温度。各种物质的临界温度不同，在此温度以上，物质只能处于气态状态，不能单用压缩体积的方法使之液化。所以临界温度也就是物质以液态形式出现或者加压使气体液化时所允许的最高温度。临界压力是使物质处于临界状态时的压力，即在临界温度时使气体液化所需要的最小压力，也就是液体在临界温度时的饱和蒸气压。临界体积是指物质处于临界状态时的体积，通常用单位质量所占体积表示，即一定质量的液体所能占有的最大体积。

　　由于大多数有机化合物对热不稳定，难以直接求出临界常数，故大多采用近似计算的方法。

8. 蒸发速度

　　蒸发是指在液体表面发生的汽化现象，表示在同一时间内从液面逸出的分子数多于由液面外进入液体的分子数。蒸发过程在任何温度下都能进行。液体在蒸发时必须从其周围吸收热量。所以温度愈高，暴露面愈大，或在液面附近该物质的蒸气密度愈小，则蒸发愈快（即一定时间内液体的蒸发量愈大）。在相同条件各种液体的蒸发速度是不同的。有机溶剂的蒸发速度受多种因素的影响，如溶剂本身的性质及外界的温度、溶剂的热导率、相对分子质量、蒸气压、蒸发潜热以及溶剂的表面张力和密度，还要受湿度、溶液中溶质的含量的影响，因此要准确地测定是比较困难的。蒸发速度一般用溶剂的沸点高低来判断，其中决定蒸发速度的最根本的因素是溶剂在该温度下的蒸气压，其次是溶剂的相对分子质量。

9. 介电常数与偶极距

　　介电常数是指在同一电容中用某一物质作为电介质时的电容(C)和为真空时电容(C_0)的比值，表示电介质在电场中储存静电能的相对能力。介电常数愈小，绝缘性能愈好。

　　介电常数表示分子的极性大小，故根据介电常数的测定可以求出偶极距。

　　偶极距是指两个电荷中，一个电荷的电量与这两个电荷之间距离的乘积。即为一个分子中正电荷($+\varepsilon$)与负电荷($-\varepsilon$)中心分别为 p_1，p_2 时，则偶极距 $\mu=\varepsilon p_1 p_2$，用以表示两个分子中的极性大小。如果一个分子中的正电荷排列不对称，则引起电性的不对称，分子中的一部分具有较显著的阳性，另一部分具有较显著的阴性，这些分子彼此之间能够相互吸引。$\mu=0$ 的分子为非极性分子。附录 2 列出了主要溶剂的介电常数。

偶极距的大小表示分子极化程度的大小。根据极性相似的物质相互容易溶解的规则，在溶剂的选用时，偶极距是一个重要的参考因素。

常用有机溶剂的极性由大到小依此为：甲醇＞乙醇＞丙醇＞丙酮＞乙酸乙酯＞乙醚＞氯仿＞二氯甲烷＞苯＞甲苯＞四氯化碳＞己烷＞石油醚等。

2.6.6　溶剂的纯化与精制

在使用溶剂时，如果将市售品直接当作纯品来使用是不妥的，因为其纯度达不到纯品要求。由于众多的因素而使杂质混入溶剂，所以在使用溶剂之前必须弄清楚，至少应该将对使用有影响的那部分杂质除去。

外观、气味、沸点、熔点、凝固点、溶解度、相对密度、折射率、旋光度、紫外吸收光谱、红外吸收光谱等，这些性质都是表示和测定溶剂纯度的主要指标。由于大部分溶剂都含有杂质，因此除上述项目测定外，还有蒸馏试验、闪点、燃点等物理性质和水分、pH、硫酸着色试验、高锰酸钾试验、灼烧残渣、氯化物、硫酸盐、铅、砷、游离酸、游离碱、醇、醛、酮等预测可能混入杂质的测定方法。

其他测定溶剂纯度的方法有气相色谱法、质谱法、核磁共振谱法等，特别是气相色谱法，除个别溶剂外几乎可以测定所有溶剂的杂质，同时还可以测定溶剂本身的含量，这是测定纯度不可缺少的一种方法。特殊的纯度测定方法还有离子电极法、原子吸收光谱法等。

一般的溶剂因种种原因总是含有杂质，这些杂质如果对溶剂的使用没有什么影响，则可直接使用。可是在进行化学实验或进行一些特殊的化学反应时，必须将杂质除去。虽然除去全部杂质是有困难的，但至少应该将杂质减少到对使用目的没有妨碍的限度。除去杂质的操作称为溶剂的精制。水是溶剂中含量最多的杂质，故溶剂的精制几乎都要进行脱水，其次除去其他的杂质。

1. 溶剂的脱水干燥

水的存在不仅对许多化学反应有影响，而且对重结晶、萃取、洗涤等一系列的化学实验操作都会带来不良的影响。因此溶剂的脱水和干燥是十分重要的，又是经常进行的操作步骤。尽管在除去溶剂中的其他杂质时有时往往要加入水分，但在最后还是要进行脱水和干燥。精制后充分干燥的溶剂在保存中往往还必须加入适当的干燥剂，以防止溶剂吸潮。溶剂脱水方法有以下几种：

(1) 干燥剂脱水

这是液体溶剂在常温下脱水干燥最常使用的方法。干燥剂有固体、液体和气体，分为酸性物质、碱性物质、中性物质、金属和金属氢化物等。干燥剂的性质各有不同，在使用时要充分考虑到干燥剂的特性和欲干燥溶剂的性质，才能有效地达到干燥的目的。

在选择干燥剂时首先要确保进行干燥的物质与干燥剂不发生任何反应。干燥剂兼作催化剂时，应不使溶剂发生分解、聚合，并且干燥剂与溶剂之间不形成加合物。此外，还要考虑到干燥速度、干燥效果和干燥剂的吸水量。在具体使用时，酸性物质的干燥最好选用酸性物质干燥剂,碱性物质选用碱性物质干燥剂,中性物质选用中性物质干燥剂。

溶剂中有大量水存在时,应避免选用与水接触着火(如金属钠等)或者发热猛烈的干燥剂,可以选用如无水氯化钙一类缓和的干燥剂进行脱水,使水分减少后再使用金属钠进行干燥。加入干燥剂后应搅拌,放置一定时间。温度可以根据干燥剂的性质、对干燥剂速度影响加以考虑。干燥剂的用量应稍有过剩。在水分多的情况下,干燥剂因吸收水分会部分或全部溶解,生成液状或泥状分为两层,此时应进行分离并加入新的干燥剂。溶剂与干燥剂的分离一般采用倾析法,将残留物进行过滤,但过滤时间太长或周围湿度过大再次吸湿会使水分混入,因此,有时可采用与大气隔绝的、特殊的隔离装置。有的干燥操作危险时,可在安全箱内进行。安全箱内置有干燥剂,使箱内充分干燥,或者吹入干燥空气或氮气。使用分子筛或活性氧化铝等干燥剂时应装填在玻璃管内,使溶剂自上向下流动或者从下向上流动进行脱水,不与外界接触较好。大多数溶剂都可以用这种方法脱水,而且干燥剂还可以回收使用。常用的干燥剂及适用范围见表 2-4。

(2) 分馏脱水

沸点与水的沸点相差较大的溶剂可用分馏效率高的蒸馏塔(精馏塔)进行脱水,这是一般常用的脱水方法。

此外还有共沸蒸馏脱水、蒸发和蒸馏干燥、用干燥的气体进行干燥等。

2. 各类溶剂的精制方法

一般通过蒸馏或精馏进行分离的方法可得到几乎接近纯品的溶剂。然而对于一些用精馏难以将杂质分离的溶剂,必须将这些杂质预先除去,方法之一是分子筛法。

分子筛的种类按有效直径进行分类,例如:有效直径为 3×10^{-8} cm 的称为 3A 分子筛;4×10^{-8} cm 的称为 4A 分子筛;5×10^{-8} cm 的称为 5A 分子筛;9×10^{-8} cm 的称为 10X 分子筛;10×10^{-8} cm 的称为 13X 分子筛。

溶剂进行精制时,其装置、器皿等材料的选择对溶剂的纯度有影响,一般使用玻璃仪器较好。

(1) 脂肪烃的精制

脂肪烃中易混有不饱和烃与硫化物,可加入硫酸搅拌至硫酸不再显色为止,用碱中和洗涤,再经水洗、干燥、蒸馏。

(2) 芳香烃的精制

与脂肪烃的精制相同。

(3) 卤代烃的精制

卤代烃中含有水、酸、同系物及不挥发物等,在水和光的作用下可能生成光气和氯化氢。精制时用浓硫酸洗涤数次至无杂色为止,除去酸及其他有机杂质,然后用稀氢氧化钠洗涤,再用冷水充分洗涤、干燥、蒸馏。四氯化碳中含有二硫化碳较多,可用稀碱溶液煮沸使其分解除去,水洗、干燥后蒸馏。

(4) 醇的精制

醇中主要的杂质是水,可参照溶剂的脱水干燥进行精制。

(5) 酚的精制

酚中含有水、同系物以及制备时的副产物等杂质,可用精馏或重结晶精制。甲酚有邻、间、对位三种异构体。邻位异构体用精馏分离;间位异构体与乙酸钠形成络合物,或与 2,6-

二甲基吡啶、尿素形成加成物而分离。

（6）醚、缩醛的精制

醚中主要的杂质是水、原料及过氧化物。在二噁烷及四氢呋喃中尚含有酚类等稳定剂，精制时先用酸式亚硫酸钠洗涤，再用稀碱、硫酸、水洗涤，干燥后蒸馏。因为蒸馏时往往有过氧化物生成，因此注意蒸馏到干涸之前就必须停止，以免发生爆炸事故。

（7）酮的精制

酮中主要含有水、原料、酸性物、同系物等杂质，脱水后通过分馏可达到精制的目的。在有还原性物质存在时，加入高锰酸钾固体，摇动，放置 3～4 日到紫色消失后蒸馏，再进行脱水分馏。需要特别纯净的酮时可加入酸式亚硫酸钠与酮形成加成物，重结晶后用碳酸钠将加成物分解、蒸馏，再进行脱水、分馏，得到精制的产物。苯乙酮用重结晶精制。

（8）脂肪酸和酸酐的精制

脂肪酸中主要含有水、醛、同系物等杂质。甲酸除水以外的杂质可用蒸馏除去，其他脂肪酸可与高锰酸钾等氧化剂一起蒸馏，馏出物再用五氧化二磷干燥分馏。乙酸也可用重结晶精制。乙酐的杂质主要是乙酸，用精馏可达到精制的目的。

（9）酯的精制

酯中主要杂质是水、原料（有机酸和醇）。用碳酸钠水溶液洗涤，水洗后干燥、精馏可达到精制目的。

（10）含氮化合物的精制

① 硝基化合物　主要杂质是同系物。脂肪族硝基化合物加中性干燥剂放置脱水后分馏。芳香族硝基化合物用稀硫酸、稀碱溶液洗涤，水洗后加氯化钙脱水分馏。硝基化合物在蒸馏结束前，蒸馏烧瓶内应保持少量残渣，以防止爆炸。

② 腈　主要杂质是水、同系物。乙腈能与大多数有机物形成共沸物，很难精制。水可用共沸蒸馏除去，高沸点杂质用精馏除去。也可用五氧化二磷进行回流常压蒸馏。

③ 胺　胺中主要含有同系物、醇、水、醛等杂质。胺分为伯胺、仲胺、叔胺，精制方法各有不同。

④ 酰胺　含水、氨、酯、铵盐等杂质，用分子筛脱水后精馏。

⑤ 硫化物的精制　二硫化碳中含有水、硫、硫化物等杂质，用玻璃蒸馏器精馏。二甲亚砜用分子筛或氢氧化钙脱水后，用玻璃蒸馏器精馏。

2.6.7　溶剂的毒性与分类

溶剂的毒性表现在溶剂与人体接触或被人体吸收时引起的局部麻醉、刺激或整个肌肉功能发生的障碍。一切有挥发性的物质，其蒸气长时间、高浓度与人体接触总是有毒的。随着中毒程度的加深和持续性的影响，出现急性中毒和慢性中毒。

支配毒性的最重要的因素之一是溶剂的挥发性。常温下挥发性溶剂在空气中的浓度比低挥发性的溶剂高得多。因此，达到致命浓度的可能性主要发生在低沸点溶剂。高沸点溶剂挥发性小，比较安全，但是如果内服或皮肤吸收同样会发生中毒。

因为许多溶剂都容易溶解动物性脂肪。因此在使用溶剂时常常在皮肤表面涂敷适当的防护膏，以防止溶剂的侵蚀。挥发性溶剂一般具有特殊的气味，对眼、鼻、喉具有刺激性，能引起人体头痛、呕吐、眼花等。

使用溶剂的设备最好采用密闭式。实验室及小型工厂使用溶剂时也应注意通风,通风设备对易燃性溶剂也是必要的。

1. 根据溶剂对生理作用产生的毒性分类

(1) 损害神经的溶剂　如伯醇类(甲醇除外)、醚类、醛类、酮类、部分酯类、苄醇类等。

(2) 肺中毒的溶剂　如羧酸酯类、甲酸酯类等。

(3) 血液中毒的溶剂　如苯及衍生物、乙二醇类等。

(4) 肝脏及新陈代谢中毒的溶剂　如卤代烃类等。

(5) 肾脏中毒的溶剂　如四氯乙烷及乙二醇类等。

2. 根据溶剂对健康的损害分类

(1) 无害溶剂

① 基本上无毒害,长时间使用对健康没有影响,如戊烷、石油醚、轻质汽油、己烷、庚烷、200# 溶剂汽油、乙醇、氯乙烷、乙酸、乙酸乙酯等。

② 稍有毒性,但挥发性低,在普通条件下使用基本无危险,如乙二醇、丁二醇、邻苯二甲酸二丁酯等。

(2) 一定程度上是有害或稍有毒的溶剂

在短时间最大容许浓度下使用没有重大的危害,如甲苯、二甲苯、环己烷、异丙烷、环庚烷、乙酸丙酯、戊醇、乙酸戊酯、丁醇、三氯乙烯、四氯乙烯、环氧乙烷、氢化芳烃、石脑油、四氢化萘、硝基乙烷等。

(3) 有害溶剂

除在极低浓度下无危害,即使是短时间接触也是有害的,如苯、二硫化碳、四氯化碳、甲醇、四氯乙烷、乙醛、苯酚、硝基苯、硫酸二甲酯、五氯乙烷等。

3. 根据在工厂使用条件下的危险程度分类

(1) 弱毒性溶剂

如 200# 溶剂汽油、四氢化萘、松节油、乙醇、丙醇、丁醇、戊醇、溶纤剂、环己烷、甲基环己醇、丙酮、乙酸乙酯、乙酸丙酯、乙酸丁酯、乙酸戊酯、增塑剂、糠醛、糠醇等。

(2) 中毒性溶剂

如甲苯、环己烷、甲醇、二氯甲烷、1,2-二氯乙烯、三氯乙烯、四氯乙烯等。

(3) 强毒性溶剂

如苯、二硫化碳、二噁烷、氯仿、四氯化碳、二氯乙烷、四氯乙烷、五氯乙烷、二氯乙醚、氯苯、2-氯乙醇等。

2.6.8　溶剂的应用

有机溶剂主要在反应合成过程中、重结晶过程中、萃取过程中以及洗涤和测试过程中使用,在这些过程中,选择合适的有机溶剂才能得到满意的结果。在选择溶剂时除了考虑溶剂的极性、溶解性、挥发性、蒸发性、粘性、毒性等因素外,还要考虑与被考察对象的反应及经济、环保性。重结晶和萃取用溶剂的选择依据与原则等内容将在各自章节中较详细地介绍。

§2.7　有机化合物的色谱分析

色谱法(chromatography)是分离、提纯和鉴定有机化合物的重要方法之一,近年来色谱分离技术已在化学化工、生物、食品等领域得到了广泛的应用。

色谱法根据其物理化学原理的不同,可分为吸附色谱、分配色谱、离子交换色谱、凝胶色谱等;根据其固定相的形状不同,可分为柱色谱、薄层色谱、纸色谱;根据其流动相的不同,又可分为气相色谱和高效液相色谱等类型。本节主要介绍气相色谱和高效液相色谱(又称高压液相色谱)。

2.7.1　气相色谱

气相色谱(gas chromatography,GC),是 20 世纪 50 年代发展起来的一种色谱分离技术。主要用来分离和鉴定气体及挥发性较强的液体混合物。由于气相色谱仪结构简单,造价较低,且样品用量少,分析速度快,分离效能高,还能与红外光谱(IR)、质谱(MS)等联用,把色谱良好的分离性能与 IR、MS 等仪器的定性能力完美地结合起来。因此,气相色谱已在石油化工、生物化学、医药卫生及环境保护等方面得到广泛应用。

气相色谱是以气体作为流动相的一种色谱,根据固定相的状态不同,又可分为气-固色谱和气-液色谱,前者属于吸附色谱,后者属于分配色谱。

1. 基本原理

样品中各组分是在通过色谱柱的过程中彼此分离的。当惰性气体(流动相)携带着样品通过色谱柱时,由于样品中各组分分子和固定相分子之间发生溶解、吸附或配位等作用,使样品在流动相和固定相之间进行反复多次的分配平衡,由于各组分在两相间的分配系数不同,因而各组分沿色谱柱移动的速度也不同。当通过适当长度的色谱柱后,各组分彼此间就会拉开一定的距离,先后流出色谱柱,即发生分离,至检测器给出信号。

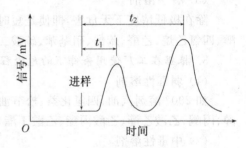

图 2-12　两组分经色谱柱分离后的流出曲线

对于气-液色谱,在固定相中溶解度小的组分先流出色谱柱,溶解度较大的组分后流出色谱柱。图 2-12 是两个组分经色谱柱分离,先后进入检测器时记录仪记录的流出曲线。图中 t_1 和 t_2 分别是两组分的保留时间,即它们流出色谱柱所需的时间。

2. 气相色谱仪

气相色谱仪的主要部件及流程图如图 2-13 所示。载气从高压钢瓶流出,经减压阀减压及净化管净化,用针形阀调节并控制载气的流量,通过转子流量计和压力表指示出载气的流量与柱前压。试样用进样器注入,在气化室瞬间气化后由载气带入色谱柱进行分离,分离后的各组分随载气进入检测器,检测器将组分的瞬间浓度或单位时间的进入量转变为电信号,放大后由记录器记录成色谱峰。

气相色谱仪品种很多,性能和应用范围均有差异,但基本结构和流程大同小异。主要包括载气供应系统、进样系统、色谱柱、温度控制系统、检测系统和数据处理系统等部分。在气相色谱中,组分能否分离取决于色谱柱,而灵敏度的大小则取决于检测器。根据色谱柱的不同,气相色谱又可分为填充柱色谱和毛细管色谱[1],后者的分离效率更高。气相色谱中应用的检测器较多,常用的有:热导检测器(TCD)、氢火焰电离检测器(FID)、电子捕获检测器(ECD)。

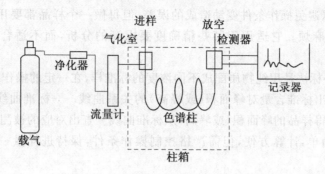

图 2-13 气相色谱仪工作流程图

3. 定性和定量分析

（1）定性分析

气相色谱法是一种高效、快速的分离分析技术，它可以在很短的时间内分离几十种甚至上百种组分的混合物，其分离效能是其他方法难以相比的。但是，仅从气相色谱图不能直接给出组分的定性结果，而要与已知物对照分析。气相色谱定性的依据是保留时间。当固定相和色谱条件一定时，任何一种物质都有一定的保留值。在同一色谱条件下，比较已知物和未知物的保留值，就可以定出某一色谱峰是什么化合物。

但是，与已知物对照作为定性分析方法还存在一定的问题。首先，色谱法定性分析主要依据每个组分的保留值，所以需要标准样品，而标样不易得到；其次，由于不同化合物在相同条件下有时具有相近甚至相同的保留值，所以单靠色谱法对每个组分进行鉴定是比较困难的。只能在一定条件下（例如已知可能为某几个化合物或从来源可知化合物可能的类型）给出定性结果，对于复杂混合物的定性分析，目前是将气相色谱仪、质谱仪和红外光谱仪等联用。

（2）定量分析

气相色谱常用的定量计算方法有如下三种。

① 归一化法：如果分析对象各组分的响应值都很接近，且各组分都被分开，并出现在色谱图上，则可以用每组分峰面积占峰面积总和的百分数代表该组分的质量分数，即：

$$\omega_i = \frac{m_i}{m} = \frac{A_i F_i}{\sum A_i f_i}$$

式中：ω_i 为 i 组分的质量分数；m_i 为 i 组分的质量；m 为试样质量；A_i 为 i 组分的峰面积；f_i 为 i 组分的质量校正因子。

归一化法的优点是简便、准确、操作条件（如进样量、流量）对结果影响小，适用于多组分同时分析。如果峰出得不完全，即有的高沸点组分没有流出，或者有的组分在检测器中不产生信号，则不能使用归一化法。

② 内标法：当样品中各组分不能全部流出色谱柱，或检测器不能对各组分都产生响应信号，且只需要对样品中某几个出现色谱峰的组分进行定量时，可采用内标法，即在一定量的样品中加入一定量的标准物质（内标物）进行色谱分析。

内标物的选择条件应满足：内标物能溶于样品中，其色谱峰与样品各组分的色谱峰能完全分离，且它的色谱峰与被测组分的色谱峰位置比较接近，其称样量与被测组分接近。

用内标法可以避免操作条件变动造成的误差,但每做一个样品都要用天平准确称量样品和内标物,比较麻烦。它适用于某些精确度要求高的分析,而不适合样品量大的常规分析。

③ 外标法:外标法是用纯物质配成不同浓度的标准样,在一定的操作条件下定量进样,测定峰面积后,给出标准含量对峰面积(或峰高)的关系曲线——标准曲线。在相同的条件下测定样品,由已得样品的峰面积(或峰高)从标准曲线上查出对应的被测组分的含量。

外标法操作简单,计算方便,但需严格控制操作条件,保持进样量一致才能得到准确结果。

【注释】

[1] 毛细管柱(capillary column)又叫空心柱或开管柱(open tubular column),是 1957 年戈雷(M. J. E. Golay)发明的,这种直径小(0.1~0.5 mm)、长度长(30~300 m)的管柱形同毛细管。20 世纪 70 年代初毛细管柱商品化后被广泛采用。空心柱分为涂壁空心柱(wall coated open tubular column,简称 WCOT 柱)、多孔层空心柱(porous layer open tubular column,简称 PLOT 柱)和涂载体空心柱(support coated open tubular column,简称 SCOT 柱)。涂壁空心柱使用最为广泛,它是将固定液均匀地涂在内径 0.1~0.5 mm 的毛细管内壁而成。毛细管的材料可以是不锈钢、玻璃或石英。这种色谱柱具有渗透性好、传质阻力小等特点,因此柱子可以做得很长。多孔层空心柱是在毛细管内壁适当沉积上一层多孔性物质,然后涂上固定液。这种柱容量比较大,渗透性好,故有稳定、高效、快速等优点。

与填充柱比较,毛细管柱具有以下特点。① 柱容量小,允许进样量小。通常要采用分流技术,即在气化室出口将样品分成两路,绝大部分样品放空,极少部分样品进入色谱柱。放空的样品量与进入色谱柱的样品量之比称为分流比,通常控制在(50∶1)~(100∶1)。但这对微小组分的分析不利,定量分析的重现性也不如填充柱好。② 柱效高,大大提高了分离复杂混合物的能力。毛细管的理论塔板数比填充柱高 2~3 个数量级。由于载气线速大,柱容量小,因此色谱峰形窄,出峰快,不同组分容易分开。③ 渗透率大,载气阻力小,相比大,可使用长色谱柱。有利于提高柱效和实现快速分析。

由于毛细管柱的涂布需要专门的技术和设备,因此,一般使用者多购买商品色谱柱。商品色谱柱的固定液种类很多,如 OV - 101,PEG - 20M,SE - 52,SE - 54,SE - 30,OV - 17 等。

2.7.2　高效液相色谱

高效液相色谱又称为高压液相色谱(high performance liquid chromatography,HPLC),是 20 世纪 70 年代初发展起来的一种高效、快速的分离分析有机化合物的方法,它适用于那些高沸点、难挥发、热稳定性差、离子型的有机化合物的分离与分析。

1. 基本原理

高效液相色谱可以分为液-固吸附色谱、液-液分配色谱、离子交换色谱和凝胶渗透色谱等,应用最广泛的是液-液分配色谱,因此,在下面的讨论中将以液-液分配色谱为主。

当流动相携带着样品通过色谱柱时,样品在流动相和固定相[1]之间进行反复多次的分配平衡,由于各组分在两相间的分配系数不同,因而各组分沿色谱柱移动的速度也不同。当通过适当长度的色谱柱后,各组分彼此间就会拉开一定的距离,先后流出色谱柱,即发生分离,至检测器给出信号,最后由数据系统进行数据的采集、储存、显示、打印和数据处理工作。

在液-液分配色谱中,反相色谱最常用的固定相是十八烷基键合固定相,正相色谱常用的是氨基、氰基键合固定相。醚基键合固定相既可用于正相色谱,又可用于反相色谱。键合相不同,分离性能也不同。固定相确定之后,用适当的溶剂调节流动相,可以得到较好的分离。若改变流动相后仍不能得到满意的结果,可以变换固定相或采取不同固定相的柱子串联使用。如果样品比较复杂,则需采用梯度洗脱方式,即在整个分离过程中,溶剂强度连续变化。这种变化是按一定程序进行的。

2. 高效液相色谱仪

高效液相色谱仪由输液系统、进样系统、分离系统、检测系统和数据处理系统组成。其简单流程如图 2-14 所示。

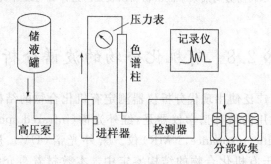

图 2-14 高效液相色谱仪工作流程图

在一根不锈钢制的封闭色谱柱内,紧密地装入高效微球固定相,用高压泵连续地按一定流速将溶剂送入色谱柱。然后,用进样器将样品注入色谱柱的顶端,用溶剂连续地冲洗色谱柱,样品中各组分会逐渐地被分离开来,并按一定顺序从柱后流出。而后进入检测器,将各组分浓度的变化转换成电信号,经放大后送入记录仪而绘出色谱图。

3. 高效液相色谱法的特点

高效液相色谱的定性、定量分析方法与气相色谱法基本相同[2]。它具有如下特点:

(1) 高压 由于溶剂(流动相)的黏度比气体大得多,色谱柱内填充了颗粒很小的固定相,当溶剂通过柱时会受到很大阻力。一般 1 m 长的色谱柱的压降为 7.5×10^6 Pa。所以,高效液相色谱都采用高压泵输液。

(2) 高速 溶剂通过柱子的流量可达 $3 \sim 10$ mL·min^{-1},制备色谱达 $10 \sim 50$ mL·min^{-1},使分离速度增大,可在几分钟至几十分钟内分析完一个样品。

(3) 高效 高效液相色谱使用了高效固定相,其颗粒均匀,直径小于 10 μm,表面孔浅,质量传递快,柱效很高,理论塔板数可达 10^4 块·m^{-1}。

(4) 高灵敏度 采用高灵敏度的检测器,如紫外吸收检测器的灵敏度很高,最小检出限可达 5×10^{-10} g·mL^{-1},示差折光检测器为 5×10^{-7} g·mL^{-1}。

【注释】

[1] 高效液相色谱的流动相和固定相。① 流动相:液相色谱的流动相在分离过程中有较重要的作用,因此在选择流动相时,不但要考虑到检测器的需要,同时又要考虑它在分离过程中所起的作用。常用的流动相有正己烷、异辛烷、二氯甲烷、水、乙腈、甲醇等。在使用前一般都要过滤、脱气,必要时需要进一步纯化。② 固定相:常用固定相类型有全多孔型、薄壳型、化学改性型等。常用固定相有 β', β-氧二丙腈、聚乙二醇、角鲨烷等。

[2] 高压液相色谱法与气相色谱法的比较。① 气相色谱法要求样品能瞬间气化、不分解,适于低中沸

点、相对分子质量小于 400 而又稳定的有机化合物(占有机化合物总数的 15%～20%)的分析。液相色谱一般在室温下进行,要求样品能配制成溶液,适于高沸点、热稳定性差、相对分子质量大于 400 的有机物的分离分析。② 在气相色谱中,只有色谱固定相可供选择,因为载气种类少,与组分不发生特殊的作用,想通过改变载气种类以改变组分的分离度是不可能的。在高效液相色谱中,有两种可供选择的色谱相,即固定相和流动相。固定相可有多种吸附剂、高效固定相、固定液、化学键合相供选择;流动相有单溶剂、双溶剂、多元溶剂,并可任意调其比例,达到改变载液的浓度和极性,进而改变组分的容量因子,最后实现分离度的改善。③ 气相色谱中要想回收被分离组分很困难,液相色谱中回收被分离的组分比较容易,只要把一个容器放在柱子的末端,就可以将所分离的某个流出物加以收集。这样可为红外、核磁等方法确定化合物结构提供纯样品。

§2.8　有机化合物的波谱分析

有机化学实验中已广泛使用现代分析仪器测定有机化合物的结构。在这些仪器中,鉴定有机化合物结构最常用的两种谱学仪器是:红外光谱(infrared spectroscopy,IR)仪和核磁共振(nuclear magnetic resonance,NMR)仪。紫外光谱(UV)、质谱(MS)和 X 衍射(X-ray)也广泛地应用于有机化合物的结构鉴定中。本教材着重介绍红外光谱和核磁共振谱。

2.8.1　红外光谱

电磁光谱的红外区域所对应的波长范围在 $0.78～1\,000\ \mu m$,它超出了肉眼可见光的范围,人们可以通过它对皮肤的热效应探测到红外辐射。红外辐射的能量在 $4～40\ kJ$,它可以引起整个分子、单键或者分子中官能团的振动。

红外吸收光谱是分子振动光谱,简称红外光谱(IR),通过谱图解析可以获取分子结构的信息,是解析有机化合物结构的重要手段之一。任何气态、液态、固态样品均可进行红外光谱测定,这是其他仪器分析方法难以做到的。

1. 基本原理

红外光谱是确定有机化合物结构最常用的方法之一。中红外区吸收光谱应用最广,它是由分子振动能级(伴随有转动能级)跃迁产生的,故又叫分子振动转动光谱。分子中原子间的振动有伸缩振动和弯曲振动。

当有机分子吸收红外光后,体系能量增加,产生振动能级的跃迁。一般有伸缩振动(用 v 表示)和弯曲振动(用 δ 表示)。伸缩振动是化学键两端的原子沿键轴方向来回做周期运动,它又可分为不对称伸缩振动(用 v_{as} 表示)和对称伸缩振动(用 v_s 表示)。如果原子间除了伸缩振动外,还有键角的周期变化,这种振动形式称为弯曲振动或变形振动,可分为面内弯曲振动和面外弯曲振动,如图 2-15 所示。在这些振动中,只有那些在振动时发生偶极矩变化的才能吸收红外光,这是因为振动引起电荷分布的改变所产生的电场,与红外辐射的电磁场发生共振而引起吸收。当用不同波长的红外光照射有机分子时,只有那些频率与特定的振动形式一致的红外光才能被吸收。在振动能级发生改变时,常伴随着一系列转动能级的改变,因而当我们在 $2～25\ \mu m$ 波长范围内观察有机化合物的红外光谱时,所看到的吸收谱带是连续的、峰谷相间的,而不是断续的线形红外光谱。因此,红外光谱是分子的振动-转动光谱。

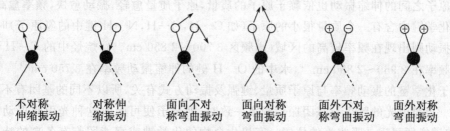

| 不对称
伸缩振动 | 对称伸
缩振动 | 面向不对
称弯曲振动 | 面向对称
弯曲振动 | 面外不对
称弯曲振动 | 面外对称
弯曲振动 |

图 2-15　伸缩振动和弯曲振动示意图

分子是由原子组成的,但分子并不是坚硬的刚体,它很像由弹簧连接起来的一组球的集合体。弹簧的强度相应于各种强度不同的化学键,大小不等的球相应于各种质量不同的原子。分子中存在着两种基本振动,即键伸缩振动(或伸展振动),在伸缩振动中,键长增加或减小;另一种是键弯曲振动(或变角振动),在弯曲振动中,键角扩大或缩小。各种各样的伸缩振动和弯曲振动的能量是量子化的,并且在红外区内,当用红外光对有机分子进行扫描时,各种不同的官能团呈现各种不同的振动吸收,从而得到一张有机化合物分子中各种不同的官能团的红外吸收光谱图。如图 2-16 所示。

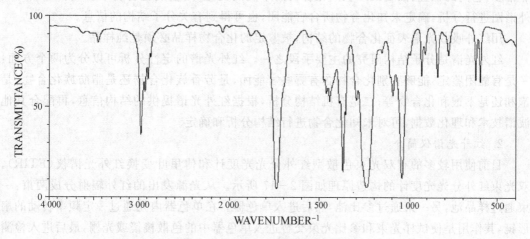

图 2-16　乙酸乙酯的红外光谱图

分子内任何两个由价键连接的原子,可看作两个质量不等的球,价键则是将两球连接起来的弹簧,这样便构成了一个谐振子,其频率可按下式计算:

$$\nu = \frac{1}{2\pi} \sqrt{k / \left(\frac{m_1 m_2}{m_1 + m_2} \right)}$$

在红外光谱中,振动频率通常用波数 $\tilde{\nu}$ 表示,根据频率(ν)、波数($\tilde{\nu}$)与光速($c = 3 \times 10^{10}$ cm/s)的关系式 $\tilde{\nu} = \nu/c$,振动原子的质量为 m_1、m_2(原子质量单位,单位为 g),则有

$$\tilde{\nu} = \frac{1}{2\pi c} \sqrt{k / \left(\frac{m_1 m_2}{m_1 + m_2} \right)}$$

式中:m_1 和 m_2 为相应价键连接的两个原子的质量;$m_1 m_2/(m_1 + m_2)$ 称为折合质量;k 为力常数,与构成化学键的键能有关,键能愈高,振动频率也高,波数低。上式也说明折合质量愈高,振动频率愈低,波数愈高。

　　双原子之间的伸缩振动也依赖于原子的质量,原子质量愈轻,振动愈快,频率愈高,因此当一个化学键中含有一个质量很小的原子(如 C—H,O—H,N—H 键中的氢原子)时,此键的伸缩振动则出现在频率较高的区域(高频区 3 700～2 850 cm^{-1}),烷烃中的 C—H 键的伸缩振动频率在 2 960～2 850 cm^{-1},水中的 O—H 键的伸缩振动频率在 3 750 cm^{-1}。

　　由于化学键的振动频率与原子质量、键强及振动方式有关,所以不同的基团有不同的吸收频率。当照射光的频率与基团振动频率一致时,则分子便可吸收这种光引起振动能级的跃迁,波谱仪便可记录吸收峰的位置。有机化合物的化学键或官能团都有各自的特征振动频率,因此可以测定化合物的红外吸收光谱,根据吸收带的位置,推断出分子中可能存在的化学键或官能团,再结合其他信息便可确定化合物的结构。

　　红外谱图中,横坐标有上下两条横线,分别代表波长和波数,波数即波长(λ)的倒数,或在光的传播方向上每单位长度内的光波数,波长的单位用 μm,波数的单位用 cm^{-1}。纵坐标以透射率 T(或吸光度 A)表示。红外谱图一般包括官能团区(4 000～1 300 cm^{-1})和指纹区(1 300～650 cm^{-1})。

　　官能团区在高波数端,特征性强,可用来判断分子中含有什么官能团。指纹区的吸收峰非常多,它们的位置、强度及形状因化合物的不同而变化,是鉴别化合物的基础。可以对红外谱图进行分析,确定未知化合物所含官能团,也可得到有关分子结构的信息。

　　用红外吸收光谱表征化合物的结构,被鉴定的化合物样品必须是纯样品。

　　红外光谱是分子结构研究的主要手段之一。红外光谱的定性分析可以分为两个方面:一是官能团鉴定,能够鉴别化合物含有哪些官能团,是芳香族化合物还是脂肪族化合物,是饱和还是不饱和化合物等;二是有机结构分析,根据红外光谱提供的结构信息,再配合其他波谱技术和理化数据,可对未知化合物进行结构分析和确定。

　　2. 红外光谱仪简介

　　目前使用较多的有双光束色散型红外分光光度计和傅里叶变换红外光谱仪(FTIR)。双光束红外分光光度计的构造原理如图 2-17 所示。从光源发出的红外辐射分成两束:一束通过样品池,另一束通过参比池,然后进入单色器。在单色器内先通过一定频率转动的扇形镜,其作用是使试样光束和参比光束交替进入单色器中的色散棱镜或光栅,最后进入检测器。检测器随扇形镜的转动也交替接受这两束光。由检测器出来的信号通过交流放大器放大,然后通过伺服系统驱动光楔进行补偿,以达到两束光强度相等。若试样对某一波数的红

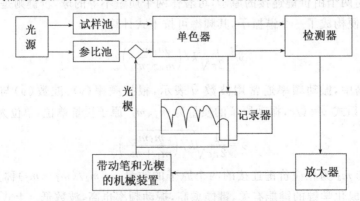

图 2-17　双光束红外分光光度计的构造原理图

外吸收越多,光楔就越多地遮住参比光路,以达到参比光强同样减弱,使两束光重新处于平衡。记录笔与光楔相连,使光楔的变化转化为透光率的改变。

傅里叶变换光谱方法利用干涉图和光谱图之间的对应关系,通过测量干涉图和对干涉图进行傅里叶积分变换的方法来测定和研究光谱图。与传统的光谱仪相比较,傅里叶光谱仪可以理解为以某种数学方式对光谱信息进行编码的摄谱仪,它能同时测量、记录所有谱元的信号,并以更高的效率采集来自光源的辐射能量,从而使它具有比传统光谱仪高得多的信噪比和分辨率;同时它的数字化的光谱数据,也便于数据的计算机处理。

3. 红外光谱试样的制备

(1) 气体样品

气体样品的红外测试可采用气体池进行。在样品导入前先抽真空,样品池的窗口多用抛光的 NaCl 或 KBr 晶片。常用的样品池长 5 cm 或 10 cm,容积为 50～150 mL。吸收峰强度可通过调整气池内样品的压力来达到。因为水蒸气在中红外区有吸收峰,所以气体池一定要干燥。样品测完后,用干燥的氮气流冲洗。

(2) 液体样品

低沸点样品可采用固定池(封闭式液体池)。封闭式液体池的清洗方法是向池内灌注一些能溶解样品的溶剂来浸泡。最后,用干燥空气或氮气吹干溶剂。

一般常用的是可拆式液体池,如图 2−18 所示。将样品滴在窗片(用 KBr、AgCl 等盐制成,又称盐片)上。再垫上橡皮垫片,将池壁对角用螺丝拧紧,夹紧窗片即可。注意:窗片内不能有气泡。

纯液样可直接放入池中,对某些吸收很强的液体或者固体,可配成溶液后,再注入样品池。选用的溶剂应合适:一般要求溶剂对溶质的溶解度要大,红外透光性好,不腐蚀窗片,分子结构简单,极性小,对溶质没有强的溶剂化效应。例如,CS_2、CCl_4 及 $CHCl_3$ 等。它们本身的吸收峰可以通过溶剂参比进行校正。

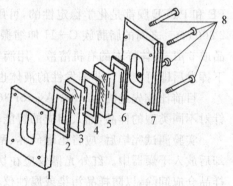

图 2−18　可拆卸式液体池

1—池架前板;2,6—橡皮垫片;3,5—KBr 窗片;4—控制光程长度的铅垫片;有 0.025～1 mm 各种规格;7—池架后板;8—固定螺杆

(3) 固体样品

固体样品的制备,除了采用合适的溶剂将固体配成溶液后,按液体样品处理之外,还可采用以下几种常用方法。

① 压片法:这是红外光谱分析固体样品的常用方法。将 1～3 mg 固体样品与分析纯的 KBr 混合研磨(样品占混合物的 1%～5%)成粒度小于 2 μm 的细粉,用不锈钢铲勺取 70～90 mg 磨细的混合物装在模具中,放于压片机上(压片机的纵剖面如图 2−19 所示),加压至 15 MPa,5 min 后取出。将透明的薄片样品装在固体样品架上进行测定。

压片法制得的样品薄片厚度容易控制,样品易于

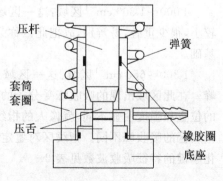

图 2−19　压片机的纵剖面

压杆　弹簧　套筒　套圈　压舌　橡胶圈　底座

保存,图谱清晰,无干涉条纹,再现性良好,凡可粉碎的固体都适用,因而广为采用。

② 糊状法:大多数的固体试样在研磨中若不发生分解,则可把 $1\sim3$ mg 研细的样品粉末悬浮分散在几滴石蜡油、全氟丁二烯等糊剂中,继续研磨成均匀的糊状,再将糊状物刮出夹在二窗片之间,再固定好两块窗片即可测试。本法要求糊剂自身红外吸收光谱简单,折射率和样品相近,且不与样品发生化学反应。糊状物在窗片上应分布均匀。测完后,窗片应用无水乙醇冲洗,软纸擦净,抛光。

此法适用于大多数固体,操作迅速、方便。缺点是石蜡油本身在 $2\,900$ cm^{-1}、$1\,465$ cm^{-1}、$1\,380$ cm^{-1} 处有吸收峰,解析图谱时须将这几个峰划去。

③ 薄膜法:就是将固体样品制成透明薄膜进行测定。制备方法有如下两种:

直接压膜 将样品直接加热到熔融,然后再涂制或压制成膜。此法适用于熔点较低、熔融时又不分解、不升华和不发生其他化学变化的物质。

间接制膜 将样品溶于挥发性溶剂中,然后将溶液滴在平滑的玻璃或金属板上,使溶剂慢慢挥发,成膜后再用红外灯或干燥箱烘干。也可将溶液直接滴在窗片上成膜。

薄膜法在高分子化合物的红外光谱分析中应用广泛。

近年来,一次性的红外样品测试卡已经应用于红外光谱的样品分析。这种方便的红外样品测试卡的载样区为直径 19 mm 含聚乙烯(PE)或聚四氟乙烯(PTFE)的微孔膜圆片。PE 和 PTFE 膜都是化学稳定性的,可用于 $4\,000\sim400$ cm^{-1} 的红外分析,但对样品 $3\,200\sim2\,800$ cm^{-1} 之间的脂肪族 C—H 伸缩振动有影响。所用的样品一般为含有 0.5 mg 固体样品或 5 μL 液体样本的有机溶液。用滴管将溶解的样品滴在薄膜上,几分钟后待溶剂在室温下挥发后即可测定。非挥发性的液体也可用该方法进行测定。

目前比较先进的 Nicolet-Avator 360 全新智能型 FTIR 仪配有标准取样附件和样品池。针对不同类型的样品,插入相应的智能软件即可测定。

实验测试完毕后,应将玛瑙研钵、刮刀和模具接触样品部件用丙酮擦洗,红外灯烘干,冷却后放入干燥器中。红外光谱仪应在切断电源,光源冷却至室温后,关好光源窗。样品池或样品仓应卸除,以防样品污染或腐蚀仪器。最后将仪器盖上罩,登记和记录操作时间和仪器状况,经指导教师允许方可离去。

4. 红外图谱的解析

有机分子结构不同,红外光谱表现出的吸收峰也不同。红外光谱比较复杂[1],一个化合物的红外吸收光谱有时有几十个吸收峰,通常把红外光谱的吸收峰分为两大区域。

$4\,000\sim1\,300$ cm^{-1} 区域:这一区域官能团的吸收峰较多,这些峰受分子中其他结构影响较小,很少重叠,易辨别,故把此区称为官能团区,又叫特征谱带区,它们是红外光谱解析的基础。

$1\,300\sim650$ cm^{-1} 区域:这一区域主要是一些单键的弯曲振动和伸缩振动引起的吸收峰。在此区域出现的吸收峰受分子的结构影响较大。分子结构有微小变化就会引起吸收峰的位置和强度明显不同,就像人的指纹因人而异,所以把此区域称为指纹区。不同的化合物指纹区的吸收峰不同。指纹区对鉴定两个化合物是否相同起着关键的作用。常见官能团和化学键的特征吸收波数见表 2-7。

表 2-7　常见官能团和化学键的特征吸收波数

基团	波数/cm^{-1}	基团	波数/cm^{-1}
O—H	3 670～3 580	C≡N	2 260～2 240
O—H(缔合)	3 400～3 200	C≡C	2 250～2 150
O—H(酸)	3 500～2 500	C=C	1 650～1 600
N—H	3 500～3 300	C=O 醛、酮	1 745～1 705
N—H(缔合)	3 400～3 200	C=O 羧酸	1 725～1 700
≡C—H	3 310～3 200	C=O 酯	1 760～1 720
=C—H	3 100～3 020	C=O 酸酐	1 800～1 750
Ar—H	3 100～3 000	C=O 酰胺	1 680～1 640
CH$_2$—H	2 960～2 860	C—O	1 250～1 100
CH—H	2 930～2 860	NO$_2$	1 550,1 350

在解析红外谱图时，可先观察官能团区，找出该化合物存在的官能团，然后再查看指纹区，如果是芳香族化合物，应找出苯环取代位置。由指纹区的吸收峰与已知化合物红外谱图或标准红外谱图[2]对比，可判断未知物与已知物结构是否相同。官能团区和指纹区的功能正好相互补充。

5. 红外光谱测定时的注意事项

(1) 一般要求在制备试样时应做到：① 选择适当的试样浓度和厚度，使最高谱峰的透射百分数在 1%～5%、基线在 90%～95%、大多数的吸收峰透射百分数在 20%～60% 范围；② 试样中不含游离水；③ 多组分试样的红外光谱测绘前应预先分离。

(2) KBr 要预先研细，在 110℃ 下恒温干燥。

(3) 在红外灯下操作，避免 KBr 吸收水分潮解。

(4) 模具在压片机中一定要放正，压力不能太高，以防模具损坏变形。压片时的压力和压片时间因压片机的型号不同，而有所差异，压片时应按照使用说明书的要求进行操作。

(5) 在使用 KBr 和 NaCl 窗片时应带上橡皮手套或指套，避免窗片被手指的潮气侵蚀。氯化钠压片易碎，取用时要格外小心。不能与水接触。金属研片应保存在干燥器中，使用完后应将金属研片用软纸擦干净，用二氯甲烷清洗后放回干燥器中。

【注释】

[1] 红外吸收光谱的三要素：位置、强度、峰形。

在解析红外谱图时，要同时注意红外吸收峰的位置、强度和峰形。吸收峰的位置（即吸收峰的波数值）无疑是红外吸收最重要的特点，因此各红外专著都充分地强调了这点。然而，在确定化合物分子结构时，必须将吸收峰位置辅以吸收峰强度和峰形来综合分析，可是后两个要素则往往未得到应有的重视。

每种有机化合物均显示若干红外吸收峰，因而易于对各吸收峰强度进行相互比较。从大量的红外谱图可归纳出各种官能团红外吸收的强度变化范围。所以，只有当吸收峰的位置及强度都处于一定范围时，才能准确地推断出某官能团的存在。以羰基为例，羰基的吸收是比较强的，如果在 1 680～1 780 cm^{-1}（这是典型的羰基吸收）有吸收峰，但其强度较弱，这并不表明所研究的化合物存在有羰基，而是说明该化合物中存在着羰基化合物的杂质。吸收峰的形状也决定于官能团的种类，从峰形可辅助判断官能团。以缔合羟基、缔合伯氨基及炔氢为例，它们的吸收峰位置只略有差别，但主要差别在于吸收峰形不一样：缔合羟基峰圆滑而钝；缔合伯胺基吸收峰有一个小或大的分岔；炔氢则显示尖锐的峰形。

　　总之,只有同时注意吸收峰的位置、强度、峰形,综合地与已知谱图进行比较,才能得出较为可靠的结论。

　　[2] 标准红外谱图的应用。

　　最常见的红外标准谱图为萨特勒(Sadder)红外谱图集,它有几个突出的优点:① 谱图收集丰富:该谱图中已收集有七万多张红外谱。② 备有多种索引,检索方便:化合物名称字顺索引(alphabetical index);化合物分类索引(chemical classes index);官能团字母顺序索引(functional group alphabetical index);分子式索引(molecular formula index);分子量索引(molecular weight index);波长索引(wave length index)。③ 萨特勒同时出版了红外、紫外、核磁氢谱、核磁碳谱等的标准谱图,还有这几种谱的总索引,从总索引可以很快查到某一种化合物的几种谱图(质谱除外)。这对未知物结构鉴定提供了极为方便的条件。④ 萨特勒谱图包括市售商品的标准红外谱图。如溶剂、单体和聚合物、增塑剂、热解物、纤维、医药、表面活性剂、纺织助剂、石油产品、颜料和染料……每类商品又按其特性细分,这对于针对各类商品进行的研究十分方便,这是其他标准谱图所不及的。

思考题

　　(1)用压片法制样时,为什么要求研磨到颗粒粒度为 $2~\mu m$ 左右? 研磨时不在红外灯下操作,谱图上会出现什么情况?

　　(2)液体化合物测定时,为什么低沸点样品要采用液池法?

　　(3)对于高分子聚合物,很难研磨成细小颗粒,采用什么制样方法较好?

2.8.2　核磁共振氢谱

　　核磁共振谱(nuclear magnetic resonance spectroscopy,NMR)可能是现代化学家分析有机化合物最有效的波谱分析方法。该技术取决于当有机物被置于磁场中时所表现的特定核的核自旋性质。在有机化合物中所发现的这些核一般是 ^1H、^2H、^{13}C、^{19}F、^{15}N 和 ^{31}P,所有具有磁矩的原子核(即自旋量子数 $m_s > 0$)都能产生核磁共振。而 ^{12}C、^{16}O 和 ^{32}S 没有核自旋,不能用 NMR 谱来研究。在有机化学中最有用的是氢核和碳核,氢同位素中,^1H 质子的天然丰度比较大,磁性也比较强,比较容易测定。组成有机化合物的元素中,氢是不可缺少的元素,本教材仅就 ^1H NMR 进行讨论。

　　核磁共振氢谱(^1H NMR)能够提供以下几种结构信息:化学位移 δ、偶合常数 J、各种核的信号强度比和弛豫时间。通过分析这些信息,可以了解特定原子的化学环境、原子个数、邻接基团的种类及分子的空间构型。所以核磁共振氢谱在化学、生物学、医学和材料科学领域的应用日趋广泛,在有机化合物的结构研究中是一种重要的剖析工具。

　　1. 基本原理

　　核磁共振氢谱的基本原理是具有磁矩的氢核,在外加磁场中磁矩有两种取向:一种与外加磁场同向,能量较低;另一种与外加磁场反向,能量较高。两者的能量差 ΔE 与外磁场强度 H_0 成正比:

$$\Delta E = h\gamma H_0 / 2\pi$$

　　式中:γ 为核的磁旋比;h 为普朗克常数。

　　如果在与磁场 H_0 垂直的方向,用一定频率的电磁波作用到氢核上,当电磁波的能量 $h\nu$ 正好等于能级差 ΔE 时,氢核就会吸收能量从低能态跃迁到激发态,如图 2-20 所示,即发生"共振"现象。所以核磁共振必须满足下列条件:

$$h\nu = \Delta E = h\gamma H_0 / 2\pi, 即\ \nu = \gamma H_0 / 2\pi$$

式中：ν 为电磁波的频率。

在实际的分子环境中，氢核外面是被电子云所包围的，电子云对氢核有屏蔽作用，从而使得氢核所感受到的磁场强度不是 H_0 而是 H'。在有机化合物分子中，不同类型的氢核其周围的电子云屏蔽作用是不同的。也就是说，不同类型的质子，在静电磁场作用下，其共振频率并不相同，从而导致图谱上信号的位移。由于这种位移是因为质子周围的化学环境不同而引起的，故称为化学位移。化学位移用 δ 表示，其定义为：

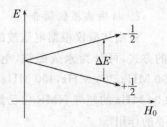

图 2-20 自旋态能量差与磁场强度的相互关系

$$\delta = \frac{\nu_{样品} - \nu_{标准}}{\nu_0} \times 10^6$$

式中：$\nu_{样品}$ 为样品的共振频率；$\nu_{标准}$ 为标准物的共振频率；ν_0 为所用波谱仪器的频率。

常用的标准物为四甲基硅烷（TMS），TMS 的 δ 值为零。表 2-8 列出了一些常见基团中质子的化学位移。核磁共振氢谱中横轴标记为 ppm（百万分之一）或用符号 δ 表示，图 2-21 为乙醇的 ^{1}H NMR 谱。

表 2-8 不同类型质子的化学位移值

质子类型	化学位移值	质子类型	化学位移值
TMS	0	$ArCH_3$	2.3
RCH_3	0.9	$RCH=CH_2$	4.5~5.0
R_2CH_2	1.2	$R_2C=CH_2$	4.6~5.0
R_3CH	1.5	$R_2C=CHR$	5.0~5.7
R_2NCH_3	2.2	$RC\equiv CH$	2.0~3.0
RCH_2I	3.2	ArH	6.5~8.5
RCH_2Cl	3.5	$RCHO$	9.5~10.1
RCH_2F	3.7	$RCOOH, RSO_3H$	10~13
$ROCH_3$	3.4	$ArOH$	4~5
RCH_2OH, RCH_2OR	3.6	ROH	0.5~6.0
$RCOOCH_3$	3.7	RNH_2, R_2NH	0.5~5.0
$RCOCH_3, R_2C=CRCH_3$	2.1	$RCONH_2$	6.0~7.5

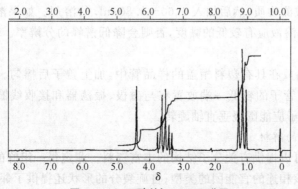

图 2-21 乙醇的 ^{1}H NMR 谱图

2. 核磁共振仪简介

核磁共振仪根据电磁波的来源，可分为连续波和脉冲-傅里叶变换两类；如按磁场产生的方式，可分为永久磁铁、电磁铁和超导磁体三种；也可按磁场强度不同，分为 60 MHz，90 MHz，300 MHz，400 MHz，500 MHz 等多种型号，一般兆数越高，仪器分辨率越好。目前 900 MHz 的超导 NMR 仪已经问世，这必将对有机化学、生物化学和药物化学的发展起到重要的作用。

核磁共振仪主要由磁铁、射频振荡器和线圈、扫场发生器和线圈、射频接受器和线圈以及示波器和记录仪等部件组成，见图 2-22。

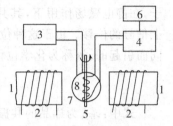

图 2-22 核磁共振仪工作原理示意图

1—磁铁；2—扫场线圈；3—射频振荡器；4—射频接收器及放大器；5—试样管；6—记录仪和示波器；7—射频线圈；8—接收线圈

3. 核磁共振样品的制备

无粘性的液体样品可用 TMS 作内标以进行纯样品的制备。粘性液体和固体必须溶解在适当的溶剂中，最常用的有机溶剂是 CCl_4。随着被测物质极性的增大，要用极性大的氘代（D 代）试剂。

氘代试剂作溶剂，它不含氢，不产生干扰信号。选择氘代试剂主要考虑对样品的溶解度。氘代氯仿（$CDCl_3$）是最常用的溶剂，除强极性的样品之外均可适用，且价格便宜，易获得。极性大的化合物可采用氘代丙酮（CD_3COCD_3）、重水（D_2O）等。在应用重水时要小心，因为活泼氢与重水进行交换会形成氘标记的（含氘）化合物。

针对一些特定的样品，可采用相应的氘代试剂：如氘代苯（C_6D_6，用于芳香化合物，包括芳香高聚物）、氘代二甲基亚砜（DMSO-d_6，用于某些在一般溶剂中难溶的物质）、氘代吡啶（C_6D_5N，用于难溶的酸性或芳香物质及皂苷等天然化合物）等，但这些溶剂价格较贵。

四甲基硅烷（TMS）是最常用的内标，它加到被分析的溶液中，以形成按 TMS 体积计为 $1\%\sim4\%$ 的溶液。如果溶剂是重水，常用 2,2-二甲基-2-硅戊烷-5-磺酸钠（DDS）做内标，因为四甲基硅烷不溶于重水。

制备 NMR 样品的具体步骤如下：

（1）如果有足够的不黏的液体样品（$0.75\sim1.0$ mL），进行纯样品的制备并加入 $1\sim4$ 滴 TMS；固体样品取 $5\sim10$ mg 溶于 $0.75\sim1.0$ mL 的适当溶剂中；如是液体样品则先加入 $0.15\sim0.20$ mL 的被测物质，然后加入 $0.60\sim0.80$ mL 的溶剂。如果溶剂不含 TMS，加入 $1\sim4$ 滴 TMS。样品溶液应有较低的黏度，否则会降低谱峰的分辨率。若溶液黏度过大，应减少样品的用量。

（2）制备的样品放在具有塑料帽盖的样品管中，加上盖子后摇匀。管子必须深入到足够的深度，以保证当管子的较低一端放置在与磁极、振荡器和接收线圈之间时能正确地排布。一旦放置好，管子应能围绕垂直轴旋转。

4. ^{1}H NMR 谱的解析

核磁共振氢谱可以提供有关分子结构的丰富资料。测定每一组峰的化学位移可以推测与产生吸收峰的氢核相连的官能团的类型；自旋裂分的形状还提供了邻近的氢的数目；而峰的面积可算出分子中存在的每种类型氢的相对数目。在解析未知化合物的核磁共振谱时，一般采取以下步骤来解析[1]。

(1) 首先区别有几组峰,从而确定未知物中有几种不等性质子(即谱图上化学位移不同的质子)。

(2) 计算峰的面积比,以确定各种不等性质子的相对数目。

(3) 确定各组峰的化学位移值,再查阅有关数值表,以确定分子中可能的官能团。

(4) 识别各组峰的自旋裂分情况和耦合常数,以确定各种质子的周围情况。

(5) 根据以上分析,提出可能的结构式,再结合其他信息,最终确定结构。

图 2-17 为乙醇的核磁共振氢谱。从图中可以看出,谱图可分为三组峰,化学位移由低到高的次序为 $\delta1.17$(三重峰)、$\delta3.58$(四重峰)和 $\delta4.40$(单峰)。$\delta1.17$ 的甲基峰($-CH_3$)受邻近 $-CH_2-$ 的自旋耦合,按照 $(n+1)$ 规律,使 $-CH_3$ 分裂为三重峰,耦合常数 $J=7.4$ Hz;同样,亚甲基($-CH_2-$)受 $-CH_3$ 中三个质子耦合分裂为四重峰,耦合常数 $J=7.4$ Hz,因为 $-CH_3$,$-CH_2-$ 属相互耦合对,其耦合常数 J 相等。而醇羟基不受邻近质子影响为单峰。此外图中 $-CH_3$,$-CH_2-$,$-OH$ 峰积分面积之比为 $3:2:1$,与结构式中官能团的氢原子数目比相吻合。

【注释】

[1] 符合一级谱的图谱,有下面的规律:① 磁等价的质子之间,尽管有耦合,但不发生裂分,如果没有其他质子的耦合,应该出单峰。② 磁不等价的质子之间有耦合,发生的裂分峰数目应符合规 $n+1$ 规律。③ 各组质子的多重峰中心为该组质子的化学位移,峰形左右对称,还有内侧高,外侧低的"倾斜效应"。④ 耦合常数可以从图上的数据直接计算出来。找出代表耦合常数大小的两个峰,由它们的化学位移差 $\Delta\delta$ 计算耦合常数,$J(Hz)=\Delta\delta\times$ 仪器兆周数。⑤ 各组质子的多重峰的强度比为二项式展开式的系数比。⑥ 不同类型质子的积分面积(或峰强度)之比等于质子的个数之比。

思考题

(1) 由核磁共振氢谱能获得哪些信息?

(2) 什么是化学位移? 它对化合物结构分析有何意义?

第三章　基本操作实验

实验 1　毛细管法测定固体有机物的熔点及温度计的校正

一、实验目的

(1) 了解熔点测定的意义。

(2) 掌握毛细管法测定固体熔点的操作方法。

(3) 熟悉温度计校正的意义和方法。

二、熔点与熔点测定的意义

1. 熔点与熔点距

一般认为,将一个结晶固体加热,由固态转变为液态时的温度叫做该化合物的熔点。但严格的定义是:物质的熔点是在大气压力下,液相与固相达成平衡时的温度。如从图 3-1 物质的蒸气压和温度的关系图可看出,曲线 SM 固相线与曲线 LM 液相线的交叉点 M 处,固液两相蒸气压一致,固液两相平衡共存,此时的温度 T 即为该物质的熔点。一般情况下,一个纯粹的有机化合物都有其固定的熔点(纯有机化合物从开始熔化(初熔)至完全熔化(终熔)时的温度范围叫熔点距(熔程)。熔点距很窄,一般不超过 $0.5℃\sim1℃$。如果化合物含有杂质,则其熔点降低,熔程延长)。

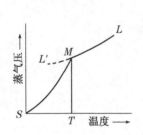

图 3-1　物质的蒸气压和温度的关系

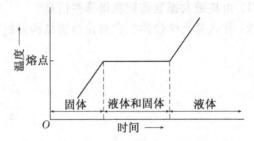

图 3-2　物质相变与时间和温度的关系

图 3-2 是物质相变化与时间和温度的关系图,可看出固体经加热温度升高,到达其熔点时,在一段时间内呈现液固两相,随加热的进行,出现全熔现象。升温速度越快和物质纯度越高,呈现液固两相共存的时间越短,即熔点距越短。

2. 测定熔点的意义

熔点是有机化合物最重要的物理性质。熔点的测定可用以鉴别固体有机化合物,还可以作为该物质的纯度标志。有些纯有机化合物还作为温度计校正时测量温度的标准物。

一般来说,少量杂质混入有机化合物,会使该物质的熔点下降,有时下降的区间较大,熔程加大。这一现象,可用来验证两个熔点相同的样品是否为同一化合物。

在文献资料中,常见在熔点值后面标以分解(decomp)或升华(subm)字样,这表示该化合物在加热至此温度时发生分解或升华现象。还有的在其熔点值后标以溶剂名称,例如,130℃(acetone),表示该熔点是在用丙酮溶剂重结晶后测定的。

有机化合物的熔点范围是用熔点距来表示,故不能取平均值。如果测定两次,则应将两次结果分别列出,同样也不能取平均值。

三、熔点的测定方法与实验装置

1. 毛细管法

中华人民共和国国家标准 GB 617—88《化学试剂熔点范围测定通用方法》规定了用毛细管法测定有机试剂熔点的通用方法,适用于结晶或粉末物熔点的测定。

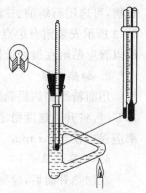

毛细管法测定熔点具有省时、省料(只要几毫克)、精确等优点。毛细管也叫熔点管,玻璃毛细管的规格为:厚质中性玻璃,内径 0.9～1.1 mm,壁厚 0.10～0.15 mm,长 120 mm。使用时,只要从中间截断就成为 2 根熔点管。实验前,应当手持毛细管,逐根对着亮光,察看其封口端部位是否严密,是否有缝隙,以免测试时渗漏进浴油而导致实验失败。

在实验室中常用提勒熔点测定管测有机固体的熔点,如图 3-3 所示。

图 3-3　提勒管式熔点测定装置

提勒管也叫 b 形管,内盛浴液,液面高度以刚刚超过上侧管 1 cm 为宜,加热部位为侧管顶端,这样可便于管内溶液较好地对流循环。附有熔点管的温度计通过侧面开口塞安装在提勒管中两侧管之间。

这种装置是目前实验室中较为广泛使用的熔点测定装置。其特点是操作简便,浴液用量少,节省测定时间。

2. 显微熔点测定法

用毛细管法测定熔点,其优点是实验装置简单,方法简便,但缺点是不能观察晶体在加热过程中的变化情况。为了克服这一缺点,可用放大镜式显微熔点仪装置测定熔点。这种熔点测定装置的优点是可测微量及高熔点(至 350℃)试样的熔点。通过放大镜可以观察试样在加热中变化的全过程,如结晶的失水,多晶的变化及分解等。

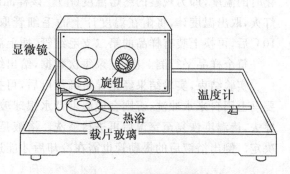

图 3-4　显微熔点测定仪器

四、实验用试剂药品与仪器装置

试剂药品:乙酰苯胺(AR),尿素(AR),液体石蜡。
仪器装置:提勒管,熔点管,温度计(200℃),玻璃管(40 cm),表面皿,玻璃钉。

五、实验步骤

1. 样品的干燥、研磨与填装

待测的固体样品,应事先经过干燥,并仔细地研磨成很细的粉末,放在干燥器中备用。测定时,取 0.1 g 待测样品,聚成小堆。将熔点管的开口端向粉末堆中插几次,样品就会进入熔点管中。取一支长约 40 cm 玻璃管,垂直竖立在一块干净的表面皿上,将熔点管开口端向上,由玻璃管上口投入,使其自由落下,这样反复操作几次,直至样品的高度约为 2~3 mm 时为止。

一种样品的熔点至少要测定 3 次以上,所以该样品的熔点管也要准备 3 支以上。若所测定的是易分解或易脱水的样品,还应将已装好样品的熔点管开口端进行熔封。

2. 实验装置

将提勒管固定在铁架台上,装入浴液(本实验用液体石蜡),测定熔点在 150℃ 以下的有机物,可选用石蜡油、甘油。测定熔点在 300℃ 以下的可采用有机硅油作为浴液。然后按图 3-3 所示安装附有熔点管的温度计。注意温度计刻度值应置于塞子开口侧并朝向操作者。熔点管应贴附在温度计侧面,而不能在正面或反面,以利于观察。

3. 加热升温

用酒精灯加热提勒管侧管弯曲部位,使温度缓缓升至比样品的熔点范围的初熔温度低 10℃ 时,将升温速度稳定保持在 $1℃ \cdot min^{-1}$。如所测的是易分解或易脱水样品,则升温速率应保持在 $3℃ \cdot min^{-1}$。

4. 观察记录

在加热升温后,应密切注意温度计的温度变化情况。在接近熔点范围时,样品的状态发生显著的变化,可形成三个明显的阶段。第一阶段,原为堆实的样品出现软化,塌陷,似有松散,塌落之势,但此时还没有液滴出现,还不能认为是初熔温度,尚须有耐心,缓缓地升温。第二阶段,在样品管的某个部位,开始出现第一个液滴,其他部位仍旧是软化的固体,即已出现明显的局部液化现象,此时的温度即为观察的初熔温度(t_1)。继续保持 $1℃ \cdot min^{-1}$ 的升温速度,液化区逐渐扩大,密切注视最后一小粒固体消失在液化区内,此时的温度为完全熔化时的温度,即为观察的终熔温度(t_2)。该样品的熔点范围为($t_1 \sim t_2$)。此时可熄灭加热的灯火,取出温度计,将附在温度计上的毛细管取下弃去,待热浴温度下降至熔点范围以下 10℃ 后,再换上装有样品的第二支毛细管,插上温度计,按前述方法进行操作。

每个样品平行测 3 次,记录每次数据,给出结论。

实验结束,实验结果经指导教师认可后,可拆卸实验仪器。温度计从热浴中取出后,不要马上用自来水冲洗,否则会使温度计水银球玻璃破裂,应当用干布或纸将温度计上的热油擦去,待温度恢复至室温后再进行清洗。浴液是否要倒回指定的回收瓶,应由实验指导教师决定。倒出浴液后的提勒管也需在冷却后才能进行洗涤。

六、温度计的校正

实验室中使用的温度计,大多为全浸式温度计。全浸式温度计的刻度是在汞线全部受热的情况下刻出来的。而使用温度计时,常常只是少部分汞线受热,大部分汞线则处于室温下,所以测得结果往往偏低。此外,有些温度计在制造时孔径不均匀、刻度不准确或经长期使用后,玻璃变形等,都会造成温度计在测量时有误差。因此,在需要准确测量温度时,应对温度计进行校正。方法如下。

用所需校正的温度计测定多个纯有机化合物（标准化合物）的熔点，然后以测定值为纵坐标，测定值与应有值之差为横坐标作图，便可得到一条该温度计的校正曲线。在以后用该温度计测量温度时，所得到的数据，通过该曲线可换算成准确值。每个实验者都应当将自己所用的温度计，通过测定标准化合物的熔点，进行温度计校正。标准化合物可在表3-1中选择。

表3-1 校正玻璃温度计常用的标准化合物

化合物名称	熔点/℃	化合物名称	熔点/℃	化合物名称	熔点/℃
对甲苯胺	43.7	乙酰苯胺	116	蒽	216
二苯甲酮	48.1	苯甲胺	122.4	糖精钠	229
1-萘胺	50	非那西丁	136	咖啡因	237
偶氮苯	69	水杨酸	159.8	氮芴	246
萘	80.3	磺胺	166	酚酞	265
香草醛	83	磺胺二甲嘧啶	200	蒽醌	285

七、注意事项

（1）在实验时，戴防护目镜，防止热的油浴灼伤。

（2）由于两侧管内浴液的对流循环作用，使提勒管中部温度变化较稳定，熔点管在此位置受热较均匀。

（3）已测定过熔点的样品，经冷却后，虽然固化，但也不能再用做第二次测定。因为有些物质受热后，会发生部分分解，还有些物质会转变成不同熔点的其他结晶形式。

八、思考题

（1）测定熔点时，为什么要用热浴间接加热？

（2）为什么说通过测定熔点可检验有机物的纯度？

（3）测定熔点时如遇下列情况，会产生什么后果？

① 熔点管不洁净；② 样品不干燥；③ 样品研得不细或填装不实；④ 加热速度太快。

（4）如果测得一未知物的熔点与某已知物的熔点相同，是否可就此确认它们为同一化合物？为什么？

实验2 蒸馏和沸点的测定

一、实验目的

（1）了解蒸馏的原理与测定沸点的意义。

（2）初步掌握蒸馏装置的安装与操作。

二、沸点和蒸馏的意义、测定方法

沸点是指液体的表面蒸气压与外界压力相等时的温度。纯净液体受热时，其蒸气压随温度升高而迅速增大,当达到与外界大气压力相等时,液体开始沸腾,此时的温度就是该液体物质的沸点。由于外界压力对物质的沸点影响很大,所以通常把液体在 101.325 kPa 下测得的沸腾温度定义为该液体物质的沸点。

在一定压力下,纯净液体物质的沸点是固定的,沸程较小(0.5~1℃)。如果含有杂质,沸点就会发生变化,沸程也会增大。所以,一般可通过测定沸点来检验液体有机物的纯度。但须注意,并非具有固定沸点的液体就一定是纯净物,因为有时某些共沸混合物也具有固定的沸点。沸点是液体有机物的特性常数,在物质的分离、提纯和使用中具有重要意义。

1. 常量法测定液体有机物的沸点

中华人民共和国国家标准 GB 616—88《化学试剂沸点测定通用方法》规定了液体有机试剂沸点测定的通用方法,适用于受热易分解、易氧化的液体有机试剂的沸点测定。

将盛有待测液体的试管由三口烧瓶的中口放入瓶中距瓶底 2.5 cm 处,用侧面开口橡胶塞将其固定住。烧瓶内盛放浴液,其液面应略高出试管中待测试样的液面。将一支分度值为 0.1℃ 的测量温度计通过侧面开口胶塞固定在试管中距试样液面约 2 cm 处,测量温度计的露颈部分与一支辅助温度计用小橡胶圈套在一起。三口烧瓶的一侧口可放入一支测浴液的温度计,另一侧口用塞子塞上。这种装置测得的沸点经温度、压力、纬度和露颈校正后,准确度较高,主要用于精密度要求较高的实验。

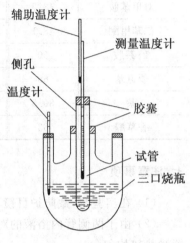

图 3-5　沸点测定装置

2. 微量法测定液体有机物的沸点

沸点(微量法)测定装置沸点测定装置无论是主要仪器的装配还是热载体的选择都与熔点测定装置相同。所不同的是测熔点用的毛细管被沸点管所取代。沸点管有内外两管。内管是长 4~6 cm,一端封闭、内径为 1mm 的毛细管,外管是长 8~9 cm,一端封闭、内径为 4~5 mm 的小玻璃管。外管封闭端在下,用橡皮筋把外管系在温度计旁。外管和温度计两底相平,橡皮筋要系在热载体液面合适位置上(要考虑到载体受热膨胀)。被测液体(3~4 滴)放在沸点管里,将内管开口向下插入被测液体内。然后像测熔点装置一样装入提勒管。

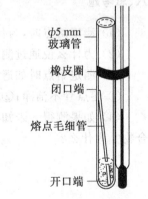

图 3-6　微量法测定沸点

测定时,先在沸点外管内加几滴待测液体,将测沸点内管倒插,做好一切准备后开始加热提勒管。由于沸点内管里气体受热膨胀,很快有小气泡缓缓地从液体中逸出。气泡由缓缓逸出变为快速而且是连续不断地往外冒。此时立即停止加热,随着温度的降低,气泡逸出的速度会明显地减慢。当看到气泡不再冒出而液体刚要进入沸点内管时(外液面与内液面等高)的一瞬间,马上记下此时的温度。两液面等高,说明沸点内管里的蒸气压与外界压力相等,这时的温度即为该液体的沸点。

微量法测定沸点应注意三点:第一,加热不能过快,被测液体不宜太少,以防液体全部汽化;第二,沸点内管里的空气要尽量赶干净,正式测定前,让沸点内管里有大量气泡冒出,以此带出串气;第三,观察要仔细及时并重复几次,其误差不得超过 1℃。

3. 蒸馏装置测定液体有机物的沸点

实验室中,通常是采用蒸馏装置进行液体有机物沸点的测定。

蒸馏是分离和提纯液态有机化合物最常用的方法。纯的液态物质在大气压下有一定的沸点,不纯的液态物质沸点不恒定,因此可用蒸馏的方法测定物质的沸点和定性地检验物质的纯度。中华人民共和国国家标准 GB 615—88《化学试剂沸程测定通用方法》规定了用蒸馏法测定物质沸点的通用方法,适用于沸点在 30~300℃ 范围内,并且在蒸馏过程中化学性能稳定的液体有机试剂。本节讨论的是在常压下的蒸馏,称为普通蒸馏或简单蒸馏。

三、蒸馏原理与装置

1. 蒸馏原理

蒸馏是指将液态物质加热至沸腾,使之成为蒸气状态,并将其冷凝为液体的过程。若加热的液体是纯物质,当该物质蒸气压与液体表面的大气压相等时,液体呈沸腾状,此时的温度为该液体的沸点。所以通过蒸馏操作可以测定纯物质的沸点。纯粹液体的沸程一般为 0.5~1℃,而混合物的沸程较宽。

当对液体混合物加热时,低沸点、易挥发物质首先蒸发,故在蒸气中有较多的易挥发组分,在剩余的液体中含有较多的难挥发组分,因而蒸馏可使混合物中各组分得到部分或完全分离。只有两种液体的沸点差大于 30℃ 的液体混合物或者组分之间的蒸气压之比(或相对挥发度)大于 1 时,才能较好地利用蒸馏方法进行分离或提纯。在加热过程中,溶解在液体内部的空气或以薄膜形式吸附在瓶壁上的空气有助于气泡的形成,玻璃的粗糙面也起促进作用。这种气泡中心称为汽化中心,可作为蒸气气泡的核心。在沸点时,液体释放出大量蒸气至小气泡中。待气泡中的总压力增加到超过大气压,并足够克服由于液体所产生的压力时,蒸气的气泡就上升逸出液面。如在液体中有许多小的空气泡或其他的汽化中心时,液体就可平稳地沸腾[1]。

2. 蒸馏装置

蒸馏装置主要由蒸馏烧瓶、冷凝管和接受器三部分组成,见图 1-3(a)所示。

首先选择蒸馏瓶的大小,一般以被蒸馏物的体积占烧瓶容积的 1/3~2/3 为宜。用铁夹夹住瓶颈上端,根据烧瓶下面热源的高度,确定烧瓶的高度,并将其固定在铁架台上。在蒸馏烧瓶上安装蒸馏头,其竖口插入温度计(分度值为 0.1℃,量程应适合被蒸馏物的沸点范围)。温度计水银球上端与蒸馏头支管的下沿保持水平。蒸馏头的支管依次连接直形冷凝管(注意冷凝管的进水口应在下方,出水口应在上方,铁夹应夹住冷凝管的中央,必须先连接好进出口引水橡皮管后再用铁夹固定)、接引管、接受瓶(还应再准备 2 个以上已称量的干燥、清洁的接受瓶,以收集不同的馏分)[2]。

如果被蒸馏物质易吸湿,应在接引管的支管上连接一个氯化钙管。如蒸馏易燃物质(如乙醚等),则应在接受管的支管上连接一个橡皮管引出室外,或引入水槽和下水道内。

当蒸馏沸点高于 140℃ 的有机物时,不能用水冷冷凝管,要改用空气冷凝管,见图 1-3(b)所示。

若使用热浴作为热源,则热浴的温度必须比蒸馏液体的沸点高出若干度,否则是不能将被蒸馏物蒸出的。热浴温度比被蒸馏物的沸点高出愈多,蒸馏速度愈快。但加热浴的温度最高不能比沸点超过 30℃。否则会导致瓶内物质发生冲料现象,以致引发燃烧等事故的发生。这在处理低沸点、易燃物时尤应注意。过度加热还会引起被蒸馏物的过热分解。

在蒸馏乙醚等低沸点易燃液体时,应当用热水浴加热,不能用明火直接加热,也不能用明火加热热水浴。应用添加热水的方法,维持热水浴的温度。

四、实验步骤

检查装置的稳妥性后,便可按下列程序进行蒸馏操作。

1. 加入物料

将待蒸馏液体通过长颈玻璃漏斗由蒸馏头上口倾入圆底烧瓶中(注意漏斗颈应超过蒸馏头侧管的下沿,以防液体由侧管流入冷凝器中),投入几粒沸石(防止暴沸),再装好温度计。

2. 通冷却水

仔细检查各连接处的气密性[3]及与大气相通处是否畅通(绝不能造成密闭体系)后[4],打开水龙头开关,缓慢通入冷却水。

3. 加热蒸馏

选择适当的热源,先用小火加热(以防蒸馏烧瓶因局部骤热而炸裂),逐渐增大加热强度。当烧瓶内液体开始沸腾,其蒸气环到达温度计汞球部位时,温度计的读数就会急剧上升,这时应适当调小加热强度,使蒸气环包围汞球,汞球下部始终挂有液珠,保持气液两相平衡。此时温度计所显示的温度即为该液体的沸点。然后可适当调节加热强度,控制蒸馏速度,以每秒馏出 1~2 滴为宜。

4. 观测沸点、收集馏液

记下第一滴馏出液滴入接受器时的温度。如果所蒸馏的液体中含有低沸点的前馏分,则需在蒸馏温度趋于稳定后,更换接受器。记录所需要的馏分开始馏出时和收集到最后一滴馏分时的温度,这就是该馏分的沸程(也叫沸点范围)。纯液体的沸程一般在 1~2℃之内。

5. 停止蒸馏

当维持原来的加热温度,不再有馏液蒸出时,温度会突然下降,这时应停止蒸馏。即使杂质含量很少,也不要蒸干,以免烧瓶炸裂。蒸馏结束时,应先停止加热,待稍冷后再停止通冷却水。然后按照与装配时相反的顺序拆除蒸馏装置。

五、实验内容

用蒸馏法测无水乙醇的沸点和用蒸馏法提纯正丁醇。

六、实验用试剂药品与仪器装置

试剂药品:无水乙醇,正丁醇(工业级),沸石。

仪器装置:蒸馏烧瓶(50 mL)3 个,直形冷凝管,蒸馏头,接液管,温度计,石蜡油浴,加热热源,量筒,漏斗。

七、注意事项

(1)正丁醇:其毒性与乙醇相近,不要吸入其蒸气或触及皮肤,二级易燃品,避免与明火接触。

(2)蒸馏装置要保持气路畅通。各磨口连接一定要严密。

【注释】

[1] 如果液体中几乎不存在空气,器壁光滑、洁净,形成气泡就非常困难,这样加热时,液体的温度可能上升到超过沸点很多而不沸腾,这种现象称为"过热"。液体在此温度时的蒸气压已远远超过大气压和液柱压力之和,因此上升气泡增大非常快,甚至将液体冲溢出瓶外,称为"暴沸"。为了避免"暴沸"现象的发生,应在加热之前,加入沸石、素瓷片等助沸物,以形成汽化中心,使沸腾平稳。也可用几根一端封闭的毛细管(毛细管应有足够长度,使其上端可搁在蒸馏瓶的颈部,开口的一端朝下)或利用磁力搅拌器带动搅拌子形成气化中心。此时应当注意,在任何情况下,不可将助沸物在液体接近沸腾时加入,以免发生"冲料"或"喷料"现象。正确的操作方法是在稍冷后加入。另外,在沸腾过程中,中途停止操作,应当重新加入助沸物,因为一旦停止操作后,温度下降时,助沸物已吸附液体,失去形成汽化中心的功能。

[2] 在安装时,其程序一般是由下(从加热源)而上,由左(从蒸馏烧瓶)向右,依次连接。有时还要根据接受瓶的位置(有时还显得过低或过高),反过来调整蒸馏烧瓶与加热源的高度。在安装时,可使用升降台或小方木块作为垫高用具,以调节热源或接受瓶的高度。

在蒸馏装置安装完毕后,应从三个方面检查:

① 从正面看,温度计、蒸馏烧瓶、热源的中心轴线在同一条直线上,可简称为"上下一条线",不要出现装置的歪斜现象;

② 从侧面看,接受瓶、冷凝管、蒸馏瓶的中心轴线在同一平面上,可简称为"左右同一面",不要出现装置的扭曲或曲折等现象,在安装中,使夹蒸馏烧瓶、冷凝管的铁夹伸出的长度大致一样,可使装置符合规范;

③ 装置要稳定、牢固,各磨口接头要相互连接,要严密(否则会出现漏气甚至燃烧现象),铁夹要夹牢,装置不要出现松散或稍一碰就晃动。

能符合这些要求的蒸馏装置将具有实用、整齐、美观、牢固的优点。

[3] 蒸馏装置各器件连接的密闭性不好,在蒸馏时,容易漏气,不仅影响蒸馏产物的产率,还污染实验环境,若是易燃气体,还可能造成燃烧、爆炸等事故。所以装置的各磨口连接一定要严密。

[4] 蒸馏系统若与大气的通路不畅通,一旦加热蒸馏时,体系内部压力增加,就有冲破仪器,甚至爆炸的危险,一定要保持与大气的通道畅通。

八、思考题

(1) 安装蒸馏装置时,应按怎样的顺序进行?

(2) 开始加热之前,为什么要先检查装置的气密性?蒸馏装置中若没有与大气相通处,可以吗?为什么?

(3) 由蒸馏头上口向圆底烧瓶中加入待蒸馏液体时,为什么要用长颈漏斗?直接倒入会有什么后果?

(4) 沸石在蒸馏时起什么作用?加沸石要注意哪些问题?

(5) 为什么要控制蒸馏的速度?速度快有什么影响?

(6) 为什么可通过普通蒸馏来测定液体物质的沸点?什么叫做沸程?

实验 3　分　馏

一、实验目的

(1) 了解分馏的原理和意义。

(2) 熟悉分馏柱的种类和选用方法。

(3) 学习实验室常用分馏的操作方法。

二、分馏的意义与基本原理

应用分馏柱将几种沸点相近的混合物进行分离的方法称为分馏,它在化学工业和实验室中被广泛应用。现在最精密的分馏设备已能将沸点相差仅 $1\sim2℃$ 的混合物分开,利用蒸馏或分馏来分离混合物的原理是一样的,实际上分馏就是多次的蒸馏。

如果将几种具有不同沸点而又可以完全互溶的液体混合物加热,当其总蒸气压等于外界压力时,就开始沸腾汽化,蒸气中易挥发液体的成分较在原混合液中多,这可从下面对二组分理想溶液体系的分析来讨论。所谓理想溶液即是指在这种溶液中,相同分子间的相互作用与不同分子间的相互作用是一样的。也就是各组分在混合时无热效应产生,体积没有改变。只有理想溶液才遵守拉乌尔定律,这时,溶液中每一组分的蒸气压等于此纯物质的蒸气压和它在溶液中的摩尔分数的乘积。亦即:

$$P_A=P_A^o x_A \; ; \; P_B=P_B^o x_B$$

P_A,P_B 分别为溶液中 A 和 B 组分的分压。P_A^o,P_B^o 分别为纯 A 和纯 B 的蒸气压,x_A 和 x_B 分别为 A 和 B 在溶液中的摩尔分数。

溶液的总蒸气压:　　　　　　　　$P=P_A+P_B$

根据道尔顿分压定律,气相中每一组分的蒸气压和它的摩尔分数成正比。因此在气相中各组分蒸气的成分为:

$$x_A^气=\frac{P_A}{P_A+P_B} \; ; \; x_B^气=\frac{P_B}{P_A+P_B}$$

由上式推知,组分 B 在气相和溶液中的相对浓度为:

$$\frac{x_B^气}{x_B}=\frac{P_B}{P_A+P_B}\cdot\frac{P_B^o}{P_B}=\frac{1}{x_B+\frac{P_A^o}{P_B^o}x_A}$$

因为在溶液中 $x_A+x_B=1$,所以若 $P_A^o=P_B^o$,则 $x_B^气/x_B=1$,表明这时液相的成分和气相的成分完全相同,这样的 A 和 B 就不能用蒸馏(或分馏)来分离。如果 $P_B^o>P_A^o$,则 $x_B^气/x_B>1$,表明沸点较低的 B 在气相中的浓度较在液相中大(在 $P_B^o<P_A^o$ 时,也可作类似的讨论)。在将此蒸气冷凝后得到的液体中,B 的组分比在原来的液体中多(这种气体冷凝的过程就相当于蒸馏的过程)。如果将所得的液体再进行汽化,在它的蒸气经冷凝后的液体中,易挥发的组分又将增加。如此多次重复,最终就能将这两个组分分开(凡形成共沸点混合物者不在此例)。分馏就是利用分馏柱来实现这一"多次重复"的蒸馏过程。分馏柱主要是一根长而垂直、柱身有一定形状的空管,或者在管中填以特制的填料。总的目的是要增大液相和气相接触的面积,提高分离效率。

当沸腾着的混合物进入分馏柱(工业上称为精馏塔)时,因为沸点较高的组分易被冷凝,所以冷凝液中就含有较多较高沸点的物质,而蒸气中低沸点的成分就相对地增多。冷凝液向下流动时又与上升的蒸气接触,两者之间进行热量交换,亦即上升的蒸气中高沸点的物质被冷凝下来,低沸点的物质仍呈蒸气上升;而在冷凝液中低沸点的物质则受热气化,高沸点的仍呈液态。如此经多次的液相与气相的热交换,使得低沸点的物质不断上升,最后被蒸馏出来,高沸点的物质则不断流回加热的容器中,从而将沸点不同的物质分离。所以在分馏时,柱内不同高度的各段,其组分是不同的。相距越远,组分的差别就越大,也就是说,在柱的动态平衡情况下,沿着分馏柱存在着组分梯度。

了解分馏原理最好是应用恒压下的沸点-组成曲线图(称为相图,表示这两组分体系中相的变化情况)。通常它是用实验测定在各温度时气液平衡状况下的气相和液相的组成,然后以横坐标表示组成,纵坐标表示温度而作出的(如果是理想溶液,则可直接由计算作出)。图3-7即是大气压下的苯-甲苯溶液的沸点-组成图,从图中可以看出,由苯58%和甲苯42%组成的液体在90℃时沸腾,和此液相平衡的蒸气组成约为苯78%和甲苯22%。若将此组成的蒸气冷凝成同组成的液体,则与此溶液成平衡的蒸气组成约为苯90%和甲苯10%。显然如此继续重复,即可获得接近纯苯的气相。

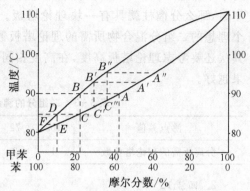

图 3-7　苯-甲苯体系的沸点-组成曲线图

在分馏过程中,有时可能得到与纯化合物的性质相似的混合物。它也具有固定的沸点和固定的组成。其气相和液相的组成也完全相同,因此不能用分馏法进一步分离。这种混合物称为共沸混合物(或恒沸混合物)。它的沸点(高于或低于其中的每一组分)称为共沸点(或恒沸点)。共沸混合物的沸点若低于混合物中任一组分的沸点者称为低共沸混合物,也有高共沸混合物。

表 3-2　一些常见的共沸混合物

共沸混合物	组分的沸点/℃	共沸混合物质量分数/%	共沸点/℃
乙醇	78.3	95.6	78.17
水	100.0	4.4	
乙酸乙酯	77.2	91	70
水	100.0	9	
乙醇	78.3	16	64.9
四氯化碳	76.5	84	
甲酸	100.7	22.6	107.3
水	100.0	77.4	

具有低共沸混合物体系如乙醇-水体系低共沸相图见图3-8。应注意到水能与多种物质形成共沸物,所以,化合物在蒸馏前,必须仔细地用干燥剂除水。有关共沸混合物的更全面的数据可从化学手册中查到。

三、影响分馏效率的因素

1. 理论塔板数

分馏柱效率可用理论塔板数来衡量。如图3-7所示,分馏柱中的混合物,经过一次汽化和冷凝的热

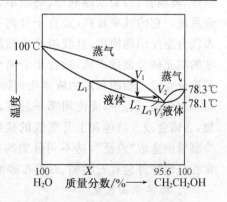

图 3-8　乙醇-水低共沸相图

力学平衡过程,相当于一次普通蒸馏所达到的理论浓缩效率,当分馏柱达到这一浓缩效率时,那么分馏柱就具有一块理论塔板。柱的理论塔板数越多,分离效果越好。分离一个理想的二组分混合物所需的理论塔板数与这两个组分的沸点差之间的关系见表3-3。其次还要考虑理论塔板高度,在高度相同的分馏柱中,理论塔板高度越小,则柱的分离效果越好。

表 3-3　二组分的沸点差与分离所需的理论塔板数

沸点差值	108	72	54	43	36	20	10	7	4	2
分离所需的理论塔板数	1	2	3	4	5	10	20	30	50	100

2. 回流比

在单位时间内,由柱顶冷凝返回柱中液体的数量与蒸出物量之比称为回流比,若全回流中每10滴收集1滴馏出液,则回流比为9:1。对于非常精密的分馏,使用高效率的分馏柱,回流比可达100:1。

3. 柱的保温

许多分馏柱必须进行适当的保温,以便能始终维持温度平衡。不过分馏柱散热量越大,被分离出的物质越纯。

4. 填料及其他因素

为了提高分馏柱的分馏效率,在分馏柱内装入具有大表面积的填料,填料之间应保留一定的空隙,要遵守释放紧密且均匀的原则,这样可以增加回流液体和上升蒸气的接触机会。填料有玻璃(玻璃珠、短段玻璃管)或金属(不锈钢棉、金属丝绕成固定形状)。玻璃的优点是不会与有机化合物起反应,而金属则可与卤代烷之类的化合物起反应。在分馏柱底部往往放一些玻璃丝以防止填料坠入蒸馏容器中。

四、简单分馏装置

1. 简单分馏柱

分馏柱的种类较多。普通有机化学实验中常用的有填充式分馏柱和刺形分馏柱[又称韦氏(Vigreux)分馏柱],如图3-9。填充式分馏柱是在柱内填上各种惰性材料,以增加表面积。填料包括玻璃珠、玻璃管、陶瓷或螺旋形、马鞍形、网状等各种形状的金属片或金属丝。它的效率较高,适合于分离一些沸点差距较小的化合物。韦氏分馏柱结构简单,且较填充式粘附的液体少,缺点是较同样长度的填充柱分馏效率低,适合于分离少量且沸点差距较大的液体。若欲分离沸点相距很近的液体化合物,则必须使用精密分馏装置。

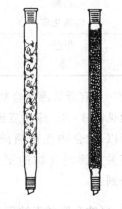

图 3-9　简单分馏柱

在分馏过程中,无论用哪一种柱,都应防止回流液体在柱内聚集,否则会减少液体和上升蒸气的接触,或者上升蒸气把液体冲入冷凝管中造成"液泛",达不到分馏的目的。为了避免这种情况,通常在分馏柱外包扎石棉绳、石棉布等绝缘物以保持柱内温度,提高分馏效率。

2. 简单分馏装置

实验室中简单的分馏装置包括热源、蒸馏器、分馏柱、冷凝管和接受器五个部分(如图

3-10)。安装操作与蒸馏类似,自下而上,先夹住蒸馏瓶,再装上韦氏分馏柱和蒸馏头。调节夹子使分馏柱垂直,装上冷凝管并在指定的位置夹好夹子,夹子一般不宜夹得太紧,以免应力过大造成仪器破损。连接接液管并用橡皮筋固定,再将接受瓶与接液管用橡皮筋固定,但不可使橡皮筋支持太重的负荷。如接受瓶较大或分馏过程中需接受较多的蒸出液,则最好在接受瓶底垫上用铁圈支持的石棉网,以免发生意外。

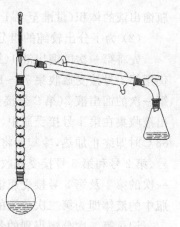

图 3-10 简单分馏装置图

3. 简单分馏操作

简单分馏操作和蒸馏大致相同。将待分馏的混合物放入圆底烧瓶中,加入沸石。柱的外围可用石棉绳包住,这样可减少柱内热量的散发,减少风和室温的影响。选用合适的热浴加热,液体沸腾后要注意调节浴温,使蒸气慢慢升入分馏柱,约 10~15 min 后蒸气到达柱顶(可用手摸柱壁,如若烫手表示蒸气已达该处)。有馏出液滴出现后,调节浴温使得蒸出液体的速度控制在每 2~3 秒 1 滴的水平,这样可以得到比较好的分馏效果,待低沸点组分蒸完后,会出现温度计指示数下降,再渐渐升高温度。当第二个组分蒸出时会产生沸点的迅速上升。上述情况是假定分馏体系有可能将混合物的组分进行严格的分馏。如果不是这种情况,一般则有相当大的中间馏分(除非沸点相差很大)。

要很好地进行分馏必须注意下列几点:① 分馏一定要缓慢进行,要控制好恒定的蒸馏速度;② 要使有相当量的液体自柱流回烧瓶中,即要选择合适的回流比;③ 必须尽量减少分馏柱的热量散失和波动。

五、实验内容:二组分液体混合物的分馏

1. 四氯化碳-甲苯混合物的分馏

(1) 把待分离的 50 mL 四氯化碳和 50 mL 甲苯混合液以及几小块碎瓷片放在250 mL 圆底烧瓶里,把仪器装置安装完毕后,用石棉绳包裹分馏柱身,尽量减少散热。把第 1 号圆底烧瓶作为接受瓶,接受瓶与周围灯焰要有相当的距离。选择好热浴(本实验用油浴)。开始用小火加热,以使加热均匀,防止过热。当液体开始沸腾时,有一圈圈气液沿分馏柱慢慢上升,待其停止上升后,调节热源,提高温度,当蒸气上升到分馏柱顶部,开始有馏出液流出时,马上记下第一滴馏出液落到接受瓶中的温度,此时应控制好温度,使蒸馏的速度以每秒 1~2 滴为宜。

首先以第 1 接受瓶收集 76~81℃的馏分,依次更换接受瓶,分段收集以下温度的四段馏出液:

表 3-4 分段收集温度范围

接受瓶的编号	1	2	3	4
收集温度范围/℃	76~81	81~88	88~98	98~108

当蒸气温度达到 108℃时则停止蒸馏。抽去油浴,让圆底烧瓶冷却(约数分钟),使分馏柱内的液体回流至瓶内,将圆底烧瓶内的残液倾入第 5 接受瓶里。分别量出并记录各接受

瓶馏出液的体积(量准至 0.1 mL)。操作时要注意防火,应在离灯焰较远的地方进行。

(2) 为了分出较纯的组分,依照下面的方法进行第二次的分馏。

先将第一次的馏出液 1(第 1 号接受瓶)倒入空的圆底烧瓶中,如前所述装置进行分馏,仍用第 1 号接受瓶收集 76~81℃馏出液;当温度升至 81℃时,停止分馏,冷却圆底烧瓶,将第一次的馏出液 2(第 2 号接受瓶)加入圆底烧瓶内残液中,继续加热分馏,把 81℃以前的馏出液收集在第 1 号接受瓶中,而 81~88℃的馏出液收集于第 2 号接受瓶中;待温度上升到 88℃时即终止加热,冷却后将第一次的馏出液 3 加入接受瓶残液中,继续分馏,分别以第 1 号、第 2 号和第 3 号接受瓶收集 76~81℃,81~88℃,88~98℃的馏出液;依此继续蒸馏第一次的第 4 及第 5 号接受瓶馏出液,操作同上。至分馏第 5 号接受瓶的馏出液时,残留在烧瓶中的液体即为第二次分馏的第 5 部分馏分。

记录第二次分馏得到的各段馏出液的体积。

(3) 为了定性地估计分馏的效果,可将两端的馏出液(第 1 和 5 号接受瓶)做以下实验。

① 分别取 1~2 滴馏出液放入有水的试管中,观察是上浮还是下沉? 为什么?

② 分别取几滴馏出液于蒸发皿中,点火观察能否燃烧? 有没有火焰?

(4) 做完实验并记录结果以后,把所有的馏出液均倾入指定的瓶中。

用观察到的温度作纵坐标,馏出液的体积作横坐标作图,得一分馏曲线。

表 3-5　四氯化碳-甲苯混合物分馏的馏分表

序　号	温度/℃	各段馏出液的体积/mL	
		第一次	第二次
1	76~81		
2	81~88		
3	88~98		
4	98~108		
5	残液		

2. 丙酮-水混合物分馏

(1) 丙酮-水混合物分馏

按简单分馏装置(如图 3-10)安装仪器,并准备三个 15 mL 的试管为接受器,分别注明 A,B,C。在 50 mL 圆底烧瓶内放置 15 mL 丙酮、15 mL 水及 1~2 粒沸石。开始缓慢加热,并尽可能精确地控制加热(可通过调压变压器来实现),使馏出液以每秒 1~2 滴的速度蒸出。

将初馏出液收集于试管 A,注意并记录柱顶温度及接受器 A 的馏出液总体积。继续蒸馏,记录每增加 1 mL 馏出液时的温度及总体积。温度达 62℃时换试管 B,达 98℃时用试管 C 接受,直至蒸馏烧瓶内残液为 1~2 mL,停止加热。(A:56~62℃;B:62~98℃;C:98~100℃)记录三个馏分的体积,待分馏柱内液体流到烧瓶时测量并记录残留液体积,以柱顶温度为纵坐标,馏出液体积为横坐标,将实验结果绘制成温度-体积曲线,讨论分离效率。

(2) 丙酮-水混合物的蒸馏

为了比较蒸馏和分馏的分离效果,可将丙酮和水各 15 mL 的混合液放置于 60 mL 蒸馏烧瓶中进行蒸馏,按步骤(1)中规定的温度范围收集 A,B,C 各馏分。在(1)所用的同一张

纸上作温度-体积曲线(见图 3-11)。这样蒸馏和分馏
所得到的曲线显示在同一图表上,便于对它们所得的
结果进行比较。a 为普通蒸馏曲线,可看出无论是丙酮
还是水,都不能以纯净状态分离。从曲线 b 可以看出
分馏柱的作用,曲线转折点为丙酮和水的分离点,基本
可将丙酮分离出。

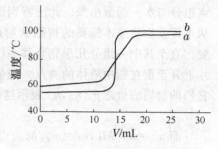

图 3-11　丙酮-水的分馏
和蒸馏曲线

六、注意事项

(1) 四氯化碳为无色液体,b. p. 为 76.8℃,不能燃
烧;甲苯为无色液体,b. p. 为 110.6℃,能燃烧。

(2) 将各段分馏液倒入圆底烧瓶中时必须先停止加热,移去热源,让圆底烧瓶冷却几分
钟。否则,容易因甲苯蒸气遇到火源燃烧而造成事故!

(3) 四氯化碳和丙酮有一定的毒性,所以应注意实验室通风,使实验室通风和柱的保温
措施相结合。

七、思考题

(1) 分馏和蒸馏在原理及装置上有哪些异同? 如果是两种沸点很接近的液体组成的混
合物能否用分馏来提纯呢?

(2) 如果把分馏柱顶上温度计的水银柱再插下些,行吗? 为什么?

(3) 在分馏时,为什么要分 4 个馏段来收集馏液呢? 将各段的馏液倒入圆底烧瓶中,为
什么必须熄灭灯焰? 否则,会发生什么危险?

实验 4　水蒸气蒸馏

一、实验目的

(1) 学习水蒸气蒸馏的原理及其应用。

(2) 熟悉水蒸气蒸馏的装置及其操作方法。

二、水蒸气蒸馏原理与意义

水蒸气蒸馏是分离和纯化有机物的常用方法之一,尤其是在反应产物中有大量树脂状
杂质的情况下,效果较一般蒸馏或重结晶为好,被提纯物质应该具备下列条件:不溶(或几乎
不溶)于水;在沸腾下长时间与水共存而不起化学变化;在 100℃ 左右时必须具有一定的蒸
气压(一般不小于 1.33 kPa)。

当与水不相混溶的物质与水一起存在时,整个体系的蒸气压力,根据道尔顿(Dalton)分
压定律,应为各组分蒸气压之和,即:

$$p = p_A + p_B$$

式中:p 为总的蒸气压;p_A 为水的蒸气压;p_B 为与水不相混溶物质的蒸气压。当混合
物中各组分蒸气压总和等于外界大气压时,这时的温度即为它们的沸点。此沸点必定较任
一个组分沸点都低。因此,在常压下应用水蒸气蒸馏,就能在低于 100℃ 的情况下将高沸

点组分与水一起蒸出来。此法特别适用于分离那些在其沸点附近易分解的物质,也适用于从不挥发物质或不需要的树脂状物质中分离出所需的组分。蒸馏时混合物的沸点保持不变。直至其中一组分几乎完全移去(因总的蒸气压与混合物中二者间的相对量无关),温度才上升至留在瓶中液体的沸点。我们知道,混合物蒸气中各个气体分压(p_A,p_B)之比等于它们的物质的量之比(n_A,n_B 表示这两种物质在一定体积的气相中的物质的量)。即:

$$n_A/n_B = p_A/p_B$$

而 $n_A = m_A/M_A$,$n_B = m_B/M_B$。其中 m_A,m_B 为各物质在一定体积蒸气中的质量。M_A,M_B 为物质 A 和 B 的相对分子质量。因此:

$$\frac{m_A}{m_B} = \frac{M_A \cdot n_A}{M_B \cdot n_B} = \frac{M_A \cdot p_A}{M_B \cdot p_B}$$

可见,这两种物质在馏液中的相对质量(就是它们在蒸气中的相对质量)与它们的蒸气压和相对分子质量成正比。

水具有低的相对分子质量和较大的蒸气压。它们的乘积 $M_A \cdot p_A$ 是小的。这样就有可能来分离较高相对分子质量和较低蒸气压的物质。以溴苯为例,它的沸点为 135℃,且和水不相混溶。当和水一起加热至 95.5℃ 时,水的蒸气压为 86.1 kPa,溴苯的蒸气压为 15.2 kPa,它们的总压力为 0.1 MPa,于是液体就开始沸腾。水和溴苯的相对分子质量分别为 18 和 157,代入上式:

$$\frac{m_A}{m_B} = \frac{86.1 \times 18}{15.2 \times 157} = \frac{6.5}{10}$$

亦即蒸出 6.5 g 水能够带出 10 g 溴苯,溴苯在溶液中的组分占 61%。上述关系式只适用于与水不相互溶的物质。而实际上很多化合物在水中或多或少有些溶解。因此这样的计算只是近似的。例如苯胺和水在 98.5℃ 时,蒸气压分别为 5.73 kPa 和 94.8 kPa。通过计算得到,馏液中苯胺的含量应占 23%,但实际上所得到的比例比较低,这主要是苯胺微溶于水,导致水的蒸气压降低所引起。

从以上例子可以看出,溴苯和水的蒸气压之比约近于 1:6,而溴苯的相对分子质量较水大 9 倍。所以馏液中溴苯的含量较水多。那么是否相对分子质量越大越好呢?我们知道相对分子质量越大的物质,一般情况下其蒸气压也越低。虽然某些物质相对分子质量较水大几十倍。但它在 100℃ 左右时的蒸气压只有 0.013 kPa,或者更低,因而不能应用水蒸气蒸馏。利用水蒸气蒸馏来分离提纯物质时,要求此物质在 100℃ 左右时的蒸气压至少在 1.33 kPa 左右。如果蒸气压在 0.13 kPa～0.67 kPa,则其在馏出液中的含量仅占 1%,甚至更低。为了要使其在馏出液中的含量增高,就要想办法提高此物质的蒸气压,也就是说要提高温度,使蒸气的温度超过 100℃,即要用过热水蒸气蒸馏。例如苯甲醛(沸点 178℃),进行水蒸气蒸馏时,在 97.9℃ 沸腾(这时 $p_A = 93.8$ kPa,$p_B = 7.5$ kPa),馏液中苯甲醛占 32.1%,假如导入 133℃ 过热蒸气,这时苯甲醛的蒸气压可达 29.3 kPa,因而只要有 72 kPa 的水蒸气压,就可使体系沸腾。因此:

$$\frac{m_A}{m_B} = \frac{72 \times 18}{29.3 \times 106} = \frac{41.7}{100}$$

这样馏液中苯甲醛的含量就提高到 70.6%。

应用过热水蒸气还具有使水蒸气冷凝少的优点,这样可以省去在盛蒸馏物的容器下加热等操作。为了防止过热蒸气冷凝,可在盛物的瓶下以油浴保持和蒸气相同的温度。

在实验操作中,过热蒸气可应用于在 100℃时具有 0.13 kPa～0.67 kPa 的物质。例如在分离苯酚的硝化产物中,邻硝基苯酚可用一般的水蒸气蒸馏蒸出。在蒸完邻位异构体后,如果提高蒸气温度,也可以蒸馏出对位产物。

三、实验操作

常用水蒸气蒸馏的简单装置如图 3－12 所示。水蒸气发生器通常盛水量不超过其容积的 3/4 为宜。如果太满,沸腾时水将冲至烧瓶。安全管几乎插到发生器的底部。当容器内气压太大时,水可沿着玻管上升,以调节内压。如果系统发生阻塞,水便会从管的上口喷出。此时应检查导管是否被阻塞。

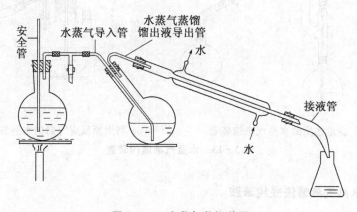

图 3－12　水蒸气蒸馏装置

蒸馏部分通常是用 500 mL 以上的长颈圆底烧瓶。为了防止瓶中液体因跳溅而冲入冷凝管内,故将烧瓶的位置向发生器的方向倾斜 45°。瓶内液体不宜超过其容积的 1/3。蒸气导入管的末端应弯曲,使之垂直地正对瓶底中央并伸到接近瓶底。蒸气导出管(弯角约30°)孔径最好比管大一些,一端插入双孔木塞,露出约 5 mm,另一端和冷凝管连接。馏液通过接液管进入接受器。接受器外围可用冷水浴冷却。

水蒸气发生器与盛物的圆底烧瓶之间应装上一个 T 形管。在 T 形管下端连一个弹簧夹,以便及时除去冷凝下来的水滴。应尽量缩短水蒸气发生器与盛物的圆底烧瓶之间距离,以减少水气的冷凝。

进行水蒸气蒸馏时,先将溶液(混合液或混有少量水的固体)置于长颈圆底烧瓶中,加热水蒸气发生器,直至接近沸腾后才将弹簧夹夹紧,使水蒸气均匀地进入圆底烧瓶。为了使蒸气不致在长颈圆底烧瓶中冷凝而积聚过多,必要时可在长颈圆底烧瓶下置一石棉网,用小火加热。必须控制加热速度,使蒸气能全部在冷凝管中冷凝下来。如果随水蒸气挥发的物质具有较高的熔点,在冷凝后易析出固体,则应调小冷凝水的流速,使它冷凝后仍然保持液态。假如已有固体析出,并且接近阻塞时,可暂时停止冷凝水的流通,甚至需要将冷凝水暂时放出,以使物质熔融后随水流入接受器中。必须注意当冷凝管夹套中要重新通入冷凝水时,要小心而缓慢,以免冷凝管因骤冷而破裂。万一冷凝管已被阻塞,应立即停止蒸馏,并设法疏通(如用玻璃棒将阻塞的晶体捅出或用电吹风的热风吹化结晶,也可在冷凝管夹套中灌以热水使之熔出)。

在蒸馏需要中断或蒸馏完毕后,一定要先打开螺旋夹接通大气,然后方可停止加热,否则长颈圆底烧瓶中的液体将会倒吸到水蒸气发生器中。在蒸馏过程中,如发现安全管中的水位迅速上升,则表示系统中发生了堵塞。此时应立即打开螺旋夹,然后移去热源。待排除了堵塞后再继续进行水蒸气蒸馏。

较少量物质的水蒸气蒸馏,可用克氏蒸馏瓶代替圆底烧瓶,装置如图 3-13(a)所示。有时也可直接利用进行反应的三颈瓶来代替圆底烧瓶更为方便,如图 3-13(b)。

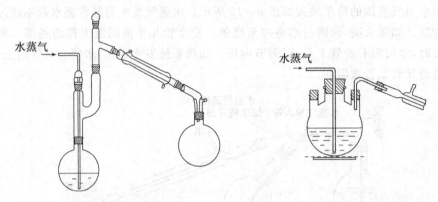

（a）少量物质的水蒸气蒸馏装置　　　　（b）利用原反应容器的水蒸气蒸馏

图 3 - 13　水蒸气蒸馏的装置

四、实验内容:水蒸气蒸馏法提纯苯胺

量取 15 mL 左右苯胺,加入至已称重的 100 mL 三口烧瓶中。在水蒸气发生器中加入相当于其容积 1/2 左右的水量。按图 3-12 所示,搭好装置。打开螺旋夹后,将水蒸气发生器进行加热。当水蒸气自 T 形管的支管中冲出时,拧紧螺旋夹,水蒸气即进入烧瓶。当有馏出液落入接受烧瓶时,调节螺旋夹,使馏出速度为每秒 1~2 滴,注意观察当馏出液中的油状物基本消失后,先松开螺旋夹,然后停止加热。

将接受烧瓶中的液体倒入分液漏斗,在铁圈上静置分层。分出的有机相转入干燥的 25 mL 锥形瓶中,用无水硫酸镁干燥。将液体滤入另一只干燥、清洁的已称重的 25 mL 锥形瓶中,称重。

五、注意事项

(1) 在必要时,可从蒸气发生器的支管开始,至三颈烧瓶的蒸气通路,用保温材料包扎,以便保温,否则,当加热强度不够或室内气温过低,在支管至三颈烧瓶间的通路,可以看到有冷凝水,阻碍蒸气通行。若有此现象,可打开 T 形管的螺旋夹放水。加大升温强度,进行保温操作。

(2) 如何观察蒸馏物被蒸完:可用小试管盛接馏出液仔细观察,没有油滴,表示被蒸馏物已全部蒸出,可结束实验。

(3) 苯胺有毒,易通过皮肤渗入人体,应避免接触。久置苯胺为深褐色的油状液体。经水蒸气蒸馏提纯后的纯品为无色透明油状液体。纯品的沸点为 184.13℃ ,$n_D^{20}=1.586\,3$ 。

实验 5　减压蒸馏

一、实验目的

（1）学习减压蒸馏的原理及其应用。
（2）熟悉减压蒸馏的主要仪器设备和装置。
（3）掌握减压蒸馏过程的仪器安装与操作方法。

二、减压蒸馏原理与应用

　　分离与纯化有机化合物经常使用减压蒸馏这一重要操作。有些高沸点的有机化合物往往加热未到沸点即已分解、氧化、聚合，故不能用常压蒸馏的方法进行分离与纯化。这些有机物应采用降低系统内压力，以降低其沸点来达到在较低温度下蒸馏分离与纯化的目的。所以减压蒸馏特别适合于高沸点有机化合物的提纯。减压蒸馏亦称真空蒸馏。

　　液体的沸点是指液体的蒸气压和外界压力相等时液体的温度。所以物质的沸点与压力有关。一般的有机化合物，当外界压力降至 $1.3\ kPa\sim2.0\ kPa$（$10\ mmHg\sim15\ mmHg$）时，可以比其常压下的沸点降低 $80\sim100℃$。因此利用液体沸点随外界压力的降低而下降的关系，可以使高沸点有机化合物在较低的压力下，以远低于正常沸点的温度进行蒸馏而提纯。部分有机化合物的沸点与压力的关系见表 3-6。

表 3-6　部分有机化合物压力与沸点的关系

压力/kPa(mmHg)	化合物（沸点/℃)					
	水	氯苯	苯甲醛	乙二醇	甘油	蒽
101.325(760)	100	132	178	197	290	354
6.665(50)	38	54	95	101	204	225
3.999(30)	30	43	84	92	192	207
3.332(25)	26	39	79	86	188	201
2.666(20)	22	34.5	75	82	182	194
1.999(15)	17.5	29	69	75	175	186
1.333(10)	11	22	62	67	167	175
0.666(5)	1	10	50	55	156	159

＊1 mmHg≈133 Pa。

　　可以参阅图 3-14，估计一个化合物的沸点与压力的关系，从某一压力下的沸点可推算另一压力下的沸点（近似值）。如某一有机化合物常压下沸点为 $200℃$，要减压到 $30\ mmHg$，它的沸点应为多少？可先从图 3-14 中间的直线上找出相当于 $200℃$ 的沸点，将此点与右边直线上的 $30\ mmHg$ 处的点联成一直线，延长此直线与左边的直线相交，交点所示的温度就是 $30\ mmHg$ 时的某一有机化合物的沸点，约为 $100℃$。此法得出的沸点，虽为估计值，但较为简便，实验中有一定参考价值。

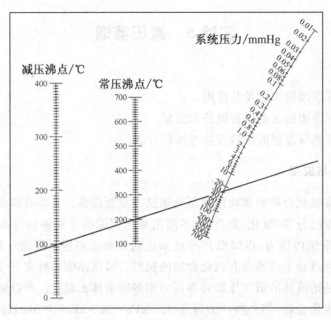

图 3-14　液体在常压下、减压下的
沸点近似关系图（1 mmHg＝133.3 Pa）

压力对沸点的影响还可以作如下估算：

（1）从大气压降至 3 332 Pa（25 mmHg）时，高沸点（250℃～300℃）化合物的沸点随之下降 70～150℃ 左右。

（2）当气压在 3 332 Pa（25 mmHg）以下时，压力每降低一半，沸点下降 10℃。对于具体某个化合物减压到一定程度后其沸点是多少，可以查阅有关资料，但更重要的是通过实验来确定。

三、实验操作

1. 减压蒸馏装置

减压蒸馏装置由两个系统构成，一个是蒸馏系统，包括减压蒸馏烧瓶、分馏头、直形冷凝管、真空接液管、接收瓶、温度计及套管、毛细管等；另一个是减压与保护系统，包括抽气泵、真空表和安全瓶，见图 3-15。两个系统间用耐压胶管（真空胶管）连接。有时接收烧瓶需用冷却装置强制冷却。在实验室中常使用旋转蒸发仪减压蒸馏有机溶剂。

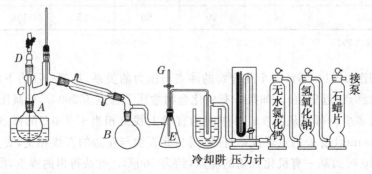

图 3-15　减压蒸馏装置

2．减压蒸馏装置的安装

（1）首先，在蒸馏烧瓶上装配分馏头，分馏头的直形管部位插入一根末端拉成毛细管的厚壁玻璃管，毛细管下端离瓶底约 1～2 mm，该玻璃管的上端套一根有螺旋夹的橡皮管。通过旋转螺旋夹，以调节减压蒸馏时通过毛细管进入蒸馏系统的空气量，以控制系统的真空度大小，并形成烧瓶中的沸腾中心。分馏头的另一直立管（带支管者）内插一支温度计，使水银球的上沿与支管的下沿相对齐。分馏头的支管依次连接直形冷凝管、多头接液管（见图 3-16）、接受瓶。并将多头接引管的支管与真空系统的安全瓶相连接。

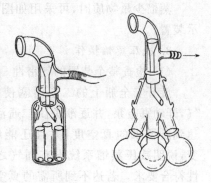

图 3-16　多头接液管

减压蒸馏时不能用碎瓷片、一端封口的断毛细管等形成汽化中心，除可用一根毛细管可形成汽化中心外，也可以用磁力搅拌器带动搅拌子形成汽化中心。

（2）减压与保护系统安装真空泵可以使真空度达 0.13 kPa 以下，是减压蒸馏的常用设备。真空泵的性能取决于其机械结构与真空泵油的质量。真空泵的机械结构较为精密，使用条件严格。在使用时，挥发性有机溶剂、水、酸雾等均能损害真空泵，使其性能下降。挥发性有机溶剂一旦被吸入真空泵油后，会增加油的蒸气压，不利于提高真空度。酸性蒸气会腐蚀油泵机件，水蒸气凝结后与油形成乳浊液。因此在使用真空泵时，要建立起真空泵的保护系统，防止有机溶剂、水、酸雾入侵真空泵。

对于保护与测压体系，若用水泵或循环水真空泵抽真空，可不必设置保护体系。真空泵的保护系统由安全瓶（用吸滤瓶装配）、冷却阱、两个以上吸收塔组成。安全瓶上配有两通活塞，一端通大气，具有调节系统压力及放入大气以恢复瓶内大气压力的功能。冷却阱具有冷却进入真空泵中的气体的作用，在使用时，它置于盛有冷却剂（干冰、冰盐或冰水）的广口保温瓶内。可以依次连接三个吸收塔，分别盛装无水氯化钙、氢氧化钙（或氢氧化钠）和石蜡片。实验室测量系统中压力测量仪器常用水银压力计，一般有开口式和封闭式 U 形压力计两种，见图 3-17。

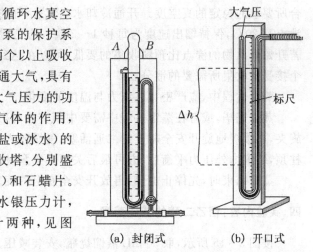

（a）封闭式　　　（b）开口式

图 3-17　测压计

在使用 U 形压力计旋转活塞时，动作要缓慢，慢慢地旋开活塞，使空气逐渐进入系统，使压力计右臂汞柱徐徐升顶。否则，会由于空气猛然大量涌入系统，汞柱迅速上升，而撞破 U 形玻璃管。压力计旋塞只在需要观察压力值时才打开，体系压力稳定或不需要时，可以关闭压力计。在结束减压蒸馏时，应先缓缓打开旋塞，通过安全瓶慢慢接通大气，使汞柱恢复到顶部位置。

在减压蒸馏装置中，连接各部件的橡皮管都要用耐压的厚壁橡皮管。所用的玻璃器皿，其外表均应无伤痕或裂缝，其厚度与质量均应符合产品出厂规格的要求。实验操作人员要戴防护目镜，以防不测。在实验中不再轻易拆装，除非减压系统突然出现故障，急须排除。

蒸馏少量物质时,可采用如图 3-18 所示装置。

3. 减压蒸馏操作

(1) 检查整个装置的气密性

旋开安全瓶上的二通活塞使之连通大气,开动真空泵,并逐渐关闭二通活塞,如能达到所要求的真空度,并且还能够维持不变,说明减压蒸馏系统没有漏气之处,密闭性符合要求。若达不到所需的真空度(不是由于水泵或真空泵本身性能或效率所限制),或者系统压力不稳定,则说明有漏气的地方,应当对可能产生漏气的部位逐个进行

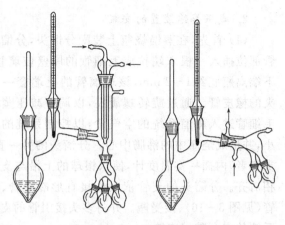

图 3-18　少量减压蒸馏装置

检查,包括磨口连接处、塞子或橡皮管的连接是否紧密。必要时,可将减压蒸馏系统连通大气后,重新用真空脂或石蜡密封,再次检查真空度。若系统内的真空度高于所要求的真空度时,可以旋动安全瓶上的二通活塞,慢慢放进少量空气,以调节至所要求的真空度。待确认无漏气后,慢慢旋开二通活塞,放入空气,解除真空度。

(2) 加液—抽真空—蒸馏

在蒸馏烧瓶中,加入待蒸馏液体,其体积不能超过烧瓶容积的 1/2。关闭安全瓶上活塞,开动真空泵,通过螺旋夹调节进气量,使能在烧瓶内冒出一连串小气泡,装置内的压力符合所要求的稳定的真空度。开通冷却水,将热浴加热,使热浴的温度升至比烧瓶内的液体的沸点高 20℃,保持馏出速度为每秒 1~2 滴。应记录馏出第一滴液滴的温度、压力和时间。若开始馏出物的沸点比预料收集的要低,可以在达到所需温度时转动接引管的位置,使另一个接受器收集所需要的馏分。

蒸馏过程中,应严密关注压力与温度的变化。

蒸馏完毕,或者在蒸馏过程中需要中断实验时,应先撤去热源,缓缓旋开毛细管上的螺旋夹,再缓缓地旋开安全瓶上的二通活塞,慢慢放入空气,使 U 形压力计水银柱逐渐上升至柱顶,装置内外压力平衡后,方可最后关闭真空泵及压力计的活塞。

蒸馏结束时,先停止加热,再放开安全瓶上的旋塞,收集馏出液,从右向左拆卸各组件。

四、实验内容:粗乙二醇的减压蒸馏

按图 3-15 所示,取 50 mL 蒸馏烧瓶,安装减压蒸馏装置(接受器应称重)。关闭安全瓶上的二通活塞,旋紧螺旋夹,开动真空泵,调试压力能稳定在 1.33 kPa 后,徐徐放入空气,压力与大气平衡后,关闭真空泵。

取 20 mL 粗品乙二醇(混杂有少量仲丁醇),加入蒸馏烧瓶,检查各接口处的严密性后,开动真空泵,使压力稳定在 1.33 kPa 后,加热蒸馏烧瓶,收集沸点(92±1)℃的馏分。收集完大部分馏液后,撤热源,松开螺旋夹徐徐放入空气,旋开压力计活塞,缓缓开启安全瓶上的二通活塞,解除真空度。待压力计水银柱回升柱顶后关闭真空泵。取下接受器,称重。按相反顺序,拆卸减压蒸馏装置,清洗并干燥玻璃仪器。

计算产率,测折射率。

表 3-7　乙二醇的物理常数

化合物名称	熔　点 (℃)	沸　点 (℃)	密　度 (g/mL)	溶解度 (g/100 g 水)
乙二醇	-13	197	1.113	混溶

五、注意事项

(1) 减压蒸馏装置的气密性是整个实验操作的关键,应认真安装,仔细检查其气密性。

(2) 产生一个稳定的汽化中心也是实验顺利进行的保障。

(3) 真空泵是减压蒸馏操作中的核心设备之一。虽然在装置中设有保护体系,以延长其正常的运转时间,仍应定期更换真空泵油、清洗机械装置,尤其是在其真空度有明显下降时,更应及时维修,不可"带病操作",否则机械损坏更为严重。

(4) 冷却阱有利于除去低沸点物质。在每次实验后,应及时除去、清洗。

(5) 干燥塔的有效工作时间是有限的,应适时定期更换装填物。装填物吸附饱和后,不能起到保护真空泵的作用,还会阻塞气体通道,使真空度下降。如长期不更换,则会胀裂塔身(如装无水氯化钙塔),或者使玻璃瓶塞与塔身粘合,不能开启而报废(如装碱性填充物塔)。所以要经常观察干燥塔内装填物的形态,是否有潮湿状等,及时更换装填物,以保证真空泵有良好的工作性能。

(6) 水银压力计平时要保养好,使之随时处于备用的状态。操作一定要规范,动作要缓慢,慢慢地旋开或关闭活塞。

(7) 本实验涉及减压系统的操作,应在老师指导下认真操作,以免发生事故。初学者未经教师同意,不要擅自单独操作。

六、思考题

(1) 在什么情况下才用减压蒸馏?

(2) 使用油泵减压时,需有哪些吸收和保护装置?其作用是什么?

(3) 为什么进行减压蒸馏时须先抽气才能加热?

(4) 当减压蒸馏操作结束后,应如何停止蒸馏?为什么?

实验 6　萃取和洗涤

一、实验目的

(1) 学习萃取原理及其操作方法。

(2) 熟悉萃取过程中溶剂的选择及其应用。

二、萃取原理与应用

萃取是有机化学实验中用来提取或纯化有机化合物的常用操作之一。利用萃取可以从固体或液体混合物中提取出所需要的物质,也可以用来除去混合物中少量杂质。通常称前者为"抽提"或"萃取",后者为"洗涤"。

　　萃取是利用物质在两种不互溶(或微溶)溶剂中溶解度及分配比的不同来达到分离和纯化目的的一种操作。这可用与水不互溶(或微溶)的有机溶剂从水溶剂中萃取有机化合物来说明。将含有机化合物的水溶液用有机溶剂萃取时,有机化合物就在两液相间进行分配。在一定温度下,此有机化合物在有机相中和在水相中的浓度之比为一常数,此即"分配定律"。假如一物质在两液相 A 和 B 中的浓度分别为 c_A 和 c_B,则在一定温度下,$c_A/c_B = K$,K 是一常数,称为"分配系数",它可以近似地看作为此物质在两溶剂中溶解度之比。

　　有机物质在有机溶剂中的溶解度,一般比在水中的溶解度大,因而可以将它们从水溶液中萃取出来。但是一般情况下,一次萃取是不可能将全部物质移入新的有机相中(除非分配系数极大)。在萃取时,若在水溶液中先加入一定量的电解质(如氯化钠),利用所谓"盐析效应",以降低有机化合物和萃取溶剂在水溶液中的溶解度,常可提高萃取效果。

　　当用一定量的溶剂从水溶液中萃取有机化合物时,是一次萃取好还是将溶剂等分成多份即多次萃取好呢? 可以利用下列推导来说明。设在 V mL 的水中溶解 W_0 g 的物质,每次用 S mL 与水不互溶的有机溶剂重复萃取。假如 W_1 g 为萃取一次后留在水溶液中的物质质量,则在水中的浓度和在有机相中的浓度就分别为 W_1/V 和 $(W_0-W_1)/S$,两者之比等于 K,亦即:

$$\frac{W_1/V}{(W_0-W_1)/S} = K \text{ 或 } W_1 = \frac{KV}{KV+S} \cdot W_0$$

　　令 W_2 g 为萃取两次后在水中的剩余量,则有:

$$\frac{W_2/V}{(W_1-W_2)/S} = K \text{ 或 } W_2 = W_1 \frac{KV}{KV+S} = W_0 \left(\frac{KV}{KV+S}\right)^2$$

　　显然,在萃取几次后的剩余量 W_n 应为:

$$W_n = W_0 \left(\frac{KV}{KV+S}\right)^n$$

　　当用一定量的溶剂萃取时,总是希望在水中的剩余量越少越好。因为上式中 $KV/(KV+S)$ 恒小于 1,所以 n 越大,W_n 就越小,也就是说把溶剂分成几份作多次萃取比用全部量的溶剂作一次萃取好。但必须注意,上面的式子只适用于几乎和水不互溶的溶剂,如苯、四氯化碳或氯仿等。对于与水少量互溶的溶剂,如乙醚等,上面的式子只是近似的。例如在 100 mL 水中含有 4 g 正丁酸的溶液,在 15℃ 时用 100 mL 苯来萃取,设已知在 15℃ 时正丁酸在水中的分配系数 K 为 1/3,用 100 mL 苯一次萃取后在水中的剩余量为:

$$W_1 = 4 \times \frac{\frac{1}{3} \times 100}{\frac{1}{3} \times 100 + 100} = 1.0(\text{g})$$

　　如果用 100 mL 苯以每次 33.3 mL 萃取三次,则剩余量为:

$$W_3 = 4 \left[\frac{\frac{1}{3} \times 100}{\frac{1}{3} \times 100 + 33.3}\right]^3 = 0.5(\text{g})$$

　　从上面的计算可以知道 100 mL 苯一次萃取可以提出 3.0 g(75%)的正丁酸,而分三次萃取时则可提出 3.5 g(87.5%)。所以,用同样体积的溶剂,分多次萃取比一次萃取的效率高,但是当溶剂的总量保持不变时,萃取次数(n)增加,S 就要减小。例如当 $n > 5$ 时,n 和 S 这两个因素的影响就几乎相互抵消了,再增加 n,W_n/W_{n+1} 的变化很小。通过运算也可以证明这一结论。

上面的考虑也适合于由溶液中萃取出(或洗涤去)溶解的杂质。

总之,在萃取(或洗涤)时,首先要考虑的问题是要选择一个合适的有机溶剂,要考察被萃取(或洗涤)物在水中和有机溶剂中的溶解度差别,要注意有机溶剂在水中的溶解度大小。部分常用有机溶剂在水中的溶解度见表 3-8。表中的闪点、爆炸极限数据提供了在使用该溶剂时应当注意的安全性操作的问题。操作时要尽可能采用"少量多次"的原则。

表 3-8 部分常用有机溶剂在水中的溶解度(溶解时温度 20℃)

溶剂名称	沸点/℃	水中溶解度/%	闪点/℃	爆炸极限/%	
				下限	上限
正己烷	67~69	0.01	−22	1.25	6.9
正庚烷	98.2~98.6	0.005	−17		16
苯	79~80.6	0.20	−11	1.4	8
甲苯	109.5~111	0.05	7	1.27	7.0
二甲苯	136.5~141.5	0.01	24	3.0	7.6
氯仿	59.5~62	0.5		—	—
四氯化碳	75~78	0.08	不燃	—	—
1,2 二氯乙烷	82~85	0.87	12~18	6.2	15.9
氯苯	130~132	0.049	28~32	—	—
甲醇	64~68	全溶	9.5	6	36.5
乙醇	78~78.2	全溶	12	3.28	19.0
异丙醇	79~83	全溶	16	2.5	10.2
丙醇	95~100	全溶	29	2.5	9.2
正丁醇	114~118	7.3	28~35	1.7	10.2
正戊醇	90~140	5	45~46	1.2	—
异戊醇	130~131	45	42	—	—
乙酸乙酯	76.2~77.2	8.6	−1	2.18	11.5
乙酸戊酯	115~150	0.2	22~25	1.1	10
乙醚	34~35	5.5~7.4	−40	1.7	48
1,4-二氧六环	95~105	全溶	18	1.97	22.2
丙酮	55~57	全溶	−9	2.15	13.0
丁酮	76~80	24	−3	1.81	11.5
环己酮	150~158	5	44~47	3.2	9.0

续表

溶剂名称	沸点/℃	水中溶解度/%	闪点/℃	爆炸极限/%	
				下限	上限
硝基甲烷	101.2	10.5	43.3(35)	—	7.3
硝基乙烷	114	4.5	41		
硝基丙烷	131.6	1.4	49		
硝基环己烷	203～204	15	15		
吡啶	115.6	全溶	20	1.8	12.4
糠醛	160～165	8.3	68	2.1	
二硫化碳	45.5～47	全溶	—		

三、实验操作

1. 水溶液中物质的萃取

在实验中用得最多的是水溶液中物质的萃取。最常使用的萃取仪器为分液漏斗。操作时应选择容积较液体体积大一倍以上的分液漏斗,把活塞擦干,在离活塞孔稍远处薄薄地涂上一层润滑脂(注意切勿涂得太多或使润滑脂进入活塞孔中,以免玷污萃取液),塞好后再把活塞旋转几圈,使润滑脂均匀分布,看上去透明即可。一般在使用前应于漏斗中加入水摇荡,检查塞子与活塞是否渗漏,确认不漏水时方可使用。然后将漏斗固定在铁架上的铁圈中,关好活塞,将要萃取的水溶液和萃取剂(一般为溶液体积的1/3)依次自上口倒入漏斗中,塞紧塞子(注意塞子不能涂润滑脂)。取下分液漏斗,用右手手掌顶住漏斗顶塞并握住漏斗,左手握住漏斗活塞处,大姆指压紧活塞,把漏斗放平前后振荡,如图3-19(a)所示。

(a)　　　　　　　　　　　　　　(b)

图 3-19　分液漏斗的使用

在开始时,振荡要慢。振荡几次后,将漏斗的上口向下倾斜,下部支管指向斜上方(朝向无人处),左手仍握在活塞支管处,用拇指和食指旋开活塞,从指向斜上方的支管口释放出漏斗内的压力,也称"放气",如图3-19(b)所示。以乙醚萃取水溶液中的物质为例,在振荡后乙醚可产生 40 kPa～66.7 kPa 的蒸气压,加上原来空气和水蒸气压,漏斗中的压力就大大超过了大气压。如果不及时放气,塞子就可能被顶开而出现喷液。待漏斗中过量的气体逸出后,将活塞关闭再行振荡。如此重复至放气时只有很小压力后,再剧烈振荡 2～3 min,然后再将漏斗放回铁圈中静置,待两层液体完全分开后,打开上面的塞子,再将活塞缓缓旋开,下层液体自下口放出。分液时一定要尽可能分离干净,有时在两相间可能出现一些絮状物也应同时放去。然后将上层液体从分液漏斗的上口倒出,切不可也从活塞放出,以免被残留在漏斗颈上的第一种液体所玷污。将水溶液倒回分液漏斗中,再用新的萃取剂萃取。为了弄清哪一层是水溶液,可任取其中一层的小量液体,置于试管中,并滴加少量自来水,若分为两层,说明该液体为有机相。若加水后不分层,则是水溶液。萃取次数取决于分配系数,一般为3~5次,将所有的萃取液合并,加入过量的干燥剂干燥。然后蒸去溶剂,萃取所得的有机物视其性质可利用蒸馏、重结晶等方法纯化。

在萃取时,可利用"盐析效应",即在水溶液中先加入一定量的电解质(如氯化钠),以降低有机物在水中的溶解度,提高萃取效果。

上述操作中的萃取剂是有机溶剂,它是根据"分配定律"使有机化合物从水溶液中被萃取出来。另外一类萃取原理是利用它能与被萃取物质起化学反应。这种萃取通常用于从化合物中移去少量杂质或分离混合物,操作方法与上面所述相同,常用的这类萃取剂如5%氢氧化钠水溶液,5%或10%的碳酸钠、碳酸氢钠溶液,稀盐酸、稀硫酸及浓硫酸等。碱性的萃取剂可以从有机相中移出有机酸,或从溶于有机溶剂的有机化合物中除去酸性杂质(使酸性杂质形成钠盐溶于水中)。稀盐酸及稀硫酸可从混合物中萃取出有机碱性物质或用于除去碱性杂质。浓硫酸可应用于从饱和烃中除去不饱和烃,从卤代烷中除去醇及醚等。

在萃取时,特别是当溶液呈碱性时,常常会产生乳化现象。有时由于存在少量轻质的沉淀、溶剂互溶、两液相的相对密度相差较小等原因,也可能使两液相不能很清晰地分开,这样很难将它们完全分离。用来破坏乳化的方法有:

(1)较长时间静置。

(2)若因两种溶剂(水与有机溶剂)能部分互溶而发生乳化,可以加入少量电解质(如氯化钠),利用盐析作用加以破坏,在两相相对密度相差很小时,也可以加入食盐,以增加水相的相对密度。

(3)若因溶液碱性而产生乳化,常可加入少量稀硫酸或采用过滤等方法除去。

此外根据不同情况,还可以加入其他破坏乳化的物质如乙醇、磺化蓖麻油等。

萃取溶剂的选择要根据被萃取物质在此溶剂中的溶解度而定。同时要易于和溶质分离开。所以最好用低沸点的溶剂。一般水溶性较小的物质可用石油醚萃取;水溶性较大的可用苯或乙醚;水溶性极大的用乙酸乙酯等。第一次萃取时,使用溶剂的量,常要较以后几次多一些,这主要是为了补足由于它稍溶于水而引起的损失。

当有机化合物在原溶剂中比在萃取剂中更易溶解时,就必须使用大量溶剂并多次萃取。为了减少萃取溶剂的量,最好采用连续萃取。

2. 固体物质的萃取

固体物质的萃取,通常是用长期浸出法或采用脂肪提取器(索氏提取器)。前者是靠溶剂长期的浸润溶解而将固体物质中的需要物质浸出来。这种方法虽不需要任何特殊器皿,但效率不高,而且溶剂的需要量较大。

脂肪提取器(也叫 Soxhlet 提取器)(如图 3-20)是利用溶剂回流及虹吸原理,使固体物质连续不断地为纯的溶剂所萃取,因而效率较高。萃取前应先将固体物质研细,以增加溶剂浸润的面积,然后将固体物质

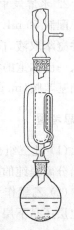

图 3-20 Soxhlet 提取器

放在滤纸套内,置于提取器中。提取器的下端通过木塞(或磨口)和盛有溶剂的烧瓶连接,上端接冷凝管。当溶剂沸腾时,蒸气通过玻璃管上升,被冷凝管冷凝成为液体,滴入提取器中,当溶剂液面超过虹吸管的最高处时,即虹吸流回烧瓶,因而萃取出溶于溶剂的部分物质。就这样利用溶剂回流和虹吸作用,使固体的可溶物质富集到烧瓶中。然后用其他方法将萃取到的物质从溶液中分离出来。

四、实验内容

1. 用萃取法分离一种三组分混合物

实验室现有一种三组分混合物,已知其中含有对甲苯胺(一种碱)、β-萘酚(一种弱酸)和萘(一种中性物质),试根据其性质和溶解度,设计合理方案将各组分分离出来。

称取 3 g 三组分混合物样品,溶于 25 mL 乙醚中,将溶液转入 125 mL 分液漏斗中,加入 3 mL 浓盐酸溶解在 25 mL 水中,并充分摇荡,静置分层后,放出下层液体(水溶液)于锥形瓶中。再用第二份酸溶液萃取一次。最后用 10 mL 水萃取,以除去可能溶于乙醚层过量的盐酸,合并三次酸性萃取液,放置待处理。

剩下的乙醚溶液每次用 25 mL 10%氢氧化钠溶液萃取两次,并用 10 mL 水再萃取一次,合并碱性溶液放置待处理。

将剩下的乙醚溶液(其中含哪一种组分?)从分液漏斗上口倒入一锥形瓶中,加适量无水氯化钙不时振荡 15 min。然后将乙醚溶液滤入一已知质量的圆底烧瓶中,用水浴蒸馏并回收乙醚,称重残留物,同时测定其熔点。

在搅拌下向酸性萃取液中滴加 10%氢氧化钠溶液至其对石蕊试纸呈碱性。然后每次用 25 mL 乙醚分两次萃取碱液。合并醚萃取液,用粒状氢氧化钠干燥 15 min。然后将乙醚溶液滤入一已称重的干燥圆底烧瓶或锥形瓶中,用水浴蒸馏并回收乙醚。称重残留物(为哪种组分?),并测定其熔点。

在搅拌下向碱性溶液中缓缓滴加浓盐酸,直至溶液对石蕊试纸呈酸性为止。在中和过程中外部用冷水浴冷却,至终点时有白色沉淀析出,真空抽滤,干燥后称重并测定熔点。

必要时,每种组分可进一步重结晶,以获得熔点距更窄的纯晶。

2. 水溶液中间硝基苯胺的萃取

配制 50 mL 饱和间硝基苯胺水溶液(黄色水溶液),用 45 mL 乙醚溶剂等分 3 次萃取,合并醚萃取液,向醚萃取液中加入适量无水硫酸镁干燥剂干燥 15 min 后,然后将乙醚溶液滤入一已称重的干燥的圆底烧瓶中,用水浴蒸馏并回收乙醚。圆底烧瓶中的黄色固体物为间硝基苯胺(m.p.:111℃),可通过熔点测试检验。

五、思考题

(1) 此三组分分离实验中,利用了什么性质,在萃取过程中各组分发生的变化是什么?写出分离提纯的流程图。

(2) 乙醚作为一种常用的萃取剂,其优缺点是什么?若用下列溶剂萃取水溶液,它们将在上层还是下层?乙醚、氯仿、己烷、苯。

实验7 重 结 晶

一、实验目的

（1）学习重结晶的基本原理。

（2）掌握重结晶的基本操作。

二、实验原理

固体有机物在溶剂中的溶解度一般随温度的升高而增大。把固体有机物溶解在热的溶剂中使之饱和，冷却时由于溶解度降低，有机物又重新析出晶体。利用溶剂对被提纯物质及杂质的溶解度不同，使被提纯物质从过饱和溶液中析出。让杂质全部或大部分留在溶液中，从而达到提纯的目的。

重结晶只适用杂质含量在5%以下的固体有机混合物的提纯。从反应粗产物直接重结晶是不适宜的，必须先采取其他方法初步提纯，然后再重结晶提纯。

重结晶的基本操作过程包括以下几个步骤：

1. 溶剂的选择

重结晶过程中，选择适合的溶剂最重要。查阅手册或辞典中的溶解度及按照相似相溶原理等选择合适的溶剂。

（1）重结晶用溶剂的选择依据

① 使用溶剂原则，沸点应比进行重结晶物质的熔点低，但熔点在 40～50℃ 的物质也可以用己烷、乙醇进行重结晶。

② 根据相似相溶的原理，极性强的物质能溶于极性大的溶剂；极性低的物质易溶于非极性溶剂，但是在进行重结晶时则要求所选择的溶剂最好和进行重结晶的化合物在结构上不完全相似。

③ 最好选用单一的溶剂进行重结晶（也可使用混合溶剂）。

④ 对于几乎在所有的溶剂中都能溶解的物质，最好选用含水的有机溶剂或用水作溶剂进行重结晶。

⑤ 进行重结晶时最好选用普通溶剂，对一些在普通有机溶剂中难溶解的物质可用乙酸、吡啶和硝基苯等进行重结晶。结晶后用适当的溶剂洗涤、干燥。

⑥ 对用己烷、环己烷等脂肪烃和甲烷、乙醇等醇类都可以重结晶的化合物，选用醇类溶剂所得制品的纯度高。

（2）重结晶用溶剂的种类及特性

重结晶用溶剂种类及特性如下：

① 烃类溶剂 非极性溶剂，能溶解非极性化合物，常用于具有中等极性化合物的结晶，一般芳香烃比脂肪烃和脂环烃溶剂的溶解能力强，这类溶剂很少与重结晶物质发生反应，其中苯的毒性比较高，大量使用时要注意安全。

② 卤代烃类溶剂 卤代烃溶剂的溶解能力比相应的烃类大。由于普通的氯仿中含有少量乙醇，二氯甲烷中含有少量甲醇，因此能与活性氢发生反应的化合物在进行重结晶时，必须预先将醇除去。氯仿、四氯化碳等卤代烃一般不适用于碱性物质的重结晶。氯仿、四氯

化碳的毒性也需考虑。

③ 醚类溶剂　这是一类常用的溶剂,其中异丙醚的沸点适中,使用量较大。由于在保存中大多数醚容易生成过氧化物,特别是无水四氢呋喃生成的过氧化物能引起自由基反应,使环开裂形成聚合物,因此溶解能力有所下降。过氧化物有爆炸性,使用醚类溶剂时要特别注意。

④ 酯类溶剂　这是一类溶解能力相当强的极性溶剂,用于重结晶时效率高。注意未精制的酯类溶剂中含有微量的醇和酸,必须除去。伯胺、仲胺、硫醇类、醇类、核酸类等化合物进行重结晶时,有可能与酯类发生反应,因此最好不要使用这类溶剂。

⑤ 酮类溶剂　这是一类重结晶时常用的溶剂,可是酮能与各种化合物发生反应,例如,重结晶化合物中存在的碱性基团或酸性基团都可以使酮类溶剂自身发生缩合反应,而使溶解能力下降。另外含有一个—NH_2基团的化合物、硫醇、含活性亚甲基的化合物、某些1,2-二元醇、1,3-二元醇也能与酮类发生反应。

⑥ 醇类溶剂　这是一类最常用的溶剂,低级醇与水相混合可作混合溶剂使用,戊醇、乙二醇、甘油等溶剂粘度高,可以与甲醇或水混合使用。注意酸酐、酰卤等能与活性氢反应的化合物不可用醇进行重结晶。此外,与羧酸能发生酯化反应,与酯发生交换反应,故都不宜用醇类溶剂。

⑦ 酸和胺类溶剂　在一般溶剂中难溶的化合物可以使用这类溶剂进行重结晶。酸类溶剂中常用的是甲酸和乙酸。注意甲酸有还原作用,乙酸熔点为16.7℃,可用水或适当的溶剂稀释使用。胺类溶剂中使用最多的是吡啶。注意吡啶能使含双键化合物的双键发生移动,立体构型翻转。

⑧ 其他　在硝基化合物、氰化合物、酰胺、硫化物等溶剂中,以硝基化合物比较常用,氰化合物毒性强,二硫化碳具有毒性和易燃性。环丁砜和二甲基甲酰胺长时间在沸点附近加热会逐渐发生分解。因此以上化合物都不宜作溶剂使用。

(3)选择溶剂时的注意事项

① 注意重结晶物质和溶剂之间有可能发生化学反应。例如羧酸类化合物不能用醇类溶剂进行重结晶,防止部分酯化。在使用碱性溶剂时(如吡啶),有的物质会发生双键移动和立体构型的反转。

② 重结晶的溶剂要求纯度高。例如在氯仿中含有1%的乙醇作稳定剂,对于一些能够与含活泼氢化合物发生反应的物质(如酸酐等),则不适宜用氯仿进行重结晶。即使是纯度很高的氯仿,在普通的实验条件下,注意在2～3 h内也有可能生成氯气和光气。使用酯类溶剂时,注意其中是否含有微量的醇和酸。

③ 使用石油醚、轻汽油等进行重结晶时,注意这类溶剂中由于低沸点成分的蒸发,高沸点成分不断增多,结果引起溶解度的变化。

④ 吸湿性物质进行重结晶时,最好不使用乙醚、二氯甲烷等沸点较低的溶剂。因为这类溶剂的蒸发速度快,在结晶过滤时水分有可能在结晶表面上被冷却下来。

⑤ 经过重结晶的化合物,常常含有重结晶用溶剂。某些结晶物质因含有结晶溶剂而呈定形的晶体,在减压下干燥时,由于结晶溶剂的离去而变成无定形。

2.饱和溶液的配制

在溶剂沸点温度下,将被提纯物制成饱和溶液,然后再多加20%的溶剂(过多会损失,过少会析出,有机溶剂加热时需要回流装置)。若溶液含有色杂质,要加活性炭脱色(用量为粗产品质量的 1%～3%)。待溶液稍冷后加活性炭,煮沸 5～10 min。

3. 热过滤或趁热抽滤

方法一:用保温漏斗趁热过滤,装置图见 2-10(b)(预先加热漏斗,叠菊花滤纸,准备锥形瓶接收滤液,漏斗上覆盖表面皿,以减少溶剂挥发)。若用有机溶剂,过滤时应先熄灭火焰或使用挡火板。

方法二:可把布氏漏斗预先烘热,然后便可趁热抽滤(装置见图 2-9),可避免晶体析出而损失。

上述两种方法在过滤时,应先用溶剂润湿滤纸,以免结晶析出而阻塞滤纸孔。

4. 结晶

将滤液放置冷却,析出结晶。

5. 抽滤

使用减压过滤装置进行抽滤。布氏漏斗中使用的滤纸直径应小于布氏漏斗内径。抽滤后,打开安全阀停止抽滤。

6. 结晶的干燥

三、实验用试剂药品与仪器装置

试剂药品:乙酰苯胺,95%乙醇,萘,沸石,活性炭等。

仪器装置:锥形瓶(150 mL),石棉网,圆底烧瓶(100 mL),回流冷凝管,无颈漏斗,滤纸,布氏漏斗,表面皿等。

四、实验步骤

1. 乙酰苯胺的重结晶

取 2 g 粗乙酰苯胺,放于 150 mL 锥形瓶中,加入适量水(40～60 mL)。在石棉网上加热至沸腾,并用玻璃棒不断搅动,使固体溶解,这时若有尚未完全溶解的固体,可继续加入少量热水[1],至完全溶解后,再多加 2～3 mL 水[2]。移去火源,稍冷后加入少许活性炭[3],稍加搅拌后继续加热微沸 5～10 min。

事先在烘箱中烘热无颈漏斗[4],过滤时趁热从烘箱中取出,把漏斗安置在铁圈上,于漏斗中放一预先叠好的折叠滤纸,并用少量热水润湿。将上述热溶液通过折叠滤纸,迅速地滤入 150 mL 烧杯中。每次倒入漏斗中的液体不要太满,也不要等溶液全部滤完后再加。在过滤过程中,应保持溶液的温度,为此将未过滤的部分继续用小火加热以防冷却。待所有的溶液过滤完毕后,用少量热水洗涤锥形瓶和滤纸。

滤毕,用表面皿将盛滤液的烧杯盖好,放置一旁,稍冷后,用冷水冷却以使结晶完全[5]。如要获得较大颗粒的结晶,可在滤完后将滤液中析出的结晶重新加热溶解,于室温下放置,让其慢慢冷却。

结晶完成后,用布氏漏斗抽滤(滤纸先用少量冷水润湿,抽气吸紧),使结晶与母液分离,并用玻璃塞挤压,使母液尽量除去。拔下抽滤瓶上的橡皮管(或打开安全瓶上的活塞),停止抽气。加少量冷水至布氏漏斗中,使晶体润湿(可用刮刀使结晶松动),然后重新抽干,如此重复 1～2 次,最后用刮刀将结晶移至表面皿上,摊开成薄层,置于空气中晾干或在干燥器中干燥。测定干燥后精制产物的熔点,并与粗产物熔点作比较,称重并计算产率。

2. 萘的重结晶

在装有回流冷凝管的 100 mL 圆底烧瓶或锥形瓶中,放入 2 g 粗萘,加入 15 mL 70％乙醇和 1～2 粒沸石。接通冷凝水后,在水浴上加热至沸[6],并不时振荡,以加速粗萘溶解。若所加的乙醇不能使粗萘完全溶解,则应从冷凝管上端继续加入少量 70％乙醇(注意添加易燃溶剂时应先灭去火源),每次加入乙醇后应略为振荡并继续加热,观察是否可完全溶解。待完全溶解后,再多加一些,然后熄灭火源。移开水浴,稍冷后加入少许活性炭,并稍加摇动,再重新在水浴上加热煮沸数分钟。趁热用预热好的无颈漏斗和折叠滤纸过滤,用少量热的 70％乙醇润湿折叠滤纸后,将上述萘的热溶液滤入干燥的 100 mL 锥形瓶中(注意这时附近不应有明火),滤完后用少量热 70％乙醇洗涤容器和滤纸。盛滤液的锥形瓶用软木塞塞好,任其冷却,最后再用冰水冷却。用布氏漏斗抽滤(滤纸应先用 70％乙醇润湿,吸紧),用少量冷的 70％乙醇洗涤,抽干后将结晶移至表面皿上。将结晶置于空气中晾干或在干燥器中干燥。测定干燥后精制产物的熔点,并与粗产物熔点作比较,称重并计算产率。

【注释】

[1] 乙酰苯胺在水中的溶解度如下:

表 3-9　乙酰苯胺在水中的溶解度

$t/℃$	20	25	50	80	100
溶解度/$g \cdot (100 \text{ mL})^{-1}$	0.46	0.56	0.84	3.45	5.5

[2] 每次加入 3～5 mL 热水,若加入溶剂加热后并未能使未溶物减少,则可能是不溶性杂质,此时可不必再加溶剂。但为了防止过滤时有晶体在漏斗中析出,溶剂用量可比沸腾时饱和溶液所需的用量适当多一些。

[3] 活性炭绝对不可加到正在沸腾的溶液中,否则将造成暴沸现象。加入活性炭的量约相当于样品量的 1％～3％。

[4] 无颈漏斗,即截去颈的普通玻璃漏斗。也可用预热好的热滤漏斗,漏斗夹套中充水约为其容积的 2/3 左右。

[5] 用水重结晶乙酰苯胺时,往往会出现油珠。这是因为当温度高于 83℃时,未溶于水但已熔化的乙酰苯胺会形成另一液相所致。这时只要加入少量水或继续加热即可。

[6] 萘的熔点较 70％乙醇的沸点为低,因而加入不足量的 70％乙醇加热至沸后,萘呈熔融状态而非溶解,这时应继续加溶剂直至完全溶解。

五、思考题

(1) 简述有机化合物重结晶的步骤和各步的目的。

(2) 某一有机化合物进行重结晶时,最适合的溶剂应该具有哪些性质?

(3) 加热溶解重结晶粗产物时,为何先加入比计算量(根据溶解度数据)略少的溶剂,然后渐渐加至恰好溶解,最后再加多少量溶剂?

(4) 为什么活性炭要在固体物质完全溶解后加入? 又为什么不能在溶液沸腾时加入?

(5) 将溶液进行热过滤时,为什么要尽可能减少溶剂的挥发? 如何减少其挥发?

(6) 用抽气过滤收集固体时,为什么在关闭水泵前,先要拆开水泵和抽滤瓶之间的连接或先打开安全瓶通大气的活塞？

　　(7) 在布氏漏斗中用溶剂洗涤固体时应注意什么？

　　(8) 用有机溶剂重结晶时，在哪些操作上容易着火？应该如何防范？

实验 8　液态有机化合物折光率的测定

一、实验目的

　　(1) 学习折光率的测定原理和测定方法。

　　(2) 了解阿贝折光仪的构造，掌握阿贝折光仪的使用。

二、实验原理

　　折光率是有机化合物最重要的物理常数之一。作为液体物质纯度的标准，它比沸点更为可靠。利用折光率，可以鉴定未知化合物，也用于确定液体混合物的组成。物质的折光率不但与它的结构和光线有关，而且也受温度、压力等因素的影响。所以折光率的表示，须注明所用的光线和测定时的温度，常用 n_D^t 表示。

　　光在各种介质中的传播速度各不相同，当光线通过两种不同介质的界面时会改变方向。光改变方向（即折射）是因为它的速度在改变。当光线从一种介质进入另一种介质时，由于在两介质中光速的不同，在分界面上发生折射现象，而折射角与介质密度、分子结构、温度以及光的波长等有关。将空气作为标准介质，在相同条件下测定折射角，经过换算后即为该物质的折光率。

　　用斯内尔(Snell)的折射定律表示为：$n = \sin\alpha / \sin\beta$，$\alpha$ 是入射光（空气中）与界面垂线之间的夹角，β 是折射光（在液体中）与界面垂线之间的夹角，见图 3-21。入射角正弦与折射角正弦之比等于介质 B 对介质 A 的相对折光率。用单色光要比白光测得的折光率更为精确，所以测定折光率时要用钠光（$\lambda = 589$ nm）。

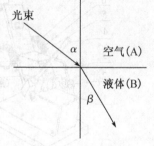

图 3-21　光线的折射

　　折光率是液体有机化合物重要的特性常数之一，折光率常用阿贝(Abbe)折光仪进行测定。阿贝折光仪操作简便、容易掌握，是有机化学实验室的常用仪器，主要用途为：测定所合成的已知化合物折光率与文献值对照，可作为鉴定有机化合物纯度的一个标准；合成未知化合物，经过结构及化学分析确证后，测得的折光率可作为一个物理常数记载。将折光率作为检测原料、溶剂、中间体及最终产品纯度的依据之一，一般多用于液体有机化合物。

　　化合物的折光率与它的结构及入射光线的波长、温度、压力等因素有关。通常大气压变化的影响不明显，只是在精密的测定工作中，才考虑压力因素。所以，在测定折光率时必须注明所用的光线和温度，常用 n_D^t 表示。D 是以钠光灯的 D 线(589 nm)作光源，常用的折光仪虽然是用白光为光源，但用棱镜系统加以补偿，实际测得的仍为钠光 D 线的折射率。t 是测定折射率时的温度。例如 $n_D^{20} = 1.3320$ 表示 20℃时，该介质对钠光灯的 D 线折光率为1.3320。

　　一般地讲，当温度增高 1℃ 时液体有机化合物的折光率就减少 $3.5 \times 10^{-4} \sim 5.5 \times 10^{-4}$，

某些有机物,特别是测定折光率时的温度与其沸点相近时,其温度系数可达 $7×10^{-4}$。为了便于计算,一般采用 $4×10^{-4}$ 为其温度变化系数。这个粗略计算,当然会带来误差,为了精确起见,一般折光仪应配有恒温装置。表 3-10 是不同温度下纯水和乙醇的折光率。

表 3-10　不同温度下纯水和乙醇的折光率

温度/℃	18	20	24	28	32
水的折光率	1.333 17	1.332 99	1.332 62	1.332 19	1.331 64
乙醇的折光率	1.361 29	1.360 48	1.358 85	1.357 21	1.355 57

三、阿贝折光仪(Abbe)结构及操作步骤

图 3-22 为阿贝折光仪的结构图。底座(14)为仪器的支承座,壳体(17)固定在其上。除棱镜和目镜外,全部光学组件及主要结构均封闭于壳体内部。棱镜组固定于壳体上,由进光棱镜、折射棱镜以及棱镜座等结构组成,两只棱镜分别用特种黏合剂固定在棱镜座内。

(5)为进光棱镜座,(11)为折射棱镜座,两棱镜座由转轴(2)连接。进光棱镜能打开和关闭,当两棱镜座密合并用手轮(10)锁紧时,两棱镜面之间保持一均匀的间隙,被测液体应充满此间隙。(3)为遮光板,(18)为恒温器接头,(4)为温度计,(13)为温度计座,可用乳胶管与恒温器连接使用。(1)为反射镜,(8)为目镜,(9)为盖板,(15)为折射率刻度调节手轮,(6)为色散调节手轮,(7)为色散值刻度圈,(12)为照明刻度盘聚光镜。

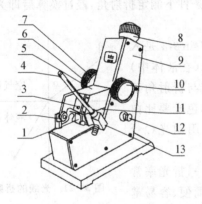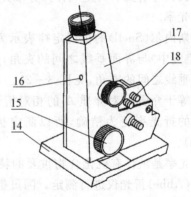

图 3-22　阿贝折光仪结构图

1-反光镜;2-转轴;3-遮光板;4-温度计;5-进光棱镜座;6-色散调节手轮;7-色散值刻度圈;8-目镜;9-盖板;10-手轮;11-折射棱镜座;12-照明刻度盘聚光镜;13-温度计座;14-底座;15-刻度调节手轮;16-小孔;17-壳体;18-恒温器接头

在使用折光仪进行有机化合物的折光率测定时,提供的测定样品,应以分析样品的标准来要求。即被测液体的沸点范围要窄,若其沸点范围过宽,测出的折光率意义不大。例如折光率较小的 A,其中混有折光率较大的液体 B,则测得折光率偏高。

其具体操作如下所述:

(1)将折光仪与恒温水浴连接,调节所需要的温度,同时检查保温套的温度计是否精确。一切就绪后,打开直角棱镜,用擦镜纸沾少量乙醇或丙酮轻轻擦洗上下镜面,不可来回擦,只能单向擦,晾干后使用。

（2）阿贝折光仪的量程为 $1.3000\sim1.7000$，精密度为 ±0.0001，温度应控制在 $\pm0.1℃$ 的范围内。恒温达到所需要的温度后，将 $2\sim3$ 滴待测液体样品均匀地置于磨砂面棱镜上，关闭棱镜，调好反光镜使光线射入。滴加样品时应注意切勿使滴管尖端直接接触镜面，以防造成划痕。滴加液体要适量，分布要均匀，对于易挥发液体，应快速测定折光率。

（3）先轻轻转动左面刻度调节手轮，并在右面镜筒内找到明暗外界线。若出现彩色带，则调节色散调节手轮，使明暗界线清晰。再转动左面刻度调节手轮，使目镜中分界线对准交叉线中心（如图 3-23），记录读数与温度，重复 $1\sim2$ 次。

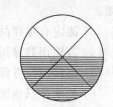

图 3-23　临界角时目
镜视野图

（4）测完后，应立即擦洗上下镜面，晾干后再关闭折光仪。在测定样品之前，对折光仪应进行校正。通常先测纯水的折光率，将重复两次所得纯水的平均折光率与其标准值比较。校正值一般很小，若数值太大，整个仪器应重新校正。

折光仪保养必须注意折光仪棱镜的保护，不能在镜面上造成划痕，不能测定强酸、强碱及有腐蚀性的液体，也不能测定对棱镜、保温套之间的粘合剂有溶解性的液体；每次使用前后，应仔细认真地擦洗镜面，待晾干后再关闭棱镜；折光仪不得曝露于阳光下使用或保存，不用时应放入木箱内置于干燥处，放入前应注意将金属夹套内的水倒干净，管口封起来。

四、实验用试剂药品与仪器装置

试剂药品：无水丙酮，无水乙醇，正丁醚，蒸馏水等。
仪器装置：阿贝折光仪，擦镜纸，滴管等。

五、实验步骤

测定无水丙酮和无水乙醇的折光率，分别各测三次，取平均值，并记录测定的温度。
测定正丁醚的折光率，讨论其纯度。
正丁醚的折光率：$n_D^{20}=1.3992$，温度校正公式 $n_D^t=n_D^{20}+(t-20)\times0.00045$（$t$：测量时的温度，$n_D^t$：实际测量的折光率）。

例：丙酮折光率（$n_D^{20}=1.3590$）的测定步骤：

（1）按下电源开关"POWER"，聚光灯亮，显示窗显示 0.0000。

（2）打开折射镜，取出擦镜纸（保护棱镜表面用），用滴管滴 $2\sim3$ 滴乙醇至下面棱镜，合上棱镜，再打开，清洁表面，晾干。

（3）将待测液 $2\sim3$ 滴滴于下面棱镜，关上上面进光镜。

（4）调节聚光部件的转臂和聚光镜筒，使镜筒内视场明亮。

（5）旋转棱镜转动手轮使明暗分界线落在交叉线视场中。若为暗的，手轮逆时针转；若为亮的，手轮顺时针转。

（6）旋转色散调节手轮，使明暗分界线具有最小的色散。

（7）旋转调节手轮，使明暗交叉如图 3-23 所示。

读数，记下测量温度。重复测定 $2\sim3$ 次，取平均值为样品的折光率（每次测定后，需用乙醇清洗棱镜，晾干后测第二次）。

六、注意事项

(1) 操作时要特别小心,严禁触及棱镜,特别是油手、汗手及滴管的末端等。

(2) 若边界有颜色或出现漫射,可转动色散调节手轮,直至边界呈无色和明暗界线清晰。

(3) 测定有毒样品的折光率时,应在通风橱内操作。

(4) 若使用数显折光仪,可直接从荧光屏上读取数据。

(5) 要特别注意保护棱镜镜面,滴加液体时防止滴管口划镜面。

(6) 每次擦拭镜面时,只可用擦镜纸轻擦。测试完毕后,用丙酮洗净镜面,待干燥后合拢棱镜。

(7) 不能测量带有酸性、碱性或腐蚀性的液体。

(8) 测量完毕,拆下连接恒温槽的胶皮管,棱镜夹套内的水要排尽。

(9) 若无恒温槽,所得数据要加以修正,通常温度升高 $1℃$,液态化合物折光率降低 $(3.5{\sim}5.5){\times}10^{-4}$。

七、思考题

(1) 测定液体有机化合物折光率的意义是什么?

(2) 如何通过测定液体有机化合物折光率来确定其纯度?

实验 9　有机化合物旋光度的测定

一、实验目的

(1) 了解旋光仪的结构和工作原理。

(2) 学习测定旋光性物质的旋光度和浓度的方法。

二、实验原理

1. 偏振光的基本概念

根据麦克斯韦的电磁场理论,光是一种电磁波。光的传播就是电场强度 E 和磁场强度 H 以横波的形式传播的过程。而 E 与 H 互相垂直,也都垂直于光的传播方向,因此光波是一种横波。由于引起视觉和光化学反应的是 E,所以 E 矢量又称为光矢量,把 E 的振动称为光振动,E 与光波传播方向之间组成的平面叫振动面。光在传播过程中,光振动始终在某一确定方向的光称为线偏振光,简称偏振光[见图 3-24(a)]。普通光源发射的光是由大量原子或分子辐射而产生,单个原子或分子辐射的光是偏振的,但由于热运动和辐射的随机性,大量原子或分子所发射的光的光矢量出现在各个方向的概率是相同的,没有哪个方向的光振动占优势,这种光源发射的光不显现偏振的性质,称为自然光[见图 3-24(b)]。还有一种光线,光矢量在某个特定方向上出现的概率比较大,也就是光振动在某一方向上较强,这样的光称为部分偏振光[见图 3-24(c)]。

(a) 偏振光　　(b) 自然光　　(c) 部分偏振光

图 3 - 24　光线从纸面内垂直射出时光振动分布图

2. 偏振光的获得和检测

将自然光变成偏振光的过程称为起偏,起偏的装置称为起偏器。常用的起偏器有人工制造的偏振片、晶体起偏器和利用反射或多次透射(光的入射角为布儒斯特角)而获得偏振光。自然光通过偏振片后,所形成偏振光的光矢量方向与偏振片的偏振化方向(或称透光轴)一致。在偏振片上用符号"↕"表示其偏振化方向。

鉴别光的偏振状态的过程称为检偏,检偏的装置称为检偏器。实际上起偏器也就是检偏器,两者是通用的。如图 3 - 25 所示,自然光通过作为起偏器的偏振片以后,变成光通量为 ϕ_0 的偏振光,这个偏振光的光矢量与偏振化方向同方位,而与作为检偏器的偏振片的偏振化方向的夹角为 α。根据马吕斯定律,ϕ_0 通过检偏器后,透射光通量为:

$$\phi = \phi_0 \cos^2 \alpha \tag{1}$$

透射光仍为偏振光,其光矢量与检偏器偏振化方向同方位。显然,当以光线传播方向为轴转动检偏器时,透射光通量将发生周期性变化。当 $\alpha = 0°$ 时,透射光通量最大;当 $\alpha = 90°$ 时,透射光通量为最小值(消光状态),接近全暗;当 $0° < \alpha < 90°$ 时,透射光通量介于最大值和最小值之间。但同样对自然光转动检偏器时,就不会发生上述现象,透射光通量不变。对部分偏振光转动检偏器时,透射光通量有变化但没有消光状态。因此根据透射光通量的变化,就可以区分偏振光、自然光和部分偏振光。

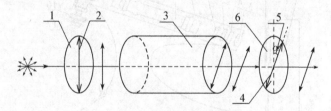

图 3 - 25　旋光现象示意图

1. 起偏器　2. 起偏器偏振化方向　3. 旋光物质　4. 检偏器
偏振化方向　5. 旋光角 α　6. 检偏器

3. 旋光现象

偏振光通过某些晶体或某些物质的溶液以后,偏振光的振动面将旋转一定的角度,这种现象称为旋光现象。如图 3 - 25 所示,这个角 α 称为旋光角,也叫旋光度,它与偏振光通过溶液的长度 L 和溶液中旋光性物质的浓度 c 成正比,即

$$\alpha = \alpha_m L c \tag{2}$$

式中,α_m 称为该物质的比旋光度。如果 L 的单位用 dm,浓度 c 定义为在 1 cm³ 溶液内溶质的克数,单位用 g/cm³,那么旋光度 α_m 的单位为 (°)cm³/(dm·g)。

实验表明,同一旋光物质对不同波长的光有不同的旋光度。因此,通常采用钠黄光

(589.3 nm)来测定旋光度。旋光度还与旋光物质的温度有关。如对于蔗糖水溶液,在室温条件下温度每升高(或降低)1℃,其比旋光度约减小(或增加)0.024°cm³/(dm·g)。因此,对于所测物质的旋光度,必须说明测量时的温度。旋光度还有正负,这是因为迎着射来的光线看去,如果旋光现象使振动面向右(顺时针方向)旋转,这种溶液称为右旋溶液,如天然的葡萄糖、麦芽糖、蔗糖的水溶液,它们的旋光度用正值表示。反之,如果振动面向左(逆时针方向)旋转,这种溶液称为左旋溶液,如转化糖、果糖的水溶液,它们的旋光度用负值表示。严格来讲旋光度还与溶液浓度有关,在要求不高的情况下,此项影响可以忽略。

若已知待测旋光性溶液的浓度 c 和液柱的长度 L,测出旋光角 α,就可以由(2)式算出比旋光度 α_m。也可以在液柱长 L 不变的条件下,依次改变浓度 c,测出相应的旋光角,然后画出 α 与 c 的关系曲线(称为旋光曲线)。它基本是条直线,直线的斜率为 $\alpha_m \cdot L$,由直线的斜率也可求出比旋光度 α_m。反之,在已知某种溶液的旋光曲线时,只要测量出溶液的旋光角,就可以从旋光曲线上查出对应的浓度。

三、WXG-4 型旋光光度仪的结构及工作原理

用 WXG-4 型旋光仪来测量旋光性溶液的旋光角,其结构如图 3-26 所示。为了准确地测定旋光角 α,仪器的读数装置采用双游标读数,以消除度盘的偏心差,度盘等分 360 格,分度值 $\alpha=1°$,角游标的分度数 $n=20$。因此,角游标的分度值 $i=\alpha/n=0.05°$,与 20 分游标卡尺的读数方法相似,度盘和检偏镜联结成一体,利用度盘转动手轮作粗(小轮)、细(大轮)调节,游标窗前装有供读游标用的放大镜。

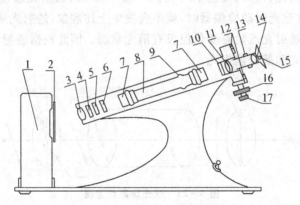

图 3-26 WXG-4 型旋光仪结构

1. 钠光灯　2. 毛玻璃片　3. 会聚透镜　4. 滤色镜　5. 起偏镜　6. 石英片　7. 测试管端螺帽　8. 测试管　9. 测试管凸起部分　10. 检偏镜　11. 望远镜物镜　12. 度盘和游标　13. 望远镜调焦手轮　14. 望远镜目镜　15. 游标读数放大镜　16. 度盘转盘细调手轮　17. 度盘转盘粗调手轮

仪器还在视场中采用了半荫法比较两束光的亮度,其原理是在起偏镜后面加一块石英晶体片,石英片和起偏镜的中部在视场中重叠,将视场分为三部分。并在石英片旁边装上一定厚度的玻璃片,以补偿由于石英片的吸收而发生的光亮度变化,石英片的光轴平行于自身表面并与起偏镜的偏振化方向夹一小角 θ(称影荫角),由光源发出的光经过起偏镜后变成偏振光,其中一部分再经过石英片,石英是各向异性晶体,光线通过它将发生双折射。可以

证明,厚度适当的石英片会使穿过它的偏振光的振动面转过 2θ 角,这样进入测试管的光是振动面间的夹角为 2θ 的两束偏振光。

在图 3-27 中,OP 表示通过起偏镜后的光矢量,而 OP' 则表示通过起偏镜与石英片后的偏振光的光矢量。OA 表示检偏镜的偏振化方向,OP 和 OP' 与 OA 的夹角分别为 β 和 β',OP 和 OP' 在 OA 轴上的分量分别为 OP_A 和 OP'_A。转动检偏镜时,OP_A 和 OP'_A 的大小将发生变化。于是从目镜中所看到的三分视场的明暗也将发生变化(见图 3-27 的下半部分)。图中画出了四种不同的情形:

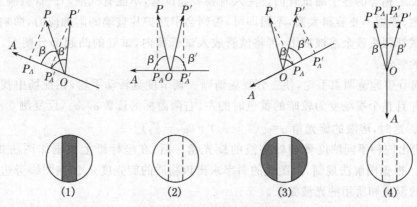

图 3-27　旋光仪的三分视场图

(1) $\beta'>\beta,OP_A>OP'_A$:从目镜观察到三分视场中与石英片对应的中部为暗区,与起偏镜直接对应的两侧为亮区,三分视场很清晰。当 $\beta'=\pi/2$ 时,亮区与暗区的反差最大。

(2) $\beta'>\beta,OP_A=OP'_A$:三分视场消失,整个视场为较暗的黄色。

(3) $\beta'<\beta,OP_A<OP'_A$:视场又分为三部分,与石英片对应的中部为亮区,与起偏镜直接对应的两侧为暗区。当 $\beta=\pi/2$ 时,亮区与暗区的反差最大。

(4) $\beta'=\beta,OP_A=OP'_A$:三分视场消失。由于此时 OP 和 OP' 在 OA 轴上的分量比第二种情形时大,因此整个视场为较亮的黄色。

由于在亮度较弱的情况下,人眼辨别亮度微小变化的能力较强,所以取图 3-27(2)情形的视场为参考视场,并将此时检偏镜偏振化方向所在的位置取作度盘的零点。

实验时,将旋光性溶液注入已知长度 L 的测试管中,把测试管放入旋光仪的试管筒内,这时 OP 和 OP' 两束线偏振光均通过测试管,它们的振动面都转过相同的角度 α,并保持两振动面间的夹角为 2θ 不变。转动检偏镜使视场再次回到图 3-27(2)状态,则检偏镜所转过的角度就是被测溶液的旋光角。

四、实验用试剂药品与仪器装置

试剂药品:四种不同浓度的葡萄糖溶液,未知浓度的葡萄糖溶液,蒸馏水等。

仪器装置:旋光仪,擦镜纸,滴管等。

五、实验步骤

1. 调整旋光仪

(1) 接通旋光仪电源,约 5 min 后待钠光灯发光正常,开始实验。

(2) 校验零点位置。在没有放测试管时,调节望远镜调焦手轮,使三分视场清晰。调节度盘转动手轮,当三分视场刚消失并且整个视场变为较暗的黄色时,记录下左、右两游标的读数 α_0、α'_0。要求反复测 6 次,并求其平均值 $\overline{\alpha_0}$、$\overline{\alpha'_0}$。

(3) 将装有蒸馏水的测试管放入旋光仪的试管筒内,调节望远镜的调焦手轮和度盘转动手轮,观察是否有旋光现象。

2. 测定旋光性溶液的旋光率和浓度

(1) 将葡萄糖事先配制成四种已知浓度的葡萄糖溶液和一种未知浓度的葡萄糖溶液,分别注入长度相等的各个测试管内。注入时要装满试管,不能有气泡。试管头装上橡皮圈,再旋上螺帽,螺帽不要旋得太紧,不漏即可,否则会引起护片玻璃的附加应力,影响实验的准确性。将试管两头残余溶液擦干,再将试管放入试管筒内,试管的凸起部分朝上,以便存放管内残存的气泡。

(2) 调节望远镜调焦手轮,使三分视场清晰。调节度盘转动手轮,在视场中找到三分视场刚消失并且整个视场变为较暗的黄色时的左、右两游标的读数 α_1、α'_1,反复测 6 次,求出平均值 $\overline{\alpha_1}$、$\overline{\alpha'_1}$。这时,溶液的旋光角 $\alpha = [(\overline{\alpha_1} - \overline{\alpha_0}) + (\overline{\alpha'_1} - \overline{\alpha'_0})]/2$。

(3) 测出四种不同浓度葡萄糖溶液的旋光角 α 后,在坐标纸上根据作图法规则,绘出 $\alpha - c$ 图线。根据图解法规则,由图线的斜率求出该物质的旋光度 α_m。在图线旁边应标明实验时溶液的温度和所用的光波波长。

(4) 将浓度未知的葡萄糖溶液装入测试管,测出旋光角 α,再从 $\alpha - c$ 图线上确定待测液体的浓度。

六、数据记录及处理

标准液:

管长(dm):<u>1</u>　　　浓度(g/mL):<u>0.5</u>　　　待测液 1

单位:度　　　　　　　　　　　　　　　　　管长(dm):_____　　　　单位:度

α_0	α_1	$\alpha_1 - \alpha$	α'_0	$\alpha'_1 - \alpha'_0$
平均值:		平均值:		

α_0	α_1	$\alpha_1 - \alpha$	α'_0	$\alpha'_1 - \alpha'_0$
平均值:		平均值:		

旋光度 $\alpha_m [°cm^3/(dm \cdot g)]$:_____　　　　浓度(g/mL):_____

待测液 2

待测液 3

……

七、注意事项

（1）测试管应轻拿轻放，小心打碎。

（2）所有镜片，包括测试管两头的护片玻璃都不能用手直接擦拭，应用柔软的绒布或镜头纸擦拭。

（3）只能在同一方向转动度盘手轮时读取始、末示值决定旋光角，而不能在来回转动度盘手轮时读取示值，以免产生回程误差。

八、思考题

（1）说明为什么用半荫法测定旋光角会比只用起偏镜和检偏镜测旋光角更准确？

（2）根据半荫法原理，测量所用仪器的透过起偏镜和石英片的两束偏振光振动面的夹角，并画出所用方法的与图 3-27 类似的矢量图。

实验 10　色谱分离技术

一、实验目的

（1）掌握色谱法（柱层析和薄层色谱）的基本原理。

（2）学会用薄层色谱法来跟踪有机反应。

二、色谱分离技术简介

色谱法（Chromatography）又称层析法，由俄国植物学家茨维特（M. Tswett）首创于 1903 年。起初色谱法用于有色化合物如叶绿素等的分离。目前，它已发展成为分析混合物组分或纯化各种类型物质的特殊技术。

色谱法的特点是集分离、分析于一体，简便、快速、微量。它解决了许多其他分析方法所不能解决的问题，在医药、卫生、生化、天然有机化学等学科有广泛的应用。随着电子计算机技术的迅速发展，出现了全自动气相色谱仪、高效液相色谱仪等，使色谱法这一分离分析技术的灵敏度以及自动化程度不断提高。

色谱法的应用主要有以下几个方面：

（1）分离混合物。含有多种组分的混合物样品，不需事先用其他化学方法消除干扰，可直接进行分离。其分离能力之强可将有机同系物及同分异构体加以分离。

（2）精制、提纯有机化合物。制备色谱可用色谱法将化合物中含有少量结构类似的杂质除去，达到色谱纯度。

（3）鉴定化合物。可利用化合物的物理常数如 R_f 值，同时将未知物与已知物进行对照，初步判断性质相似的化合物是否为同一种物质。

（4）观察化学反应进行的程度。利用简便、快速的薄层色谱法观察色点的变化，以证明反应是否完成。

凡色谱都有两相。一相是固定的，称为固定相；另一相是流动的，被称为流动相。原理是利用混合物中各组分在不同的两相中溶解、吸附或其他亲和作用的差异，当流动相流经固定相时，使各组分在两相中反复多次受到上述各种力的作用而得到分离。

色谱法可以有以下几种分类方法。

(1) 按其分离过程的原理可分为:吸附色谱法、分配色谱法、离子交换色谱法等。

(2) 按固定相或流动相的物理状态可分为:液-固色谱法、气-固色谱法、气-液色谱法、液-液色谱法等。

(3) 按操作形式不同可分为:柱色谱法(Column Chromatography)、薄层色谱法(Thin Layer Chromatography,TLC)和纸色谱法(Paper Chromatography)等。借助薄层色谱或纸色谱,可以摸索柱色谱的分离条件(如吸附剂、展开剂等前选择),然后利用柱色谱较大量地分离和制备化合物。同时,柱色谱中也要利用薄层色谱与纸色谱以鉴定、分析分段收集洗脱液中的各组分。

在有机实验中,经常会使用薄层色谱法来跟踪有机反应,利用柱色谱法来分离精制合成产物。

1. 薄层色谱法

薄层色谱可以分为:吸附色谱和分配色谱(主要介绍固-液吸附色谱)。固体吸附剂是在玻璃板或硬质塑料板上铺成均匀的薄层(约 $0.25\sim1$ mm),用毛细管将样品点在板的一端,把板放在合适的流动相(展开剂)里。流动相带着混合物组分以不同的速率沿板移动,即组分被吸附剂不断地吸附,又被流动相不断地溶解——解吸而向前移动。由于吸附剂对不同组分有不同的吸附能力,流动相也有不同的解吸能力。因此。在流动相向前移动的过程中,不同的组分移动不同的距离而形成了互相分离的斑点。在给定条件下(吸附剂、展开剂的选择,薄层厚度及均匀度等),化合物移动的距离与展开剂前沿移动的距离之比值(R_f 值)是给定化合物特有的常数。即:

$$R_f = \frac{样品原点中心到斑点中心的距离(a)}{样品原点中心到溶剂前沿的距离(b)}$$

R_f 也称比移值,表示物质移动的相对距离,即样品点到原点的距离和溶剂前沿到原点的距离之比,常用分数表示。R_f 值与化合物的结构、薄层板上的吸附剂、展开剂、显色方法和温度等因素有关。但在上述条件固定的情况下,R_f 值对每一种化合物来说是一个特定的数值。当两个化合物具有相同的 R_f 值时,在未做进一步的分析之前不能确定它们是不是同一个化合物。在这种情况下,简单的方法是使用不同的溶剂或混合溶剂来作进一步的检验。

利用薄层色谱进行分离及鉴定工作,在灵敏、快速、准确方面比纸色谱优越。薄层色谱的特点是:① 设备简单,操作容易;② 分离时间短,只需数分钟到几小时即可得到结果,因而常用来跟踪和监测有机反应完成的程度;③ 分离能小,斑点集中,特别适用于挥发性小,或在高温下易发生变化而不能用气相色谱分离的物质;④ 可采用腐蚀性的显色剂如浓硫酸,且可在较高温度下显色;⑤ 不仅适用于少量样品(几毫克)的分离,也适用于较大量样品的精制(可达 500 mg)。应该指出,薄层色谱是否成功,与样品、使用的吸附剂、展开剂以及薄层的厚度等因素有关。

此外,薄层色谱法还可用来跟踪有机反应及进行柱色谱之前的一种"预试"。

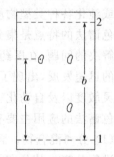

图 3-28 R_f 值计算示意图

1. 起点线;2. 展开剂前沿
a. 色斑最高浓度中心至原点中心的距离;b. 展开剂前沿至原点中心的距离

（1）吸附剂的选择

薄层色谱中常用的吸附剂（固定相）和柱色谱一样有氧化铝、硅胶等，只不过要求的颗粒更细（一般约 200 目左右）。颗粒太大，展开速度太快，分离效果不好；颗粒太细，展开时又太慢，可能会造成拖尾、斑点不集中等。由于用于薄层色谱的吸附剂颗粒较细，所以分离效率比相同长度的柱效率高得多。一般展开距离在 $10\sim15$ cm 的薄层比展开距离在 $40\sim50$ cm 的滤纸效率还高，斑点也比纸色谱的小。吸附剂常和少量粘合剂（如羧甲基纤维素钠，简称 CMC-钠、煅石膏 $2CaSO_4 \cdot H_2O$、淀粉等）混合，以增大吸附剂在板上的粘着力。于是薄层板分为两种，通常将加粘合剂的薄层板称为硬板，不加粘合剂的板称为软板。大致说来，薄层用的硅胶类型分为硅胶 H，不加粘合剂；硅胶 G，含煅石膏作粘合剂；硅胶 H_{254}，含荧光物质，可于波长 254 nm 紫外光下观察荧光；硅胶 GF_{254}，含煅石膏又含荧光剂。氧化铝也因含粘合剂和荧光物质分为氧化铝 G、氧化铝 GF_{254} 及氧化铝 HF_{254} 等。

薄层吸附色谱和柱吸附色谱一样，所使用的吸附剂对分析样品的吸附能力和样品的极性有关。极性大的化合物吸附性强，因而 R_f 值就小。因此利用硅胶或氧化铝薄层可将不同极性的化合物分离开来。

（2）展开剂的选择

薄层吸附色谱展开剂的选择与吸附柱色谱洗脱剂的选择相同，极性大的化合物需用极性大的展开剂，极性小的展开剂用以展开极性小的化合物。一般情况下，先选用单一展开剂如苯、氯仿、乙醇等，若发现样品各组分的比移值较大，可使用或加入适量极性较小的展开剂如石油醚等。反之，若样品各组分的比移值较小，则可加入适量极性较大的展开剂展开。在实际工作中，常用两种或三种溶剂的混合物作展开剂，这样更有利于调配展开剂的极性，改善分离效果。通常希望 R_f 值在 $0.2\sim0.8$ 范围内，最理想的 R_f 值在 $0.4\sim0.5$ 之间。

在此过程中，选择合适的展开剂是至关重要的。一般展开剂的选择与柱色谱中洗脱剂的选择类似，即极性化合物选择极性展开剂，非极性化合物选择非极性展开剂。当一种展开剂不能将样品分离时，可选用混合展开剂。常见溶剂在硅胶板上的展开能力为：戊烷、四氯化碳、苯、氯仿、二氯化碳、乙醚、乙酸乙酯、丙酮、乙醇、甲醇等依次增强。一般展开能力与溶剂的极性成正比。混合展开剂的选择请参考柱色谱中洗脱剂的选择。

（3）薄层板的制备

薄层板制备的好坏直接影响色谱的分离效果。它要求薄层尽量均匀，厚度一致，否则展开时展开溶剂前沿不整齐，色谱结果也不易重复。首先在洗净干燥的玻璃板上，铺上一层均匀的厚度一定的吸附剂，铺层可分为干法和湿法两种，实验室最常用的是湿法制板，现分别介绍如下：

干法制板常用氧化铝作吸附剂，将氧化铝倒在玻璃上，取直径均匀的一根玻璃棒，将两端用胶布缠好，在玻璃板上滚压，把吸附剂均匀地铺在玻璃板上。这种方法操作简便，展开快，但是样品展开点易扩散，制成的薄板不易保存。

实验室最常用的是湿法制板。取 2 g 硅胶 GF_{254}，加入 $5\sim7$ mL 0.7% 的羧甲基纤维素钠水溶液，调成糊状。将糊状硅胶均匀地倒在三块载玻片上，先用玻璃棒铺平，然后用手轻轻震动至平。大量铺板或铺较大板时，也可使用涂布器。

薄层板制备的好与坏直接影响色谱分离的效果，在制备过程中应注意：

① 铺板时，尽可能将吸附剂铺均匀，不能有气泡或颗粒等。

② 铺板时,吸附剂的厚度不能太厚也不能太薄,太厚展开时会出现拖尾,太薄样品分不开,一般厚度为 0.5～1 mm。

③ 湿板铺好后,应放在比较平的地方慢慢自然干燥,千万不要快速干燥,否则薄层板会出现裂痕。

（4）薄层板的活化

薄层板经过自然干燥后,再放入烘箱中活化,进一步除去水分。不同的吸附剂及配方需要不同的活化条件。例如:硅胶一般在烘箱中逐渐升温,在 105～110℃下,加热 30 min;氧化铝在 200～220℃下烘干 4 h 可得到活性为Ⅱ级的薄层板,在 150～160℃下烘干 4 h 可得到活性为Ⅲ～Ⅳ级的薄层板。当分离某些易吸附的化合物时,可不用活化。

（5）点样

将样品用易挥发溶剂配成 1%～5% 的溶液。在距薄层板的一端 10 mm 处,用铅笔轻画一条横线作为点样时的起点线,在距薄层板的另一端 5 mm 处,再画一条横线作为展开剂向上爬行的终点线(划线时不能将薄层板表面破坏)。

用内径小于 1 mm 干净并且干燥的毛细管吸取少量的样品,轻轻触及薄层板的起点线(点样),然后立即抬起,待溶剂挥发后,再触及第二次。这样点 3～5 次即可,如果样品浓度低可多点几次。在点样时应做到“少量多次”,即每次点的样品量要少一些,点的次数可以多一些,这样可以保证样品点既有足够的浓度点又小。点好样品的薄层板待溶剂后再放入展开缸中进行展开。

（6）展开

展开时,在展开缸中注入配好的展开剂,将薄层板点有样品的一端放入展开剂中(注意展开剂液面的高度应低于样品斑点)。在展开过程中,样品斑点随着展开剂向上迁移,当展开剂前沿至薄层板上边的终点线时,立刻取出薄层板。将薄层板上分开的样品点用铅笔圈好,计算比移值。

（7）比移值(R_f)的计算

某种化合物在薄层板上上升的高度与展开剂上升高度的比值称为该化合物的比移值,常用 R_f 来表示。

对于一种化合物,当展开条件相同时,R_f 值是一个常数。因此,可用 R_f 作为定性分析的依据。但是,由于影响比移值的因素较多,如展开剂、吸附剂、薄层板的厚度、温度等均能影响 R_f 值,因此同一化合物的 R_f 值与文献值会相差很大。在实验中我们常采用的方法是,在一块板上同时点一个已知物和一个未知物,进行展开,通过计算 R_f 值来确定是否为同一化合物。

（8）显色

样品展开后,如果本身带有颜色,可直接看到斑点的位置。但是,大多数有机化合物是无色的,因此,就存在显色的问题。常用的显色方法有:

① 显色剂法　常用的显色剂有碘和三氯化铁水溶液等。许多有机化合物能与碘生成棕色或黄色的络合物。利用这一性质,在一密闭容器中(一般用展开缸即可)放几粒碘,将展开并干燥的薄层板放入其中,稍稍加热,让碘升华,当样品与碘蒸气反应后,薄层板上的样品点处即可显示出黄色或棕色斑点,取出薄层板用铅笔将点圈好即可。除饱和烃和卤代烃外,均可采用此方法。三氯化铁溶液可用于带有酚羟基化合物的显色。

② 紫外光显色法用硅胶 GF_{254} 制成的薄层板，由于加入了荧光剂，在 254 nm 波长的紫外灯下，可观察到暗色斑点，此斑点就是样品点。

以上这些显色方法在柱色谱和纸色谱中同样适用。

2. 柱色谱法

柱色谱可分为分配柱色谱和吸附柱色谱。实验中常采用吸附柱色谱。

图 3-29 所示为用来分离混合物的柱色谱装置图。柱内装有固定相（氧化铝或硅胶等），将少量样品溶液放在顶部，然后让流动相（洗脱剂）通过柱，移动的液相带着混合物的组分下移，各组分在两相间连续不断地发生吸附、脱附、再吸附、再脱附的过程。由于不同的物质与固定相的吸附能力不同，各组分将以不同的速率沿柱下移。不易吸附的化合物比吸附力大的化合物下移得更快。

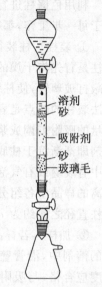

当混合物被分离开以后，可采用下列方法予以收集：① 将柱内固体挤出，把含有所需层带的固体部分切割下来，再用适当溶剂萃取之；② 让洗脱剂不断流经柱，柱下方是不同容器收集不同时间洗脱下来的组分，然后将溶剂蒸去。

有色物质流经柱时，层带可直接观察到；对于无色物质，可通过加入显色剂或利用照射紫外光时有荧光出现区别。

图 3-29　柱色谱装置

利用柱色谱法分离混合物，其分离效果受多种因素的影响。

(1) 吸附剂的选择

进行柱色谱分离时，首先应考虑选择合适的吸附剂。常用的吸附剂有氧化铝、硅胶，氧化镁、碳酸钙、活性炭等。一般要求吸附剂：① 有较大的表面积和一定的吸附能力；② 颗粒均匀，且在操作过程中不碎裂，不起化学反应；③ 对待分离的混合物各组分有不同的吸附能力。现已发现的供柱色谱法用的固体吸附剂与极性化合物结合能力的顺序为：纸＜纤维素＜淀粉＜糖类＜硅酸镁＜硫酸钙＜硅酸＜硅胶＜氧化镁＜氧化铝＜活性炭。

(2) 洗脱剂的选择

在吸附色谱中，洗脱剂一般应符合下列条件。

① 纯度要合格。即无论使用单一溶剂作洗脱剂还是使用混合溶剂作洗脱剂，其杂质的含量一定要低。

② 洗脱剂与样品或吸附剂不发生化学变化。

③ 黏度小，易流动，否则洗脱太慢。

④ 对样品各组分的溶解度有较大差别，且洗脱剂的沸点不宜太高，一般在 40～80℃ 之间。通常，洗脱剂的选择应根据被分离物质各组分的极性、溶解度和吸附剂活性三方面综合考虑。一般说来，极性化合物用极性洗脱剂洗脱，非极性化合物用非极性洗脱剂洗脱效果好。对于组分复杂的样品，首先使用极性最小的洗脱剂，使最易脱附的组分分离，然后加入不同比例的极性溶剂配成洗脱剂，将极性较大的化合物自色谱柱洗脱下来。常用的洗脱剂按其极性的增大顺序可排列如下：石油醚（低沸点＜高沸点）＜环己烷＜四氯化碳＜甲苯＜二氯甲烷＜三氯甲烷＜乙醚＜甲乙酮＜二氧六环＜乙酸乙酯＜乙酸甲酯＜正丁醇＜乙醇＜甲醇＜水＜吡啶＜乙酸。

　　值得指出的是要找到最佳的分离条件往往不容易，较为方便的方法是参考前人的工作中类似化合物的分离条件，或用薄层色谱摸索出分离条件供给柱色谱参考。

　　（3）操作方法

　　利用色谱柱进行色谱分离，其操作程序可分为：装柱、加样、洗脱、收集、鉴定五个步骤，对于每一步工作，都需要小心、谨慎地对待。

　　① 装柱　　柱装得好坏，直接影响到分离效果，可采用干法和湿法两种方法装柱。干法装柱是首先将干燥的吸附剂经漏斗，均匀地成一细流慢慢装入柱内，中间不应间断，时时轻轻敲打玻璃管，使柱装填得尽可能均匀，适当的紧密。然后加入溶剂，使吸附剂全部润湿。此法装柱的缺点是容易使柱中混有气泡。湿法装柱可避免此缺点，其方法是用洗脱剂和一定量的吸附剂调成浆状，慢慢倒入柱中，此时，应将柱的下端活塞打开，使溶剂慢慢流出，吸附剂即渐渐沉于柱底，这样做，柱装得比干法装柱紧密、均匀。无论采用哪种方法，都不能使柱中有裂缝或有气泡。柱中所装吸附剂的用量，一般为被分离样品的量的 $30 \sim 50$ 倍。若待分离的样品中各组分性质比较相近，则吸附剂的用量会更大些，甚至可增大至 100 倍。柱高和柱直径之比约为 $7.5 : 1$。

　　② 加样　　若样品为液体，一般可直接加样。若样品为固体，则需将固体溶解在一定量的溶剂中，沿管壁加入至柱顶部。要小心，勿搅动表面。溶解样品的溶剂除了要求其纯度应合格、与吸附剂不起化学反应、沸点不能太高等条件外，还须具备：（a）溶剂的极性比样品的极性小一些，若溶剂极性大于样品的极性，则样品不易被吸附剂吸附；（b）溶剂对样品的溶解度不能太大，若溶解度太大，易影响吸附，也不能太小，否则，溶液体积增加，易使色谱分散。样品溶液加毕后，开放活塞，使液体渐渐流出，至溶剂液面刚好与吸附剂表面相齐（勿使吸附剂表面干燥），此时样品液集中在柱顶端的小范围区内，即可开始用溶剂洗脱。

　　③ 洗脱　　在洗脱过程中注意：（a）应连续不断地加入洗脱剂，并要求保持液面一定高度，使其产生足够的压力以提供平稳的流速；（b）在整个操作中不能使吸附柱的表面流干，一旦流干后再加洗脱剂，易使柱中产生气泡和裂缝，影响分离；（c）应控制流速，一般流速不应太快，否则柱中交换来不及达到平衡，因而影响分离效果；太慢，会延长整个操作时间，而且对某些表面活性较大的吸附剂如氧化铝来说，有时会因样品在柱上停留时间过长，而使样品成分有所改变。

　　④ 收集　　如果样品各组分有颜色，在柱上分离的情况可直接观察出来，分别收集各个组分即可。在多数情况下化合物无颜色，一般采用多份收集，每份收集量要小，对每份洗脱液，采用薄层色谱或纸色谱作定性检查。根据检查结果，可将组分相同的洗脱液合并后蒸去溶剂，留待作进一步的结构分析。对于组分重叠的洗脱液可以再进行色谱分离。

　　3. 纸色谱

　　纸色谱是一种分配色谱，滤纸作为载体，纸纤维上吸附的水（一般纤维能吸附 20% ～ 25% 的水分）为固定相，与水不相混溶的有机溶剂作为流动相。当样品点在滤纸的一端，放在一个密闭的容器中，使流动相从有样品的一端通过毛细管作用，流向另一端时，依靠溶质在两相间的分配系数不同而达到分离。通常极性大的组分在固定相中分配得多，随流动相移动的速度会慢一些；极性小的组分在流动相中分配得多一些，随流动相移动速度就快一些。与薄层色谱一样，纸色谱也可用比移值（R_f 值）通过与已知物对比的方法，作为鉴定化合物的手段,其 R_f 值计算方法同薄层色谱法。

纸色谱法多数用于多官能团或极性较大的化合物如糖、氨基酸等的分离,对亲水性强的物质分离较好,对亲脂性的物质则较少用纸色谱。利用纸色谱进行分离,所费时间较长,一般需要几小时到几十小时。但由于它设备简单,试剂用量少,便于保存等优点,在实验室条件受限时常用此法。

纸色谱的操作方法和薄层色谱类似,分为滤纸和展开剂的选择、点样、展开、显色和结果处理等五个步骤。其中前两步是做好纸色谱的关键。

三、实验用试剂药品与仪器装置

试剂药品:硅胶 G,羧甲基纤维素钠,反式偶氮苯,无水苯,环已烷,甲苯。

仪器装置:2.5 cm×7 cm 玻片,烘箱,小试管,紫外灯,层析缸,点样毛细管等。

四、实验步骤

薄层色谱法的具体操作方法

1. 制板(简易平铺法)

(1) 两块 2.5 cm×7 cm 玻片,洗净,晾干。

(2) 调糊:3 g 硅胶 G 和 8 mL 0.5％羧甲基纤维素钠水溶液在小烧杯中搅匀。

(3) 用小勺取适量于玻片上粗铺平,手指轻弹玻片,反复数次,使糊状物均匀地铺在玻片上,于室温下晾干,每人铺两块。

(4) 活化:将阴晾干的薄层板放在烘箱中,在 105~110℃温度下烘干活化 0.5 h。

2. 点样

(1) 将 0.1 g 反式偶氮苯溶于 5 mL 无水苯中,溶液分成两份置于小试管中,不用时旋紧试管盖。

(2) 将一个试管置于日光下照射 1 h,或用紫外灯(波长为 365 nm)照射 0.5 h。另一个试管用黑纸包起来以免受到阳光的照射。

(3) 将 10 mL 环已烷/甲苯(体积比为 9：3)加入层析缸中。

(4) 在 2.5 cm×7 cm 的硅胶板上离底边 1 cm 处用铅笔画一条直线。

(5) 用一根干净的毛细管吸取被日光或紫外光照射过的偶氮苯溶液,在薄板的铅笔线上左侧点样。

(6) 另取一支干净的毛细管吸取未被日光或紫外光照射过的偶氮苯溶液,在薄板的铅笔线上距左侧点 1 cm 处点样。

(7) 将点好样的薄板放入层析缸中,层析缸用黑纸包起来。薄层板展开至溶剂前沿离顶部约 1 cm 时结束。

(8) 取出薄层板,在溶剂挥发前迅速将溶剂前沿标出,然后让溶剂挥发至干。

(9) 将薄层板置于紫外灯(波长为 254 nm)下显色,观察到薄板的右侧只有一个样品点,而薄板的左侧有两个样品点。

(10) 计算反式和顺式偶氮苯的 R_f 值。

五、注意事项

(1) 制板和活化:铺板厚度 0.25~1 mm 且均匀,晾干,一块一块铺,活化时烘箱要从低温开始。

（2）点样：画线时不能将板划破，点样斑点直径小于 2 mm，斑间距 1～1.5 cm，标准左样品右，点样结束干燥后再进行下一步。

（3）展开：选择溶剂的一般原则为根据样品的极性、溶解度和吸附剂的活性等因素考虑。溶剂的极性越大对样品的洗脱力越强。层析缸中的溶剂一般为 2～3 mm 高。若无层析缸，可用小烧杯盖上玻璃板代替。

（4）显色：照原样画出斑点形状。

（5）结果处理：要求在原始记录中画出板的真实展开情况并计算 R_f 值。

六、思考题

（1）色谱法的基本原理是什么？

（2）展开剂应该如何选择？

（3）制备薄层色谱板时，应注意哪些问题？

（4）R_f 值的大小与哪些因素有关？

（5）薄层色谱操作一般包括哪些步骤？

（6）薄层色谱分为几类？

（7）薄层色谱与柱色谱有什么异同？

实验 11　升　华

一、实验目的

（1）学习升华原理及其应用。

（2）掌握升华装置及其操作方法。

二、升华原理与意义

升华与蒸馏不同，它是指具有较高蒸气压的固体有机物受热直接汽化为蒸气，然后由蒸气又直接冷凝为固体的过程。

升华是固体有机化合物的一种提纯操作方法。用升华法提纯所得产品的纯度高，含量可达 98％～99％，适用于制备无水物或分析用试剂。升华时的温度较低，在操作上很有利。但用升华法提纯有机物的种类有限，仅限于易升华的有机化合物，且操作时间较长，只适用于少量操作。

在加热时，物质的蒸气压增加，升华的速度也增加。为了避免物质的分解，温度的升高应视情况而定，因此依靠加热来提高升华速度的应用范围是有限的。

在升华时，通入少量空气或惰性气体，可以加速蒸发，同时使物质的蒸气离开加热面易于冷却。但不宜通入过多的空气或其他气体，以免造成带走升华产品的损失。另外，利用抽真空以排除蒸发物质表面的蒸气，可提高升华的速度。通常是减压与通入少量空气（或惰性气体）同时应用，以提高升华速度。

升华速度与被蒸发物质的表面积成正比，因此被升华的物质愈细愈好，使升华的温度能在低于物质的熔点的温度下进行。

在选择与安装升华装置时,应注意蒸气从蒸发面至冷凝面的途径不宜过长。尤其是对于相对分子质量大的分子在进行升华操作时,仪器的出气管应安装在下面,不然要使蒸气压达到一定的高度,必须对物质进行强烈的加热。表 3－11 列出了某些易升华的物质的蒸气压。

表 3－11　某些易升华的物质的蒸气压

名　　称	m. p. /℃	固体在熔点时的蒸气压/kPa	名　　称	m. p. /℃	固体在熔点时的蒸气压/kPa
干冰(固体 CO_2)	－57	516.78	(固体)苯	5	4.80
六氯乙烷	189	104	邻苯二甲酸酐	131	1.20
樟脑	179	49.33	萘	80	0.93
碘	114	12	苯甲酸	122	0.80
蒽	218	5.47			

三、升华装置与操作

升华样品的准备:将样品经过充分干燥后,仔细地粉碎与研细,置于保干器内备用。

1. 常压下升华

如图 3－30 所示,在蒸发皿中,放入经过干燥、粉碎的样品,覆盖一张穿有一些小孔的圆形滤纸,其直径应比漏斗口要大,再倒置一个漏斗,漏斗的长颈部分塞一团疏松的棉花。

在石棉铁丝网(或沙浴)上,加热蒸发皿,控制加热温度,应低于被升华物质的熔点。蒸气通过滤纸小孔,在器壁上冷凝,由于有滤纸阻挡,不会落回器皿底部。收集漏斗的内壁与滤纸上下的晶体,即为经升华提纯的物质。

在常压下,能够升华的有机物不多。

若物质具有较高的蒸气压,可采用图 3－31 的装置。

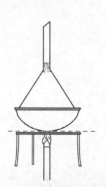

图 3－30　升华少量物质的装置

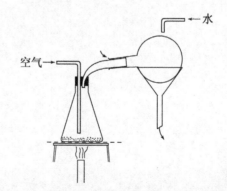

图 3－31　在空气或惰性气流中物质的升华装置

2. 减压下升华

为了加速升华速度,可在减压下进行升华,装置如图 3－32 所示。减压升华特别适用于常压下其蒸气压不大或受热易分解的物质,减压可采用水泵或真空泵装置。加热可采用水浴或油浴逐渐升温。升华的物质冷凝在通有冷水的管壁。

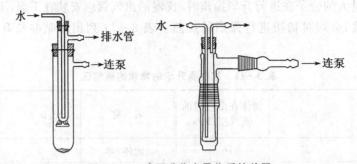

图 3 - 32　减压升华少量物质的装置

第四章 基础型实验
——有机化合物的制备与分离

§4.1   有机溶剂的纯化

许多有机反应需要在无水甚至绝对无水的条件下进行,如傅氏反应、格氏反应等,所用的原料及溶剂都应当是干燥的,否则就不能达到预期目标甚至不能够反应,导致反应失败。市售的有机溶剂有工业纯、化学纯、分析纯等各种规格,通常含有 0.5% 左右的水分及杂质,对于像傅氏反应、格氏反应,这样的水分必须除去,即使微量杂质或水分的存在,也会对反应速率、产率及产品纯度带来一定的影响。因此,许多有机反应在进行前,先要做好有机溶剂的除水工作。

通常将有机溶剂与干燥剂(硅胶、分子筛、CaO 等)放在一起,振荡并放置一段时间后,再过滤、蒸馏,可以得到一般要求的无水有机溶剂。对于含有大量水分的有机溶剂,干燥时常分多次进行。每隔一定时间倾出液体,用新干燥剂调换已失效的干燥剂,直至无明显数量的水被吸收为止。

实验室中常用的干燥剂和适用范围,可参见表 2-4。其他有机溶剂的纯化方法见附录 3。

实验 12   无水乙醇和绝对乙醇的制备

一、实验目的

(1) 了解无水乙醇等有机溶剂除水的意义。

(2) 学习从含量 95% 乙醇中除去大部分水的方法。

二、实验用试剂药品与仪器装置

试剂药品:95% 乙醇 50 mL,99.5% 乙醇 10 mL,99% 乙醇 60 mL,生石灰(氧化钙)12.5 g,氯化钙,高锰酸钾,无水硫酸铜,稀盐酸,金属钠 0.25 g,邻苯二甲酸二乙酯 1 g,镁条或镁屑 0.6 g,碘片。

仪器装置:圆底烧瓶(100 mL),回流装置,干燥管,蒸馏装置等。

三、实验步骤

1. 无水乙醇的制备

在干燥的 100 mL 圆底烧瓶中[1],加入 50 mL 95% 乙醇和 12.5 g 生石灰[2]。装上回流冷凝管,其上端接一只氯化钙干燥管,以防水汽进入。在水浴或加热套上加热回流 2~3 h 后停止加热,稍冷后取下回流冷凝管,改成蒸馏装置。蒸去前馏分后,将一个带支管的接受器与直形冷凝管紧密相连,也可以通过一根尾管将带支管接受瓶和直形冷凝管紧密连接。接受瓶的支管连接一只氯化钙干燥管,起到阻止水汽进入,同时又与大气相通的作用。蒸馏至几乎无液滴涌出为止[3]。称量无水乙醇的质量和体积,计算回收率。

2. 绝对乙醇的制备

(1) 用金属钠制取:在 100 mL 圆底烧瓶中,放置 0.25 g 金属钠[4]和 25 mL 纯度至少为 99% 的乙醇,加入几粒沸石,加热回流 30 min 后,加入 1 g 邻苯二甲酸二乙酯[5],再回流 10 min。取下冷凝管,改成蒸馏装置,按收集无水乙醇的要求进行蒸馏。产品储存于密闭容器中。

(2) 用金属镁制取:装置同(1)。在圆底烧瓶中放置 0.6 g 干燥的镁条(或镁屑),再加入 10 mL 纯度为 99.5% 的乙醇[6]。在水浴或加热套上温热后,移去热源,立刻投入几小颗碘片(注意不要振荡)[7],不久碘片周围即发生反应,慢慢扩大,最后可达到相当激烈的程度。当全部镁条都反应完毕后,加入 50 mL 99.5% 的乙醇和几粒沸石,加热回流 1 h。改成蒸馏装置,按接受无水乙醇的方式进行蒸馏。

纯乙醇的沸点 78.5℃,折光率 $n_D^{20}=1.361\ 1$。

【注释】

[1] 本实验使用的所有仪器都应干燥,操作过程中也要防止水分的侵入。

[2] 生石灰即氧化钙,它与水作用生成氢氧化钙,加热后不会分解,所以后面蒸馏时不必滤除反应瓶中的氢氧化钙。

[3] 蒸馏以后,氢氧化钙附着在瓶壁上很难清洗,可以用稀酸浸泡后清洗。

[4] 取用金属钠时要用镊子,先用滤纸吸去沾附在金属钠表面的油(金属钠通常保存在煤油中),用小刀切去表层的氧化层,氧化层钠屑要放回试剂瓶中,切勿丢在废物桶中或乱扔。然后将处理好的金属钠切成小条或小块。金属钠一定要避免与水接触,否则会引起燃烧或爆炸。

[5] 加入邻苯二甲酸二乙酯的目的是利用它与反应生成的氢氧化钠作用:

$$\text{邻苯二甲酸二乙酯} + NaOH \longrightarrow \text{邻苯二甲酸二钠} + 2CH_3CH_2OH$$

邻苯二甲酸二乙酯发生皂化反应,生成邻苯二甲酸二钠,同时产生乙醇,这样可以避免乙醇和氢氧化钠作用形成乙醇钠,提高了乙醇的收率和纯度。

[6] 所用乙醇的水分不能超过 0.5%,否则反应很难进行。

[7] 碘片可以加速反应进行,如果加入碘片后反应仍没有进行,可以适量多加几片,如果反应仍很缓慢,可适当加热促使反应进行。

§4.2　烃和卤代烃的一般制备方法

1. 烃的一般制备方法

烷烃主要来自于天然气和石油。

烯烃在工业上主要由石油裂解和催化脱氢制取。在实验室中,烯烃主要用醇脱水消去的方法制备,反应可逆,脱水剂常用硫酸、磷酸等。醇脱水生成的烯烃一般遵照 Saytzeff 规则。不同结构类型的醇脱水难易程度为:叔醇>仲醇>伯醇。

芳香烃主要来源于煤焦油和石油。

2. 卤代烃的一般制备方法

卤代烃一般很少存在于自然界中,主要靠化学合成制备。

(1) 卤代烷的制备

① 由醇和氢卤酸反应制备卤代烃:该反应为可逆反应,常用于制备溴代烷,一般不适于制备氯代烷和碘代烷。

$$NaBr + H_2SO_4 \longrightarrow HBr + NaHSO_4$$

$$ROH + HBr \Longleftrightarrow RBr + H_2O$$

② 醇和卤化亚砜反应:

$$ROH + SOCl_2 \Longleftrightarrow RCl + SO_2 + HCl$$

该法较好,一般适于制备氯代烷,便于产物分离。

③ 醇与卤化磷反应:

$$ROH + PX_3 \Longleftrightarrow RCl + H_3PO_3$$

红磷加溴或碘可制得 PBr_3 和 PI_3。

(2) 卤代芳香烃的制备

① 由芳香烃直接卤化制备。

② 由重氮盐卤代制备。

实验 13　环己烯的制备

一、实验目的

(1) 学习以浓磷酸催化环己醇脱水制取环己烯的原理和方法。

(2) 初步掌握分馏和水浴蒸馏的基本操作技能。

(3) 掌握有机化合物制备产物的产率计算方法。

二、实验原理

环己醇通常可用浓磷酸或浓硫酸作脱水剂[1]脱水制备环己烯,本实验是以浓磷酸作脱水剂来制备环己烯的。

主反应:

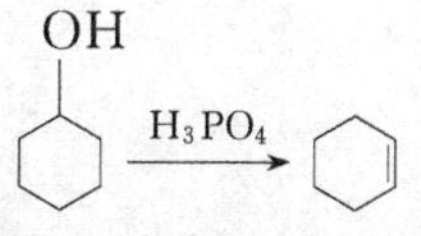

副反应:

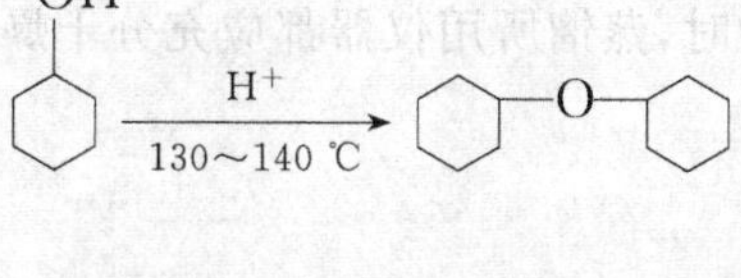

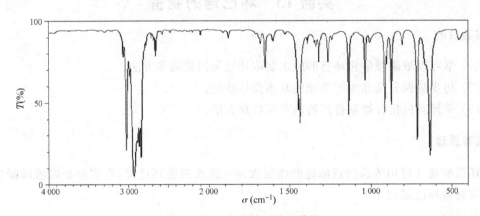

三、实验用试剂药品与仪器装置

试剂药品：环己醇 10 g，浓磷酸 4 mL，食盐 1 g，无水氯化钙 1~2 g，5％碳酸钠 4 mL。

仪器装置：圆底烧瓶(50 mL)，分馏柱，分液漏斗，锥形瓶。

四、实验步骤

1. 粗环己烯的制备

在 50 mL 干燥的圆底烧瓶中，放入 10 g 环己醇(10.4 mL，0.1 mol)、4 mL 浓磷酸和几粒沸石，充分振荡使试剂混合均匀。烧瓶上装一短的分馏柱作分馏装置，接上冷凝管(见图 3-10)，用锥形瓶作接受器，外用冰水冷却。将烧瓶在石棉网上用小火慢慢加热，控制加热速度使分馏柱上端的温度不要超过 90℃[2]，慢慢地蒸出生成的环己烯和水(混浊液体)[3]。当烧瓶中只剩下很少量的残渣并出现阵阵白雾时，即可停止蒸馏。全部蒸馏时间约需 1 h。

2. 环己烯的精制

将蒸馏液用精盐饱和，然后加入 3~4 mL 5％碳酸钠溶液中和微量的酸。将此液体倒入小分液漏斗中，振荡后静置分层。将下层水溶液自漏斗下端活塞放出、上层的粗产物自漏斗的上口倒入干燥的小锥形瓶中，加入 1~2 g 无水氯化钙干燥[4]。将干燥后的产物滤入干燥的蒸馏瓶中，加入沸石后用水浴加热蒸馏。收集 80~85℃的馏分于一已称重的干燥小锥形瓶中。产率 3.8~4.6 g(产率 46％~56％)。纯粹环己烯的沸点为 82.98℃，$n_D^{20}=1.446\ 5$。

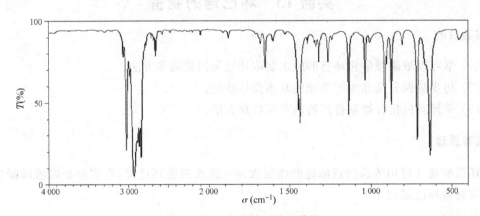

图 4-1　环己烯的红外光谱图

五、注意事项

(1) 环己醇在常温下是黏稠状液体，因而若用量筒量取时应注意转移中的损失，可用称量法。环己醇与浓硫酸应充分混合，否则在加热过程中可能会局部炭化。

(2) 在蒸馏已干燥的产物时，蒸馏所用仪器都应充分干燥。

【注释】

[1] 脱水剂可以是浓磷酸或浓硫酸。磷酸的用量必须是硫酸的一倍以上,但它却比硫酸有明显的优点:一是不会生成碳渣,二是不产生难闻气体(用硫酸则易生成 SO_2 副产物)。

[2] 最好用简易空气浴,使蒸馏时受热均匀。由于反应中环己烯与水形成共沸物(沸点 70.8℃,含水 10%);环己醇与环己烯形成共沸物(沸点 64.9℃,含环己醇 30.5%);环己醇与水形成共沸物(沸点 97.8℃,含水 80%)。因此在加热时温度不可过高,蒸馏速度不宜太快。以减少未作用的环己醇蒸出。

[3] 在收集和转移环己烯时,最好保持充分冷却以免因挥发而损失。

[4] 水层应尽可能分离完全,否则将增加无水氯化钙的用量,使产物更多地被干燥剂吸附而导致损失,这里用无水氯化钙干燥较适合,因为它还可除去少量环己醇。

六、思考题

(1) 在制备过程中为什么要控制分馏柱顶部的温度?

(2) 在蒸馏终止前,出现的阵阵白雾是什么?

(3) 在粗制的环己烯中,加入精盐使水层饱和的目的何在?

实验 14 反-1,2-二苯乙烯的制备

一、实验目的

(1) 学习 Wittig 反应制备烯烃的原理和方法。

(2) 掌握搅拌、滴加、回流的实验操作。

二、实验原理

Wittig 反应是在分子内导入 C=C 双键的一个重要方法。反应条件温和,产率高,并且在形成烯键时不产生烯烃异构体,可以用来合成一些对酸敏感的烯烃和共轭烯烃。本实验通过苄基氯与三苯基膦反应,生成氯化苄基三苯基膦。氯化苄基三苯基膦在碱的作用下转变成磷 ylide,即 Wittig 试剂。Wittig 试剂与苯甲醛反应,生成反式为主的 1,2-二苯乙烯。

$$(C_6H_5)_3\overset{..}{P}+ClCH_2C_6H_5 \xrightarrow{\triangle} (C_6H_5)_3\overset{+}{P}CH_2C_6H_5Cl^- \xrightarrow{NaOH}$$

$$(C_6H_5)_3P=CHC_6H_5 \xrightarrow{C_6H_5CH=O} C_6H_5CH=CHC_6H_5+(C_6H_5)_3P=O$$

三、实验用试剂药品与仪器装置

试剂药品:苄基氯,三苯基膦,苯甲醛,氯仿,乙醚,二甲苯,二氯甲烷,50%氢氧化钠,95%乙醇,无水硫酸镁。

仪器装置:圆底烧瓶(50 mL),球形冷凝管,水浴锅,电磁搅拌器,分液漏斗,简单蒸馏装置,抽滤装置,熔点测定仪,电子天平。

四、实验步骤

1. 氯化苄基三苯基膦的制备

在 50 mL 圆底烧瓶中,加入 2.8 mL(3 g,0.024 mol)苄基氯[1]、6.2 g(0.024 mol)三苯基膦[2]和 20 mL 氯仿,装上带有干燥管的回流冷凝管,在水浴上回流 2~3 h。反应完后改为蒸

馏装置,蒸出氯仿。向烧瓶中加入 5 mL 二甲苯,充分振荡混合,真空抽滤。用少量二甲苯洗涤结晶,于 110℃烘箱中干燥 1 h,得约 7 g 氯化苄基三苯基膦(即季膦盐)。产品为无色晶体,沸点 310～312℃,贮于干燥器中备用。

　　2. 反-1,2-二苯乙烯的制备

　　在 50 mL 圆底烧瓶中,加入 5.8 g(0.015 mol)氯化苄基三苯基膦、1.5 mL(0.015 mol)苯甲醛[3]和 10 mL 二氯甲烷,装上回流冷凝管。在电磁搅拌器的充分搅拌下,自冷凝管顶部滴入 7.5 mL 50%氢氧化钠水溶液,约 15 min 滴完。滴完后,继续搅拌 0.5 h。

　　将反应混合物转入分液漏斗,加入 10 mL 水和 l0 mL 乙醚,振荡后分出有机层,水层用乙醚萃取 2 次,每次 10 mL。合并有机层后,用水洗涤 3 次,每次 10 mL。有机层用无水硫酸镁干燥后滤去干燥剂,在水浴上蒸去溶剂[4]。残余物加入 95%乙醇加热溶解(约需10 mL),然后置于冰水浴中冷却,析出反-1,2-二苯乙烯结晶。抽滤,干燥后称重。产量约1 g,沸点 123～124℃。进一步纯化可用甲醇-水重结晶。

　　纯反-1,2-二苯乙烯的沸点为 124 ℃。

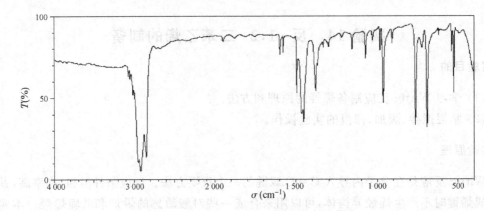

图 4-2　反-1,2-二苯乙烯的红外光谱图

【注释】

　　[1] 苄基氯蒸气对眼睛有强烈的刺激作用,本实验应在通风橱中进行。转移苄基氯时切勿滴在瓶外,如不慎沾在手上,应用水冲洗后再用肥皂擦洗。

　　[2] 有机膦化合物通常是有毒的,与皮肤接触后必须立即用肥皂水擦洗。

　　[3] 苯甲醛应先蒸馏,否则将大大影响反应产率。

　　[4] 乙醚是低沸点易燃易爆的有机溶剂,使用时要注意严禁明火,故而蒸馏时采用水浴加热。

五、思考题

　　(1) 写出本反应的机理,并分析本实验产物为什么以反式 1,2-二苯乙烯为主?

　　(2) 三苯亚甲基膦能与水起反应,三苯亚苄基膦则在水存在下可与苯甲醛反应,并主要生成烯烃,试从结构上比较二者的亲核活性。

　　(3) 若用肉桂醛代替苯甲醛与三苯亚苄基膦进行 Wittig 反应,将得到什么产物?

实验 15　溴乙烷的制备

一、实验目的

（1）通过溴乙烷的制备学习，掌握用醇和氢卤酸反应制取卤代烷的原理和基本操作。

（2）学习低沸点蒸馏的基本操作和分液漏斗的使用方法。

二、实验原理

卤代烃可通过醇与氢卤酸的亲核取代反应制备。溴乙烷常通过氢溴酸与乙醇反应制得，氢溴酸可用溴化钠与硫酸作用生成。本反应为可逆反应，为了使反应平衡向右移动，可在增加乙醇用量的同时，将反应中生成的低沸点的溴乙烷及时地从反应混合物中蒸馏出去，以促进取代反应的进行。

主反应：

$$NaBr + H_2SO_4 \longrightarrow HBr + NaHSO_4$$
$$C_2H_5OH + HBr \rightleftharpoons C_2H_5Br + H_2O$$

副反应：

$$2C_2H_5OH \xrightarrow{140℃} C_2H_5OC_2H_5 + H_2O$$
$$C_2H_5OH \xrightarrow{170℃} CH_2=CH_2 + H_2O$$
$$2HBr + H_2SO_4 \longrightarrow Br_2 + SO_2 + 2H_2O$$

三、实验用试剂药品与仪器装置

试剂药品：95％乙醇 10 mL，溴化钠 15 g（0.15 mol），浓硫酸 19 mL。

仪器装置：圆底烧瓶（50 mL），球形冷凝管，石棉网，蒸馏装置，锥形瓶，分液漏斗等。

四、实验步骤

1. 粗溴乙烷的制备

在 100 mL 圆底烧瓶中，加入 10 mL 95％乙醇及 9 mL 水，在不断振荡和冷却下，缓慢加入浓硫酸 19 mL，混合物冷却至室温，在搅拌下加入研细的 15 g 溴化钠[1]和几粒沸石，按蒸馏装置［见图 1－3（a）］装配，接受瓶里放入少量冰水，并将其置于冰水浴中。接引管的支口用橡皮管导入下水道或室外[2]。通过石棉网用小火加热烧瓶，使反应平稳进行[3]，直到无油滴滴出为止，约 40 min 反应即可结束[4]。

2. 溴乙烷的精制

将馏出液小心地转入分液漏斗中，将有机层转入干燥的三角瓶中，并将其浸在冰水浴中，在振荡下逐滴加入 1～2 mL 浓硫酸以除去乙醚、乙醇、水等杂质，使溶液明显分层。再用干燥的分液漏斗分去硫酸层。将产物转入蒸馏瓶中，加入沸石，在水浴上加热蒸馏。为避免产物挥发损失，将已称重的干燥的接受瓶浸在冰水浴中，收集 35～40℃馏分，产量约为 10 g（产率 54％）。溴乙烷为无色液体，b.p. 为 38.4℃。

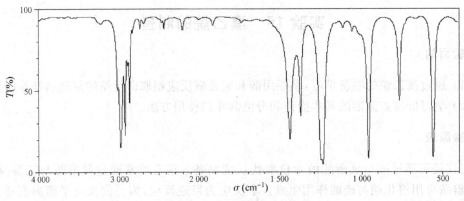

图 4 - 3   溴乙烷的红外光谱图

四、注意事项

溴化钠研细后倒入瓶中尽量不要粘在瓶壁上,防止炭化。

【注释】

[1] 溴化钠应预先研细,并在搅拌下加入,以防止结块而影响氢溴酸的产生。若用含有结晶水的溴化钠,应按其相对分子质量换算,并相应减少加入的水量。

[2] 溴乙烷沸点低,在水中溶解度小(1∶100),且低温时又不与水作用,为减少其挥发,故接受瓶和使其冷却的水浴中均应放些碎冰,并将接受管支口用橡皮管导入下水道或室外。

[3] 反应开始时会产生大量的气泡,故应严格控制反应温度,使其平稳地进行。

[4] 馏出液由浑浊变澄清时,表示产物已基本蒸完。停止反应时,应先将接受瓶与接受管分离,然后再撤去热源,以防倒吸。待反应瓶稍冷,趁热将反应瓶内物质倒掉,以免结块而不易倒出。

五、思考题

(1) 本实验得到的产物溴乙烷的产率往往不高,试分析有几种可能的影响因素?

(2) 在精制操作中,使用浓硫酸的目的何在?

实验 16   1 - 溴丁烷的制备

一、实验目的

(1) 学习以溴化钠、浓硫酸和正丁醇为原料制备正溴丁烷的方法。

(2) 学习带有吸收有害气体装置的回流等操作方法。

(3) 学习普通蒸馏和萃取的操作方法。

二、实验原理

1 - 溴丁烷是典型的卤代烷烃,它是在有机分子中引入烷基、减小有机物极性的良好试剂。实验室中卤代烃一般采用结构上相对应的醇与氢卤酸发生亲核取代反应来制备。在制备 1 - 溴丁烷时,采用浓硫酸与溴化钠反应得到的氢溴酸作溴化剂,再与正丁醇反应。由于反应是可逆反应,通过增加溴化钠的用量,同时加入过量的硫酸吸收反应中生成的水,促进反应正向进行。但硫酸的存在易使醇脱水生成烯烃、醚等副产物。

主反应:

$$NaBr + H_2SO_4 \longrightarrow HBr + NaSO_4$$

$$n\text{-}C_4H_9OH + HBr \rightleftharpoons n\text{-}C_4H_9Br + H_2O$$

副反应:

$$2n\text{-}C_4H_9OH \xrightarrow{H_2SO_4} n\text{-}C_4H_9OC_4H_9\text{-}n + H_2O$$

$$n\text{-}C_4H_9OH \xrightarrow{H_2SO_4} nCH_3CH_2CH\!=\!CH_2 + nH_2O$$

$$HBr + H_2SO_4 \longrightarrow Br_2 + SO_2 + 2H_2O$$

因为存在取代反应和消除反应的竞争,所以反应条件(温度和溶剂的选择)的控制是十分重要的。

三、实验用试剂药品与仪器装置

试剂药品:浓硫酸 12 mL,正丁醇 7.5 mL,溴化钠 10 g,5%氢氧化钠,无水氯化钙,饱和碳酸氢钠水溶液。

仪器装置:圆底烧瓶(100 mL),尾气吸收装置,蒸馏装置,分液漏斗等。

四、实验步骤

1. 粗 1-溴丁烷的制备

在 50 mL 的圆底烧瓶中,加入 10 mL 水和滴入 12 mL 浓硫酸,混合冷却,加入 7.5 mL 正丁醇(0.08 mol),混合均匀后加入 10 g 研细的溴化钠,充分摇动[1],加沸石 1～2 粒,装好回流冷凝管及气体吸收装置[见图 1-4(c)]。用 5%氢氧化钠作吸收液。加热回流 40 min,在此期间应不断地摇动反应装置,以使反应物充分接触。冷却后改为蒸馏装置,蒸出正溴丁烷粗品[2]。剩余液体趁热倒入烧杯中,待冷却后,再倒入装有饱和亚硫酸氢钠废液桶中。

2. 1-溴丁烷的精制

粗品倒入分液漏斗中,加 10 mL 水洗涤[3]分出水层,将有机相倒入另一干燥的分液

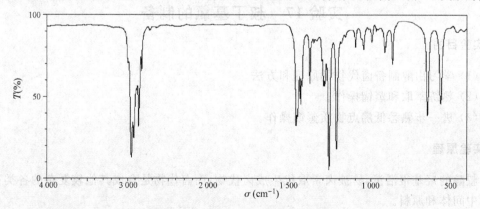

图 4-4　1-溴丁烷的红外光谱图

漏斗中,用 5 mL 浓硫酸洗涤[4],分出酸层(下层),有机相分别用 10 mL 水、10 mL 饱和碳酸氢钠溶液和 10 mL 水洗涤后,产物用无水氯化钙干燥至液体透明,过滤至蒸馏瓶中。蒸馏收集 99～103℃时的馏分,产量约为 6～7 g(产率约 52%)。纯正溴丁烷为无色透明液体,b. p. 为 101.6℃,$n_D^{20}=1.440\,1$。

五、注意事项

(1) 注意浓 H_2SO_4 的稀释应混合均匀。

(2) 溴化钠先研碎再称量。

(3) 小火加热回流,否则易炭化。

(4) 注意粗产物的洗涤分离,产物属于哪一层? 以及每步洗涤的作用是什么?

(5) 蒸出粗产物后,应趁热倒出残馏液,否则结块很难倒出(倒出时有大量 HBr 气体放出,应在通风橱内进行回收)。

【注释】

[1] 如在加料过程中和反应回流时不摇动,将影响产量。

[2] 正溴丁烷粗品是否蒸完,可用以下三种方法进行判断:① 馏出液是否由浑浊变为清亮;② 蒸馏瓶中液体上层的油层是否消失;③ 取一表面皿收集几滴馏出液,加入少量水摇动,观察是否有油珠存在,无油珠时说明正溴丁烷已蒸完。

[3] 用水洗涤后馏出液如有红色,是因为含有溴的缘故,可以加入 10～15mL 饱和亚硫酸氢钠溶液洗涤除去。

[4] 浓硫酸可洗去粗品中少量的未反应的正丁醇和副产物丁醚等杂质。否则正丁醇和溴丁烷可形成共沸物(沸点 98.6℃,含质量分数为 13% 的正丁醇)而难以除去。

六、思考题

(1) 本实验可能有哪些副反应发生? 各洗涤步骤的目的是什么?

(2) 加原料时如不按操作顺序加入会出现什么后果?

(3) 本实验中,浓硫酸起何作用? 其用量及浓度对实验有何影响?

(4) 为什么用饱和碳酸氢钠水溶液洗酸以前,要先用水洗涤?

实验 17　叔丁基氯的制备

一、实验目的

(1) 学习由醇制备卤代物的原理和方法。

(2) 熟练萃取和蒸馏操作。

(3) 进一步熟悉低沸点物质蒸馏操作。

二、实验原理

叔醇的羟基很活泼,易被卤素取代生成卤代物,而卤代物是合成其他较复杂的各类有机物的中间体和原料。

主反应:　$(CH_3)_3COH + HCl(浓) \longrightarrow (CH_3)_3CCl + H_2O$

三、实验用试剂药品与仪器装置

试剂药品：叔丁醇 7.4 g（9.5 mL，0.1 mol）[1]，25 mL 浓盐酸，5% 碳酸氢钾溶液，无水氯化钙。

仪器装置：分液漏斗（125 mL），水浴蒸馏装置等。

四、实验步骤

在 125 mL 分液漏斗中，放置 9.5 mL 叔丁醇[2]和 25 mL 浓盐酸。先勿塞住漏斗，轻轻旋摇 1 min，然后将漏斗塞紧，翻转后振荡 2～3 min。注意及时打开活塞放气，以免漏斗内压力过大，使反应物喷出。静置分层后分出有机相，依次用等体积的水、5% 碳酸氢钠溶液、水洗涤。用碳酸氢钠溶液洗液时，要小心操作，注意及时放气。产物经无水氯化钙干燥后，滤入蒸馏瓶中，在水浴上蒸馏。接受瓶用冰水浴冷却，收集 48～52℃ 的馏分，产量约为 7 g。

纯叔丁基氯的沸点为 52℃，折光率 $n_D^{20} = 1.387\ 7$。

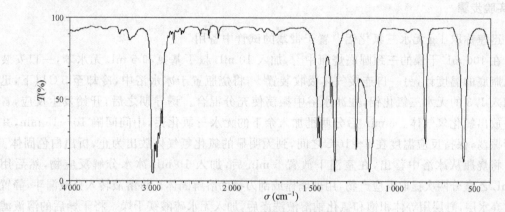

图 4-5　叔丁基氯的红外光谱图

【注释】

[1] 如需替换，可用 8.8 g 叔戊醇代替叔丁醇，收集 79～84℃ 馏分，其余步骤相同。

[2] 叔丁醇的熔点为 25℃，如果呈固体，需在水中温热融化后取用。

五、思考题

（1）洗涤粗产品时，如果碳酸氢钠溶液的浓度过高、洗涤时间过长有什么不好？

（2）本实验中未反应的叔丁醇如何除去？

实验 18　对二叔丁基苯的制备

一、实验目的

（1）学习傅-克烷基化反应，制备烷基苯的原理和方法。

（2）掌握吸收有害气体及带干燥管回流装置和操作。

（3）掌握分液漏斗的使用及萃取操作。

二、实验原理

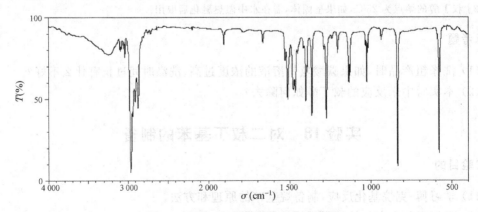

三、实验用试剂药品与仪器装置

试剂药品:叔丁基氯 8.5 g(10 mL,0.09 mol),无水苯 4.4 g(5 mL,0.056 mol),无水三氯化铝,乙醚,甲醇,无水硫酸镁等。

仪器装置:圆底烧瓶(100 mL),Y 型管,玻璃水浴锅,气体吸收装置,蒸馏装置,分液漏斗,减压装置等。

四、实验步骤

迅速称取 1 g 无水三氯化铝[1]置于带塞的试管中备用。

在 100 mL 干燥的三颈圆底烧瓶中[2],加入 10 mL 叔丁基氯和 5 mL 无水苯,一口安装插入瓶底的温度计,另一口连接气体吸收装置[3],将烧瓶置于冰水浴中,冷却至 5℃以下,迅速加入 1/3 的无水三氯化铝,在冰水浴中振荡使充分混合。诱导期之后,开始发生反应,冒泡并放出氯化氢气体。5 min 后分两批加入余下的无水三氯化铝,中间间隔 10～15 min,并不断振荡,保持反应温度在 5～10℃之间,到无明显的氯化氢气体放出为止,析出白色固体。

将烧瓶从冰浴中移出,在室温下放置 5 min 后,加入 10 mL 冰水分解反应物,然后用 20 mL 乙醚分两次提取反应产物,用玻璃棒或刮刀帮助溶解固体。将溶液转入分液漏斗,静置后放弃水层,醚层用等体积饱和氯化钠溶液洗涤后,加入无水硫酸镁干燥。将干燥后的溶液滤入锥形瓶,在水浴上蒸出乙醚,并用水泵减压除去残留溶剂,得到的油状物冷却时应当固化。用 10 mL 甲醇溶解粗产物,然后置于冰浴让其自然冷却,得到漂亮的针状或片状结晶,减压过滤,用少量甲醇洗涤产物,干燥后得白色对二叔丁基苯 2～3 g,熔点 77～78℃。

图 4-6 对二叔丁基苯的红外光谱图

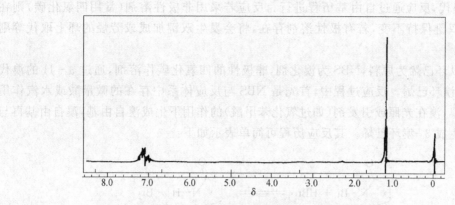

图 4 - 7　对二叔丁基苯的核磁共振谱图(1H NMR)

五、注意事项

(1) 此实验仪器药品必须干燥。

(2) 先安装装置后加试剂,无水 $AlCl_3$ 最后迅速加入。

(3) 可在室温下进行,5℃时难反应。

(4) 充分振荡,温度太高时(有手感)可适当冷却。

(5) 注意萃取,洗涤操作,尽量减少损失。

【注释】

[1] 无水三氯化铝的质量是实验成败的关键之一,研细、称量及投料均要迅速,避免长时间暴露在空气中。

[2] 本实验也可用锥形瓶代替烧瓶。用外部冰浴冷却控制反应温度,锥形瓶应通过插有玻璃管的橡皮塞连接气体吸收装置。

[3] 烧瓶最好通过干燥管连接气体吸收装置,以隔绝潮气。吸收装置的玻璃漏斗应略有倾斜,使漏斗口一半在水面上,这样既能防止气体逸出,又能防止水被倒吸至反应瓶中。

六、思考题

(1) 本实验中,烃化反应为什么要在 5~10℃之间进行? 温度过高有什么不好?

(2) 重结晶后的母液中含有哪些可能的副产物?

实验 19　3-溴环己烯的制备

一、实验目的

(1) 学习环己烯与 NBS 反应制备 3-溴环己烯的原理和方法。

(2) 巩固回流、减压蒸馏等基本操作。

二、实验原理

N-溴代丁二酰亚胺简称 NBS,是重要的溴化试剂,适用于对烯丙基型(或苄基型)化合

物 α-H 的溴代,反应通过自由基历程进行。反应若采用非极性溶剂(常用四氯化碳)则在反应过程中双键保持不变,若有极性溶剂存在,将会发生双键加成或芳烃的环上取代等副反应。

本实验以环己烯为原料,NBS 为溴化剂,非极性的四氯化碳作溶剂,通过 α-H 的溴代反应制备 3-溴环己烯。反应过程中,首先是 NBS 与反应体系中存在的微量酸或水汽作用产生少量的溴,溴在光照或引发剂(如过氧化苯甲酰)的作用下生成溴自由基,溴自由基再与环己烯作用生成 3-溴环己烯。其反应历程可简单表示如下:

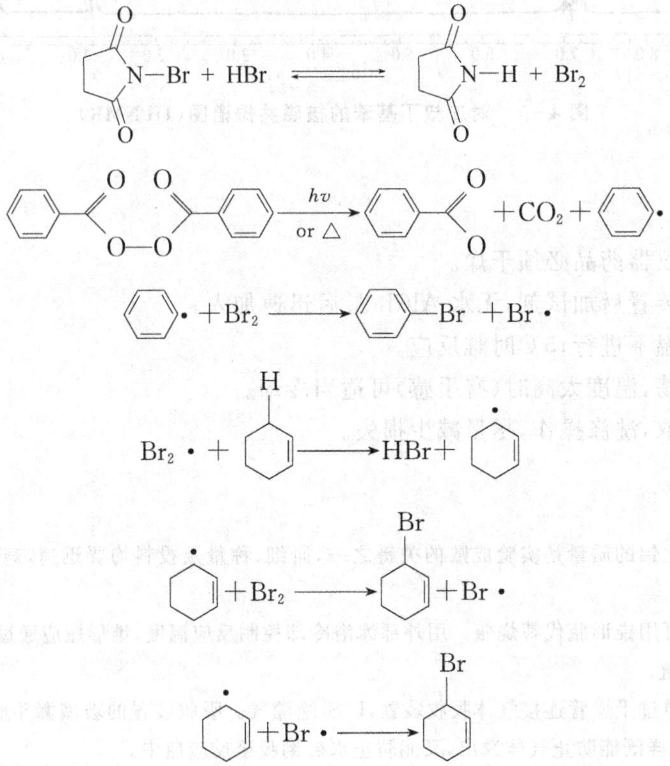

总反应式:

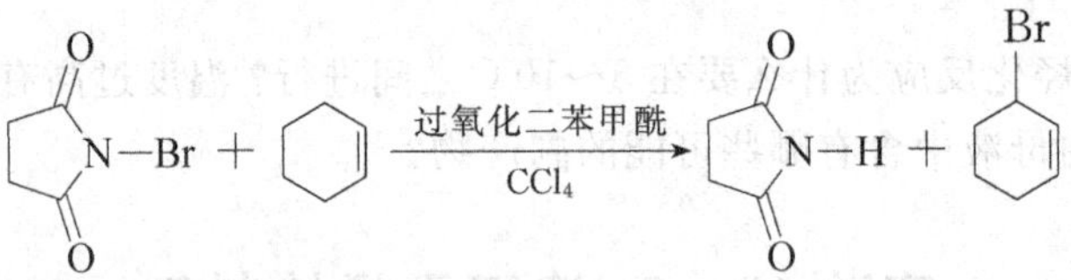

NBS 在四氯化碳中溶解度极小,沉于溶液下层,随着反应进行,NBS 被消耗,生成的丁二酰亚胺也不溶于四氯化碳,浮于溶液上层,反应完毕后可以过滤回收。

三、实验用试剂药品与仪器装置

试剂药品:环己烯,N-溴代丁二酰亚胺[1],过氧化苯甲酰,四氯化碳(使用前经五氧化二磷干燥)。

仪器装置:圆底烧瓶(100 mL),球形冷凝管,布氏漏斗,吸滤瓶,简单蒸馏装置,减压蒸馏装置。

四、实验步骤

在 100 mL 圆底烧瓶[2]内加入 2 g(0.011 mol)N-溴代丁二酰亚胺、1.5 g(0.018 mol)精馏过的环己烯和 l5 mL 四氯化碳,最后加入 40 mL 预先用滤纸吸干的过氧化苯甲酰。在烧瓶上装上冷凝管,反应物在室温条件下开始反应[3]。反应混合物逐渐变热,黄色的 N-溴代丁二酰亚胺逐渐转变成悬浮在混合物上层的无色的丁二酰亚胺。加热回流至所有的 N-溴代丁二酰亚胺全部转变成为丁二酰亚胺,约需 1.5 h。冷却烧瓶,过滤,用四氯化碳洗涤滤渣。热水浴蒸馏滤液,先蒸出四氯化碳(沸点 77℃)和未反应的环己烯(沸点 83℃)。然后在水泵减压下蒸馏剩余物,收集 72～77℃/4.0 kPa 的馏分,得无色的 3-溴环己烯。称重,计算产率。

纯 3-溴环己烯的沸点 80～82℃/5.33 kPa,折光率 $n_D^{20} = 1.523\,0$。

【注释】

[1] 由于溴化物能刺激皮肤和催泪,实验应在通风橱中进行,并注意戴防护手套及安全镜。

[2] NBS 易水解,所用的仪器及试剂必须干燥。

[3] 可加热引发反应,若反应过于剧烈,可稍冷却,但不能使反应停顿。

五、思考题

(1) 过氧化苯甲酰在本实验中的作用是什么?过氧化物在使用时应注意哪些问题?

(2) 为什么要采用非极性的四氯化碳作为溶剂?

§4.3　醇、醚的一般制备方法

1. 醇的一般制备方法

醇一般很容易转变成卤代物、烯、醚、醛、酮、羧酸、羧酸酯等化合物。因此,在有机合成上醇的应用很广泛,既可以作为溶剂,又可用于合成其他化合物。

醇的制备方法较多,工业上通过淀粉水解和石油产品中的烯烃催化加水而获得较简单的醇。实验室中制备醇的途径可归纳为两种:一种是以烯烃为原料的碳碳双键的加成;另一种是以羰基化合物为原料的碳氧双键的加成和羰基的还原。

(1) 由烯烃制备

① 酸催化直接水合。

$$RCH{=\!=}CH_2 + H_2O \xrightarrow[\text{或 }H_3PO_4]{H_2SO_4} \underset{\underset{OH}{|}}{RCHCH_3}$$

② 羟汞化——还原产物符合 Markovnikov 规则,无重排。

$$RCH{=\!=}CH_2 \xrightarrow[H_2O]{Hg(OAc)_2} \underset{\underset{OH}{|}}{RCHCH_2}HgOAc \xrightarrow{NaBH_4} \underset{\underset{OH}{|}}{RCHCH_3}$$

③ 硼氢化氧化(相当于烯烃与水的反马氏加成)。

$$RCH = CH_2 \xrightarrow{B_2H_6} (RCH_2CH_2)_3B \xrightarrow[HO^-]{H_2O_2} RCH_2CH_2OH$$

④ 碱性高锰酸钾氧化得立体选择性的顺式邻二醇产物。

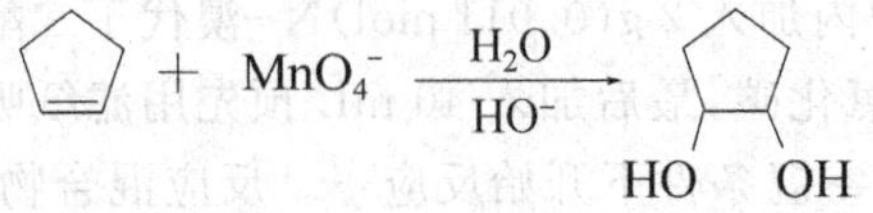

⑤ 过氧酸氧化。

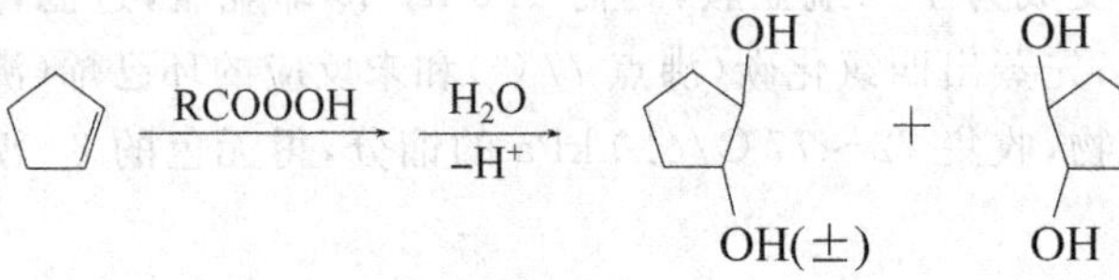

（2）卤代烃水解

卤代烃水解通常用于制备伯醇。因卤代烃通常由醇制备，所以只有当相应的卤代烃容易得到时，此法才有制备意义。

$$RX + OH^- (H_2O) \longrightarrow ROH$$

（3）由相应的羰基化合物制备

① 羰基化合物直接还原：醛、酮、羧酸、酯都可以直接被 $LiAlH_4$ 还原为醇，$NaBH_4$ 还原能力较弱，不能直接还原羧酸和酯，可选择性使用。

② 由 Grignard 试剂合成

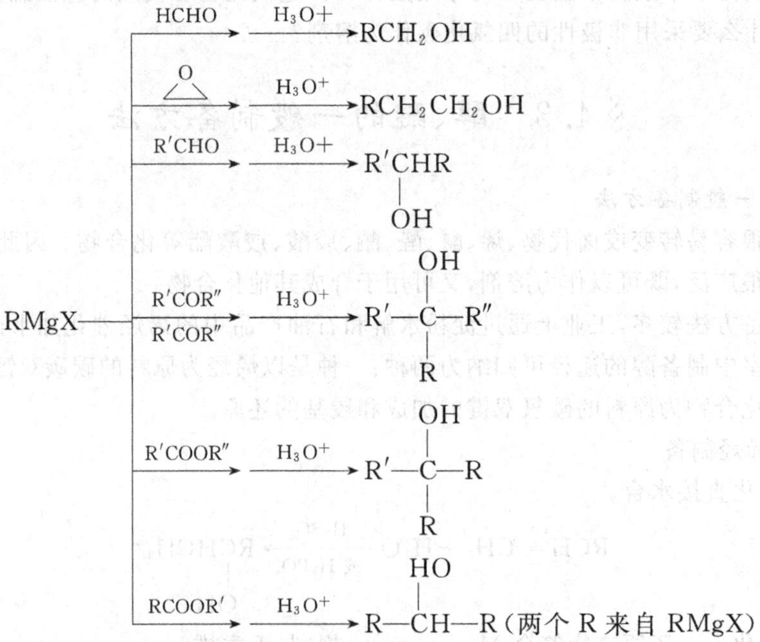

利用 Grignard 反应是合成各种结构复杂的醇的主要方法。

2. 醚的一般制备方法

（1）醇脱水

适于简单醚和适当碳原子数的环醚的制备。

$$ROH \xrightarrow[\triangle]{H^+} R-O-R$$

该反应可逆。产物与温度有关,以浓硫酸催化时,低温产生硫酸酯,较高温成醚,高温成烯。高温成烯的消除反应活性为:叔醇＞仲醇＞伯醇。因此,醇脱水成醚一般用伯醇。伯醇分子间脱水为 S_N2 历程,仲醇和叔醇分子间脱水一般按 S_N1 历程。可见,无论怎样控制条件,副产物总是不可避免的。

（2）Williamson 合成法

$$RX+R'ONa \xrightarrow[\triangle]{H^+} R-O-R'+NaX$$

$$X=Cl,Br,I,OSO_2R,OSO_2Ar$$

该法制醚的机理是烷氧（酚氧）基负离子对卤代烷或硫酸酯进行亲核取代反应,属 S_N2 历程。因卤代烷会伴随消除反应而产生烯烃,故此法不能采用叔卤代烷为原料,而主要采用伯卤代烷。烷氧基负离子的亲核能力也因结构而不同:3°＞2°＞1°。

此外,由于直接连在芳环上的卤代烃不容易被亲核取代,因此制备芳烃和脂肪烃组成的醚,不能用芳烃和脂肪醇,而应用相应的酚和脂肪卤代烃制备。

酚比水的酸性强,酚钠可用酚直接与氢氧化钠制得。醇的酸性不如水强,因此醇钠必须用金属钠和干燥的醇制备。

实验 20　1－苯乙醇的制备——酮的还原

一、实验目的

（1）学习硼氢化还原法制备醇的原理和方法。

（2）进一步掌握萃取、低沸物蒸馏及减压蒸馏等基本操作。

二、实验原理

1－苯乙醇为高沸点有机醇类化合物（b. p. :203.4℃）,常压下为无色液体。可以苯乙酮为原料,经 $NaBH_4$ 还原羰基来制备相应的醇。通过本实验可理解实验室常用的 $NaBH_4$ 还原剂的性能,并熟悉高沸点有机物减压蒸馏的分离方法。

由醛或酮还原生成相应的醇是研究最多的一类还原反应,可以用于醛和酮还原的催化活性组分也很多,以过渡金属元素居多,但是所需的条件比较苛刻,如需要在高温条件下进行,不易操作,且在操作过程中温度不易控制,另外,利用酶作为催化剂的生物催化还原反应法也有较多的研究。采用金属氢化物、硼（氢）化物等,如 $LiAlH_4$、$NaBH_4$ 作还原剂还原醛或酮较理想。其中 $LiAlH_4$ 作为还原剂选择性能差,往往是羰基和其他官能团都被还原;另一方面 $LiAlH_4$ 价格昂贵,对试剂的无水处理要求非常严格,使其应用受到限制,而较 $LiAlH_4$、$NaBH_4$ 还原能力较弱,选择性高,可在含水的溶液中正常反应,是较好的醛或酮还原剂。

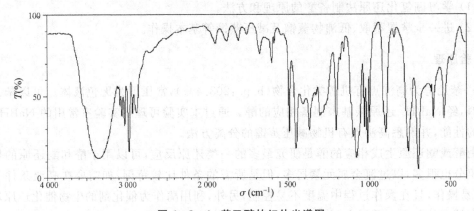

三、实验用试剂药品与仪器装置

试剂药品:95％乙醇 15 mL,硼氢化钠 0.10 g(约 0.026 mol),苯乙酮 8.0 mL(约 0.067 mol),3 mol/L 盐酸 6 mL,乙醚,无水硫酸钠等。

仪器装置:圆底烧瓶(100 mL),恒压滴液漏斗(50 mL),磁力搅拌器,玻璃水浴锅,蒸馏装置,分液漏斗,减压装置等。

四、实验步骤

在 100 mL 圆底烧瓶中加入 15 mL 95％乙醇及 0.1 g(约 0.026 mol)硼氢化钠[1],在搅拌下滴入 8 mL(约 0.067 mol,8.2 g)苯乙酮,控制温度不高于 50℃,必要时可用水浴冷却。滴加完毕,反应混合物中有白色沉淀产生,在室温下放置 15 min。然后边搅拌边滴加 6 mL 的盐酸(3 mol/L),大部分白色固体溶解。将此圆底烧瓶装配成蒸馏装置,在水浴上蒸去乙醇,浓缩液分为两层。冷却后再加入 10 mL 乙醚,将混合液转入分液漏斗中,分离醚层。水层用 10 mL 乙醚萃取,合并醚层,用无水硫酸钠干燥。

滤去干燥剂,醚溶液中加入 0.6 g 无水碳酸钾[2],于水浴上蒸去乙醚,然后减压蒸馏,收集 102～103.5℃/2 533 Pa(19 mmHg)的馏分。

纯 1-苯乙醇的沸点为 203.4℃,折光率 $n_D^{20}=1.527\,5$。

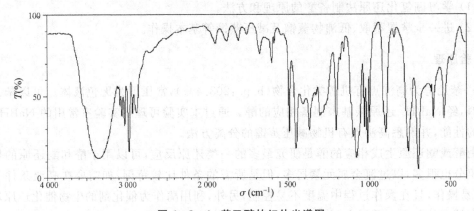

图 4-8 1-苯乙醇的红外光谱图

五、注意事项

(1) 要控制反应温度不超过 50℃,否则产物产率低。

(2) 乙醇、乙醚沸点低,易挥发,易着火,蒸馏装置要严密。

【注释】

[1] 硼氢化钠是强碱性物质,很容易吸潮,勿接触皮肤。

[2] 无水碳酸钾的加入是为防止在蒸馏过程中发生酸催化脱水反应。

六、思考题

（1）在最终蒸馏产品的过程中加入无水碳酸钾的目的是什么？

（2）反应初期生成的白色固体为何物？为什么加盐酸后会溶解？

实验 21　二苯甲醇的制备

一、实验目的

（1）学习硼氢化还原法制备醇的原理和方法。

（2）进一步掌握萃取、低沸物蒸馏等基本操作。

二、实验原理

　　二苯甲醇可以通过二苯甲酮为原料，以多种还原剂还原来制备。在碱性醇溶液中用锌粉还原，是制备二苯甲醇常用的方法。对于小量合成，硼氢化钠是理想的还原剂。硼氢化钠是一个选择性的将醛酮还原为相应醇的富氢试剂，它操作方便，反应可在醇溶液中进行。1 mol 硼氢化钠理论上能还原 4 mol 醛酮。

主反应：

$$4\ \underset{}{\text{C}_6\text{H}_5\text{—CO—C}_6\text{H}_5} + \text{NaBH}_4 \xrightarrow[\text{}]{\text{CH}_3\text{OH}} \xrightarrow[\text{H}^+]{\text{H}_2\text{O}} 4\ \underset{}{\text{C}_6\text{H}_5\text{—CH(OH)—C}_6\text{H}_5}$$

三、实验用试剂药品与仪器装置

　　试剂药品：硼氢化钠 0.4 g（约 0.01 mol），二苯甲酮 1.5 g（约 0.008 mol），甲醇，乙醚，石油醚（60～90℃），无水硫酸镁。

　　仪器装置：圆底烧瓶（50 mL），玻璃水浴锅，蒸馏装置，分液漏斗，减压抽滤装置等。

四、实验步骤

　　在 50 mL 圆底烧瓶中溶解 1.5 g 二苯甲酮于 20 mL 甲醇中，小心加入 0.4 g 硼氢化钠[1]，混匀后在室温放置 20 min，并不断摇荡。在水浴上蒸去大部分甲醇，冷却后将残液倒入 40 mL 水中，并搅拌使之充分混合水解硼酸酯的络合物。每次用 10 mL 乙醚分 3 次涮洗烧瓶和萃取水层，合并醚萃取液，用适量无水硫酸镁干燥后，滤去硫酸镁，在水浴上蒸去乙醚，再用水泵减压抽去残余的乙醚。残渣用 15 mL 石油醚重结晶，得约 1 g 二苯甲醇的针状结晶，熔点 68～69℃。

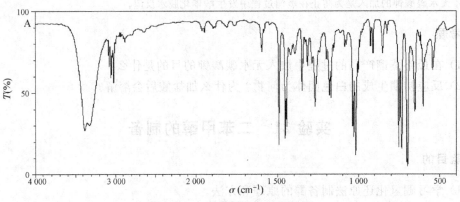

图 4-9　二苯甲醇的红外光谱图

五、注意事项

(1) 要控制反应温度不超过 50℃,否则乙醚产率低。

(2) 甲醇、乙醚、石油醚沸点低,易挥发,易着火,应严格按规定操作。

【注释】

[1] 硼氢化钠是强碱性物质,很容易吸潮,勿接触皮肤。

六、思考题

(1) 硼氢化钠和氢化锂铝(LiAlH₄)都是富氢还原试剂,解释二者在还原性及操作上有何区别?

(2) 试提出制备二苯甲醇的其他方法。

实验 22　三苯甲醇的制备——酮与格氏试剂加成、水解

一、实验目的

(1) 学习格氏试剂的制备和无水操作。

(2) 学习通过格氏试剂制备醇。

(3) 学习电动搅拌机的安装和使用方法。巩固回流、萃取、蒸馏等操作技能。

二、实验原理

Grignard 试剂与羰基化合物等发生亲核加成反应,其加成产物经水解可得到醇类化合物。

三苯甲醇由苯基溴化镁和二苯酮作用制得。本实验由两步组成:第一步要先合成苯基溴化镁;第二步合成三苯甲醇。

主反应:

$$\text{C}_6\text{H}_5\text{—Br} + \text{Mg} \xrightarrow{\text{四氢呋喃}} \text{C}_6\text{H}_5\text{—MgBr}$$

$$\text{〈苯环〉—MgBr} + \text{〈苯环〉—C(=O)—〈苯环〉} \longrightarrow (\text{〈苯环〉})_3\text{COH}$$

副反应:

$$\text{〈苯环〉—MgBrH} + \text{〈苯环〉—Br} \longrightarrow \text{〈苯环〉—〈苯环〉} + \text{MgBr}_2$$

三、实验用试剂药品与仪器装置

试剂药品:新镁条 1.4 g(0.055 mol),溴苯(5.3 mL,约 0.05 mol),无水乙醚(约 80 mL)(自制),碘粒,二苯酮 9 g(0.05 mol),饱和氯化铵溶液,石油醚(90～120℃),95%乙醇。

仪器装置:三颈瓶(250 mL),机械搅拌器,球形冷凝管,恒压滴液漏斗(均需充分干燥),干燥管,水浴蒸馏装置,抽滤装置等。

四、实验步骤

1. 药品处理

(1)镁条用砂纸打磨,除去表面氧化层。也可将镁条放入稀盐酸中快速浸泡后,再依次用水、乙醇洗涤,然后用小刀剪成小块,放入瓶中封闭备用。

(2)溴苯纯化干燥。用无水氯化钙干燥并蒸馏纯化。

(3)乙醚纯化干燥。检查并除去过氧化物,然后进一步精制得绝对无水乙醚。

2. 仪器安装要点

在安装电动搅拌装置前所用仪器、药品必须经过严格干燥处理。

在 250 mL 三颈烧瓶上分别装置搅拌器、回流冷凝管和恒压滴液漏斗[见图 1-6(b)],在冷凝管的上口安装氯化钙干燥管。

安装应做到:

(1)搅拌器的轴与搅拌棒在同一直线上。

(2)先用手试验搅拌棒转动是否灵活,再以低转速开动搅拌器,试验运转情况。

(3)搅拌棒下端位于液面以下,以离烧瓶底部 3～5mm 为宜。

3. 苯基溴化镁的制备

(1)加料。先将 1.4 g(0.055 mol)新镁条放入 250 mL 三颈瓶中,加入一小块碘粒(起催化作用)。在恒压滴液漏斗中加入 5.3 mL(0.05 mol)溴苯和 20 mL 无水乙醚,混匀。

(2)开始反应。先将滴液漏斗中的混合液向烧瓶中滴入 5 mL,不搅拌观察,若反应不发生可用温水浴加热。反应开始会较剧烈,待反应缓和后,开动搅拌器,并慢慢滴加混合液,保持反应物沸腾并稳定回流。若反应进行得太剧烈,可停止滴加,并用冷水浴将烧瓶稍微冷却。若发现反应物呈黏稠状,可从冷凝管上端补加适量无水乙醚。混合物滴加完毕,待反应缓和后再加热回流 30 min。

4. 苯基溴化镁与二苯甲酮的加成

(1)加成反应。将制好的苯基溴化镁 Grignard 试剂用冰水浴冷却并不断搅拌,将 9 g(0.05 mol)二苯甲酮和 25 mL 无水乙醚的混合液装入滴液漏斗中,缓缓滴加到制好的

Grignard 试剂中。控制滴加速度,勿使反应过于剧烈。加完混合液后,在温水浴中继续搅拌、回流 30 min。

(2)加成产物的水解。将反应液在冰水浴冷却下不断搅拌,再用滴液漏斗小心加入冷却的 40 mL 饱和氯化铵溶液,以分解加成物生成三苯甲醇。若有絮状 $Mg(OH)_2$ 未完全溶解或未反应的金属镁,则可加入少量稀盐酸使之溶解。

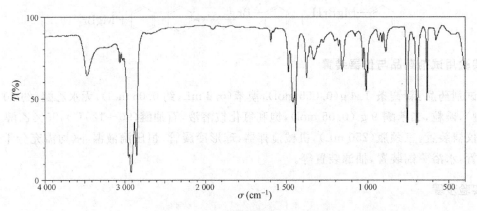

图 4-10 三苯甲醇的红外光谱图

(3)产物的分离。将反应装置改成水浴蒸馏装置,蒸出乙醚。再将残余物进行水蒸气蒸馏,以除去未反应的溴苯及联苯等副产物,抽滤得粗产品。或者将 25mL 石油醚(90~120℃)加入残余物中,搅拌数分钟后抽滤收集粗产品(副产物易溶于石油醚中)。

(4)粗产物纯化。将干燥的粗产物用 2:1 石油醚(90~120℃)/95%乙醇进行重结晶。干燥后,产量约 4~5 g。

三苯甲醇为白色片状结晶,m. p. 为 164.2℃。

五、注意事项

(1)严格按操作规程装配实验装置,电动搅拌棒必须垂直且转动顺畅。

(2)Grignard 试剂的制备,所需仪器与试剂必须充分干燥。

(3)反应的全过程应控制好滴加速度,使反应平稳进行。反应用的仪器与试剂是否彻底干燥和滴加速度的控制是本实验成败的关键。

六、思考题

(1)本实验在将 Grignard 试剂与酮加成物水解前的各反应中,为什么使用的药品和仪器均需绝对干燥?想想你应该采取什么措施?

(2)在本实验中,溴苯滴入太快,或一次加入,会有什么影响?

(3)为何要用饱和氯化铵分解三苯基溴化镁?此外还可以选用哪些试剂?试比较它们的优劣。

实验 23　2-甲基-2-己醇的制备

一、实验目的

(1) 了解 Grignard 试剂的制备、应用和进行 Grignard 反应的条件和操作。

(2) 学习电动搅拌机的安装和使用方法。

(3) 巩固回流、萃取、蒸馏等操作技能。

二、实验原理

卤代烷烃与金属镁在无水乙醚中反应生成烃基卤化镁(又称 Grignard 试剂);Grignard 试剂与羰基化合物等发生亲核加成反应,其加成产物经水分解可得到醇类化合物。可根据物理性质差异(表 4-1)进行产物的分离。

表 4-1　反应原料与产物的物理常数

名　称	密　度	熔点/℃	沸点/℃	折光率	溶解情况
正溴丁烷	1.268 6	−112.4	101.6	1.439 8	微溶于水,溶于氯仿,与乙醇、乙醚和丙酮混溶
丙酮	0.789 8	−94.6	56.5	1.359 0	能与水、甲醇、乙醇、乙醚、氯仿、吡啶等混溶
乙醚	0.713 5	116.2	34.5	1.352 6	难溶于水,易溶于乙醇和氯仿
硫酸	1.834 0	10.49	338		溶于水
2-甲基-2-己醇			143	1.417 5	微溶于水,易溶于乙醚

反应式:

$$n\text{-}C_4H_9Br + Mg \xrightarrow{\text{无水乙醚}} n\text{-}C_4H_9MgBr$$

$$n\text{-}C_4H_9MgBr + CH_3COCH_3 \xrightarrow{\text{无水乙醚}} n\text{-}C_4H_9\underset{\overset{|}{OMgBr}}{C}(CH_3)_2$$

$$n\text{-}C_4H_9\underset{\overset{|}{OMgBr}}{C}(CH_3)_2 \xrightarrow{H_3O^+} n\text{-}C_4H_9\underset{\overset{|}{OH}}{C}(CH_3)_2$$

三、实验用试剂药品与仪器装置

试剂药品:新镁条 3.1 g(0.13 mol),正溴丁烷 17 g(13.5 mL,约 0.13 mol),丙酮 7.9 g(10 mL,约 0.1 mol),无水乙醚(约 80 mL),乙醚(约 60 mL),10%硫酸溶液,5%碳酸钠溶液,无水碳酸钾,无水氯化钙。

仪器装置:三颈瓶(250 mL),机械搅拌器,球形冷凝管,恒压滴液漏斗(均需充分干燥),干燥管,分液漏斗,烧杯,吸滤瓶,布氏漏斗等。

四、实验步骤

1. 药品处理

（1）镁条用砂纸打磨，除去表面氧化层。也可将镁条放入稀盐酸中快速浸泡后，再依次用水、乙醇洗涤。然后用小刀剪成小块，放入瓶中封闭备用。

（2）正溴丁烷纯化干燥。用无水氯化钙干燥并蒸馏纯化。

（3）丙酮纯化干燥。用无水碳酸钾干燥并蒸馏纯化。

（4）乙醚纯化干燥。检查并除去过氧化物，然后进一步精制。

2. 仪器安装要点

在安装电动搅拌装置前所用仪器、药品必须经过严格干燥处理，安装应做到：

（1）搅拌器的轴与搅拌棒在同一直线上。

（2）先用手试验搅拌棒转动是否灵活，再以低转速开动搅拌器，试验运转情况。

（3）搅拌棒下端位于液面以下，以离烧瓶底部 3～5 mm 为宜。

3. 正丁基溴化镁的制备［实验装置见图 1-6(b)］

（1）加料。先将 15 mL 无水乙醚放入烧瓶内，再放入 3.1 g 新镁条，加入一小块碘粒（起催化作用）。在恒压滴液漏斗中装入事先混合好的 13.5 mL 正溴丁烷和 15 mL 无水乙醚。

（2）开始反应。先将滴液漏斗中的混合液向烧瓶中滴加 5 mL，不搅拌观察，若反应不发生可用温水浴加热。反应开始会较剧烈，待反应缓和后，从冷凝管上端加入 25 mL 无水乙醚，开动搅拌器，并慢慢滴加混合液，保持反应物沸腾并稳定回流。若反应进行得太剧烈，可停止滴加，并用冷水浴将烧瓶稍微冷却。混合物滴加完毕，待反应缓和后再加热回流 15 min。

（3）控制滴加速度维持反应微沸状态。

4. 2-甲基-2-己醇的制备

（1）将制好的 Grignard 试剂用冰水浴冷却并不断搅拌，将 10 mL 丙酮和 15 mL 无水乙醚的混合液装入滴液漏斗中，缓缓滴加到制好的 Grignard 试剂中。控制滴加速度，勿使反应过于剧烈。加完混合液后，在室温下继续搅拌 15 min，可得到白色沉淀或黏稠状固体。

（2）加成产物的水解和产物的分离。将反应液在冰水浴冷却下并不断搅拌，再用滴液漏斗小心加入冷却的 100 mL 10% 硫酸溶液。反应很剧烈，会出现白色沉淀和沉淀溶解现象。

待分解完全后，将溶液转入分液漏斗中，静置分层，水层每次用 25 mL 乙醚萃取两次，合并醚层。乙醚层再用 30 mL 5% 碳酸钠溶液洗涤一次，再转入另一干燥锥形瓶中，用无水碳酸钾干燥。

（3）粗产物纯化。将干燥后的粗产物醚溶液滤入适宜的蒸馏瓶中，先用水浴蒸去乙醚，再用电热套加热，蒸出产品，收集 137～141℃ 馏分。纯 2-甲基-2-己醇的沸点为 143 ℃，$n_D^{20} = 1.4175$。

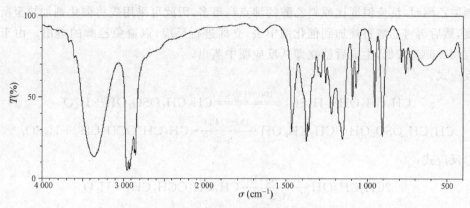

图 4-11　2-甲基-2-己醇的红外光谱图

五、注意事项

（1）严格按操作规程装配实验装置，电动搅拌棒必须垂直且转动顺畅。

（2）Grignard 试剂的制备时，所需仪器与试剂必须充分干燥。此外，为了使正溴丁烷局部浓度较大，易于反应，故搅拌在反应开始后进行。

（3）反应的全过程应控制好滴加速度，使反应平稳进行。反应用的仪器与试剂是否彻底干燥和滴加速度的控制是本实验成败的关键。

（4）干燥剂用量合理，且将产物醚溶液干燥完全。

六、思考题

（1）本实验在将 Grignard 试剂与酮加成物水解前的各反应中，为什么使用的药品和仪器均需绝对干燥？想想应该采取什么措施？

（2）反应未开始以前，加入大量的正溴丁烷有什么缺点？

（3）本实验有哪些副反应，如何避免？

（4）用 Grignard 试剂制备 2-甲基-2-己醇，还可采用什么原料？写出反应式并对几种不同的路线加以比较。

实验 24　乙醚的制备

一、实验目的

（1）掌握实验室制备乙醚的原理和方法。

（2）掌握低沸点易燃液体的蒸馏等基本操作。

二、实验原理

醚是有机合成中常用的溶剂，单醚常用醇分子间脱水的方法来制备。实验室常用的脱水剂是浓硫酸，催化剂还可用磷酸和离子交换树脂。由于反应是可逆的，通常采用蒸出反应产物（醚或水）的方法，使反应向有利于生成醚的方向移动。反应时必须严格控制反应温度，以减少副产物烯及二烷基硫酸酯的生成。

制取乙醚时,反应温度比原料乙醇的沸点高得多,因此可采用先将催化剂加热至所需要的温度,然后再将乙醇直接加到催化剂中去,立即进行反应,以避免乙醇的蒸出。由于乙醚的沸点(34.6℃)较低,生成后就立即从反应瓶中蒸出。

反应式:

$$CH_3CH_2OH + H_2SO_4 \xrightleftharpoons{100\sim130℃} CH_3CH_2OSO_2OH + H_2O$$

$$CH_3CH_2OSO_2OH + CH_3CH_2OH \xrightarrow[S_N2]{135\sim145℃} CH_3CH_2OCH_2CH_3 + H_2SO_4$$

总反应式:

$$2CH_3CH_2OH \xrightarrow[H_2SO_4]{135\sim145℃} CH_3CH_2OCH_2CH_3 + H_2O$$

副反应:

$$CH_3CH_2OH \xrightarrow{H_2SO_4} \begin{cases} \xrightarrow{170℃} H_2C=CH_2 + H_2O \\ \xrightarrow{[O]} CH_3CHO + SO_2 + H_2O \\ \qquad\qquad \xrightarrow{H_2SO_4} CH_3COOH + SO_2 + H_2O \end{cases}$$

三、实验用试剂药品与仪器装置

试剂药品:95%乙醇,浓硫酸,饱和氯化钙溶液,饱和氯化钠溶液,5%氢氧化钠,无水氯化钙。

仪器装置:三颈烧瓶(100 mL),温度计,温度计套管,锥形瓶,水浴锅,滴液漏斗,分液漏斗,简单蒸馏装置。

四、实验步骤

在 100 mL 三颈烧瓶中加入 13 mL 95%乙醇,置于冰水浴中,边摇边缓慢加入 12.5 mL 浓硫酸,混合均匀,加入沸石。滴液漏斗中加入 25 mL 95%乙醇,按图 4-12 装配仪器[1]。加热,使温度迅速升至 140℃。由滴液漏斗慢慢滴加乙醇,使滴加速度与蒸馏液馏出速度大致相等[2],约每秒 1 滴,保持温度在 135~145℃之间,约 30~40 min 滴加完毕。继续加热 10 min 至 160℃后停止加热[3]。馏出物移入分液漏斗中,依次用 8 mL 5% NaOH 溶液,8 mL 饱和 NaCl 溶液,8 mL 饱和 CaCl₂ 溶液各洗涤一次。洗涤后的醚层移入干燥的锥形瓶,加 2 g 粒状无水氯化钙干燥 0.5 h 以上[4]。干燥后的乙醚滤入干燥的 25 mL 烧瓶中,水浴(50~80℃)蒸馏[5],收集 33~38℃馏分,称重并计算产率。纯乙醚的沸点为 34.5℃,折光率 $n_D^{20} = 1.3526$。

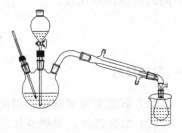

图 4-12　乙醚制备装置图

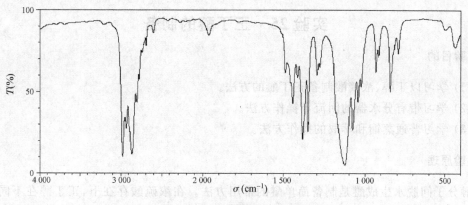

图 4-13 乙醚的红外光谱图

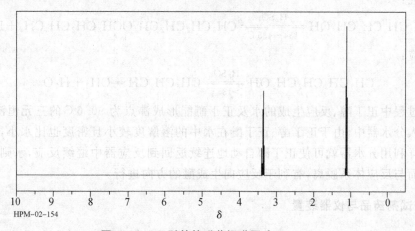

HPM-02-154

图 4-14 乙醚的核磁共振谱图（^{1}H NMR）

【注释】

［1］滴液漏斗的末端及温度计水银球都要浸入液面以下，滴液漏斗的末端距瓶底约 5 mm，接收瓶应浸入冰水浴中冷却，接引管支管接橡皮管，通入下水道或是室外。

［2］若滴加过快，则大量未反应乙醇被蒸出，而且会使反应液温度骤降。

［3］拆反应装置时附近不可有明火等高温物体。后续洗涤、蒸馏时同样要注意防火。

［4］醚层应在带磨口塞的三角瓶中干燥，稍作摇动。室温较高时，瓶外要用冰水冷却；干燥完全的产品应是澄清透明的。

［5］此处蒸馏所用的仪器均需预先干燥。

五、思考题

（1）制备乙醚时为什么不用回流装置？滴液漏斗的下端不能伸到规定的位置时如何解决？

（2）反应时温度过高或者过低对反应有什么影响？

（3）粗乙醚中的杂质是如何除去的？在用 5％NaOH 溶液洗涤之后，用饱和 CaCl$_2$ 溶液洗涤之前，为何要用饱和 NaCl 溶液洗涤？

（4）蒸馏低沸点易燃或有毒有机物时要注意哪些问题？

实验 25　正丁醚的制备

一、实验目的

(1) 学习以丁醇、浓硫酸制备正丁醚的方法。

(2) 学习带有分水器的回流等操作方法。

(3) 学习普通蒸馏和萃取的操作方法。

二、实验原理

醇分子间脱水生成醚是制备简单醚的常用方法。在浓硫酸存在下,正丁醇在不同温度下脱水产物会有不同,主要是正丁醚或丁烯,因此反应必须严格控制温度。

主反应:

$$2CH_3CH_2CH_2CH_2OH \xrightleftharpoons[134\sim135℃]{H_2SO_4} CH_3CH_2CH_2CH_2OCH_2CH_2CH_2CH_3 + H_2O$$

副反应:

$$CH_3CH_2CH_2CH_2OH \xrightarrow[>135℃]{H_2SO_4} CH_3CH_2CH=CH_2 + H_2O$$

反应过程中正丁醇、反应生成的水及正丁醚能形成沸点为 90.6℃的三元恒沸物,经冷凝回流进入分水器中,由于正丁醇、正丁醚在水中的溶解度较小且密度也比水小,因此浮于上层。这样利用分水器就可使正丁醇自动地连续返回到反应器中继续反应,水则主要留在分水器中而与反应体系脱离,有利于反应向生成醚的方向进行。

三、实验用试剂药品与仪器装置

试剂药品:正丁醇(15.5 mL),浓硫酸(2.2 mL),无水氯化钙,50%硫酸,饱和氯化钙。

仪器装置:三颈瓶(100 mL),球形冷凝管,分水器,温度计,分液漏斗,蒸馏瓶(25 mL)。

四、实验步骤

1. 粗正丁醚的制备

在 50 mL 三颈烧瓶中,加入 15.5 mL 正丁醇、2.2 mL 浓硫酸和几粒沸石,摇匀。三颈烧瓶一侧口装上温度计,温度计水银球应插入液面以下,中间口装上分水器,分水器的上端接一回流冷凝管(见图 4-15),先在分水器内放置(V-2)mL[1]水,另一口用塞子塞紧。然后将三颈瓶放在石棉网上小火加热,保持反应物微沸,回流分水。随着反应进行,回流液经冷凝后收集在分水器内,分液后水层沉于下层,上层有机相积至分水器支管时,即可返回烧瓶[2]。大约经 1.5 h 后,三颈瓶中反应液温度可达 134~136℃。当分水器全部被水充满时停止反应。若继续加热,则反应液变黑并有较多副产物烯生成。将反应液冷却到室温后,倒入盛有 25 mL 水的分液漏斗中,充分振荡,静置分层后,分出产物粗制正丁醚。

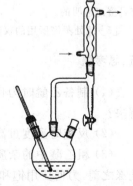

图 4-15　正丁醚制备

2. 正丁醚的精制

将粗制的正丁醚用 16 mL 50％硫酸分 2 次洗涤[3]，再用 10 mL 水洗涤，然后用无水氯化钙干燥。将干燥后的产物仔细注入蒸馏烧瓶中，蒸馏收集 140～144℃的馏分，产量 5～6 g（产率约为 50％）。纯正丁醚为无色透明液体，b. p. 为 142℃，$n_D^{20}=1.399\,2$。

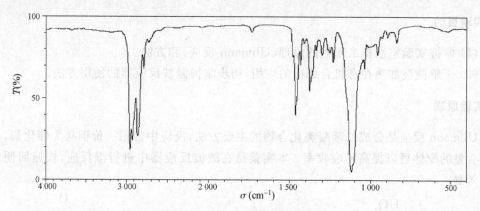

图 4 - 16 正丁醚的红外光谱图

【注释】

[1] 如果从醇转变为醚的反应定量进行，那么反应中应该被除去的水的体积可以从下式来估算。

$$2C_4H_9OH - H_2O \Longrightarrow (C_4H_9)_2O$$
$$2\times74\ g \quad 18\ g \quad\quad 130\ g$$

本实验用 12.5 g 正丁醇脱水制正丁醚，那么应该脱去的水量为：

$$12.5\ g \times 18\ g\cdot mol^{-1}/(2\times74)\ g\cdot mol^{-1}=1.52\ g$$

在实验前预先在分水器里加(V−2)mL 水，V 为分水器的容积，那么加上反应以后的生成水一起正好充满分水器，而使汽化冷凝后的醇正好溢流返回反应瓶中，从而达到自动分离的目的。

[2] 本实验利用恒沸点混合物蒸馏的方法将生成的水不断从反应中除去。正丁醇、正丁醚和水可能生成以下几种恒沸点混合物。

表 4 - 2 恒沸点混合物组成

恒沸混合物	b. p/℃	组成（质量％）		
		正丁醚	正丁醇	水
正丁醇-水	93		55.5	45.5
正丁醚-水	94.1	66.6		33.4
正丁醇-正丁醚	117.6	17.5	82.5	
正丁醇-正丁醚-水	90.6	35.5	34.6	29.9

[3] 用 50％硫酸处理时，基于丁醇能溶解在 50％的硫酸中，而产物正丁醚则很少溶解的原因，也可以用这样的方法来精制粗丁醚：待混合物冷却后，转入分液漏斗中，仔细用 20 mL 2 mol/L 氢氧化钠溶液洗至碱性，然后用 10 mL 水及 10 mL 饱和氯化钙溶液洗去未反应的正丁醇，再如前法一样进行干燥，蒸馏。

五、思考题

（1）计算理论上应分出的水量，若实验中分出的水量超过理论数值，试分析其原因。

(2) 如何得知反应已经比较完全？

(3) 反应结束为什么要将混合物倒入 25 mL 水中？各步洗涤的目的是什么？

实验 26　微波法制备二苯醚

一、实验目的

(1) 掌握实验室制备二苯醚的原理(Ullmann 反应)和方法。

(2) 了解微波加热在有机合成中的应用，初步掌握微波反应器的使用方法。

二、实验原理

Ullmann 反应是合成二苯醚类化合物的主要方法，反应中常用一价铜盐为催化剂，加入一些含氮的配体可以提高反应收率。本实验是在微波反应器中进行湿反应，快速简便地合成二苯醚。

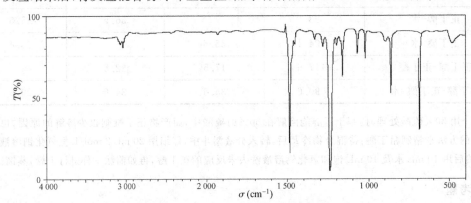

三、实验用试剂药品与仪器装置

试剂药品：碘化亚铜，N,N-二甲基甘氨酸盐酸盐，碘苯，苯酚，碳酸钾，N,N-二甲基甲酰胺，乙酸乙酯，无水硫酸钠。

仪器装置：电子天平，常量或半微量标准口玻璃仪器，微波反应器等。

四、实验步骤

在 100 mL 干燥的茄形烧瓶中依次放入碘化亚铜 0.19 g(1 mmol)，N,N-二甲基甘氨酸盐酸盐[1]0.42 g(3 mmol)，碘苯 2.03 g(10 mmol)，苯酚 1.41 g(15 mmol)，碳酸钾 2.75 g(20 mmol)[2]和 N,N-二甲基甲酰胺 10 mL[3]，此时反应混合液为蓝色。将反应瓶放入微波反应器中，装上回流冷凝管，微波强度调至 100 W，开启搅拌，加热反应 10 min。

反应结束后，将反应混合物冷却至室温，加水稀释后用 100 mL 乙酸乙酯萃取 4～5 次，

图 4-17　二苯醚的红外光谱图

有机层用无水硫酸钠干燥。先在水浴上蒸馏回收乙酸乙酯,然后小火蒸除残留的乙酸乙酯,稍冷后改用空气冷凝管蒸馏,收集 275～277 ℃馏分,产量约为 1.20 g(产率 70%)。

纯二苯醚为无色透明油状液体,沸点 276.9℃,熔点 26.5℃。

【注释】

[1] 使用其他氨基酸也可以催化该反应,如取 L-脯氨酸 0.48 g(4 mmol),100 W 微波辐射 15 min。

[2] 使用碳酸铯要比使用碳酸钾的效果好,但碳酸铯比较贵,本实验使用价格便宜的碳酸钾。

[3] N,N-二甲基甲酰胺(DMF)极性大,沸点高,是极好的能量传递介质。为了保证微波反应器中温控探头测温的准确性,总反应液的液面高度不得低于测温探头,因而 DMF 的使用量不能太少。

五、思考题

(1) Ullmann 反应有何特点?

(2) 反应完成后为什么加水再用乙酸乙酯萃取?

(3) 微波反应有何特点? 所有的有机化学反应都能利用微波来进行吗?

实验 27 β-萘乙醚的制备

一、实验目的

(1) 学习通过 Williamson 反应合成醚的原理和实验方法。

(2) 巩固回流、重结晶提纯等操作技术。

二、实验原理

β-萘乙醚又称橙花醚或橙花油,是一种合成香料,用于某些日化用品,也可用作其他香料(如玫瑰香料、柠檬香料)的定香剂。

β-萘乙醚是一种烷基芳基醚,可通过 Williamson 醚合成法由 β-萘酚钾盐或钠盐与溴乙烷或碘乙烷作用制备,也可由 β-萘酚与乙醇脱水制备。本实验采用第一种方法。

三、实验用试剂药品与仪器装置

试剂药品:β-萘酚,溴乙烷,无水乙醇,氢氧化钠,活性炭,95%乙醇。

仪器装置:圆底烧瓶(100 mL),球形冷凝管,电热套,表面皿,烧杯,量筒,抽滤装置。

四、实验步骤

在 100 mL 圆底烧瓶中加入 35 mL 无水乙醇,依次将 2.8 g 氢氧化钠,3.5 g(0.024 mol) β-萘酚溶于其中,然后加入 3.5 mL(5.10 g,0.047 mol)溴乙烷,摇匀后装上球形冷凝管,在水浴上加热回流 1.5～2 h[1]。在回流过程中,间歇摇动反应瓶[2]。

反应结束后,将反应混合物转移至盛有 105 mL 冰水的 250 mL 烧杯中,同时不断地搅拌,待固体充分析出后抽滤,冷水洗涤沉淀,粗产物用 95%乙醇重结晶[3],晾干后称重。产量约为 2.5~3 g,熔点 35~37℃。

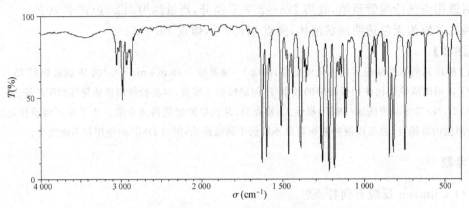

图 4-18　β-萘乙醚的红外光谱图

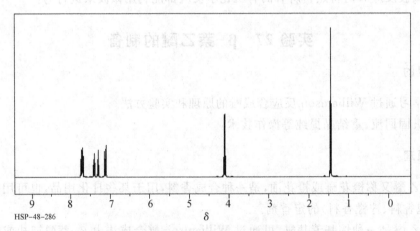

HSP-48-286

图 4-19　β-萘乙醚的核磁共振谱图(¹H NMR)

【注释】

　　[1] 溴乙烷的沸点为 38.4 ℃,易挥发,因此反应前期水浴温度不能太高,回流冷却水流量要适当加大一些,或用冰水做冷却水。

　　[2] 回流过程中烧瓶中可能有固体析出,间歇摇动可以防止出现结块。若采用磁力搅拌和油浴恒温加热则更好。

　　[3] 如粗产物带有灰黄色,可加少许活性炭脱色。

五、思考题

　　(1) β-萘乙醚可否采用乙醇与 β-萘溴反应来合成? 为什么?

　　(2) 本实验中 β-萘酚钠的生成是用氢氧化钠的乙醇溶液,为什么不用氢氧化钠的水溶液?

§4.4　醛和酮制备的一般方法

1. 醛的一般制备方法

制备醛的一般方法主要有：

（1）伯醇氧化

$$R—CH_2OH \xrightarrow[\text{二氯乙烷}]{CrO_3- \text{吡啶}} R—CHO（Sarrett 试剂或 Collins 试剂）$$

$$\diagdown C=CHCH_2OH \xrightarrow{MnO_2} \diagdown C=CHCHO$$

（2）甲基取代芳烃氧化

$$\bigcirc—CH_3 \xrightarrow[(CH_3CO)_2O]{CrO_3} \xrightarrow{H_2O} \bigcirc—CHO$$

（3）烯烃臭氧氧化-还原性水解

$$RHC=CHR' \xrightarrow{O_3} \xrightarrow{Zn/H_2O} RCHO + R'CHO$$

（4）链端炔硼氢化-氧化

$$RC≡CH \xrightarrow{B_2H_6} (RCH=CH)_3B \xrightarrow[OH^-]{H_2O_2} RCH_2CHO$$

2. 酮的一般制备方法

（1）仲醇氧化

$$\underset{OH}{RCHR'} \xrightarrow{[O]} \underset{O}{RCR'}$$

（2）邻二叔醇的氧化

$$\overset{OHOH}{—C—C—} \xrightarrow[\text{或 Pb(OAc)}_2]{HIO_4} \overset{O}{—C—}$$

（3）烯烃的氧化

$$\underset{R'}{\overset{R}{C}}=\underset{R'}{\overset{R}{C}} \xrightarrow[KMnO_4]{O_3/Zn, H_2O} \underset{R'}{\overset{R}{C}}=O$$

（4）Friedel-Crafts 酰基化制备芳酮

$$ArH + RCOCl \xrightarrow{AlCl_3} ArCOR$$

实验 28　环己酮的制备

一、实验目的

（1）学习氧化法制备环己酮的原理和方法，掌握仲醇转变为酮的实验方法。

(2) 掌握电动搅拌器的使用,巩固萃取、洗涤、干燥、蒸馏和折光率测定等基本操作。

(3) 了解绿色氧化等合成方法。

(4) 进一步了解醇和酮之间的联系和区别。

二、实验原理

醇的氧化是制备醛、酮的重要方法之一,六价铬是将伯醇、仲醇氧化成相应的醛、酮的最重要和最常用的试剂,氧化反应可在酸性、碱性或中性条件下进行。

在酸性条件下进行氧化,可用水、丙酮、醋酸、二甲亚砜(DMSO)、二甲基甲酰胺(DMF)等作溶剂或由它们组成的混合溶剂。如仲醇溶于醚,可用铬酸在醚-水两相中将仲醇(如薄荷醇、2-辛醇)氧化成酮。仲醇与铬酸形成铬酸酯,然后被萃取到水相,酮生成后又被萃取到有机相,从而避免了酮的进一步氧化。

$$\underset{R}{\overset{(H)R'}{\underset{H}{\bigvee}}}C\overset{OH}{\underset{}{}} + H_2CrO_4 \longrightarrow \underset{R}{\overset{(H)R'}{\underset{H}{\bigvee}}}C\overset{O-CrO_3H}{\underset{}{}} \longrightarrow \underset{R}{\overset{(H)R'}{}}C{=}O$$

铬酸长期存放不稳定,因此需要时可将重铬酸钠(或钾)或三氧化铬与过量的酸(硫酸或乙酸)反应制得。铬酸与硫酸的水溶液叫做 Jones 试剂。

用铬酸氧化伯醇,得到的醛容易进一步氧化成酸和酯。若采取将铬酸滴加到伯醇中(以避免氧化剂过量)或将反应生成的醛通过分馏柱及时从反应体系中蒸馏出来,则产率将提高。

为了克服采用 $K_2Cr_2O_7$ 或 $KMnO_4$ 氧化法存在环境污染的缺点,近几年来,有人研究以 30% H_2O_2 为清洁氧化剂,价廉易得、水溶性好、无毒无害、易分离回收的 $FeCl_3$ 为催化剂,催化氧化环己醇得到产率 75% 以上的环己酮,是一条实验室绿色合成环己酮的好途径。

本实验分别用铬酸、次氯酸钠和过氧化氢作氧化剂,将环己醇氧化成环己酮:

$$\bigcirc\!\!-OH \xrightarrow{[O]} \bigcirc\!\!=\!\!O$$

三、实验用试剂药品与仪器装置

试剂药品:环己醇,浓硫酸,重铬酸钾,草酸,氯化钠,无水硫酸钠,冰醋酸,次氯酸钠溶液,饱和亚硫酸氢钠溶液,氯化铝 3 g,碘化钾淀粉试纸,无水碳酸,无水硫酸镁。

仪器装置:三颈烧瓶(250 mL),滴液漏斗,温度计,蒸馏装置,分液漏斗,电动搅拌器,球形冷凝管,空气冷凝管,普通玻璃仪器、常量或半微量标准磨口玻璃仪器,电热套。

四、实验步骤

方法一:用铬酸作氧化剂

将 5.2 g 重铬酸钾($K_2Cr_2O_7 \cdot 2H_2O$)溶于 50 mL 水中,配制重铬酸钾水溶液,并转入滴液漏斗中。在 250 mL 三颈烧瓶中加入 30 mL 冰水,边摇边慢慢滴加 5 mL 浓硫酸,充分混合后,小心分批加入 5 g(约 5.25 mL,0.05 mol)环己醇,不断振荡。待反应瓶内的溶液温度降至 30 ℃ 以下[1],开动搅拌器,将重铬酸钾水溶液分批慢慢滴入。氧化反应开始后,混合液迅速变热,橙红色的重铬酸钾溶液变成绿色。当温度达到 55 ℃ 时,控制滴加速度,维持反应

温度在 $55\sim60℃$ 之间[2]，加完后继续搅拌，直至温度自行下降。然后加入少量草酸（约 0.25 g）或 $1\sim2$ mL 甲醇，使溶液变成墨绿色，以破坏过量的重铬酸钾盐。

在反应瓶内加入 25 mL 水和几粒沸石，改为蒸馏装置[3]。将环己酮和水一起蒸出（二者的共沸蒸馏温度为 95℃）。直至馏出液不再混浊，再多蒸出约 $5\sim7$ mL。馏出液中加入氯化钠[4]使溶液饱和，分液漏斗分出有机层。水层用 15 mL 乙醚萃取两次，合并有机层和萃取液，并用无水硫酸钠干燥有机相。粗产品先经水浴加热蒸去乙醚，继续常压蒸馏收集 $150\sim156℃$ 的馏分（140℃ 以上改用空气冷凝管），产率约 60%。

纯环己酮的沸点 155.6℃，密度 0.947 8，折光率 $n_D^{20}=1.450\,7$。

方法二：用次氯酸钠作氧化剂

在装有搅拌器、滴液漏斗和温度计的 250 mL 三颈烧瓶中，依次加入 5.2 mL（5 g，0.05 mol）环己醇和 25 mL 冰醋酸。开动搅拌器，在冰水浴冷却下，将 38 mL 次氯酸钠水溶液（约 1.8 mol/L[5]）通过滴液漏斗逐滴加入反应瓶中，并使瓶内温度维持在 $30\sim35℃$，加完后搅拌 5 min，用碘化钾淀粉试纸检验应呈蓝色，否则应再补加 5 mL 次氯酸钠溶液，以确保有过量次氯酸钠存在，使氧化反应完全。在室温下继续搅拌 30 min，加入饱和亚硫酸氢钠溶液，直至反应液对碘化钾淀粉试纸不显蓝色为止[6]。

向反应混合物中加入 30 mL 水、3 g 氯化铝[7]和几粒沸石，加热蒸馏至馏出液无油珠滴出为止。在搅拌下向馏出液分批加入无水碳酸钠至反应液呈中性为止，然后加入氯化钠使溶液饱和，用分液漏斗分出有机层，用无水硫酸镁干燥。蒸馏收集 $150\sim156℃$ 馏分，称重。产量约 $3.0\sim3.4$ g。

方法三：用过氧化氢作氧化剂

在装有回流冷凝管、温度计、滴液漏斗的 250 mL 三颈烧瓶中，加入 10.5 mL 环己醇、2.5 g 氯化铁催化剂，慢慢滴加 3 mL 30% 过氧化氢，水浴控制反应温度 $55\sim60℃$，过氧化氢滴加完后，继续反应 30 min，其间不时振荡使反应完全，反应液呈墨绿色。

反应完成后，在三颈烧瓶中加入 60 mL 水和几粒沸石，改成蒸馏装置，将环己酮和水一起蒸出来，直至流出液不再浑浊后再多蒸 $15\sim20$ mL，约收集 50 mL 馏出液。馏出液用精盐饱和后，转入分液漏斗，静置分出有机层，水层用 15 mL 无水乙醚萃取一次，合并有机层与萃取液，用无水碳酸钠干燥。然后水浴蒸馏除去乙醚，蒸馏收集 $150\sim156℃$ 的馏分，称重，产率约 70%。

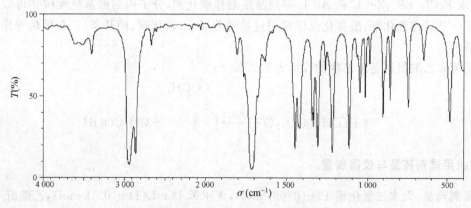

图 4 - 20　环己酮的红外光谱图

【注释】

[1] 反应物不宜过于冷却。如果反应瓶中的重铬酸钾积聚达到一定浓度时,升温会使反应突然剧烈发生,产生危险。

[2] 温度太高会产生副反应,可用冷水浴适当冷却。

[3] 加水蒸馏产品实际上是一种简化了的水蒸气蒸馏,环己酮与水形成恒沸混合物,沸点 95℃,含环己酮 38.4%,馏出液中还有乙酸,沸程 94～100℃。环己酮易燃,应注意防火。

[4] 馏出液中加入氯化钠的目的是为了降低环己酮的溶解度,有利于环己酮的分层。

[5] 次氯酸钠的浓度可用间接碘量法测定。次氯酸钠法与重铬酸钾法相比,其优点是避免使用有致癌危险的铬盐。但此法有氯气逸出,操作时应在通风橱中进行。

[6] 约需 5 mL NaHSO₃,此时发生下列反应:$ClO^- + HSO_3^- \longrightarrow Cl^- + H^+ + SO_4^{2-}$

[7] 加氯化铝可预防蒸馏时发泡。

五、思考题

(1) 环己醇用铬酸氧化得到环己酮,用高锰酸钾氧化则得己二酸,为什么?

(2) 利用伯醇氧化制备醛时,为什么要将铬酸溶液加入醇中而不是反之?

(3) 在加重铬酸钾溶液过程中,为什么要待反应物的橙红色完全消失后滴加重铬酸钾?

(4) 氧化反应结束后为什么要加入草酸或甲醇?

(5) 在整个氧化反应过程中,为什么温度必须控制在一定的范围?如何控制?

(6) 试确定环己醇和环己酮 IR 光谱和 NMR 谱中的特征吸收峰和各种类型质子的信号。

实验 29　苯乙酮的制备

一、实验目的

(1) 学习傅-克酰基化制备芳酮的原理和方法。

(2) 初步掌握无水操作、吸收、搅拌、回流、滴加等基本操作。

二、实验原理

Friedel-Crafts 酰基化反应是制备芳酮的重要方法之一,酰氯、酸酐是常用的酰基化试剂,无水 FeCl₃、BF₃、ZnCl₂ 和 AlCl₃ 等路易斯酸作催化剂,分子内的酰基化反应还可以用多聚磷酸(PPA)作催化剂,酰基化反应常用过量的芳烃、二硫化碳、硝基苯、二氯甲烷等作为反应的溶剂。

用苯和乙酸酐制备苯乙酮的反应方程式如下:

三、实验用试剂药品与仪器装置

试剂药品:无水三氯化铝 13 g(0.097 mol),无水苯 16 mL(14 g,0.18 mol),乙酸酐 4 mL(4.3 g,0.04 mol),浓盐酸 18 mL,10%氢氧化钠 15 mL,无水硫酸镁等。

仪器装置：三颈圆底烧瓶(50 mL)，恒压滴液漏斗，机械搅拌器，回流冷凝管，分液漏斗，蒸馏装置等。

四、实验步骤

向装有恒压滴液漏斗、机械搅拌器和回流冷凝管(上端通过一氯化钙干燥管与氯化氢气体吸收装置相连)的 50 mL 三颈烧瓶中迅速加入研细的 13 g(0.097 mol)无水三氯化铝[1]和 16 mL(约 14 g,0.18 mol)无水苯[2]。在搅拌下自滴液漏斗慢慢滴加 4 mL 乙酸酐(约 4.3 g, 0.04 mol)，控制滴加速度，使烧瓶稍热为宜。加完(约需 10~15 min)并在反应速度稍缓和后，水浴加热回流，直到不再有氯化氢气体逸出为止(约 30 min)。

将反应混合物冷却到室温，在搅拌下倒入 18 mL 浓盐酸和 35 g 碎冰的烧杯中(在通风橱中进行)。若仍有固体不溶物，可补加适量浓盐酸使之完全溶解。将混合物转入分液漏斗中，分出有机层，水层用苯萃取(8 mL×2)。合并有机层，依次用 15 mL 10％氢氧化钠溶液、15 mL 水洗涤，无水硫酸镁干燥。

先在水浴上加热蒸馏回收苯和乙醚，后在电热套上加热收集 195~202℃的馏分，称重，计算产率。

苯乙酮为无色油状液体，b. p. 为 202℃，m. p. 为 20.5℃，$n_D^{20}=1.537\ 2$。

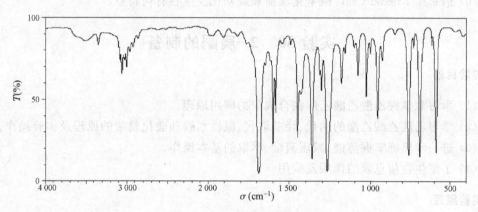

图 4-21　苯乙酮红外光谱图

五、注意事项

(1) 装置仪器和试剂应无水，否则反应失败。

若要简化装置，可省掉电动搅拌器。此时，可采用电磁搅拌器进行搅拌或适当摇动反应装置而使反应顺利进行。

(2) 无水三氯化铝的质量优劣是实验成败的关键之一，它极易吸潮，需迅速称取，研磨后应称取白色颗粒或粉末状的三氯化铝，如已变成黄色，表示已经吸潮，不能取用。

(3) 滴加乙酸酐时应控制速度，使反应平稳进行。温度高对反应不利，一般控制在 60℃以下为宜。

(4) 注意反应终点和反应混合物处理时一定在通风橱内进行。

【注释】

[1] 酰基化反应所用的催化剂三氯化铝大大的超过了烷基化反应所用的催化剂量,生成的苯乙酮与当量的氯化铝形成络合物,同时反应中生成的副产物乙酸也可与当量的氯化铝形成盐,所以酰基化反应中,一分子的酸酐消耗两分子以上的氯化铝。

[2] 反应体系中,苯用量也是大大过量的,因苯不但作为反应试剂,而且在反应中也作为溶剂,所以乙酰才是产率的基准试剂。

六、思考题

(1) 实验过程中,颜色是如何变化的? 试用化学方程式表示。

(2) 在烷基化和酰基化反应中,$AlCl_3$ 的用量有何不同? 为什么? 本实验为什么要用过量的苯和 $AlCl_3$?

(3) 反应完成后为什么要加入浓盐酸和冰水的混合物来分解产物?

(4) 为什么硝基苯可作为反应的溶剂? 芳环上有—OH、—NH_2 等基团存在时对反应不利,甚至不发生反应,为什么?

(5) 反应完毕,已无 HCl 气体生成,但固体可能尚未溶完,为什么? 对实验结果会有何影响?

(6) 请总结 Friedel-Craft 酰基化反应和烷基化反应各有何特点。

实验 30 2 - 庚酮的制备

一、实验目的

(1) 学习和掌握乙酰乙酸乙酯在合成中的应用原理。

(2) 学习乙酰乙酸乙酯的钠代、烃基取代、碱性水解和酸化脱羧的原理及实验操作。

(3) 进一步熟练掌握蒸馏、减压蒸馏、萃取的基本操作。

(4) 了解生物信息素的作用及应用。

二、实验原理

2 - 庚酮发现于成年工蜂的颈腺中,是一种警戒信息素。当小黄蚁嗅到 2 - 庚酮时,迅速改变行走路线,四处逃窜。2 - 庚酮微量存在于丁香油、肉桂油、椰子油中,具有强烈的水果香气,可用于香精。许多信息素存在于各种动物的体内,特别有趣的是存在于昆虫中的那些信息素,它们多数是些简单的醇、酮或酯。

2 - 庚酮的合成是由乙酰乙酸乙酯和乙醇钠反应,形成钠代乙酰乙酸乙酯,该负碳离子与正溴丁烷进行 S_N2 反应,得到正丁基乙酰乙酸乙酯,经氢氧化钠水解,再进行酸化脱羧后,用二氯甲烷萃取,蒸馏纯化,得到最终产物 2 - 庚酮。

制备 2 - 庚酮的反应式:

$$CH_3\overset{O}{\overset{\|}{C}}CH_2COOC_2H_5 + H_5C_2ONa \longrightarrow Na^+[CH_3\overset{O}{\overset{\|}{C}}CHCOOC_2H_5]^- + C_2H_5OH$$

$$Na^+[CH_3\overset{O}{\overset{||}{C}}CHCOOC_2H_5]^- + CH_3CH_2CH_2CH_2Br \longrightarrow CH_3\overset{O}{\overset{||}{C}}\overset{O}{\overset{||}{C}}HCOC_2H_5$$
$$\underset{(CH_2)_3CH_3}{|}$$

$$CH_3\overset{O}{\overset{||}{C}}CHCOC_2H_5 \xrightarrow{NaOH} H_3C\overset{O}{\overset{||}{C}}CCHCONa \xrightarrow{HCl/H_2O} H_3C\overset{O}{\overset{||}{C}}C(CH_2)_4CH_3$$
$$\underset{(CH_2)_3CH_3}{|} \qquad \underset{(CH_2)_3CH_3}{|}$$

三、实验用试剂药品与仪器装置

试剂药品:乙酰乙酸乙酯 1.95 g（1.9 mL,0.015 mol）,无水乙醇 7.5 mL,金属钠 0.4 g（0.017 mol）,正溴丁烷 2.3 g（1.9 mL,0.017 mol）,盐酸,5％氢氧化钠水溶液,50％硫酸,石蕊试纸,二氯甲烷,40％的氯化钙水溶液,无水硫酸镁。

仪器装置:磁力搅拌器,冷凝管,滴液漏斗,三颈烧瓶（25 mL）,分液漏斗,抽滤瓶,锥形瓶。

四、实验步骤

1. 正丁基乙酰乙酸乙酯的制备

在装有磁力搅拌器、冷凝管和滴液漏斗的干燥 25 mL 三颈烧瓶中,放置 7.5 mL 绝对无水乙醇,在冷凝管上方装上干燥管,将 0.4 g 金属钠碎片分批加入,以维持反应不间断进行为宜,保持反应液呈微沸状态,待金属钠全部作用完后,加入 0.2 g 碘化钾粉末,塞住三颈瓶的另一口,开动搅拌器,室温下滴加 1.95 g(1.9 mL)乙酰乙酸乙酯,加完后继续搅拌、回流 10 min。然后,慢慢滴加 2.3 g(1.9 mL)正溴丁烷,约 15 min 加完,使反应液徐徐地回流约 3～4 h,直至反应完成为止。此时,反应液呈橘红色,并有白色沉淀析出。为了测定反应是否完成,可取 1 滴反应液点在湿润的红色石蕊试纸上,如果仍呈红色,说明反应已经完成。

将反应物冷至室温,过滤,除去溴化钠晶体,用 2.5 mL 绝对无水乙醇洗涤 2 次。简单蒸馏除去过量乙醇。然后冷至室温,加入稀盐酸(12.5 mL 水加 0.15 mL 浓盐酸),将反应物转移至分液漏斗中,分去水层,用水洗涤有机层,并用无水硫酸钠干燥,滤除干燥剂,减压蒸馏,收集 107～112℃/17 kPa(13 mmHg)馏分,产量约为 1.5 g。

2. 2-庚酮的制备

在 25 mL 锥形瓶中加入 12.5 mL 5％氢氧化钠水溶液和 1.5 g 正丁基乙酰乙酸乙酯,装上冷凝管和磁力搅拌装置,室温剧烈搅拌 3.5 h。然后,在电磁搅拌下慢慢滴加 2.3 mL 50％硫酸,此时,有二氧化碳气体放出。当二氧化碳气泡不再逸出时,将混合物倒入 25 mL 烧瓶,进行简易水汽带馏,使产物和水一起蒸出,直至无油状物蒸出为止,约 6.5 mL 馏出液。在馏出液中溶解颗粒状氢氧化钠,直至红色石蕊试纸刚呈碱性为止。用分液漏斗分出下面水层,得到酮层。将水层放回分液漏斗,用 3 mL 二氯甲烷萃取水层两次,萃取液在水浴上蒸除二氯甲烷,得到残留的 2-庚酮。合并酮溶液,用 2 mL 40％的氯化钙水溶液洗涤 2 次,无水硫酸镁干燥,蒸馏,收集 135～142℃/81.3 kPa(150 mmHg)的馏分,即 2-庚醇,产品为无色透明液体,产量约为 0.5 g。实验约需 10～12 h。

纯 2-庚酮为无色液体 b.p. 为 151.4℃,$n_D^{20}=1.408\,8$。

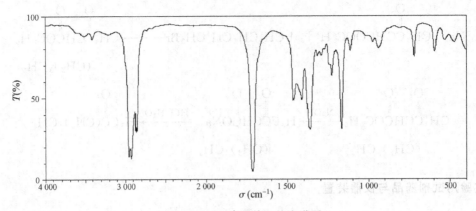

图 4 – 22 2 – 庚酮的红外光谱图

五、注意事项

（1）本实验所用全部仪器均需充分干燥。

（2）使用金属钠应注意安全。

（3）本实验使用绝对无水乙醇。若乙醇中含有少量水，则会使正丁基乙酰乙酸乙酯的产量明显降低。

（4）碘化钾的作用是在溶液中与正溴丁烷发生卤素交换反应，将正溴丁烷转化为正碘丁烷：

$$I^- + R-Br \longrightarrow R-I + Br^-$$

产生的正碘丁烷更易发生亲核取代反应，因而对反应起催化作用。

（5）在回流过程中，由于生成的溴化钠晶体沉降于瓶底，会出现剧烈的崩沸现象。如果采用搅拌装置可避免崩沸现象。

（6）滴加速度不宜过快，否则，酸分解时逸出大量二氧化碳而冲料。

六、思考题

（1）为什么乙酰乙酸乙酯的 α – 氢具有酸性？

（2）在合成 2 – 庚酮每步中预期有哪些副反应？

（3）在本实验中如用 1,4 – 二溴丁烷代替正溴丁烷得到什么产物？

（4）在合成 2 – 庚酮的实验中，怎样减少和避免二烷基丙酮的生成？

（5）如果将合成的 2 – 庚酮溶于石蜡油中，把此溶液涂在小软木塞上，然后将软木塞放在蜂箱的入口处，就会使蜜蜂激动地俯冲到软木塞上来，如果在软木塞上只涂石蜡油，蜜蜂无动于衷，行动如故，为什么？

实验 31   二苯羟乙酮（安息香）的制备

一、实验目的

（1）学习安息香缩合反应的原理和应用 VB_1 为催化剂合成安息香的实验方法。

（2）进一步掌握重结晶的操作方法。

二、实验原理

苯甲醛在氰化钠（钾）催化下于乙醇中加热回流，两分子苯甲醛之间发生缩合反应生成二苯羟乙酮（也称安息香）。有机化学中将芳香醛进行的这一类反应都称为安息香缩合。其反应机理类似于羟醛缩合反应，也是碳负离子对碳基的亲核加成反应。

由于氰化物有剧毒，使用不当会有危险，本实验用维生素 B_1 代替氰化物催化安息香缩合，反应条件温和，无毒，产率较高。其反应式如下：

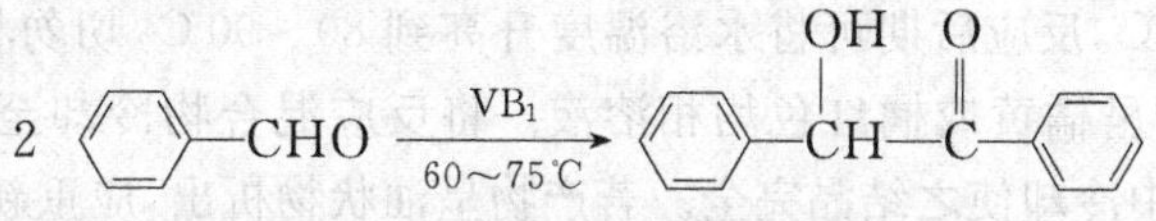

VB_1 又叫硫胺素，是一种生物辅酶，它在生化过程中主要是对 α-酮酸的脱羧和生成偶姻（α-羟基酮）等三种酶促反应发挥辅酶的作用。VB_1 的结构如下：

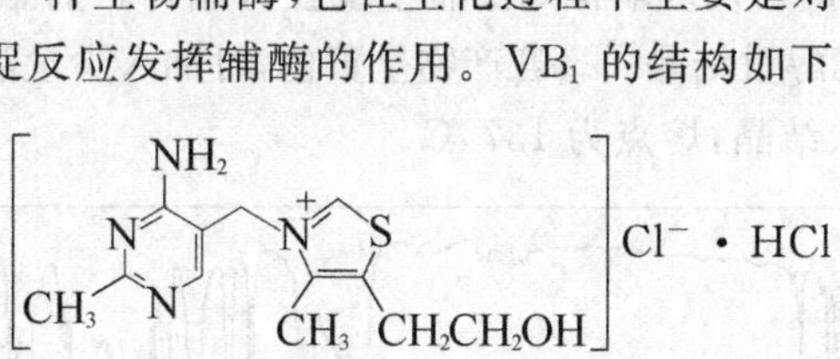

VB_1 分子中右边噻唑环上的氮原子和硫原子之间的氢有较大的酸性，在碱作用下易被除去形成碳负离子，从而催化安息香的形成。

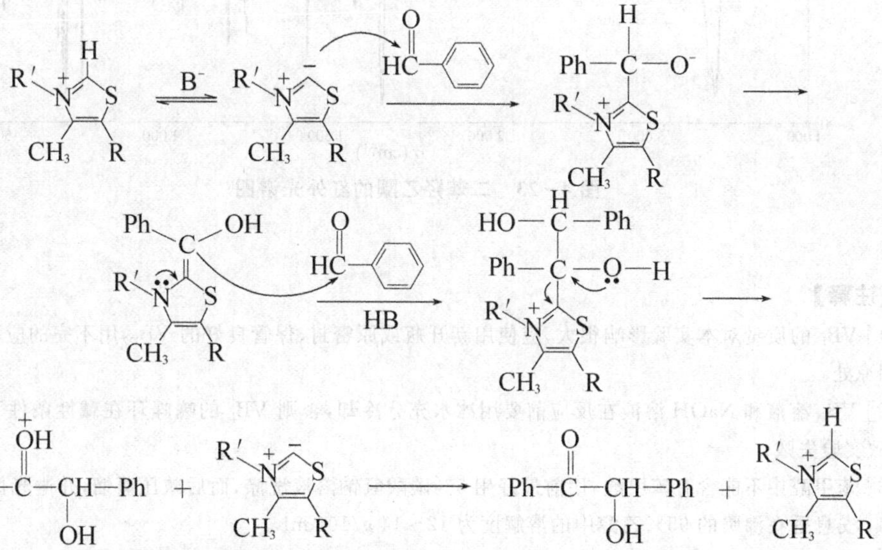

近年来，有人利用微波辐射促进安息香缩合反应，缩短了反应时间，提高了反应产率。

三、实验用试剂药品与仪器装置

试剂药品：苯甲醛（新蒸）；维生素 B_1（盐酸硫胺素），95％乙醇，10％氢氧化钠溶液。

仪器装置：电子天平，电热套，水浴锅，普通玻璃仪器，常量或半微量标准磨口玻璃仪器，显微熔点测定仪，布氏漏斗，抽滤瓶等。

四、实验步骤

在 100 mL 圆底烧瓶中,加入 1.8 g 维生素 B_1[1]、5 mL 蒸馏水和 15 mL(12 g,0.26 mol)95％乙醇,将烧瓶置于冰浴中冷却。同时在一支试管中加入 5 mL 10％氢氧化钠溶液并置于冰浴中冷却[2]。然后在冰浴冷却下,将氢氧化钠溶液在 10 min 内滴加至硫胺素溶液中,并不断摇荡,调节溶液 pH 为 9～10,此时溶液呈黄色。去掉冰水浴,加入 10 mL(10.4 g,0.1 mol)新蒸的苯甲醛[3],装上回流冷凝管和几粒沸石,将混合物置于水浴上温热 1.5 h。水浴温度保持在 60～75℃,反应后期可将水浴温度升高到 80～90℃,切勿将混合物加热至剧烈沸腾,此时反应混合物呈橘黄或橘红色均相溶液。将反应混合物冷却至室温,析出浅黄色结晶。将烧瓶置于冰浴中冷却使之结晶完全。若产物呈油状物析出,应重新加热使之成均相,再慢慢冷却重新结晶。必要时可用玻璃棒摩擦瓶壁或投入晶种。抽滤,用 50 mL 冷水分两次洗涤结晶。粗产物用 95％乙醇重结晶[4]。若产物呈黄色,可加入少量活性炭脱色,产量约 5 g。

纯安息香为白色针状结晶,熔点为 137 ℃。

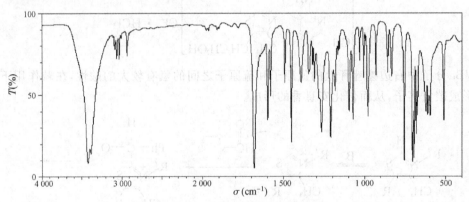

图 4-23　二苯羟乙酮的红外光谱图

【注释】

[1] VB_1 的质量对本实验影响很大,应使用新开瓶或原密封、保管良好的 VB_1,用不完的应尽快密封保存在阴凉处。

[2] VB_1 溶液和 NaOH 溶液在反应前要用冰水充分冷却,否则 VB_1 的噻唑环在碱性条件下易开环失效,导致实验失败。

[3] 苯甲醛中不能含有苯甲酸,用前最好用 5％碳酸氢钠溶液洗涤,而后减压蒸馏,并避光保存。

[4] 安息香在沸腾的 95％乙醇中的溶解度为 12～14 g/100 mL。

五、思考题

(1) 实验为什么要使用新蒸馏出的苯甲醛? 为什么加入苯甲醛后,反应混合物的 pH 要保持在 9 ~ 10? 溶液的 pH 过低或过高有什么不好?

(2) 本实验中在加入苯甲醛之前为什么需在冰水浴中冷却?

(3) 安息香缩合与羟醛缩合、歧化反应有何不同?

实验 32 苯亚甲基苯乙酮(查尔酮)的制备

一、实验目的

(1) 掌握羟醛缩合反应的原理和制备查尔酮的实验方法。

(2) 巩固抽滤、洗涤、重结晶和熔点测定等基本操作。

(3) 了解固态缩合反应合成方法。

二、实验原理

具有 α-活泼氢的醛酮在稀碱催化下,分子间发生羟醛缩合反应,首先生成 β-羟基醛酮;提高反应温度,β-羟基醛酮进一步脱水,生成 α,β-不饱和醛酮。这是合成 α,β-不饱和羰基化合物的重要方法,也是有机合成中增长碳链的重要反应。常用的催化剂是钠、钾、钙、钡的氢氧化物的水溶液或醇溶液,也可使用醇钠或仲胺。

无 α-活泼氢的芳醛可与有 α-活泼氢的醛酮发生交叉羟醛缩合,缩合产物自发脱水生成具有稳定共轭体系的 α,β-不饱和醛酮,这种交叉的羟醛缩合称为 Claisen-Schmidt 反应。该反应是合成侧链上含两种官能团的芳香族化合物及含有几个苯环的脂肪族体系的一条重要途径。

查尔酮及其衍生物是重要的有机合成中间体,合成方法包括以碱作催化剂、在溶液中进行的经典合成方法,还有近几年来发展起来的微波合成、超声波合成、固态合成等新合成方法。

由苯甲醛与苯乙酮间的交叉羟醛缩合制备苯亚甲基苯乙酮(查尔酮)的反应式如下:

$$\underset{\text{O}}{\text{C6H5—CCH}_3} + \text{C6H5—CHO} \xrightarrow{\text{NaOH}} \underset{\text{O}}{\underset{\text{OH}}{\text{C6H5—CCH}_2\text{—CH—C6H5}}}$$

$$\xrightarrow{-\text{H}_2\text{O}} \underset{\text{O}}{\text{C6H5—CCH=CH—C6H5}}$$

三、实验用试剂药品与仪器装置

试剂药品:苯甲醛(新蒸),苯乙酮,10%氢氧化钠溶液,95%乙醇。

仪器装置:磁力搅拌器,普通玻璃仪器,温度计,滴液漏斗,常量或半微量标准磨口玻璃仪器,布氏漏斗,抽滤瓶。

四、实验步骤

方法一:经典缩合反应

在装有搅拌器、温度计和滴液漏斗的 100 mL 三颈瓶中,加入 25 mL 10%氢氧化钠溶液、15 mL 95%乙醇和 6 mL(6 g,0.05 mol)苯乙酮。搅拌下由滴液漏斗滴加 5 mL(5.3 g,0.05 mol)新蒸的苯甲醛,控制滴加速度保持反应温度在 25～30℃[1]之间,必要时用冷水浴冷却。滴加完毕后,继续保持此温度搅拌 0.5 h。然后加入几粒苯亚甲基苯乙酮作为晶种[2],室温下继续搅拌 1~1.5 h,即有固体析出。反应结束后,将三颈瓶置于冰水浴中冷却 15~30 min,使结晶完全。

减压抽滤收集产物,用水充分洗涤,至洗涤液对石蕊试纸显中性。然后用少量冷乙醇 (5~6 mL)洗涤结晶,挤压抽干,得苯亚甲基苯乙酮粗品[3]。粗产物用 95%乙醇重结晶[4] (每克产物约需 4~5 mL 溶剂),若溶液颜色较深可加少量活性炭脱色,得浅黄色片状结晶 6~7 g,熔点 56~57℃[5]。

方法二:固态缩合反应[6]

将 1.5 g(12.5 mmol)苯乙酮和 1.4 g(12.5 mmol)新蒸的苯甲醛在研钵中混合均匀,然后加入 0.5 g(12.5 mmol)NaOH,在室温下研磨糊状混合物 5 min,得黄色固体。加入适量水搅拌,抽滤,固体物经水洗、干燥后,用乙醇重结晶,得黄色晶体,产品约 2.1 g,产率约 81%。m. p. 50~52℃(文献值 54~56℃)。MS,m/z:207(M$^+$,100),179(20),131(28), 105(16)。IR(KBr),cm^{-1}:1664,1606,750。UV,λ_{max}:307nm(CHCl$_3$)。

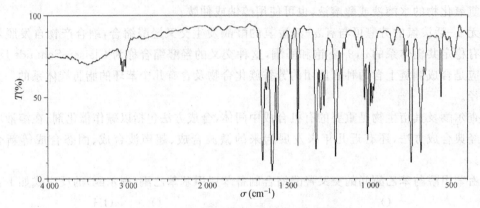

图 4-24　反-苯亚甲基苯乙酮的红外光谱图

【注释】

[1] 反应温度以 25~30 ℃为宜。温度过高,副产物多;温度过低,产物发黏,不易过滤和洗涤。

[2] 一般在室温下搅拌 1 h 后即可析出结晶,为引发结晶较快析出,最好加入事先制好的晶种。

[3] 苯亚甲基苯乙酮能使某些人皮肤过敏,处理时注意勿与皮肤接触。

[4] 苯亚甲基苯乙酮熔点低,重结晶回流时呈熔融状,必须加溶剂使之呈均相。

[5] 苯亚甲基苯乙酮存在几种不同的晶形。通常得到的是片状的 α 体,纯粹的 α 体熔点为 58~59℃, 另外还有棱状或针状的 β 体(熔点 56~57℃)及 γ 体(熔点 48℃)。

[6] 程格,甘秋,王跃川.固态缩合反应合成查尔酮[J].化学试剂,2000,22(3):181。

五、思考题

(1) 本实验中可能会产生哪些副反应?实验中采取了哪些措施来避免副产物的生成?

(2) 写出苯甲醛与丙醛及丙酮(过量)在碱催化下缩合产物的结构式。

§4.5　羧酸及其衍生物制备的一般方法

1. 羧酸的一般制备方法

(1) 氧化法

甲基芳烃、伯醇、醛的氧化可制备相同碳数的羧酸；烯、炔、含 α-H 的侧链芳烃、伯醇、仲醇、酮的氧化可制备碳数少于原料化合物的羧酸。

① 醇、醛和酮氧化制备羧酸

常用氧化剂有硝酸、高锰酸钾、重铬酸钾-硫酸、过氧化氢和过氧酸等。伯醇氧化可制备一元羧酸，若用重铬酸钾-硫酸氧化伯醇，产生的中间体醛容易与醇生成半缩醛而得到较多的副产物；仲醇和酮发生强烈的断裂氧化也能得到羧酸，环醇、环酮的氧化可制备二元羧酸。

② 芳烃侧链的氧化可制备芳香羧酸

苯环侧链无论长短，只要与苯环直接相连的碳上含有氢，均被氧化成苯甲酸，常用氧化剂有高锰酸钾和重铬酸钾。芳环上含有卤素、硝基、磺酸基等基团时，不影响侧链烷基的氧化。芳环上含有烷氧基、乙酰基时，侧链烷基氧化也不影响。但含有羟基、胺基时，大多氧化是分子受到破坏而得到复杂氧化产物。

氧化反应一般都是放热反应，所以必须严格控制反应条件和反应温度，如反应失控，不仅破坏产物，降低产率，有时还会存在发生爆炸的危险。

工业上制备羧酸，大多采用催化氧化的方法。

2. 水解法

$$R-\overset{O}{\overset{\|}{C}}-L + H_2O \longrightarrow R-\overset{O}{\overset{\|}{C}}-OH + HL$$

$$RC\equiv N + H_2O \xrightarrow{\triangle,\ H^+} RCOOH$$

水解的活性顺序为：酰卤＞酸酐＞酰胺＞腈。

酯广泛存在于自然界，因此酯的水解是制备羧酸的一个重要途径。酯的水解为可逆反应，因此酯的碱性水解最普遍。

腈是极易获得的原料，腈水解广泛用于羧酸的制备。腈水解既可在碱性条件下，也可在酸性条件下进行。

酰卤、酸酐一般由羧酸制备，因此尽管水解速度快也很少用来制备羧酸。

(2) 有机金属化合物制备法（羧化反应）

$$RMgX + CO_2 \longrightarrow \xrightarrow{H_2O} RCOOH$$

3. 羧酸衍生物的一般制备方法

(1) 酰卤的制备方法

由羧酸与卤化试剂反应制备：

$$RCOOH \xrightarrow{SOCl_2\ 或\ PX_3\ 或\ PX_5} RCOX$$

酰氯的制备较多，实验室中二氯亚砜用得较多，反应条件温和，产物易纯化。

(2) 酸酐的制备方法

① 混合酸酐制备法

$$RCOONa + R'COX \longrightarrow RCO{-}O{-}COR'$$

② 羧酸脱水法制备单纯酸酐

$$2RCOOH \xrightarrow{\text{脱水剂}} RCO{-}O{-}COR$$

③ 芳烃氧化法

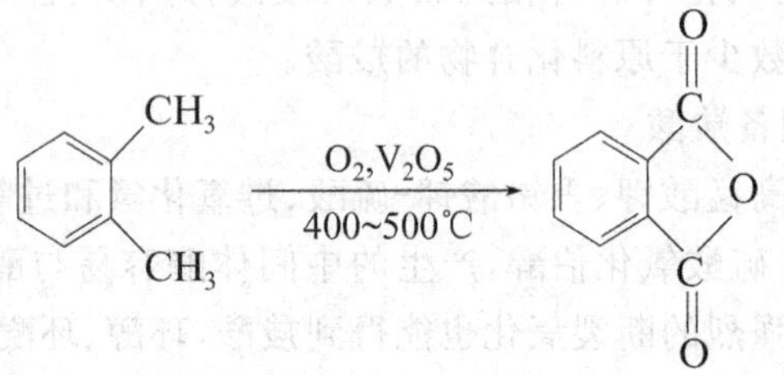

(3) 酯的制备

① 酯化反应

$$RCOOH + R'OH \xrightleftharpoons{H^+,\triangle} RCOOR' + H_2O$$

醇的酯化反应中,常用硫酸作为催化剂,硫酸过量还可以与水结合而提高产量。但制备甲酸酯时不必加硫酸催化,因为甲酸是强酸。

② 羧酸衍生物的醇解

$$R{-}\overset{\overset{\displaystyle O}{\|}}{C}{-}L + R'OH \rightleftharpoons R{-}\overset{\overset{\displaystyle O}{\|}}{C}{-}OR' + HL$$

酚与醇成酯反应不同,需要在碱的催化下与酰卤或酸酐制成酚酯,碱可以吸收产生的卤化氢而提高产率。

③ 羧酸盐与卤代烷反应

只适用于伯卤代烷和活泼卤代烷。

$$RCOONa + ClCH_2Ar \longrightarrow RCOOCH_2Ar + NaCl$$

④ 羧酸与重氮甲烷和活泼卤代烷。

$$RCOOH + CH_2N_2 \longrightarrow RCOOCH_3 + N_2$$

⑤ 羧酸对烯、炔的加成

$$RCOOH + HC{\equiv}CH \xrightarrow{H^+,HgSO_4} RCOOCH{=}CH_2$$

(4) 酰胺的制备

① 羧酸铵盐失水

$$RCOONH_4 \xrightarrow{\triangle} RCONH_2 + H_2O$$

② 腈的水解

$$RC{\equiv}N + H_2O \xrightarrow{\triangle} RCONH_2$$

③ 羧酸衍生物的氨(胺)解

$$R{-}\overset{\overset{\displaystyle O}{\|}}{C}{-}L + NH_3(NH_2R',NHR'_2) \xrightarrow{R'NH'_2,\triangle} RCONH_2(\text{或 } RCONHR',RCONR'_2)$$

（5）腈的制备

① 酰胺失水

$$R\text{---}\overset{\displaystyle O}{\overset{\|}{C}}\text{---}NH_2 \xrightarrow[-H_2O]{\triangle} RC\equiv N$$

② 卤代烃与氰化钠

$$RX + NaCN \Longrightarrow RCN + NaX$$

实验 33　己二酸的制备

一、实验目的

（1）学习用硝酸氧化环己醇或高锰酸钾氧化环己酮制备己二酸的原理和方法。

（2）复习巩固固体有机物的分离、提纯操作技术。掌握气体吸收的操作技术。

二、实验原理

氧化反应是制备羧酸的常用方法。通过硝酸、高锰酸钾、重铬酸钾的硫酸溶液、过氧化氢、过氧乙酸等的氧化作用，可将醇、醛、烯等氧化为羧酸。己二酸是合成尼龙－66 的重要原料之一，可用硝酸或高锰酸钾直接氧化环己醇来制备。

硝酸和高锰酸钾都是强氧化剂，由于其氧化的选择性较差，故硝酸主要用于羧酸的制备，高锰酸钾氧化的应用范围较硝酸广泛，它们都可以将环己醇直接氧化为己二酸。反应过程是：环己醇先被氧化为环己酮，后者再通过烯醇式被氧化开环，最终产物是己二酸。为了充分利用实验产品环己酮，本实验将高锰酸钾的氧化原料选择为环己酮。由于反应的选择性缘故，产物除了己二酸外，还会有一些降阶的二元羧酸。氧化反应一般都是放热反应，因此必须严格控制反应条件，既避免反应失控造成事故，又能获得较好的产率。

用硝酸氧化环己醇制备己二酸的反应式：

$$3\ \overset{\text{OH}}{\bigcirc} + 8HNO_3 \longrightarrow 3HOOC(CH_2)_4COOH + 8NO + 7H_2O \underset{\searrow}{\overset{4O_2}{\longrightarrow}} 8NO_2$$

在反应过程中产生的一氧化氮极易被空气中的氧气氧化成二氧化氮气体，用碱液吸收。

三、实验用试剂药品与仪器装置

试剂药品：环己醇 5.2 mL（5 g，0.05 mol），50％硝酸 16 mL（21 g，含硝酸 10.5 g，0.166 mol），偏钒酸铵（约 0.01 g）等。

仪器装置：三颈烧瓶（50 mL），温度计，恒压滴液漏斗，气体吸收装置，搅拌器等。

四、实验步骤

在 50 mL 三颈烧瓶上分别安装温度计、恒压滴液漏斗和冷凝管，安装气体吸收装置（用

100 mL 5%的氢氧化钠溶液吸收反应产生的氧化氮气体。向烧瓶内加入 16 mL 50%硝酸及少量(一小粒,约 0.01 g)偏钒酸铵;向滴液漏斗中加入 5.2 mL 环己醇[1]。将三颈烧瓶用水浴预热至约 60℃,撤去水浴,剧烈振荡下,慢慢滴入环己醇。反应混合物的温度升高且有红棕色气体放出,标志着反应已经开始。注意边剧烈振荡边控制滴加速度[2],保持瓶内温度在 50~60℃。必要时可以用冷水浴或热水浴调节。滴加完环己醇后,再用 80~90℃的热水浴加热至几乎无红棕色气体放出为止。稍冷,将反应混合物小心地倒入一个外面用冰水浴冷却的烧杯中。抽滤析出的晶体每次用约 5 mL 冷水洗涤两次,抽干。用水重结晶,蒸气浴干燥,产量约 5 g。

纯己二酸为白色晶体,m. p. 153 ℃。

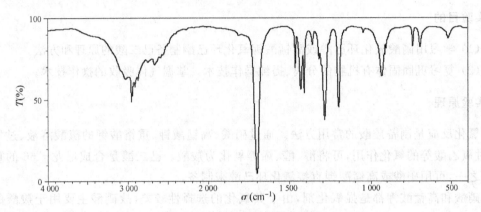

图 4-25　己二酸的红外光谱图

五、注意事项

(1) 环己醇与浓硝酸切不可用同一量筒量取,两者相遇会发生剧烈反应,甚至发生意外。

(2) 反应中产生的氧化氮气体是有毒的,故本实验应在通风橱中进行,反应装置应当严密不漏气。

【注释】

[1] 量取过硝酸的量筒不可直接量取环己醇,以免硝酸与环己醇剧烈反应,甚至发生意外事故。另外注意,环己醇的熔点为 25.15℃,通常为黏稠液体。为了减少转移时的损失,可用少量水冲洗量筒,并加入滴液漏斗中,这样做亦降低了环己醇的凝固点,避免了漏斗的堵塞。

[2] 此反应为强放热反应,切不可大量加入,以免反应过于剧烈,引起爆炸。

六、思考题

(1) 用硝酸氧化环己醇的实验中,为什么要将硝酸溶液加热至 60℃后才开始滴入环己醇? 否则,会产生什么后果?

(2) 本实验的操作步骤设计、反应装置设计的依据是什么?

实验 34　肉桂酸的制备

一、实验目的

(1) 学习通过 Perkin 反应合成芳香族不饱和羧酸的原理和方法。

(2) 巩固回流、水蒸气蒸馏等操作。

二、实验原理

肉桂酸又名β-苯基丙烯酸、桂皮酸(cinnamic acid)，白色单斜结晶，微有桂皮气味。熔点 135～136℃，沸点 300℃，相对密度 1.2475(4℃)。微溶于水，易溶于酸、苯、丙酮、冰醋酸，溶于乙醇、甲醇和氯仿。肉桂酸是重要的有机合成工业中间体之一，广泛用于医药、香料、塑料和感光树脂等化工产品中。在医药工业中，用来制造“心可安”、局部麻醉剂、杀菌剂、止血药等；在农药工业中作为生长促进剂和长效杀菌剂而用于果蔬的防腐；肉桂酸至今仍是负片型感光树脂最主要的合成原料。肉桂酸还可作为镀锌板的缓蚀剂，聚氯乙烯的热稳定剂，多胺基甲酸酯的交联剂，乙内酰的阻燃剂，以及化学分析试剂等。具有很好的保香作用，通常作为配香原料，也被用作香料中的定香剂，在食品、化妆品、食用香精等领域都有广泛的应用。

肉桂酸主要合成方法如下：① Perkin 合成法；② 苯甲醛＋丙酮法；③ 苄叉二氯＋无水醋酸钠法。这些方法或流程长，温度高，能耗大，收率低；或副产物多，分离纯化难，污染严重。④ 肉桂醛氧化为肉桂酸法，以 H_2O_2(浓度要求为 90%～100%，属危险品)、$NaClO_2$ 等无机氧化物为氧化剂进行氧化，需要大量有机溶剂如丙腈、苯等，污染环境，不利于工业化；或是分子氧化法，其中液相催化氧化法收率较低(70%左右)，且也使用大量有机溶剂。

本实验按照 Kalnin 所提出的方法，用碳酸钾代替 Perkin 反应中的醋酸钾，反应时间短，产率高。

制备肉桂酸的反应式：

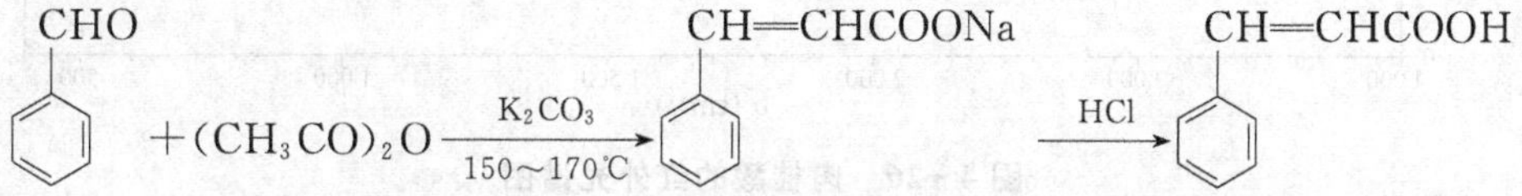

该反应中，常用的碱性催化剂为相应酸酐的碱金属盐。碱的作用促使酸酐烯醇化，生成醋酸酐碳负离子，碳负离子再与芳香醛发生亲核加成，经β消去、酸化，生成肉桂酸。为了增加产率，缩短反应周期，可采用碳酸钾代替醋酸钾。

反应过程如下：

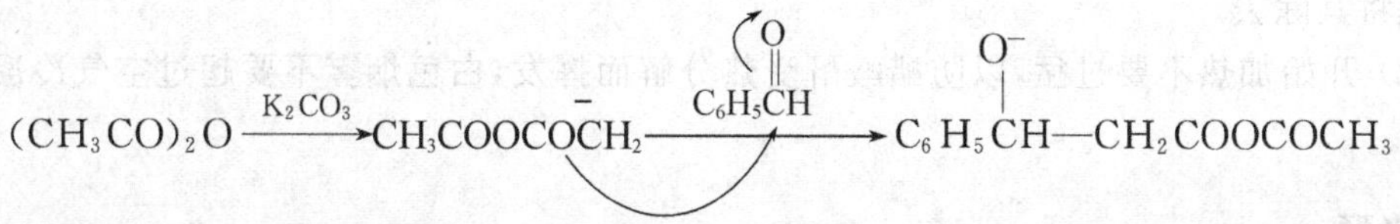

$$\xrightleftharpoons{H_2O} C_6H_5\overset{OH}{\overset{|}{C}}HCH_2COOCOCH_3 \xrightarrow[\triangle]{-H_2O} C_6H_5CH{=}CHCOOCOCH_3$$

$$\xrightarrow{H_2O} C_6H_5CH{=}CHCOOH + CH_3COOH$$

三、实验用试剂药品与仪器装置

试剂药品：无水碳酸钾 7 g(0.0507 mol)，活性炭，新蒸苯甲醛 5 mL(5.3 g,0.05 mol)，醋酸 14 mL(15 g,00145 mol)，浓盐酸 20 mL，乙醇，10%氢氧化钠 40 mL 等。

仪器装置：抽滤瓶，布氏漏斗，烧杯，圆底烧瓶(250 mL)，蒸馏头，真空承接管，温度计套管，温度计，球形冷凝管等。

四、实验步骤

在 250 mL 圆底烧瓶中，混合 7 g 无水碳酸钾，5 mL 新蒸苯甲醛和 14 mL 醋酸酐，将混合物在 170～180℃的油浴中加热回流 45 min。由于有二氧化碳逸出，最初反应会出现泡沫。冷却反应混合物，加入 40 mL 水浸泡几分钟，用玻璃棒或不锈钢刮刀轻轻捣碎瓶中的固体，进行水蒸气蒸馏(蒸去什么?)，直至无油状物蒸出为止。将烧瓶冷却后，加入 40 mL 10%氢氧化钠水溶液，使生成的肉桂酸形成钠盐而溶解。再加入 90 mL 水，加热煮沸后加入少量活性炭脱色，趁热过滤。待滤液冷至室温后，在搅拌下，小心加入 20 mL 浓盐酸和 20 mL 水的混合液，至溶液呈酸性。冷却结晶，抽滤析出的晶体，并用少量冷水洗涤，干燥后称重，粗产物约 4 g。可用 3 : 1 的稀乙醇重结晶。

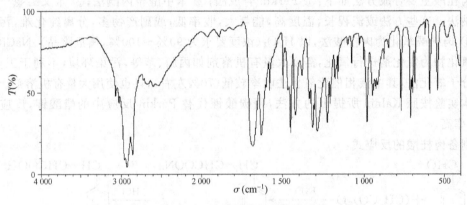

图 4-26　肉桂酸的红外光谱图

五、注意事项

(1) 久置的苯甲醛会自行氧化成苯甲酸，混入产品中不易除去，影响产品纯度，故在使用前应将其除去。

(2) 开始加热不要过猛，以防醋酸酐受热分解而挥发，白色烟雾不要超过空气冷凝管高度 1/3。

六、思考题

(1) 用丙酸酐和无水碳酸钾与苯甲醛反应，得到什么产物? 写出反应式。

(2) 在 Perkin 反应中，如使用与酸酐不同的羧酸盐，会得到两种不同的芳基丙烯酸，为什么?

（3）为什么说 Perkin 反应是变相的羟醛缩合反应？其反应机理是什么？

（4）本实验用水蒸气蒸馏的目的是什么？如何判断蒸馏终点？

实验 35 呋喃甲醇和呋喃甲酸的制备

一、实验目的

（1）学习 Cannizzaro 反应，利用呋喃甲醛制备呋喃甲醇和呋喃甲酸的原理和方法。

（2）进一步熟悉低沸点物质蒸馏和粗产品的纯化操作。

二、实验原理

制备呋喃甲醇和呋喃甲酸，简便的方法是利用 Cannizzaro 反应。在浓的强碱存在下，不含 α-H 的醛自身进行的氧化还原反应，即一分子被氧化成酸，另一分子被还原成醇。芳香醛、甲醛以及 α,α,α-三取代的乙醛都能发生这类反应。

反应式：

$$\text{CHO} \xrightarrow{\text{NaOH(con.)}} \text{CH}_2\text{OH} + \text{COONa}$$

$$\text{COONa} \xrightarrow{\text{H}^+} \text{COOH}$$

三、实验用试剂药品与仪器装置

试剂药品：（新蒸）呋喃甲醛 8.2 mL（0.1 mol），氢氧化钠，乙醚，盐酸，无水碳酸钾。

仪器装置：圆底烧瓶（100 mL），恒压滴液漏斗（50 mL），磁力搅拌器，玻璃水浴锅，蒸馏装置，分液漏斗，减压装置等。

四、实验步骤

将 7.5 mL 33％NaOH 溶液量入烧杯中，冰水浴冷却至约 5℃，在不断搅拌下，慢慢滴加 8.2 mL（9.6 g，0.1 mol）新蒸馏的呋喃甲醛[1]（约 15 min 内加完），控制反应温度在约 8～12℃[2] 时搅拌 15 min，室温搅拌 25 min 后，反应即可完成，得到淡黄色浆状物。

在搅拌下向反应混合物加入约 7～8 mL 水[3]，使浆状物恰好完全溶解。将溶液转入分液漏斗中，用乙醚（每次 8 mL）分别萃取 4 次，合并乙醚萃取液。用无水硫酸镁干燥后，先水浴蒸去乙醚[4]（回收），然后再蒸馏[5]收集 169～172℃的呋喃甲醇馏分，称重，计算产率。

纯呋喃甲醇的沸点为 170～171℃，$n_D^{20}=1.4868$。

在乙醚提取后的水溶液中，边搅拌边滴加 25 ％ 的盐酸至刚果红试纸变蓝，pH 为 2～3，有晶体析出。冷却，抽滤，固体粗产物先用少量水洗涤 1～2 次后再用水重结晶，得白色针状呋喃甲酸，干燥，称重，计算产率，测熔点。

纯呋喃甲酸熔点为 133～134℃。

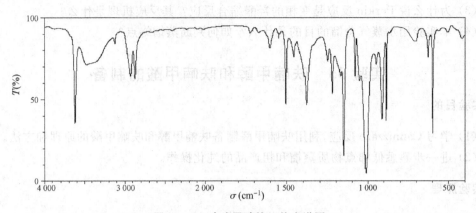

图 4 - 27　呋喃甲醇的红外光谱图

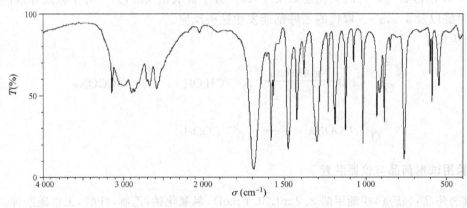

图 4 - 28　呋喃甲酸的红外光谱图

五、注意事项

(1) 反应温度极易升高且难以控制,因此应慢慢滴加氢氧化钠。

(2) 反应生成的黄色浆状物加水不宜过多,否则损失产品。

【注释】

[1] 纯呋喃甲醛为无色透明或浅黄色油状液体,气味刺鼻。但暴露在空气中或久置后颜色变为红棕色。

[2] 反应温度若高于 12℃,则反应难以控制,致使反应物变成深红色;若温度过低,则反应过慢,可能积累一些呋喃甲醛。一旦发生反应,则过于猛烈,增加副反应,影响产量及纯度。由于氧化还原是在两相间进行的,因此必须充分搅拌,亦可加少许相转移催化剂聚乙二醇(1 g,相对分子质量 400)。呋喃甲醇和呋喃甲酸的制备也可以在相同的条件下,采用反加的方法,即将氢氧化钠溶液滴加到呋喃甲醛中。

[3] 水不能多加,否则会造成呋喃甲醇的溶解损失。

[4] 蒸馏回收乙醚,注意安全。

[5] 常压蒸馏应改用空气冷凝管。呋喃甲醇也可用减压蒸馏收集 88℃ /4.666 kPa 的馏分。

六、思考题

(1) 为什么需控制反应温度在 8~12℃之间? 如何控制?

（2）乙醚萃取后的水溶液用盐酸酸化，这一步为什么是影响呋喃甲酸产物收率的关键？如何保证酸化完全？如不用刚果红试纸，怎样知道酸化是否恰当？

（3）本实验根据什么原理来分离呋喃甲酸和呋喃甲醇？

（4）试写出呋喃甲醛 Cannizzaro 反应的机理。

实验 36 香豆素-3-羧酸的 Knoevenagel 制备

一、实验目的

（1）学习利用 Knoevenagel 反应制备香豆素的原理和实验方法。

（2）了解酯水解法制羧酸。

（3）巩固重结晶和熔点测定，学习杂环化合物的光谱解析方法。

二、实验原理

香豆素又名香豆精，化学名 1,2-苯并吡喃酮，存在于香豆的种子、薰衣草和桂皮等天然植物中。香豆素具有甜味及香茅草的香气，是重要的香料，常用作定香剂，可用于配制香水、花露水等香精。香豆素的衍生物除用作香料外还是重要的农药和医药中间体。

本实验用水杨醛和丙二酸二乙酯在有机碱的催化下合成香豆素-3-羧酸乙酯，然后在碱性条件下水解，同时也发生了开环，再酸化、酯化闭环得目标产物。这种合成方法称为 Knoevenagel 反应法，是对 Perkin 反应的一种改进。

反应式为：

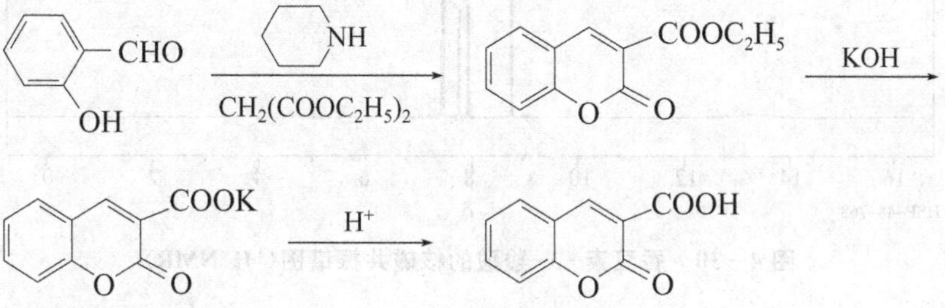

三、实验用试剂药品与仪器装置

试剂药品：水杨醛，丙二酸二乙酯，无水乙醇六氢吡啶，冰醋酸，25％乙醇，50％乙醇，氢氧化钾，浓盐酸，无水氯化钙等。

仪器装置：圆底烧瓶（25 mL），蒸馏装置，熔点测定仪和红外光谱仪等。

四、实验步骤

在 25 mL 圆底烧瓶中依次加入水杨醛 1 mL，丙二酸二乙酯 1.2 mL，无水乙醇 5 mL，六氢吡啶 0.1 mL 和一滴冰醋酸，在无水条件下搅拌回流 1.5 h，待反应物稍冷后拿掉干燥管，从冷凝管顶端加入约 6 mL 冷水，待结晶析出后抽滤并用 1 mL 被冰水冷却过的 50％乙醇洗两次，粗品可用 25％乙醇重结晶，干燥后得到香豆素-3-羧酸乙酯，熔点为 93℃。

在 25 mL 圆底烧瓶中加入香豆素-3-羧酸乙酯 0.8 g、氢氧化钾 0.6 g、乙醇 4 mL 和水

2 mL,加热回流约 15 min。趁热将反应产物倒入 20 mL 浓盐酸和 10 mL 水的混合物中,立即有白色结晶析出,冰浴冷却后过滤,用少量冰水洗涤,干燥后的粗品约 1.6 g,可用水重结晶。

测熔点及红外光谱,确定产物结构。熔点为 190℃(分解)。

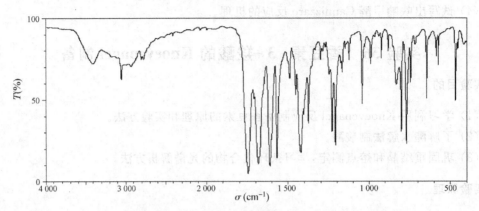

图 4 - 29　香豆素 - 3 - 羧酸的红外光谱图

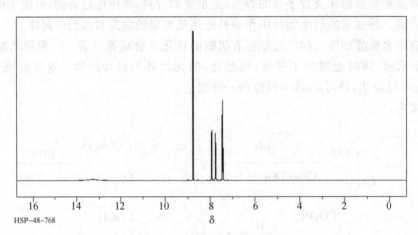

HSP-48-768

图 4 - 30　香豆素 - 3 - 羧酸的核磁共振谱图(^{1}H NMR)

五、注意事项

(1)实验中除了加六氢吡啶外,还加入少量冰醋酸,反应很可能是水杨醛先与六氢吡啶在酸催化下形成亚胺化合物,然后再与丙二酸二乙酯的负离子反应。

(2)用冰过的 50%乙醇洗涤可以减少酯在乙醇中的溶解。

六、思考题

(1)试写出用水杨醛制香豆素 - 3 - 羧酸的反应机理。

(2)羧酸盐酸化得羧酸沉淀析出的操作中应如何避免酸的损失,提高酸的产量?

实验 37　对硝基苯甲酸的制备

一、实验目的

（1）进一步了解苯环侧链氧化反应的原理和方法。

（2）了解机械搅拌的用途，并学习其安装和使用方法。

（3）熟练掌握回流，抽滤、重结晶等过程的操作。

二、实验原理

$$p-O_2NC_6H_4CH_3+Na_2Cr_2O_7+4H_2SO_4 \longrightarrow$$
$$p-O_2NC_6H_4CO_2H+Na_2SO_4+Cr_2(SO_4)_3+5H_2O$$

三、实验用试剂药品与仪器装置

试剂药品：对硝基甲苯 6 g(0.04 mol)，重铬酸钾 18 g(0.06 mol)，浓硫酸，15%硫酸溶液，5%氢氧化钠溶液。

仪器装置：三颈圆底烧瓶(250 mL)，恒压滴液漏斗(50 mL)，磁力搅拌器，玻璃水浴锅及加热装置，抽滤装置等。

四、实验步骤

（1）安装带搅拌、回流、滴液的装置，如图 1-6(2)。

（2）在 250 mL 的三颈瓶中依次加入 6 g 对硝基甲苯，18 g 重铬酸钾粉末及 40 mL 水。

（3）在搅拌下自滴液漏斗滴入 25 mL 浓硫酸(注意用冷水冷却，以免对硝基甲苯因温度过高挥发而凝结在冷凝管上)。

（4）硫酸滴完后，加热、搅拌、回流 0.5h，反应液呈黑色(此过程中，冷凝管可能会有白色的对硝基甲苯析出，可适当关小冷凝水，使其熔融滴下)。

（5）待反应物冷却后，搅拌下加入 80 mL 冰水，有沉淀析出，抽滤并用 50 mL 水分两次洗涤。

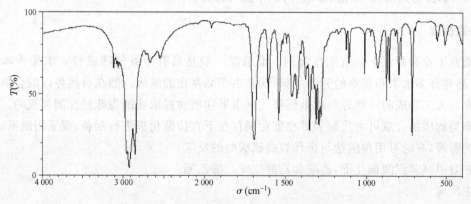

图 4-31　对硝基苯甲酸的红外光谱图

(6) 将洗涤后的对硝基苯甲酸的黑色固体放入盛有 30 mL 5% 硫酸中, 沸水浴上加热 10 min, 冷却后抽滤(目的是为了除去未反应完的铬盐)。

(7) 将抽滤后的固体溶于 50 mL 5% NaOH 溶液中, 50℃温热后抽滤, 在滤液中加入 1 g 活性炭, 煮沸趁热抽滤(此步操作很关键, 温度过高对硝基甲苯融化被滤入滤液中, 温度过低对硝基苯甲酸钾会析出, 影响产物的纯度或产率)。

(8) 充分搅拌下将抽滤得到的滤液慢慢加入盛有 60 mL 15% 硫酸溶液的烧杯中析出黄色沉淀, 抽滤, 少量冷水洗涤两次, 干燥后称重(加入顺序不能颠倒, 否则会造成产品不纯)。

(9) 用水-乙醇混合溶剂重结晶粗对硝基苯甲酸。产量约 5 g。

纯对硝基苯甲酸熔点为 242℃。

五、注意事项

(1) 浓硫酸滴加要缓慢。

(2) 回流温度不应过高, 致使对硝基甲苯在冷凝管上析出。

(3) 碱溶解后, 抽滤时的温度控制是关键, 防止过高或过低。

(4) 重结晶时, 注意溶剂的用量。

六、思考题

(1) 反应结束后, 为什么要加入 80 mL 冰水?

(2) 将粗品放入 30 mL 5% 硫酸中为什么要在沸水浴中加热 10 min?

(3) 为什么要将沉淀溶于 50 mL 5% NaOH 溶液中, 并在 50℃附近过滤?

(4) 为什么要将脱色后的滤液倒入 15% 硫酸溶液中? 硫酸为什么不能反加至滤液中?

实验 38 乙酸乙酯的制备

一、实验目的

(1) 熟悉从有机酸合成酯的原理及方法。

(2) 掌握加热回流、蒸馏、萃取分离、干燥等操作。

二、实验原理

酯在工业和商业上大量用作溶剂。低级酯一般是具有芳香气味或特定水果香味的液体, 自然界许多水果和花草的芳香气味, 就是由于酯存在的缘故。酯在自然界以混合物的形式存在。人工合成的一些香料就是模拟天然水果和植物提取液的香味经配制而成的。

酯类物质的合成可由羧酸和醇在催化剂存在下直接酯化来进行制备, 或采用酰氯、酸酐和腈的醇解, 有时可用羧酸盐与卤代烷或硫酸酯的反应。

在对甲基苯磺酸催化下, 乙酸和乙醇生成乙酸乙酯:

主反应:

$$CH_3COOH + C_2H_5OH \underset{\text{对甲基苯磺酸}}{\overset{\text{回流反应}}{\rightleftharpoons}} CH_3COOC_2H_5 + H_2O$$

副反应：

$$2C_2H_5OH \longrightarrow C_2H_5OC_2H_5 + H_2O$$

为了提高酯的产量,本实验采取加入过量乙醇及不断把反应中生成的酯和水蒸出的方法。在工业生产中,一般采用加入过量的乙醇,以便使乙醇转化完全,避免由于乙醇和水及乙酸乙酯形成二元或三元恒沸物给分离带来困难。

三、实验用试剂药品与仪器装置

试剂药品:冰醋酸 15 g(14.3 mL,0.25 mol),95％乙醇 23 mL(18.4 g,0.37 mol),对甲基苯磺酸,饱和碳酸钠溶液,饱和氯化钙溶液,饱和氯化钠溶液,无水硫酸镁等。

仪器装置:单口烧瓶(250 mL),温度计,蒸馏装置,长颈滴液漏斗,分液漏斗,锥形瓶,圆底烧瓶(50 mL)等。

四、实验步骤

在 250 mL 单口烧瓶中,加入 14.3 mL(0.25 mol)冰醋酸、40 mL 95％乙醇和 5.2 g 对甲基苯磺酸,并加入几粒沸石,安装成回流装置,在约 90 ℃下回流反应 30 min,稍冷后改为分馏装置,收集 68~72 ℃馏分[1]。

馏出液中含有乙酸乙酯及少量乙醇、乙醚、水和醋酸,在摇动下,慢慢向粗产物中加入饱和的碳酸钠溶液(约 10 mL)至无二氧化碳气体逸出,酯层对 pH 试纸试验呈中性。移入分液漏斗,充分振荡(注意及时放气!)后静置,分去下层水相。酯层用 10 mL 饱和食盐水[2]洗涤后,再每次用 10 mL 饱和氯化钙溶液洗涤两次。弃去下层液,酯层自漏斗上口倒入干燥的锥形瓶中,用无水硫酸镁干燥,塞紧瓶口干燥半小时以上。

将干燥好的粗乙酸乙酯滤入 50 mL 圆底烧瓶中,加入沸石后在水浴上进行蒸馏,收集 76~78℃馏分,产量 10~12 g。

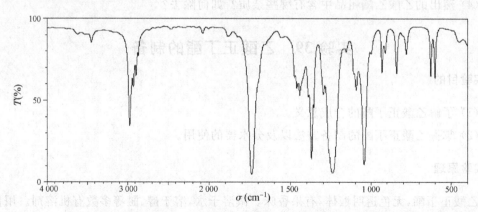

图 4-32 乙酸乙酯的红外光谱图

五、注意事项

(1) 反应温度不宜过高,否则会增加副产物乙醚的含量。

(2)由于水与乙醇、乙酸乙酯形成二元或三元恒沸物,故在未干燥前已是清亮透明溶液,因此,不能以产品是否透明作为是否干燥好的标准,应以干燥剂加入后吸水情况而定,并放置 30 min,其间要不时摇动。若洗涤不净或干燥不够时,会使沸点降低,影响产率。

【注释】

[1]乙酸乙酯与水或醇形成二元和三元共沸物的组成及沸点如下表:

表 4-3   乙酸乙酯、水、乙醇形成二元或三元恒沸液的组成及沸点

沸点/℃	组成/%		
	乙酸乙酯	乙醇	水
70.2	82.6	8.4	9.0
70.4	91.9		8.1
71.8	69.0	31.0	

[2]碳酸钠必须洗去,否则下一步用饱和氯化钙溶液洗去醇时,会产生絮状的碳酸钙沉淀,造成分离的困难。为减少酯在水中的溶解度(每 17 份水溶解 1 份乙酸乙酯),故这里用饱和食盐水洗。如果遇到了发生絮状沉淀的情况,应将其滤除,然后再重新装入分液漏斗中精制分层。

六、思考题

(1)酯化反应有什么特点? 本实验如何创造条件促使酯化反应尽量向生成物方向进行?

(2)本实验可能有哪些副反应?

(3)如果采用醋酸过量是否可以? 为什么?

(4)蒸出的乙酸乙酯粗品中含有哪些杂质? 如何除去?

实验 39   乙酸正丁酯的制备

一、实验目的

(1)了解乙酸正丁酯的合成意义。

(2)掌握乙酸正丁酯的制备方法以及分水器的使用。

二、实验原理

乙酸正丁酯,无色透明液体,有果香味。微溶于水,溶于醇、醚等多数有机溶剂。用作喷漆、人造革、胶片、硝化棉、树胶等溶剂及用于调制香料和药物。

制备乙酸正丁酯的反应式:

$$CH_3COOH + n\text{-}C_4H_9OH \underset{\xrightarrow{\hspace{1.2cm}}}{\overset{\text{浓 } H_2SO_4}{\rightleftharpoons}} CH_3COOC_4H_9\text{-}n + H_2O$$

副反应：

$$n-C_4H_9OH \longrightarrow CH_3CH_2CH=CH_2 + H_2O$$

$$2n-C_4H_9OH \longrightarrow (n-C_4H_9)_2O + H_2O$$

三、实验用试剂药品与仪器装置

试剂药品：正丁醇 11.5 mL(9.38 g,0.125 mol),冰醋酸 7.2 mL(7.58 g,0.125 mol),浓硫酸,10%碳酸钠溶液,无水硫酸镁等。

仪器装置：圆底烧瓶(50 mL),分水器,球形冷凝管,分液漏斗,蒸馏装置等。

四、实验步骤

1. 粗产品的制备

在干燥的圆底烧瓶中,装入 11.5 mL 正丁醇和 7.2 mL 冰醋酸,再加入 3~4 滴浓硫酸。混合均匀,投入沸石。安装分水器及回流冷凝管,并在分水器中预先加水至略低于支管口。反应开始,先打开循环水,待水流量稳定后,用加热套加热回流,反应一段时间后把水逐渐分去[1],保持分水器中水层液面在原来的高度。约 40 min 后不再有水生成,表示反应完毕。停止加热,记录分出的水量[2]。冷却后,卸下回流冷凝管,把分水器中分出的酯层和反应瓶中的反应液一起倒入分液漏斗中,进行产品的精制。

2. 产品的精制

(1) 在分液漏斗中用 10 mL 水洗涤,分去水层。

(2) 在分液漏斗中将酯层用 10 mL10%碳酸钠溶液洗涤,试验是否仍为酸性(如仍为酸性怎么办?),分去水层。

(3) 在分液漏斗中将酯层再用 10 mL 水洗涤一次,分去水层。

(4) 干燥。将酯层从分液漏斗的上部倒入小锥形瓶中,加少量无水硫酸镁干燥。

(5) 蒸馏。将干燥后的乙酸正丁酯过滤至干燥的圆底烧瓶中,加入沸石,安装好蒸馏装置,加热蒸馏。收集 124~126℃的馏分。前后馏分倒入指定的回收瓶中。

产量：10~11 g。纯乙酸正丁酯是无色液体,沸点 126.5℃,$n_D^{20}=1.3941$。

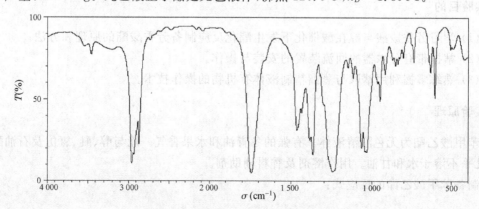

图 4-33　乙酸正丁酯的红外光谱图

五、注意事项

(1)浓硫酸在反应中起催化作用,故只需少量。加入硫酸后要振荡均匀,否则硫酸局部过浓,加热时会发生炭化现象。

(2)干燥必须完全,否则由于丁醇、水、乙酸丁酯之间形成二元或三元恒沸液,蒸馏时沸点降低,影响产率。

【注释】

[1] 本实验利用共沸混合物除去酯化反应中生成的水。正丁醇、乙酸正丁酯和水形成以下几种共沸混合物:

表 4 - 4　乙酸正丁酯、水、丁醇形成二元或三元恒沸液的组成及沸点

沸点(℃)	组成(%)		
	丁醇	水	乙酸正丁酯
117.6	67.2		32.8
93.0	55.5	45.5	
90.7		27.0	73.0
90.5	28.7	28.6	52.7

[2] 根据分出的总水量(注意扣除预先加到分水器中的水量),可以粗略地估计酯化反应完成的程度。

六、思考题

(1)本实验是根据什么原理来提高乙酸正丁酯的产率?

(2)计算反应完全时应分出多少水?

(3)什么叫酯化反应?本实验如何提高乙酸正丁酯的产率?

(4)本次实验中如何提纯乙酸正丁酯?

实验 40　苯甲酸乙酯的制备

一、实验目的

(1)学习芳香羧酸与醇在酸催化下发生酯化反应制备芳香酸酯的原理和方法。

(2)掌握带有分水器的回流装置的安装与操作。

(3)熟练掌握利用萃取与蒸馏精制液体有机物的操作技术。

二、实验原理

苯甲酸乙酯为无色澄清液体。有强的冬青油和水果香气。能与醇、醚、氯仿及石油醚混溶,几乎不溶于水和甘油。用作溶剂及香料辅助剂。

制备苯甲酸乙酯的反应式:

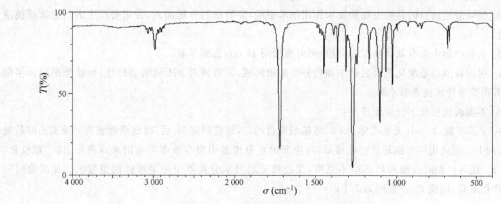

三、实验用试剂药品与仪器装置

试剂药品：苯甲酸 8 g(0.066 mol)，无水乙醇 20 mL(0.34 mol)，苯 15 mL，浓硫酸 3 mL，碳酸钠，乙醚，无水氯化钙。

仪器装置：圆底烧瓶(100 mL)，回流冷凝管，分水器，分液漏斗，蒸馏装置等。

四、实验步骤

在 100 mL 圆底烧瓶中，加入 8 g 苯甲酸、20 mL 无水乙醇、15 mL 苯和 3 mL 浓硫酸，摇匀后加入几粒沸石，再装上分水器，从分水器上端小心加水至分水器支管处，然后再放去 6 mL 水[1]，分水器上端接一回流冷凝管。

将烧瓶在水浴上加热回流，开始时回流速度要慢，随着回流的进行，分水器中出现了上、中、下三层液体[2]，且中层越来越多。约 2 h 后，分水器中的中层液体已达 5～6 mL 左右，即可停止加热。放出中、下层液体并记下体积。继续用水浴加热，使多余的乙醇和苯蒸至分水

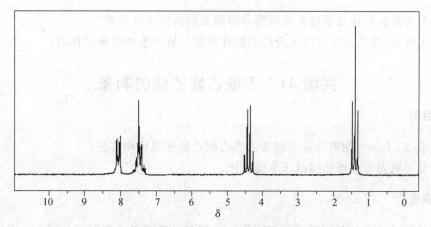

图 4 - 34　苯甲酸乙酯的红外光谱图

图 4 - 35　苯甲酸乙酯的的核磁共振谱图(¹H NMR)

器中。

将瓶中残液倒入盛有 60 mL 冷水的烧杯中,在搅拌下分批加入碳酸钠粉末[3]至无二氧化碳气体产生(用 pH 试纸检验至呈中性)。

用分液漏斗分去粗产物[4],用 20 mL 乙醚萃取水层。合并粗产物和醚层萃取液,用无水氯化钙干燥。水层倒入公用的回收瓶,回收未反应的苯甲酸[5]。将粗产物先用水浴蒸去乙醚,再在石棉网上加热,收集 210～213 ℃的馏分,产量 7～8 g[6]。

纯苯甲酸乙酯的沸点为 213℃,折光率 $n_D^{20}=1.500\ 1$。

五、注意事项

滴加浓硫酸时,要边加边摇,以免局部炭化,必要时可用冷水冷却。

【注释】

[1] 根据理论计算,带出的总水量约 2 g 左右。因本反应是借共沸蒸馏带走反应中生成的水,根据注释[2]计算,共沸物下层的总体积约为 6 mL。

[2] 下层为原来加入的水。由反应瓶中蒸出的馏液为三元共沸物(沸点为 64.6℃,含苯 74.1%、乙醇 8.5%、水 7.4%)。它从冷凝管流入水分离器后分为两层,上层占 84%(含苯 86.0%、乙醇 12.7%、水 1.3%),下层占 16%(含苯 4.8%、乙醇 52.1%、水 43.1%),此下层即为水分离器中的中层。

[3] 加碳酸钠的目的是除去硫酸及未作用的苯甲酸,要研细后分批加入,否则会产生大量泡沫而使液体溢出。

[4] 若粗产物中含有絮状物难以分层,则可直接用 25 mL 乙醚萃取。

[5] 可用盐酸小心酸化用碳酸钠中和后分出的水溶液,至溶液对 pH 试纸呈酸性,抽滤析出的苯甲酸沉淀,并用少量冷水洗涤后干燥。

[6] 本实验也可按下列步骤进行:

将 8 g 苯甲酸、25 mL 无水乙醇、3 mL 浓硫酸混合均匀,加热回流 3h 后,改成蒸馏装置。蒸去乙醇后处理方法同上。也可用甲苯或环己烷代替苯,用甲苯时水分离器中没有清晰可见的水珠落下,且产量较低,约 7.3 g。用环己烷时硫酸和环己烷不互溶,反应液分层且水分离器中中层液体的量较大。如回流时间短,则产量下降,回流 2h 产量约为 7.1 g。

六、思考题

(1) 本实验应用什么原理并采取哪些措施来提高该反应产率?

(2) 实验中,你是如何运用化合物的物理常数分析现象和指导操作的?

实验 41　乙酰乙酸乙酯的制备

一、实验目的

(1) 学习 Claisen 酯缩合反应制备乙酰乙酸乙酯的原理和方法。

(2) 复习巩固无水操作和减压蒸馏操作。

二、实验原理

乙酰乙酸乙酯又称乙酰醋酸乙酯,溶于水,能与一般有机溶剂混溶。用于合成染料和药物,也是其他有机合成中的重要中间体。

在碱性催化剂作用下,两分子羧酸酯之间发生缩合反应,脱去一分子醇,生成 β-酮酸酯(即 β-羰基酸酯)的反应,称作 Claisen 酯缩合反应。例如,在乙醇钠存在下,乙酸乙酯发生 Claisen 酯缩合反应,生成乙酰乙酸乙酯和乙醇,这是合成乙酰乙酸乙酯的方法之一:

$$2CH_3COOEt \underset{}{\overset{EtONa}{\rightleftharpoons}} CH_3COCH_2COOEt + EtOH$$

由于原料乙酸乙酯中总是存在微量的乙醇,故操作时只须加入金属钠即可与其反应生成所需的乙醇钠。一旦反应被引发,就可以不断生成乙醇并与金属钠继续作用。

通常见到的乙酰乙酸乙酯实际上是酮式和烯醇式(为互变异构体)的平衡混合物,温度、溶剂及浓度对平衡位置有影响。新制备的纯品在室温下约含酮式 92.3%、烯醇式 7.7%,因此可以表现出各自的性质,也可以在一定的条件下予以分离和保存。即使是微量的酸或碱的存在,亦可催化迅速互变。

主要副反应:

(烯醇式) (酮式) (去水乙酸)

三、实验用试剂药品与仪器装置

试剂药品:乙酸乙酯 15 mL(13.5 g,0.153 mol),金属钠 1.25 g(0.055 mol),二甲苯 10 mL,50%醋酸,饱和氯化钠,无水硫酸钠,无水氯化钙等。

仪器装置:圆底烧瓶(50 mL),直形冷凝管,干燥管,分液漏斗,减压蒸馏装置等。

四、实验步骤

向 50 mL 圆底烧瓶中依次加入 10 mL 二甲苯[1]和 1.25 g(0.055 mol)金属钠,装上回流冷凝管,在石棉网上加热使金属钠充分熔融后,迅速取下烧瓶、塞紧空心塞,用干燥的毛巾包住,用力上下震荡烧瓶,使钠成为细粒状。重新装上回流冷凝管加热熔融,用力震荡,使钠成为很细的"钠砂"[2]。稍冷后将二甲苯倾去(回收),迅速向烧瓶中加入 15 mL(13.5 g,0.153 mol)乙酸乙酯,依次装上回流冷凝管和氯化钙干燥管。有氢气泡逸出,表明反应已经开始。若无氢气泡逸出或虽有但很慢时,可稍加热促进之。当反应缓和后,将烧瓶在石棉网上用小火加热,不时振荡烧瓶,保持微沸直至金属钠全部作用完为止[3]。此时反应混合物呈带荧光的橘红色透明溶液(有时亦会析出黄白色固体)。稍冷,用 50%醋酸和水交替处理混合物,既使固体溶解、溶液呈弱酸性,又避免醋酸的过量加入[4]。将混合物转入分液漏斗,加入约等体积的饱和氯化钠溶液,用力振荡,静置,分出有机层,用无水硫酸钠干燥后滤入烧瓶中,再用少量乙酸乙酯洗涤干燥剂,洗涤液亦并入烧瓶。先用沸水浴蒸馏回收其中的乙酸乙酯,然后将剩余的液体转入 50 mL 烧瓶中进行减压蒸馏[5],可收集 54~55℃/931 Pa(7 mmHg)或者66~68 ℃/1.6 kPa(12 mmHg)馏分,约得 4.5 g。注意先在较低的温度下收集低沸点馏分后,再升高温度蒸出乙酰乙酸乙酯[6]。

　　水浴蒸除苯和未作用的原料,再将烧瓶内剩余液体倒入克氏烧瓶进行减压蒸馏[7]。

　　纯乙酰乙酸乙酯的熔点为 180.4℃(同时分解)。

　　纯乙酰乙酸乙酯为具果香味的无色透明液体,b. p. 为 180.4℃(分解),$n_D^{20} = 1.419\ 4$。

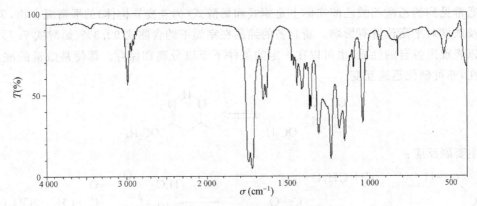

图 4 - 36　乙酰乙酸乙酯的红外光谱图

五、注意事项

　　(1)市售或实验室制得的乙酸乙酯中均含有少量水、乙醇和醋酸。其中的水和醋酸足以使本实验完全失败,而过多的乙醇存在,一方面对生成乙酰乙酸乙酯的平衡不利,另一方面生成了过多的乙醇钠还会引起乙酰乙酸乙酯发生分子间的反应,生成副产物“去水乙酸”。纯化处理的目标是:彻底除去水和醋酸,使得乙醇的含量降低至 1%~2%。纯化处理的方法是:将普通的(试剂、工业品或学生实验产品均可)乙酸乙酯先用等体积 5% 碳酸钠溶液洗涤一次,再每次用约 1/3 体积的饱和氯化钙洗涤 2~3 次后,然后用熔焙过的无水碳酸钾干燥,最后用水浴加热蒸馏,收集 75~77℃馏分使用。

　　(2)使用金属钠时必须遵守使用规则:① 不得使金属钠与水接触;② 不得用手直接拿取;③ 取用时用镊子取出储存的金属钠块,包入双层滤纸中吸去表面的煤油(或液体石蜡),用镊子夹住并放在毛玻璃板上,用小刀迅速切去表皮后再切成能放入烧瓶口的条或块,立即在经过金属钠干燥过的二甲苯的保护下称量。

【注释】

　　[1]二甲苯亦必须经金属钠干燥过。

　　[2]金属钠珠粒的大小与缩合反应的速度及副反应发生的几率直接有关,实验证明:钠珠愈细,缩合反应的速度愈快,产物乙酰乙酸乙酯发生分子间反应生成副产物“去水乙酸”的几率愈小。因此,大多数情况下需重复操作几次,直至制得的“钠砂”呈均匀且很细的微粒为止。

　　[3]实验证明,较高的反应温度有利于副产物“去水乙酸”的生成。实际上,金属钠的消失并不是反应的终点,因为乙醇钠可溶于反应混合物中。因此适当延长反应时间(如 0.5 h)可以提高产率。

[4] 为了防止因加入过多的醋酸而增加酯在水中的溶解度造成损失,可采用的操作方法是:滴入数滴50%醋酸(放热),析出大量黄色固体(有时会全部凝固),加入约 5 mL 水,摇动(溶解部分固体),检验溶液的 pH,若大于 7,继续酸化 pH 至 6~7。若有固体未溶完时,再补几毫升水,摇动,检验 pH,若大于 7,继续酸化至 pH 为 6~7,至恰使固体溶完,溶液的 pH 恰为 6~7 为止。

[5] 由于粗产品中可能存在微量的酸或碱,当温度较高时可以促进乙酰乙酸乙酯继续反应生成"去水乙酸",故采用减压蒸馏分离法。

表 4-5　乙酰乙酸乙酯的沸点与压力之间的关系

压力/mmHg*	760	80	60	40	30	20	18	14	12
沸点/℃	181	100	97	92	88	82	78	74	71

* 1 mmHg≈133 Pa

[6] 由于微量的酸或碱可以促进乙酰乙酸乙酯继续反应生成"去水乙酸",故本实验最好是连续进行。

六、思考题

(1) Claisen 酯缩合反应通常用的催化剂是什么？本实验为什么用金属钠代替？

(2) 实验中用醋酸酸化后,为什么要加入饱和氯化钠溶液？

实验 42　解热镇痛药——乙酰水杨酸(阿司匹林)的制备与结构鉴定

一、实验目的

(1) 学习乙酰水杨酸的制备原理和实验方法。

(2) 了解药物研制开发的过程,培养科学的思维方法。

(3) 巩固重结晶,熔点测定,抽滤等基本操作。

二、实验原理

乙酰水杨酸(阿司匹林)是历史悠久的解热镇痛药,它诞生于 1899 年。早在 1853 年,德国的夏尔·弗雷德里克·热拉尔就用水杨酸与醋酐合成了乙酰水杨酸,但没能引起人们的重视;1898 年德国化学家菲霍夫曼又进行了合成,并为他父亲治疗风湿关节炎,疗效极好;1899 年由德莱塞介绍到临床,并取名为阿司匹林(Aspirin)。到目前为止,阿司匹林已应用百年,成为医药史上三大经典药物之一,至今它仍是世界上应用最广泛的解热、镇痛和抗炎药物,常用于治疗风湿病和关节炎以及抗血栓等,也是作为比较和评价其他药物的标准制剂。

乙酰水杨酸是由水杨酸(邻羟基苯甲酸)与醋酸酐作用,通过乙酰化反应,使水杨酸分子中酚羟基上的氢原子被乙酰基取代生成乙酰水杨酸。水杨酸可由水杨酸甲酯,即冬青油(由冬青树提取而得)水解制得。

将水杨酸与乙酐加入少量浓硫酸作催化剂,其作用是破坏水杨酸分子中羧基与酚羟基间形成的氢键,从而使酰化反应容易完成。

可能发生的副反应如下：

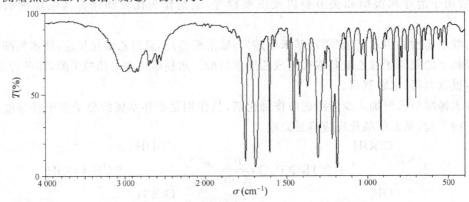

三、实验用试剂药品与仪器装置

试剂药品：水杨酸，乙酸酐，浓硫酸，10％碳酸氢钠溶液，20％盐酸，1％三氯化铁溶液等。

仪器装置：圆底烧瓶(100 mL)，烧杯(100 mL)，电热套，抽滤瓶，布氏漏斗，熔点测定仪和红外光谱仪等。

四、实验步骤

1. 乙酰水杨酸的制备

在 100 mL 圆底烧瓶中依次加入水杨酸 1.38 g(0.01 mol)，乙酸酐 4 mL(0.04 mol)和 4 滴浓硫酸摇匀，使水杨酸溶解。

将圆底烧瓶置于 90℃的热水浴中，加热 10 min，并不时地振荡。然后，停止加热，待反应混合物冷却至室温后，缓缓加入 15 mL 水，边加水边振荡(注意，反应放热，操作应小心)。将锥形瓶放在冷水浴中冷却，有晶体析出、抽滤，并用少量冷水洗涤，抽干，得乙酰水杨酸粗产品。

将粗产品转入到 100 mL 烧杯中，加入 10％碳酸氢钠水溶液，边加边搅拌，直到不再有二氧化碳产生为止。抽滤，除去不溶性聚合物(水杨酸自身聚合)。再将滤液倒入 100 mL 烧杯中，缓缓加入 10 mL 20％盐酸溶液，边加边搅拌，这时会有晶体逐渐析出。将反应混合物置于冰水浴中，使晶体尽量析出。抽滤，用少量冷水洗涤 2～3 次，然后抽干，取少量乙酰水杨酸，溶入几滴乙醇中，并滴加 1～2 滴 1％三氯化铁溶液，如果发生显色反应，说明仍有水杨酸存在，产物可用乙醇-水混合溶剂重结晶：即先将粗产品溶于少量沸乙醇中，再向乙醇溶液中添加热水直至溶液中出现混浊，再加热至溶液澄清透明(注意：加热不能太久，以防乙酰水杨酸分解)，静置慢慢冷却、过滤、干燥、称重并计算产率。

测熔点及红外光谱，确定产物结构。

图 4 - 37　乙酰水杨酸的红外吸收光谱图

2. 乙酰水杨酸的鉴定

方法一　乙酰水杨酸水解反应后,生成水杨酸盐在中性或弱酸条件下,与三氯化铁试液反应,生成紫色铁配合物。

方法二　乙酰水杨酸应与碳酸钠溶液加热水解,得水杨酸钠、醋酸钠,加过量稀硫酸后,水杨酸白色沉淀析出,产生醋酸的气味。

五、注意事项

(1) 仪器要全部干燥,药品也要经干燥处理,醋酐要新蒸馏,收集 139~140℃的馏分。

(2) 乙酰水杨酸受热后易发生分解,分解温度为 126~135℃,因此重结晶时不宜长时间加热,控制水温,产品采取自然晾干。

(3) 本实验中要注意控制好温度(水温 90℃)。

(4) 乙酰水杨酸受热易分解,熔点不明显,测定时,可先加热至 110℃左右,再将待测样品置入其中测定。

六、思考题

(1) 水杨酸与醋酐的反应过程中,浓硫酸的作用是什么?

(2) 若在硫酸的存在下,水杨酸与乙醇作用将得到什么产物? 写出反应方程式。

(3) 本实验中可产生什么副产物? 加水的目的是什么?

(4) 通过什么样的简便方法可以鉴定出阿斯匹林是否变质?

(5) 混合溶剂重结晶的方法是什么?

§4.6　含氮化合物制备的一般方法

1. 胺的一般制备方法

(1) Gabriel 合成法

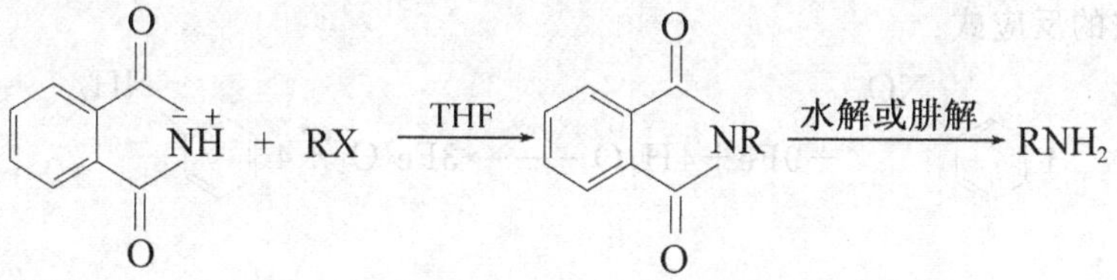

(2) 硝基化合物的还原

$$RNO_2 \xrightarrow{\text{还原剂}} RNH_2$$

(3) 腈、酰胺、肟的还原

$$RCN \xrightarrow{\text{还原剂}} RCH_2NH_2$$

$$RCONH_2 \xrightarrow{\text{还原剂}} RCH_2NH_2$$

$$RCH{=}NOH \xrightarrow{\text{还原剂}} RCH_2NH_2$$

(4) 醛、酮的还原胺化

$$RCHO + NH_3 \xrightarrow{\text{还原剂}} RCH_2NH_2 \xrightarrow{RCHO} \xrightarrow{\text{还原剂}} (RCH_2)_2NH$$

$$\xrightarrow{RCHO} (RCH_2)_2NH\!-\!\underset{\underset{OH}{|}}{C}HR \xrightarrow{\text{还原剂}} (RCH_2)_3N$$

还原剂种类较多。酸性还原剂有:Fe+HCl,Zn+HCl,Sn+HCl,SnCl$_2$+HCl 等;碱性还原剂有:Na$_2$S,NaHS,(NH$_4$)$_2$S,NH$_4$HS,LiAlH$_4$ 等;中性条件用催化氢化法,常用催化剂有:Ni、Pt、Pd。此法广泛用于芳香一级胺的制备。

(5) Hofmann 重排

只有一级酰胺能发生此重排。

$$RCONH_2 \xrightarrow{NaOH, X_2} RNH_2$$

实验 43　苯胺的制备

一、实验目的

(1)掌握硝基苯还原为苯胺的实验方法和原理。

(2)巩固水蒸气蒸馏和简单蒸馏的基本操作。

二、实验原理

芳胺的制取不可能用任何直接方法将氨基(—NH$_2$)导入芳环上,而是经过间接的方法制取。将硝基苯还原就是制取苯胺的一种重要方法。芳香硝基化合物的还原方法常见的有:催化氢化[H$_2$]/Pt-C、电解还原、化学还原法。实验室中最常用的方法是在酸性溶液中用各种金属进行的化学还原,如铁、锡、四氯化锡加盐酸、硫酸、醋酸等。而工业上最重要的方法是催化氢化法,因为如果采用化学还原法,势必使用大量的铁或锡粉,就会生成含苯胺的大量铁泥和锡泥,造成环境污染。本实验利用 Fe+HCl/H$_2$O 作还原剂进行反应。

制备苯胺的反应式:

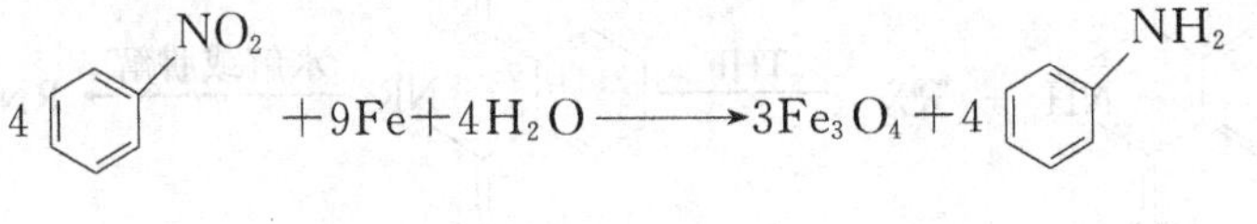

副反应:

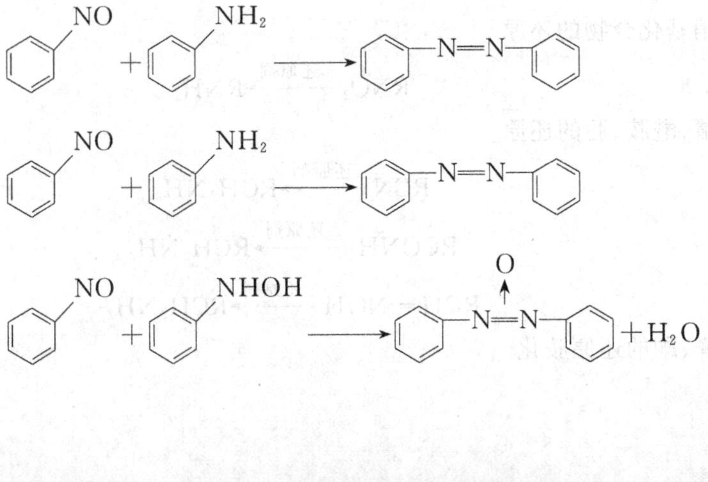

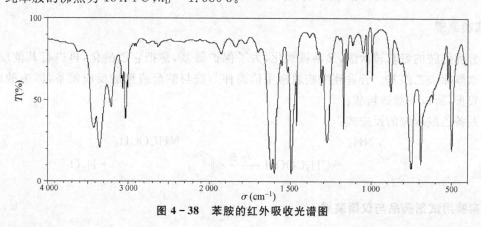

三、实验用试剂药品与仪器装置

试剂药品:硝基苯 10.5 mL,还原铁粉 20 g,冰乙酸 1 mL,乙醚 30 mL,精盐,块状氢氧化钠 2 g,碳酸钠。

仪器装置:三颈烧瓶(250 mL),圆底烧瓶(50 mL),水蒸气蒸馏装置,蒸馏装置,分液漏斗等。

四、实验步骤

1. 粗苯胺的制备

在 250 mL 三颈烧瓶中,放置 20 g 还原铁粉、20 mL 水及 1 mL 冰醋酸,振荡使其充分混和。装上回流冷凝管,用小火在石棉网上加热煮沸约 10 min[1]。稍冷后,从瓶口加入 10.5 mL 硝基苯,加完后用力摇动,使反应物充分混和。然后再用小火煮沸,继续回流 1 h,回流过程中经常用力振荡反应物[2],使还原反应完全,此时,冷凝管回流液应不再呈现硝基苯的黄色[3]。

2. 苯胺的精制

待反应完全后,放冷,在振荡下加入碳酸钠至反应物呈碱性[4],将反应瓶改为水蒸气蒸馏装置,进行水蒸气蒸馏直到冷凝管中无明显油滴滴下。馏出液用食盐饱和后[5],使苯胺与水分层。然后将溶液转入分液漏斗,分出有机层(苯胺层),水层用 30 mL 乙醚分 2 次提取,合并苯胺和醚液,用块状氢氧化钠 2 g 干燥。过滤至圆底烧瓶(50 mL)中,先旋转蒸发除去乙醚后,改用蒸馏装置,收集 182~185℃,产率 6~7 g(产率 64%~69%)。

纯苯胺的沸点为 184.4℃,$n_D^{20} = 1.586\ 3$。

图 4-38 苯胺的红外吸收光谱图

五、注意事项

(1) 苯胺有毒,操作时应避免与皮肤接触或吸入其蒸气。若不慎触及皮肤时,先用水冲洗,再用肥皂和温水洗涤。

(2) 反应完后,圆底烧瓶壁上粘附的黑褐色物质,可用1∶1(体积比)盐酸水溶液温热除去或直接用少量浓盐酸除去。

(3) 纯苯胺为无色液体,但在空气中由于氧化而呈淡黄色,加入少许锌粉重新蒸馏,可去掉颜色。

【注释】

[1] 采用极细的铁屑,先与稀酸煮沸可溶去铁屑表面的铁锈,使之活化。

[2] 在还原过程中,硝基苯与稀醋酸不能混溶,而且它们与铁屑接触面小,因此充分摇匀反应物是促进还原作用的关键。

[3] 硝基苯为黄色油状物,如果回流液中黄色油状物消失而转变成乳白色油珠(由于游离苯胺引起),表示反应已经完成。还原作用必须完全,否则残留在反应物中的硝基苯,在以后提纯过程中很难分离,因而影响产品纯度。

[4] 生成的苯胺有一部分与醋酸形成盐,故需加碱使苯胺游离出来。

[5] 利用盐析可使溶于水中的苯胺析出,每100 mL馏出液约加25g食盐。

六、思考题

(1) 根据什么原理选择水蒸气蒸馏法把苯胺从反应混合物中分离出来?

(2) 如果最后制得的苯胺中含有硝基苯,应该怎样提取?

实验 44 乙酰苯胺的制备

一、实验目的

(1) 学习实验室制备芳香族酰胺的原理和方法。

(2) 掌握热过滤和减压过滤的操作方法。

(3) 掌握固体有机化合物提纯的方法——重结晶。

二、实验原理

芳香伯胺的氨基较活泼,又易被氧化,为了保护氨基,常把它乙酰化,再进行其他反应,最后水解除去乙酰基。芳香族酰胺通常用伯或仲芳胺与酸酐或羧酸反应制备,因为酸酐的价格较贵,所以一般选羧酸。

制备乙酰苯胺的反应式:

$$\text{C}_6\text{H}_5\text{NH}_2 + \text{CH}_3\text{COOH} \xrightarrow{\text{Zn 粉}} \text{C}_6\text{H}_5\text{NHCOCH}_3 + \text{H}_2\text{O}$$

三、实验用试剂药品与仪器装置

试剂药品:苯胺 5 mL(5.1 g,0.055 mol),冰醋酸 7.5 mL(7.8 g,0.13 mol),锌粉(0.05 g),活性炭。

仪器装置:圆底烧瓶(50 mL),分馏柱,蒸馏头,水银温度计(150℃),接引管,锥形瓶

（50 mL），抽滤瓶，布氏漏斗等。

四、实验步骤

1. 粗乙酰苯胺的制备

在 50 mL 圆底烧瓶中，放置 5 mL 新蒸馏过的苯胺[1]（5.1 g，0.055 mol），7.5 mL 冰醋酸（7.8 g，0.13 mol）及少许锌粉[2]，装上一分馏柱[3]，插上温度计，用锥形瓶收集蒸出的水和乙酸。开始小火加热，保持反应液微沸约 10 min，逐渐升高温度，使反应温度维持在 $100 \sim 105℃$，反应 60 min，蒸出大部分水及少量的乙酸，温度出现波动时，可认为反应已经完成。在搅拌下趁热将反应液倒入盛有 80 mL 冷水的烧杯中[4]，即有白色固体析出，稍加搅拌，冷却抽滤得粗产品。

2. 乙酰苯胺的精制（重结晶）

将粗品转入烧杯中，加 80 mL 水，加热煮沸使其全溶。如仍有未溶的乙酰苯胺油珠，需加少量水，直到全溶。此时，再加水 10 mL，以免热过滤时析出结晶，造成损失。将热乙酰苯胺水溶液稍冷却，加少许活性炭，再重新煮沸，并使溶液继续沸腾约 5 min。趁热将乙酰苯胺溶液用保温漏斗过滤或趁热抽滤，滤液冷却，乙酰苯胺结晶析出，抽滤。产量约 5 g（产率 $61\% \sim 68\%$）。

纯乙酰苯胺为白色晶体，m. p. 为 $113 \sim 114℃$。

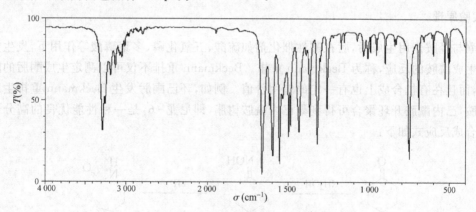

图 4 - 39 乙酰苯胺的红外光谱图

五、注意事项

（1）不要将活性炭加入到沸腾的溶液中，否则，沸腾的滤液会溢出容器外。因此，加活性碳时一定要停止加热，并适当降低溶液的温度。

（2）为使热过滤顺利进行，避免乙酰苯胺析出，必须先将漏斗预热充分，迅速取出、装配、过滤，滤液也应加热至沸后马上过滤。

（3）重结晶操作时，乙酰苯胺不宜长时间加热煮沸。热过滤的滤纸要用优质滤纸。滤纸要剪好，防止穿滤。

【注释】

[1] 苯胺久置后颜色变深有杂质，会影响乙酰苯胺的质量，故最好采用新蒸的无色或淡黄色的苯胺。

〔2〕加入锌粉的目的是防止苯胺在反应中被氧化。

〔3〕本反应是可逆的,为提高平衡转化率,加入了过量的冰醋酸,同时不断地把生成的水移出反应体系,可以使反应接近完成。为了让生成的水蒸出,而又尽可能地让沸点接近的醋酸少蒸出来,本实验采用较长的分馏柱进行分馏。

〔4〕若让反应混合物冷却,则固体析出沾在瓶上不易处理。

六、思考题

（1）本实验可采取什么措施来提高乙酰苯胺的产率?

（2）常用的乙酰化试剂有哪些?请比较它们的乙酰化能力。

（3）反应时为什么要控制冷凝管上端的温度在 105℃?

（4）用苯胺作原料进行苯环上的一些取代反应时,为什么常常先要进行酰化?

实验 45　己内酰胺的制备

一、实验目的

（1）学习实验室制备环己酮肟的原理和方法。

（2）学习由环己酮肟通过 Beckmann 重排制备己内酰胺的原理和方法。

二、实验原理

酮与羟胺作用生成肟,肟在酸性催化剂如硫酸、五氯化磷、多聚磷酸等作用下,发生分子重排生成酰胺的反应,称为 Beckmann 重排。Beckmann 重排不仅可以测定生成酮肟的酮的结构,而且在有机合成上也有一定的应用价值。例如,环己酮肟发生 Beckmann 重排生成己内酰胺,己内酰胺开环聚合可得到聚己内酰胺树脂,即尼龙-6,是一种性能优良的高分子材料。合成反应式如下:

三、实验用试剂药品与仪器装置

试剂药品:环己酮,盐酸羟胺,结晶醋酸钠,正己烷,无水硫酸镁,85%硫酸,20%氨水,二氯甲烷。

仪器装置:锥形瓶（100 mL）,烧杯（100 mL）,分液漏斗,简单蒸馏装置,抽滤装置。

四、实验步骤

1. 环己酮肟的制备

在 100 mL 锥形瓶中加入 3 g(0.043 mol)盐酸羟胺、5 g 结晶醋酸钠、15 mL 水,振荡使其溶解。加入 3.7 mL(3.5 g,0.036 mol)环己酮,加塞,剧烈振荡 2 ~ 3 min,环己酮肟以白色结晶析出[1]。冷却后抽滤,并用少量水洗涤晶体,抽干。晾干后得固体约 3.5 g,沸点 89 ~ 90℃。

2. 环己酮肟重排制备己内酰胺

在 100 mL 烧杯[2]中加入 2 g(0.017 mol)环己酮肟,再加入 4 mL 85%硫酸,摇匀。小心地边加热边搅拌至有气泡时[3]立即离开热源,此时会发生强烈的放热反应,几秒钟内即可完成。冷却至室温后再放入冰水浴中冷却。慢慢滴加约 25 mL 20%氨水恰好至弱碱性[4]。将粗产物转移至分液漏斗中分出有机层,水层用二氯甲烷萃取 2 次,每次 10 mL。合并有机层,并用等体积的水洗涤 2 次后,分出有机层,转移到干燥的带塞三角烧瓶中用无水硫酸镁干燥至澄清透明。将干燥后的产物滤出,水浴蒸馏,浓缩。将浓缩液放置冷却,析出白色结晶(可进一步用正己烷重结晶)。抽滤,干燥,产量为 0.8~1.2 g,产率为 40%~60%。

纯己内酰胺的熔点为 69~70℃。

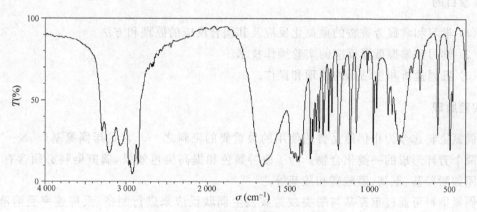

图 4-40　己内酰胺的红外光谱图

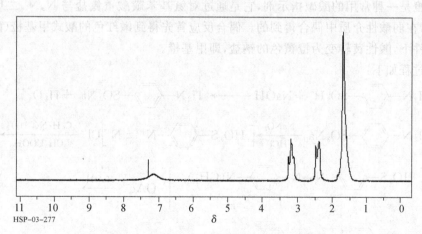

图 4-41　己内酰胺的核磁共振谱图(¹H NMR)

【注释】

[1] 振荡要剧烈,如环己酮肟呈白色小球状,说明反应还未完全,还需振荡,直至呈粉状。

[2] 由于重排反应进行剧烈,故用烧杯以利于散热。

[3] 加硫酸时必须小心,边加热边搅拌也必须小心。

[4] 用氨水进行中和时,开始要慢慢滴加,不断搅拌。由于此时溶液较黏,放热很多,若加热过快温度

突然升高,会导致己内酰胺发生分解,影响产率,所以温度要控制在 20℃以下。

五、思考题

(1)制备环己酮肟时加入醋酸钠的目的是什么?

(2)甲基乙基酮肟经 Beckmann 重排将会得到什么产物?某肟经 Beckmann 重排得到 N -甲基乙酰胺,试推测该肟的结构。

实验 46　甲基橙的制备

一、实验目的

(1)学习和掌握芳香胺的重氮化反应及其偶合反应的原理和方法。

(2)学习和掌握低温反应的实验操作技术。

(3)巩固盐析和重结晶的原理和操作。

二、实验原理

偶氮染料迄今为止仍然是普遍使用的最重要的染料之一。它是指偶氮基(—N═N—)连接两个芳环形成的一类化合物。为了改善颜色和提高染色效果,偶氮染料必须含有成盐的基团如酚羟基、氨基、磺酸基和羧基等。

偶氮染料可通过重氮基与酚类或芳胺发生偶联反应来进行制备,反应速率受溶液 pH 影响颇大。

甲基橙是一种常用的酸碱指示剂,它是通过对氨基苯磺酸重氮盐与 N,N -二甲基苯胺的醋酸盐,在弱酸性介质中偶合得到的。偶合反应首先得到嫩红色的酸式甲基橙(酸性黄),在碱性条件下,酸性黄转变为橙黄色的钠盐,即甲基橙。

反应过程如下:

$$H_2N\!-\!\!\boxed{}\!\!-\!SO_3H + NaOH \longrightarrow H_2N\!-\!\!\boxed{}\!\!-\!SO_3Na + H_2O$$

$$H_2N\!-\!\!\boxed{}\!\!-\!SO_3Na \xrightarrow[\text{HCl}]{\text{NaNO}_2} \left[HO_3S\!-\!\!\boxed{}\!\!-\!N^+\!\!\equiv\!N\right]Cl^- \xrightarrow[\text{CH}_3\text{COOH}]{\text{C}_6\text{H}_5\text{N(CH}_3)_2}$$

$$\left[HO_3S\!-\!\!\boxed{}\!\!-\!N\!=\!N\!-\!\!\boxed{}\!\!-\!\underset{H}{N(CH_3)_2}\right]^+ OAc^- \xrightarrow{\text{NaOH}}$$

$$NaO_3S\!-\!\!\boxed{}\!\!-\!N\!=\!N\!-\!\!\boxed{}\!\!-\!N(CH_3)_2 + NaOAc + H_2O$$

三、实验用试剂药品与仪器装置

试剂药品:亚硝酸钠 0.8 g(0.009 4 mol),对氨基苯磺酸 2.1 g(0.012 mol),N,N -二甲基苯胺 1.2 g(0.01 mol),淀粉碘化钾试纸,氢氧化钠,冰盐,滤纸,氢氧化钠,冰醋酸,盐酸,乙醚,乙醇等。

仪器装置:抽滤瓶,布氏漏斗,烧杯,铁圈等。

四、实验步骤

1. 重氮盐的制备

在烧杯中放置 10 mL 5％氢氧化钠溶液及 2.1 g 对氨基苯磺酸[1]晶体,温热溶解。另溶 0.8 g 亚硝酸钠于 6 mL 水中,加入上述烧杯内,用冰盐浴冷至 0～5℃。在不断搅拌下,将 3 mL 浓盐酸与 10 mL 水配成的溶液缓缓滴加到上述混合溶液中,并控制温度在 5℃ 以下。滴加完后用淀粉-碘化钾试纸检验[2]。然后在冰盐浴中放置 15 min 以保证反应完全[3]。

2. 偶合

在试管内混合 1.2 g N,N-二甲苯胺和 1 mL 冰醋酸,在不断搅拌下,将此溶液慢慢加到上述冷却的重氮盐溶液中。加完后,继续搅拌 10 min,然后慢慢加入 25 mL 5％氢氧化钠溶液,直至反应物变为橙色,这时反应液呈碱性,粗制的甲基橙呈细粒状沉淀析出[4]。将反应物在沸水浴上加热 5 min,冷至室温后,再在冰水浴中冷却,使甲基橙晶体析出完全。抽滤收集结晶,依次用少量水、乙醇、乙醚洗涤,压干。

若要得到较纯产品,可用溶有少量氢氧化钠（约 0.1～0.2 g）的沸水(每克粗产物约需 25 mL)进行重结晶。待结晶析出完全后,抽滤收集,沉淀依次用少量乙醇、乙醚洗涤。得到橙色的小叶片状甲基橙结晶[5],产量 2.5 g。

溶解少许甲基橙于水中,加几滴稀盐酸溶液,接着用稀的氢氧化钠溶液中和,观察颜色变化。

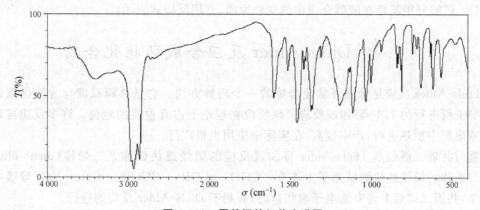

图 4-42　甲基橙的红外光谱图

五、注意事项

(1) N,N-二甲基苯胺久置易被氧化,因此需要重新蒸馏后再使用。该有机物有毒,蒸馏时应在通风橱中进行。

(2) 重结晶操作应迅速,否则由于产物呈碱性,在温度高时易使产物变质,颜色变深。用乙醇、乙醚洗涤的目的是使其迅速干燥。

【注释】

[1] 对氨基苯磺酸是两性化合物,酸性比碱性强,以酸性内盐形式存在,所以它能与碱作用成盐而不能与酸作用成盐。

〔2〕若试纸不显蓝色,尚需补充亚硝酸钠溶液。

〔3〕在此时往往析出对氨基苯磺酸的重氮盐。这是因为重氮盐在水中可以电离,形成中性内盐在低温时难溶于水而形成细小晶体析出。

〔4〕若反应物中含有未作用的 N,N-二甲苯胺醋酸盐,在加入氢氧化钠后,就会有难溶于水的 N,N-二甲苯胺析出,影响产物的纯度。湿的甲基橙在空气中受光的照射后,颜色很快变深,所以一般得紫红色粗产物。

〔5〕甲基橙的另一种制法:在 100 mL 烧杯中放置 2.1 g 磨细的对氨基苯磺酸和 20 mL 水,在冰盐浴中冷却至 0℃左右;然后加入 0.8 g 磨细的亚硝酸钠,不断搅拌,直到对氨基苯磺酸全溶为止。在另一试管中放置 1.2 g 二甲苯胺(约 1.3 mL),使其溶于 15 mL 乙醇中,冷却到 0℃左右。然后,在不断搅拌下滴加到上述冷却的重氮化溶液中,继续搅拌 2~3 min。在搅拌下加入 2~3 mL 1 mol/L 氢氧化钠溶液。

将反应物(产物)在石棉网上加热至全部溶解。先静置冷却,待生成相当多美丽的小叶片状晶体后,再于冰水中冷却,抽滤,产品可用 15~20 mL 水重结晶,并用 5mL 酒精洗涤,以促其快干。产量约 2 g,产品橙色。用此法制得的甲基橙颜色均一,但产量略低。

六、思考题

(1)什么叫偶联反应?试结合本实验讨论一下偶联反应的条件。

(2)在本实验中,制备重氮盐时为什么要把对氨基苯磺酸变成钠盐?本实验如改成下列操作步骤:先将对氨基苯磺酸与盐酸混合,再滴加亚硝酸钠溶液进行重氮化反应,可以吗?为什么?

(3)试解释甲基橙在酸碱介质中的变色原因,并用反应式表示。

§4.7　Diels-Alder 反应合成环状化合物

Diels-Alder 反应是合成环状化合物的一个巧妙方法。它是共轭双键与含活化双键或叁键分子所进行的 1,4-环加成反应。该反应在理论上占有重要的地位。许多反应可以在室温或溶剂中加热进行,产率较高,在实际中应用也很广泛。

能与共轭二烯烃起 Diels-Alder 环加成反应的烯烃或炔烃称亲二烯体(dieno-phile)。当亲二烯体的烯键或炔键碳原子上连有—CHO、—COR、—COOR、—CN、—NO$_2$ 等吸电子取代基,共轭二烯烃上连有给电子取代基时,有利于 Diels-Alder 反应的进行。

Diels-Alder 反应是一步完成的具有高度立体专一性的顺式加成反应。其特点主要表现在:

(1)共轭双键以 S-顺式构象参与反应,两个双键固定在反位的二烯烃不起反应。例如:

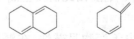

(2)1,4-环加成反应为立体定向的顺式加成反应,加成产物仍保持共轭二烯和亲双烯原来的构型。例如:

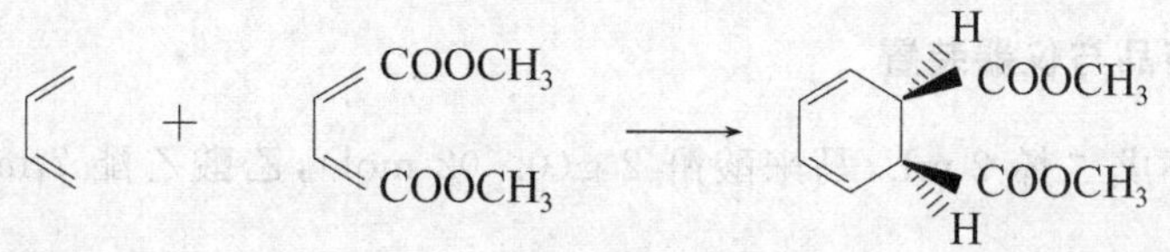

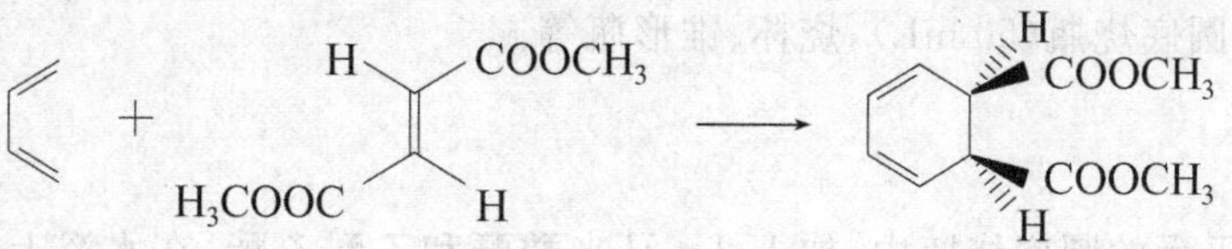

（3）反应主要生成内型（endo）而不是外型（exo）加成产物。这种规律可以用轨道对称理论予以解释。例如：

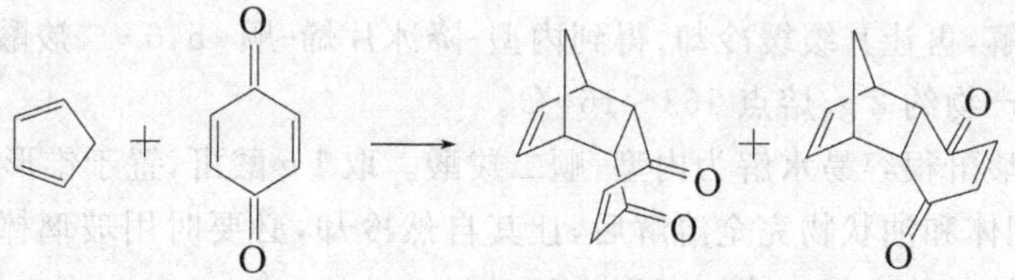

（4）Diels-Alder 反应为可逆反应。成环反应的正反应温度相对较低。而反应温度升高，则发生逆向的开环反应。成环的正反应和开环的逆反应都在合成上有很好的用途。例如，环戊二烯在室温下即发生 Diels-Alder 反应聚合成双异戊二烯，双异戊二烯经加热到170℃后又解聚重新生成环戊二烯。

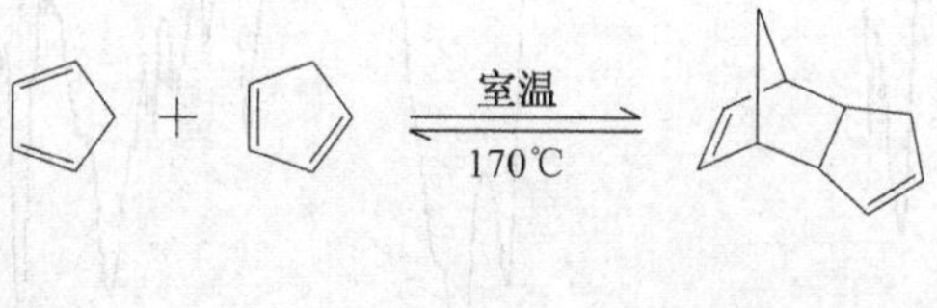

实验 47　Diels-Alder 反应制备内次甲基四氢苯二甲酸酐

一、实验目的

（1）理解 Diels-Alder 反应原理。

（2）掌握 Diels-Alder 反应的操作过程和 Diels-Alder 反应产物的分离纯化。

二、实验原理

共轭双烯可以是丁二烯的衍生物，也可以是环状的 1,3-二烯或呋喃及其衍生物。最典型的亲双烯体是不饱和碳带有吸电子基的羰基化合物，如马来酸酐、丙烯醛、对苯二醌、丙烯酸酯、丙烯腈和丁炔二羧酸酯等。甚至乙烯和乙炔也可以在一定条件下与活泼的共轭双烯发生反应。

本实验的反应式：

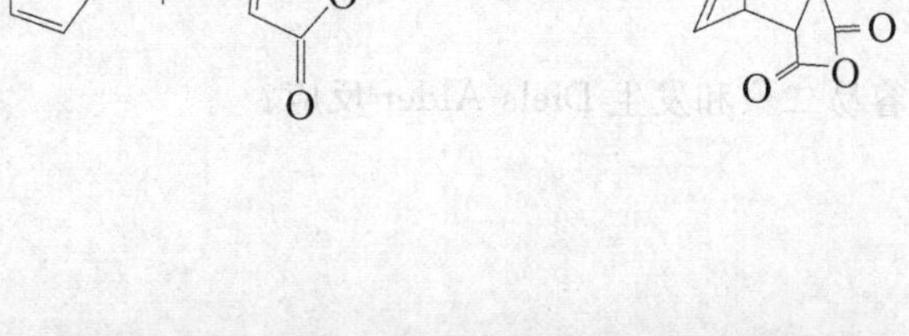

三、实验用试剂药品与仪器装置

试剂药品:环戊二烯 2 mL,马来酸酐 2 g(0.02 mol),乙酸乙酯 7 mL,石油醚(60～90℃)等。

仪器装置:圆底烧瓶(50 mL),烧杯、锥形瓶等。

四、实验步骤

在 50 mL 干燥的圆底烧瓶中,加入 2 g 马来酸酐和乙酸乙酯,在水浴上温热使之溶解。然后加入 7 mL 石油醚,混合均匀后将此溶液置于冰浴中冷却。加入 2 mL 新蒸的环戊二烯[1],在冷水浴中振荡烧瓶,直至放热反应完成,析出白色结晶。将反应混合物在水浴上加热使固体重新溶解,再让其缓缓冷却,得到内型-降冰片烯-顺-5,6-二羧酸酐的白色针状结晶,抽滤,干燥后产物约 2 g,熔点 163～164℃。

上述得到的酸酐很容易水解为内型-顺二羧酸。取 1 g 酸酐,置于锥形瓶中,加入 15 mL 水,加热至沸使固体和油状物完全溶解后,让其自然冷却,必要时用玻璃棒摩擦瓶壁促使结晶。得白色棱状结晶约 0.5 g,熔点 178～180℃。

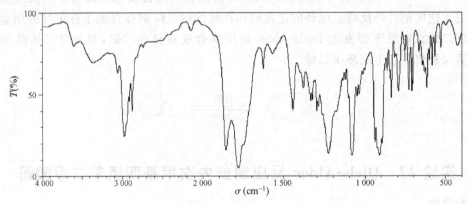

图 4 - 43　内次甲基四氢苯二甲酸酐的红外光谱图

五、注意事项

由于马来酸酐遇水会水解成二元酸,反应仪器和所用试剂必须干燥。

【注释】

[1] 环戊二烯在室温时容易二聚生成二聚体双环戊二烯。商品出售的环戊二烯均为二聚体,将二聚体加热到 170℃以上解聚即可得到环戊二烯,具体方法如下:

在装有 30 cm 长的刺形分馏柱的圆底烧瓶中,加入环戊二烯,慢慢进行分馏。热裂反应开始要慢,二聚体转变为单体馏出,沸程为 40～42℃。控制分馏柱顶端温度计的温度不超过 45℃,接受器要用冰水浴冷却。如蒸出的环戊二烯由于接受器中的潮气而呈浑浊,可加无水氯化钙干燥。蒸出的环戊二烯应尽快使用,可在冰箱内短期保存。

六、思考题

环戊二烯为什么容易二聚和发生 Diels-Alder 反应?

§4.8 杂环化合物制备的一般方法

1. 五元杂环和六元杂环的一般合成方法

(1) Knorr 吡咯环合成法

(2) Paal-Konrr 合成法

(3) Hantzsch 合成法

2. 稠杂环的一般合成方法

(1) Fischer 吲哚合成法

（2）Skraup 喹啉合成法

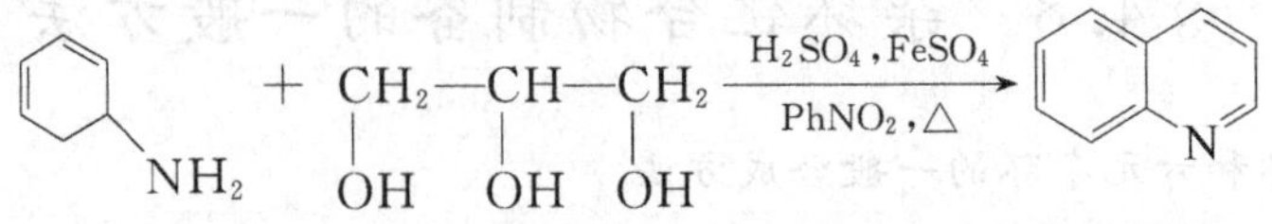

（3）Doebner-Miller 异喹啉合成法

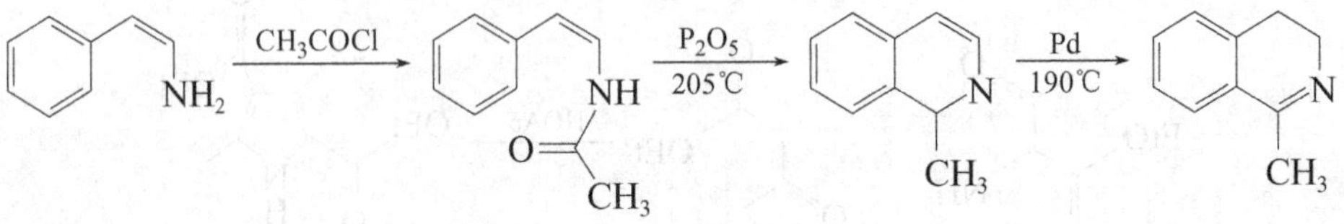

（4）利用缩合反应（酮的酰基化反应）合成苯并吡喃环

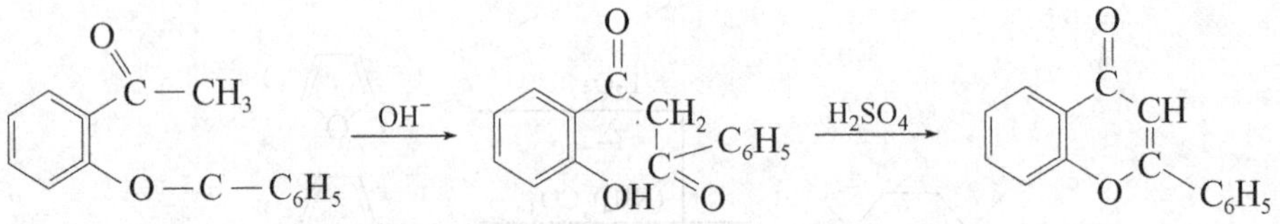

实验 48　8-羟基喹啉化合物的 Skraup 制备和结构鉴定

一、实验目的

（1）学习用 Skraup 反应合成 8-羟基喹啉的原理和方法。

（2）巩固加热回流和水蒸气蒸馏等基本操作。

二、实验原理

8-羟基喹啉，英文名称 8-hydroxyquinoline，熔点 75℃～76℃（分解），沸点 267℃，白色或淡黄色晶体或结晶性粉末，不溶于水，溶于乙醇等，能升华。广泛用于金属离子的测定和分离，是制备染料和药物的中间体，其硫酸盐和铜盐络合物是优良的杀菌剂。由邻氨基苯酚、邻硝基苯酚、甘油和浓硫酸加热而得。

Skraup（斯克劳普）反应是合成杂环化合物——喹啉类化合物的重要方法。反应是芳胺类化合物与无水甘油，浓 H_2SO_4 及弱氧化剂硝基化合物等一起加热而得。如果反应过于剧烈，可加入少量 $Fe_2(SO_4)_3$ 作为氧载体。浓 H_2SO_4 作用是使甘油脱水生成丙烯醛的加成产物脱水成环，硝基化合物则将 1,2-二氢喹啉氧化成喹啉，自身被还原成芳胺，也可参与缩合反应。另外，Skraup 反应中所用的硝基化合物须与芳胺的结构相对应，否则将导致产生混合产物，有时可用 I_2 作氧化剂。

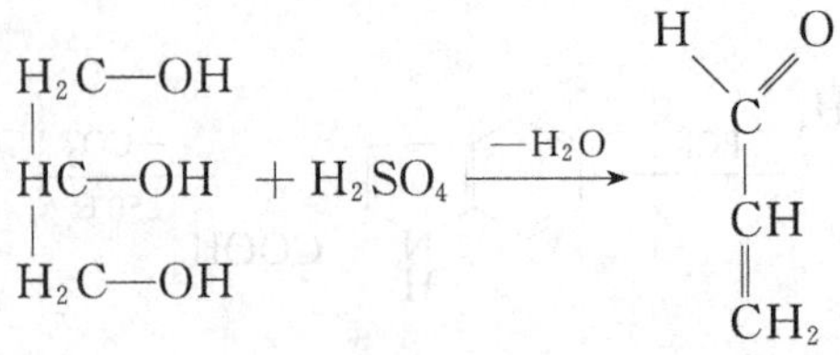

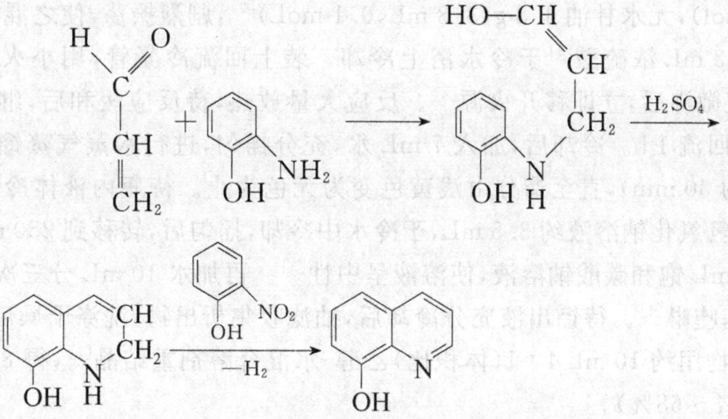

浓 H_2SO_4 首先将甘油脱水生成丙烯醛,然后丙烯醛与邻羟基苯胺发生加成,其加成产物在浓硫酸的作用下脱水环化,形成 1,2-二氢喹啉被氧化成喹啉化合物,而邻硝基苯酚则氧化成相应的苯胺。反应中重要的是甘油基本无水(不超过 0.5%),所有的反应仪器均须干燥。如果体系有水存在,可促使 H_2SO_4 稀释,达不到脱水生成丙烯醛的目的,影响产率。

主要副反应包括氧化反应和成环反应。

氧化反应:

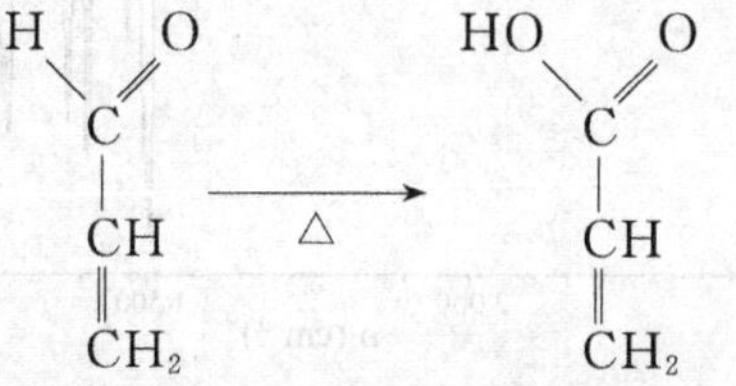

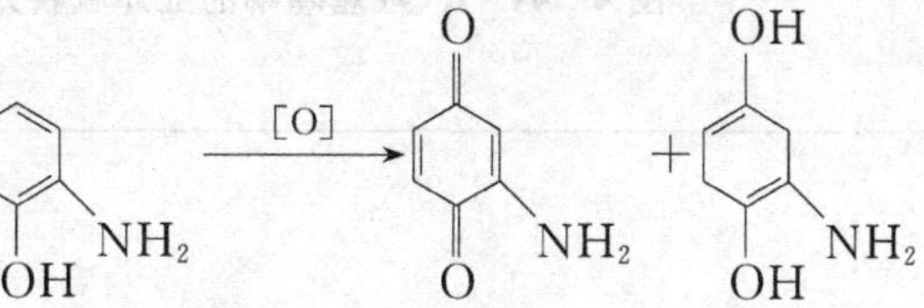

成环反应:

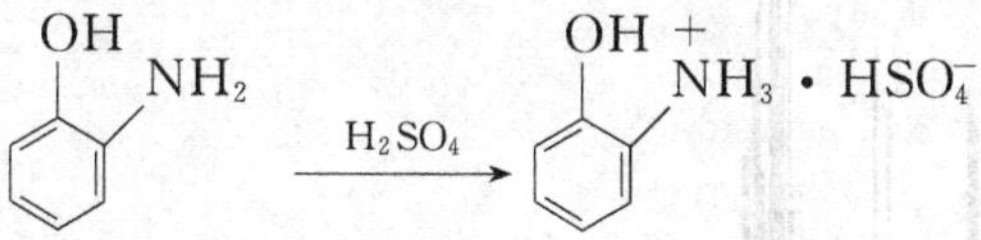

三、实验用试剂药品与仪器装置

试剂药品:邻硝基苯酚,邻氨基苯酚,甘油,浓硫酸,氢氧化钠,饱和碳酸钠溶液,95%乙醇等。

仪器装置:三颈烧瓶(50 mL),恒压滴液漏斗,回流冷凝管,水蒸气蒸馏装置,熔点测定仪,红外光谱仪等。

四、实验步骤

在 50 mL 三颈烧瓶[1]中加入邻硝基苯酚 0.9 g(约 0.006 5 mol)、邻氨基苯酚 1.4 g(约

0.012 5 mol),无水甘油 4.8 g(3.8 mL,0.1 moL)[2],剧烈振荡,使之混匀。在不断振荡下慢慢滴入 2.3 mL 浓硫酸[3]于冷水浴上冷却。装上回流冷凝管,用小火在石棉网上加热,约 5 min溶液微沸后,立即移开火源[4]。反应大量放热,待反应缓和后,继续小火加热,保持反应物微沸回流 1 h。冷却后,加入 7 mL 水,充分摇匀,进行水蒸气蒸馏,除去未反应的邻硝基苯酚(约 30 min),直至馏分由浅黄色变为无色为止。待瓶内液体冷却后,慢慢滴加 1∶1 (质量比)氢氧化钠溶液约 3.5 mL,于冷水中冷却,摇匀后,转移到 250 mL 烧杯中,再小心滴入约 2.5 mL 饱和碳酸钠溶液,使溶液呈中性[5]。再加水 10 mL 分三次进行水蒸气蒸馏,蒸出 8 -羟基喹啉[6]。待馏出液充分冷却后,抽滤收集析出物,洗涤干燥后得粗产物约 3 g。

　　粗产物用约 10 mL 4∶1(体积比)乙醇-水混合溶剂重结晶[7],得 8 -羟基喹啉 1~1.2 g (产率 54%~68%)。

　　测熔点及红外光谱,确定产物结构。8 -羟基喹啉的熔点为 75~76 ℃。

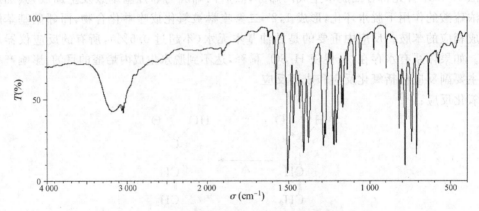

图 4 - 44　8 -羟基喹啉的红外吸收光谱图

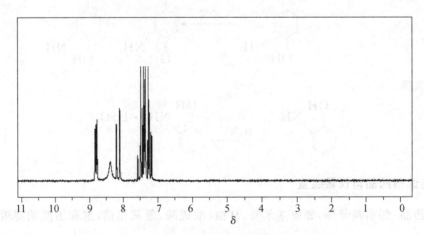

图 4 - 45　8 -羟基喹啉的核磁共振谱图(^{1}H NMR)

【注释】

　　[1] 由于反应是放热反应,溶液微沸时,说明反应开始,不应再加热,防止冲料。

　　[2] 第一步水蒸气蒸馏是除去未反应的原料,反应最好在搅拌下进行,由于反应物较稠,容易聚热,应经常振荡。

［3］第一步水蒸气蒸馏是除去未反应的原料。

［4］第二步水蒸气蒸馏是蒸出产物和邻羟基苯酚,所以在之前的中和至关重要,应该在加入氢氧化钠后,足以使 8-羟基喹啉硫酸盐(包括原料邻羟基苯胺硫酸盐)中和,所以此步骤需检测 pH 大于 7(约 7～8),如果过高,也会成为酚钠盐析出,影响产物的产率,为确保产物蒸出,水蒸气蒸馏后,对残液 pH 再进行一次检查,必要时再进行一次水蒸气蒸馏。

［5］粗产品重结晶时,使用 25～40 mL 乙醇-水重结晶。

［6］产率计算基准为邻氨基苯酚。

五、思考题

(1) 为什么第一次水蒸气蒸馏要在酸性条件下进行,第二次却要在中性条件下进行?

(2) 在 Skraup 反应中,如果用对甲基苯胺作原料,应得到什么产物,硝基化合物应如何选择?

实验 49　杂环化合物 3,4-二氢嘧啶-2-酮的合成

一、实验目的

(1) 学习利用 Biginelli 多组分反应制备 3,4-二氢嘧啶-2-酮类化合物的实验方法和原理。

(2) 学习光谱技术和杂环化合物的光谱解析方法。

二、实验原理

3,4-二氢嘧啶-2(1H)-酮衍生物是重要的医药中间体,可以作为钙通道剂、抗过敏剂、降压剂、拮抗剂等。此外,以前人们得到的海生生物碱中也含有二氢嘧啶酮。这些生物碱是 HIVgp-120-CD4 有效的抑制剂。

1893 年,Biginelli 首次报道了用苯甲醛、尿素和乙酰乙酸乙酯三组分以乙醇作为溶剂一锅法合成得到 3,4-二氢嘧啶-2(1H)-酮衍生物,并命名该类反应为 Biginelli 反应。但是,该反应的主要不足是反应时间长(18h)、产率较低(20%～50%)。

4-苯基-5-乙氧羰基-6-甲基-3,4-二氢嘧啶-2(1H)-酮

为了提高产率,人们做了大量的工作,通过各种改进方法,使反应产率显著提高。改进的工作主要集中在两方面:一是使用更好的催化剂,如 $CoCl_2 \cdot 6H_2O$、$NiCl_2 \cdot 6H_2O$、离子液体等催化剂;二是用其他方法,如微波促进,固相合成等。本实验采用[BMIM]Br(溴化 3-甲基-1-丁基咪唑盐)离子液体为催化剂促进反应进行。

合成路线如下：

$$NaBr + H_2SO_4 \longrightarrow HBr + NaHSO_4 \qquad (1)$$

$$n-C_4H_9OH + HBr \longrightarrow n-C_4H_9Br + H_2O \qquad (2)$$

$$2CH_3COOC_2H_5 \xrightarrow[\text{② } CH_3COOH]{\text{① } NaOC_2H_5} CH_3COCH_2COOC_2H_5 \qquad (3)$$

$$(4)$$

$$(5)$$

三、实验用试剂药品与仪器装置

药品试剂：正丁醇，N-甲基咪唑，苯甲醛，尿素，无水乙醇，乙酸乙酯，1,1,1-三氯乙烷，石油醚，浓硫酸，醋酸，金属钠，二甲苯，饱和碳酸氢钠溶液，饱和氯化钠溶液，无水溴化钠，无水氯化钙。

仪器装置：圆底烧瓶(100 mL、50mL)，球形冷凝管，布氏漏斗，磁力搅拌器，干燥管，旋转蒸发仪，熔点测定仪等。

四、实验步骤

1. 溴化3-甲基-1-丁基咪唑盐的制备

在50 mL圆底烧瓶中加入3.0 g(0.037 mol)N-甲基咪唑，加入20 mL 1,1,1-三氯乙烷做溶剂，在磁力搅拌的条件下，用恒压滴液漏斗缓慢滴加正溴丁烷5.0 g(0.036 mol)，约40 min滴完，溶液变浑浊，将滴液漏斗撤下，换上球形回流冷凝管，加热回流2 h，反应完毕。用旋转蒸发仪将1,1,1-三氯乙烷蒸出，得到溴化3-甲基-1-丁基咪唑盐，为黏稠状液体。

2. 4-苯基-5-乙氧羰基-6-甲基-3,4-二氢嘧啶-2(1H)-酮的制备

在50 mL圆底烧瓶中依次加入尿素1.8 g，苯甲醛2.1 g，乙酰乙酸乙酯2.6 g，离子液体溴化3-甲基-1-丁基咪唑盐2滴，装上回流冷凝管，在磁力搅拌的条件下，缓慢升温至100℃，大约1 h后，开始有大量白色固体析出，继续保温反应0.5 h，停止反应，过滤，滤饼用少量石油醚分2次洗涤，抽滤所得的粗产品用无水乙醇重结晶后，得白色针状结晶。烘干，计算产率。

测熔点，确定产物结构。熔点：201～203℃。

五、注意事项

(1) 在4-苯基-5-乙氧羰基-6-甲基-3,4-二氢嘧啶-2(1H)-酮的制备(Biginelli反应)中注意加料顺序：由于苯甲醛和乙酰乙酸乙酯易挥发，所以应先加入尿素，再加入苯甲醛

和乙酰乙酸乙酯,加完后应迅速安装冷凝管,进行反应。

① 离子液体的用量不宜过多,否则会导致最后析出的固体黏稠,不易处理。

② 在搅拌下,将温度缓慢控制在100℃以内,使尿素溶解,体系变为澄清液体,如温度过高,会有副产物吡啶酮生成。

(2) 取用金属钠时需用镊子,先用滤纸吸去沾附的油后,用小刀切去表面的氧化层,再切成小条。切下来的钠屑应放回原瓶中,切勿与滤纸一起投入废物缸内,并严禁金属钠与水接触,以免引起燃烧爆炸事故。

(3) 尿素需在60℃干燥4 h以上。

六、思考题

(1) 什么是Biginelli反应? 它进行的前提条件是什么?

(2) 石油醚洗涤的目的是什么?

(3) 针对自己的产量、产品质量分析总结实验的经验和教训。

(4) 查阅文献,了解二氢嘧啶-2(1H)-酮的药理活性,写出综述。

实验50　巴比妥酸的合成与鉴定

一、实验目的

(1) 学习制备内酰胺环类化合物巴比妥类药物的实验方法和原理。

(2) 巩固重结晶和熔点测定,学习杂环化合物的光谱解析方法。

二、实验原理与应用

巴比妥及其衍生物为一类广泛用于镇静、催眠的药物。巴比妥类药物的共同结构是丙二酰脲衍生物,其差异是5,5-位取代基不同。

	R_1	R_2	R_3
巴比妥酸	—H	—H	—H
巴比妥	—C$_2$H$_5$	—C$_2$H$_5$	—H
苯巴比妥	—C$_2$H$_5$	苯基	—H
戊巴比妥	—C$_2$H$_5$	—CH(CH$_3$)C$_3$H$_7$	—H
已锁巴比妥	—CH$_3$	环己烯基	—CH$_3$

一般利用丙二酸二乙酯和卤代烃在醇钠催化下制得双取代丙二酸二乙酯,再在醇钠催化下与尿素或硫脲缩合而成。

合成路线如下：

$$H_2C \begin{matrix} COOC_2H_5 \\ \\ COOC_2H_5 \end{matrix} + \begin{matrix} H_2N \\ \\ H_2N \end{matrix} C=O \xrightarrow{C_2H_5ONa} \text{（丙二酰脲）} \rightleftharpoons \text{（巴比妥酸）} + 2C_2H_5OH$$

巴比妥类药物在空气中稳定,具有酸性,可与苛性碱生成可溶性盐类作为注射用药。但是,其水溶液易受空气中二氧化碳的影响而析出本类药物得固体。巴比妥类药物的钠盐水溶液不稳定,易开环脱羧,受热易分解生成双取代乙酸钠和氨。

反应所需的醇钠由乙醇和金属钠反应制备。实验过程需要无水操作,有水或金属钠氧化会产生氢氧化钠,氢氧化钠会水解皂化丙二酸二乙酯而降低产率。若丙二酸二乙酯质量不好,可减压蒸馏进行纯化,在 8 mmHg(1.07 kPa)下收集 82～84 ℃馏分。

三、实验用试剂药品与仪器装置

药品试剂:丙二酸二乙酯,金属钠,尿素,绝对无水乙醇,浓盐酸,无水氯化钙等。

仪器装置:圆底烧瓶(100 mL),球形冷凝管,干燥管,熔点测定仪,红外光谱仪等。

四、实验步骤

在装有球形冷凝管(顶端附有氯化钙干燥管)的 100 mL 干燥的圆底烧瓶中加入绝对无水的乙醇 20 mL,分次加入金属钠 1 g(0.043 mol),待反应缓慢时,开始搅拌。金属钠消失后,加入丙二酸二乙酯 6.5 mL(0.04 mol),振荡均匀。然后慢慢加入干燥的尿素 2.4 g

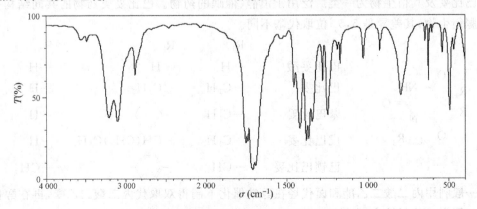

图 4-46 巴比妥酸的红外吸收光谱图

（0.04 mol）和 12 mL 绝对无水乙醇配成的溶液。加完后，搅拌回流 2 h。反应毕，向反应后的混合物中加入 30 mL 热水，再用盐酸调 pH 至 3～4 之间，得一澄清液，过滤除去少量杂质。滤液用冷水冷却使其结晶，减压过滤，用少量冰水洗涤数次，得白色结晶，烘干，计算产率。

纯巴比妥酸在 248℃熔化并部分分解。

五、注意事项

（1）本实验中所用仪器均需彻底干燥。由于绝对无水的乙醇有很强的吸水性，故操作及存放时，必须防止水分侵入。

（2）制备绝对无水乙醇所用的无水乙醇，水分不能超过 0.5 %，否则反应相当困难。

（3）取用金属钠时需用镊子，先用滤纸吸去沾附的煤油后，用小刀切去表面的氧化层，再切成小条。切下来的钠屑应放回原瓶中，切勿与滤纸一起投入废物缸内，并严禁金属钠与水接触，以免引起燃烧爆炸事故。

（4）加入邻苯二甲酸二乙酯的目的是利用它和氢氧化钠进行如下反应：

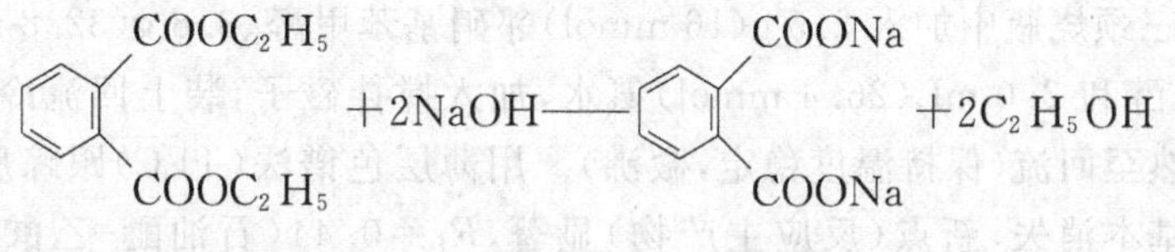

因此避免了乙醇和氢氧化钠生成的乙醇钠再和水作用，这样制得的乙醇可达到极高的纯度。

（5）尿素需在 60℃干燥 4 h。

六、思考题

（1）制备无水试剂时应注意什么问题？为什么在加热回流和蒸馏时冷凝管的顶端和接受器支管上要装置氯化钙干燥管？

（2）工业上怎样制备无水乙醇（99.5%）？

（3）本反应过程的实质是什么？有何特点？

（4）针对自己的产量、产品质量分析总结实验的经验和教训。

（5）查阅文献，了解巴比妥类药物的药理活性，写出综述。

实验 51 硝苯地平（药物心痛定）的制备

一、实验目的

（1）学习用 Hantzsch 反应合成二氢吡啶类心血管药物的原理和方法。

（2）学习用薄层色谱法跟踪反应的操作方法。

二、实验原理与应用

硝苯地平（Nifedipine），又名心痛定，化学名为 1,4-二氢-2,6-二甲基-4-（2-硝基苯基）-3,5-吡啶二甲酸二甲酯，是 20 世纪 80 年代末出现的第一个二氢吡啶类抗心绞痛药物,还兼有很好的高血压治疗功能,是目前仍在广泛使用的抗心绞痛和降血压药物。硝苯地平是由邻硝基苯甲醛、乙酰乙酸甲酯和氨水通过 Hantzsch 反应缩合得到。

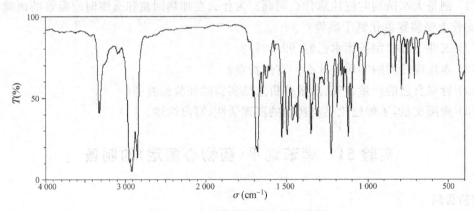

三、实验用试剂药品与仪器装置

试剂药品:邻硝基苯甲醛,乙酰乙酸甲酯,乙醇,氨水,石油醚,乙酸乙酯。

仪器装置:三颈烧瓶(50 mL),电热套,磁力搅拌器,锥形瓶,球形冷凝管,薄层色谱板,层析缸,紫外分析仪,超声波清洗器。

四、实验步骤

在 50 mL 三颈烧瓶中加入 2.5 g(16 mmol)邻硝基苯甲醛、3.8 g(32.8 mmol)乙酰乙酸甲酯、10 mL 乙醇和 2.0 mL(26.4 mmol)氨水,加入搅拌磁子,装上回流冷凝管、插入温度计。搅拌下加热至回流(保持温度稳定,微沸)。用薄层色谱法(TLC)跟踪反应,3 h 后原料邻硝基苯甲醛基本消失,新点(反应主产物)显著,$R_f = 0.44$(石油醚-乙酸乙酯,体积比为1∶1)。停止反应,将反应瓶内的混合物转移到烧杯中,冰水冷却,析出黄色固体,如产物呈棕色黏稠状,将烧杯置于超声波清洗器中超声 15~20 min。抽滤,用水洗涤固体得粗产品。粗产物用乙醇重结晶,得淡黄色晶体或粉末,干燥,称重,计算产率。

纯硝苯地平为淡黄色针状晶体,熔点 172~174 ℃,

图 4-47 硝苯地平的红外光谱图

五、思考题

试写出本实验中环合反应的机理。

第五章 绿色有机合成和天然有机产物的提取与分离实验

§5.1 绿色有机合成

1. 绿色化学简介

绿色化学(green chemistry)又称环境无害化学(environmentally benign chemistry)、环境友好化学(environmentally friendly chemistry)、清洁化学(clean chemistry),是指化学反应中充分利用参与反应的每个原料原子,实现"零排放"。其核心是要利用化学原理从源头上消除污染。不仅充分利用资源,而且不产生污染,并采用无毒无害的溶剂、助剂和催化剂,生产有利于环境保护、社区安全和人身健康的环境友好产品。绿色化学化工的目标是寻找充分利用原料和能源,且在各个环节都洁净和无污染的反应途径和工艺。绿色化学不仅将为传统化学工业带来革命性的变化,而且必将推进绿色能源工业及绿色农业的建立与发展。因此,绿色化学是更高层次的化学,化学家不仅要研究化学品生产的可行性和现实用途,还要考虑和设计符合绿色化学要求、不产生或减少污染的化学过程。这是一个难题,也是化学家面临的一项新挑战。

绿色化学的内容之一是"原子经济性",即充分利用反应物中的各个原子,因而既能充分利用资源,又能防止污染。原子经济性的概念是 1991 年美国著名有机化学家 Trost(为此他曾获得了 1998 年度的总统绿色化学挑战奖的学术奖)提出的,用原子利用率衡量反应的原子经济性,高效的有机合成应最大限度地利用原料分子的每一个原子,使之结合到目标分子中,达到零排放。绿色有机合成应该是原子经济性的。原子利用率越高,反应产生的废弃物越少,对环境造成的污染也越少。

绿色化学的内容之二的内涵主要体现在五个"R"上:第一是 Reduction——"减量",即减少"三废"排放;第二是 Reuse——"重复使用",诸如化学工业过程中的催化剂、载体等,这是降低成本和减废的需要;第三是 Recycling——"回收",可以有效实现"省资源、少污染、减成本"的要求;第四是 Regeneration——"再生",即变废为宝,节省资源、能源,减少污染的有效途径;第五是 Rejection——"拒用",指对一些无法替代,又无法回收、再生和重复使用的、有毒副作用及污染作用明显的原料,拒绝在化学过程中使用,这是杜绝污染的最根本方法。

2. 绿色化学的十二条原则

研究绿色化学的先驱者们总结出了这门新型学科的基本原则,为绿色化学今后的研究指明了方向。

(1) 从源头制止污染,而不是在末端治理污染。

（2）合成方法应具备"原子经济性"原则，即尽量使参加反应过程的原子都进入最终产物。

（3）在合成方法中尽量不使用和不产生对人类健康和环境有毒有害的物质。

（4）设计具有高使用效益、低环境毒性的化学产品。

（5）尽量不用溶剂等辅助物质，不得已使用时它们必须是无害的。

（6）生产过程应该在温和的温度和压力下进行，而且能耗最低。

（7）尽量采用可再生的原料，特别是用生物质代替石油和煤等矿物原料。

（8）尽量减少副产品。

（9）使用高选择性的催化剂。

（10）化学产品在使用完后能降解成无害的物质并且能进入自然生态循环。

（11）发展适时分析技术以便监控有害物质的形成。

（12）选择参加化学过程的物质，尽量减少发生意外事故的风险。

3. 有机合成实现绿色合成的途径

提高原子利用率，实现反应的原子经济性是绿色合成的基础。然而真正的原子经济性反应非常少。因此，不断寻找新的方法来提高合成反应的原子利用率是十分重要的。对一个有机合成来说，从原料到产品，要使之绿色化，涉及到诸多方面。首先看是否有更加绿色的原料，能否设计更绿色的新产品来代替原来的产品。还要看反应设计流程是否合理，是否有更加绿色的流程。从反应速度和效率看，还涉及到催化剂、溶剂、反应方法、反应手段等多方面的绿色化。

（1）开发新型高效、高选择性催化剂

催化剂不仅可以加速化学反应速率，而且采用催化剂可以高选择性地生成目标产物，避免和减少副产物的生成。据统计，在化学工业中 80% 以上的化学反应只有在催化剂作用下才能获得具有经济价值的反应速率和选择性。老工艺的改造也需要新型催化剂，新的反应原料、新的反应过程需要新催化剂，因此，设计和使用高效催化剂已成为绿色合成的重要内容之一。例如，在抗感染药奈普生(Naproxen)的不对称合成中，含有 $2,2'$-二(二苯基磷)-$1,1'$-二萘(BINAP)的过渡金属配合物，该配合物中由于单键的旋转受到限制，可获得 97% 的目标产物 S-奈普生。

S-奈普生，97%

（2）开发"原子经济性"反应

开发新的"原子经济性"反应已成为绿色化学研究的热点之一。基本有机化工原料生产的绿色化对于解决化学工业的污染问题起着举足轻重的作用。目前，在基本有机原料的生产中，有的已采用了"原子经济性"反应，如丙烯氢甲酰化制丁醛、甲醇羰基化制醋酸、乙烯或丙烯的聚合、丁二烯和氢氰酸合成己二腈等。现以丙烯环氧化合成环氧丙烷为例来讨论"原子经济性"反应的开发。

环氧丙烷是一种重要有机化工原料,在丙烯衍生物中产量仅次于聚丙烯和丙烯腈。它主要应用于制备聚氨酯所需要的多元醇和丙二醇。国内外现有的生产工艺是氯醇法,它是 Dow 化学、BASF 和 Bayer 公司开发的工艺过程:

$$2\ H_3C\!-\!CH\!=\!CH_2 + 2HOCl \longrightarrow H_3C\!-\!\underset{\underset{OH}{|}}{CH}\!-\!\underset{\underset{Cl}{|}}{CH_2} + H_3C\!-\!\underset{\underset{Cl}{|}}{CH}\!-\!\underset{\underset{OH}{|}}{CH_2}$$

$$H_3C\!-\!\underset{\underset{OH}{|}}{CH}\!-\!\underset{\underset{Cl}{|}}{CH_2} + H_3C\!-\!\underset{\underset{Cl}{|}}{CH}\!-\!\underset{\underset{OH}{|}}{CH_2} + Ca(OH)_2 \longrightarrow 2H_3C\!-\!\underset{\underset{O}{\diagdown\diagup}}{CH}\!-\!CH_2 + CaCl_2 + 2H_2O$$

此法需要消耗大量氯气和石灰,生成大量用处不大的氯化钙,生产过程中设备腐蚀和环境污染严重,其原子利用率仅为 31%。

近年来,Ugine 和 Enichem 公司开发了钛硅分子筛 TS-1 催化剂(简称 TS-1)催化过氧化氢氧化丙烯直接生产环氧丙烷的新工艺,其反应过程如下:

$$H_3C\!-\!CH\!=\!CH_2 + H_2O_2 \xrightarrow{\ TS-1\ } H_3C\!-\!\underset{\underset{O}{\diagdown\diagup}}{CH}\!-\!CH_2 + H_2O$$

新工艺使用的 TS-1 分子筛催化剂无腐蚀、无污染,反应条件温和,反应温度 40～50℃,压力低于 0.1 MPa,氧化剂采用 30% H_2O_2 水溶液,安全易得,反应几乎按化学计量关系进行。以 H_2O_2 计的转化率为 93%,生成环丙烷的选择性在 97% 以上,因此是一个低能耗过程。此反应的原子利用率虽然只有 76.3%,但生成的副产物仅是水,因此具有很好的工业应用前景。此工艺的不足之处是过氧化氢成本较高,在经济上暂时还缺乏竞争力。

(3) 使用环境友好介质,改善合成条件

对于传统的有机反应,溶剂是必不可少的,需要大量使用有机溶剂,而大多数有机溶剂具有毒性。所以,这容易造成对环境的污染。因此,需要限制这类溶剂的使用。采用无毒、无害的溶剂代替有机溶剂已成为绿色化学的重要研究方向。目前水、离子液体、超临界流体作为反应介质甚至采用无溶剂反应的有机合成在不同程度上已取得了一定的进展,它们将成为发展绿色合成的重要途径和有效方法。

以水为反应介质的有机反应是一种环境友好的反应,这类反应很早就有文献报道。但由于大多数有机物在水中的溶解性差,而且许多试剂在水中不稳定,因此水作为溶剂的有机反应没有引起人们的足够重视。直到 1980 年 Breslow 发现环戊二烯与甲基乙烯酮的环加成反应在水中较之异辛烷为溶剂的反应快 700 倍,才引起人们对水介质中进行的有机反应的极大兴趣。与有机溶剂相比,水溶剂具有独特的优点,如操作简便、使用安全以及水资源丰富,成本低廉,不污染环境等。此外,水溶剂的一些特性对某些重要有机转化是十分有益的,有时甚至可以提高反应速率和选择性。科学家预测,水相反应的研究将会在有机合成化学中开辟出一个新的研究领域。

离子液体是由有机阳离子和无机或有机阴离子构成的、在室温或室温附近温度下呈液体状态的盐,它在室温附近很宽的温度范围内均为液态。离子液体具有许多独特的性质,如:① 液态温度范围宽,从低于或接近室温到 300℃ 以上,且具有良好的物理和化学稳定性;

② 蒸气压低,不易挥发,通常无色无味;③ 对很多无机和有机物都表现出良好的溶解能力,且有些具有介质和催化双重功能;④ 具有较大的极性可调性,可以形成两相或多相体系,适合作分离溶剂或构成反应—分离耦合体系;⑤ 电化学稳定性高,具有较高的电导率和较宽的电化学窗口,可以用作电化学反应介质或电池溶液。因此,对许多有机反应,如烷基化反应、酰基化反应、聚合反应来说,离子液体是良好的溶剂。

超临界流体是指处于临界温度及超临界压力下的流体,它是一种介于气态与液态之间的流体状态,其密度接近于液态,而黏度接近于气态。由于这些特殊性质,超临界流体可以代替有机溶剂应用于有机合成介质。在超临界流体中,超临界 CO_2 流体以其临界压力和温度适中,来源广泛,价廉无毒等优点而得到广泛的应用。CO_2 的临界温度和压力分别是 $31.1℃$ 和 $7.38\,MPa$,在此临界点之上,就是超临界流体。由于此流体内在的可压缩性、流体的密度、溶剂黏度等性能均可通过压力和温度的变化来调节,因此在这种流体中进行的反应可得到有效控制。除超临界 CO_2 外,超临界水和近临界水的研究也引起了人们的重视,尤其是近临界水。因为近临界水相对超临界水而言,温度和压力都较低,此外,有机物和盐都能溶解在其中。因此,近年来近临界水中的有机反应研究备受关注。

(4) 改变反应方式和反应条件

随着绿色合成研究的不断深入,一些新的合成技术不断涌现,主要通过改变反应方式和反应条件,来达到提高产率、缩短反应时间和提高反应选择性的目的。其中微波技术、超声波技术均已应用于有机合成,另外有机电化学合成、有机光化学合成等也已成为绿色合成的重要组成部分。

(5) 选用更"绿色化"的起始原料和试剂

选用对人类和环境危害小的"绿色化"的起始原料和试剂是实现绿色合成的重要途径。在进行有机合成设计时,应该避免使用有毒原料和试剂,尤其是一些剧毒品、强致癌物等都应避免使用。

苯乙酸是合成医药、农药的重要中间体,传统的工艺中常用剧毒氰化物,而现在可以用苄氯直接羰基化来制备,使合成更加"绿色化"。

(6) 高效合成方法

设计高效多步合成反应,使反应有序、高效地进行。如一瓶多步串联反应、多反应中心多向反应、一瓶多组分反应等,无需分离中间体,不产生相应的废弃物,可免去各步后处理和分离带来的消耗和污染,无疑是洁净技术的重要组成部分。

(7) 其他途径

近年来提出的合成与分子构件概念应用于合成化学领域,极大地丰富了绿色合成的思路,利用分子组装可以高效率地合成目标分子。如计算机辅助绿色化学设计与模拟、反应原料的绿色化以及发展可替代绿色产品等。

实验 52　室温离子液体(1-甲基-3-丁基咪唑溴盐)的制备

一、实验目的

(1) 掌握室温离子液体的含义及在有机合成中的作用。
(2) 熟悉1-甲基-3-丁基咪唑溴盐的制备方法。

二、离子液体简介与实验原理

室温离子液体(room temperature ionic liquid),顾名思义就是完全由离子组成的液体,是低温(<100℃)下呈液态的盐,也称为低温熔融盐,它一般是由有机离子和无机离子(BF_4^-、BF_6^-)所组成。早在1914年,就发现了第一种液体——硝基乙胺,但其后该领域的研究进展缓慢,直到1992年,Wikes领导的研究小组合成了低熔点、抗水性、稳定性强的1-乙基-3-甲基咪唑四氟硼酸盐离子液体([EMIM]BF_4)后,离子液体的研究才得以迅速的发展,随后开发出了一系列的离子液体体系。最初的离子液体主要应用于电化学研究,近年来离子液体作为绿色溶剂用于有机和高分子合成受到重视。

室温离子液体是一种新型的溶剂和催化剂。它们对有机金属、有机化合物、无机化合物有很好的溶解性。由于没有蒸气压,可以用于高真空下的反应。同时又无味、不燃,在作为环境友好的溶剂方面有很大的潜力。离子液体有极性,可溶解作为催化剂的金属有机化合物,替换具有高的对金属配位能力的极性溶剂(如乙腈等)。溶解在离子液体中的催化剂,同时具有均相和非均相催化剂的优点。催化反应有高的反应速度和高的选择性,产物可通过静止分层或蒸馏分离出来。留在离子液体中的催化剂可循环使用。

最近,室温离子液体由于其低蒸气压、环境友好、高催化率和易回收等特点,在有机合成中得到广泛的关注,如Fridel-Crafts烷基化和醛酮缩合反应等。

离子液体也被用于萃取特殊的化合物,如替代HF溶解游母岩,由天然产物中萃取多肽。据文献报道,离子液体还可用于核废料的回收处理上。离子液体的溶解性可通过变化阴离子或阳离子中烷基链的长短而改变。人们把离子液体称为"可设计合成的溶剂"。

制备1-甲基-3-丁基咪唑溴盐的反应式如下:

$$CH_3-N{\diagup\!\!\!\!\diagdown}N + C_4H_9Br \longrightarrow CH_3-N{\diagup\!\!\!\!\diagdown}N^+-C_4H_9Br^-$$

该反应是原子经济性反应,投入的原料全部转化为产物,符合当前绿色化学的要求。

三、实验用试剂药品与仪器装置

试剂药品:1-甲基咪唑,1,1,1-三氯乙烷,正溴丁烷。
仪器装置:圆底烧瓶(50 mL),磁力搅拌器,恒压滴液漏斗,球形冷凝管,旋转蒸发仪。

四、实验步骤

在50 mL圆底烧瓶中加入3.0 g(0.037 mol)1-甲基咪唑,加入20 mL 1,1,1-三氯乙烷作溶剂在磁力搅拌的条件下,用恒压滴液漏斗缓慢滴加5.0 g(0.036 mol)正溴丁烷,约

40 min 滴完,溶液变混浊,将恒压滴液漏斗撤下换上球形回流冷凝管,加热回流 2 h,反应完毕。用旋转蒸发器将 1,1,1 -三氯乙烷蒸出,得到 1 -甲基- 3 丁基咪唑的溴盐,为黏稠状液体。

五、注意事项

(1) 要注意控制搅拌速度和滴加速度,使两种原料缓慢混合均匀。

(2) 滴加后迅速换上球形回流冷凝管回流,1,1,1 -三氯乙烷的沸点为 73~76℃,应控制回流速度,不宜过快。

(3) 将旋转蒸发器的水浴温度缓慢上升至 80℃,0.1 MPa 下旋转 40 min,将 1,1,1 -三氯乙烷完全蒸出。

(4) 得到的离子液体为红棕色黏稠液体,可以不经处理直接作为催化剂和溶剂应用于有机化合物的合成。

六、思考题

(1) 何为离子液体? 离子液体在有机合成中有哪些应用?

(2) 为何生成的产物不需进一步处理?

实验 53　在离子液体中合成查尔酮

一、实验目的

(1) 掌握在离子液体[DBMIM]BF$_4$ 中羟醛缩合制备查尔酮的原理及基本操作。

(2) 掌握绿色化学的基本原理及以离子液体为溶剂在有机合成中的应用。

二、实验原理

查尔酮(又称为苯亚甲基乙酮)及其衍生物是芳香醛酮发生交叉羟醛缩合的产物,是合成多种天然化合物重要的有机中间体,其本身也有重要的药理作用。据文献报道,查尔酮具有抗过敏及抗肿瘤等作用。查尔酮为淡黄色斜方或菱形结晶。熔点为 57~58℃,沸点为 345~348℃(微分解),易溶于醚、氯仿、二硫化碳和苯,微溶于醇,难溶于石油醚。

经典合成方法:查尔酮的合成,通常是以甲醇或无水乙醇为反应溶剂,由苯乙醇及其衍生物与芳香醛在碱或酸作用下缩合而成。经典的合成方法是使用强碱(如醇钠)或者强碱在无水乙醇中催化苯乙酮和苯甲醛的羟醛缩合。该反应体系对设备腐蚀较大,产物不易分离且严重污染环境。

绿色合成方法:为了降低查尔酮在合成反应中有机溶剂和强酸、强碱的污染,提高反应产率,本实验采用绿色合成新方法。以离子液体[DBMIM]BF$_4$ 为反应溶剂,水滑石作为催化剂,催化苯乙酮和苯甲醛的羟醛缩合制备查尔酮。使用绿色离子液体[DBMIM]BF$_4$ 为反应溶剂,产量高,催化剂水滑石为无污染固体,可回收再利用。本实验为实现查尔酮的绿色化制备提供来了一个重要的实验方法。

反应方程式为:

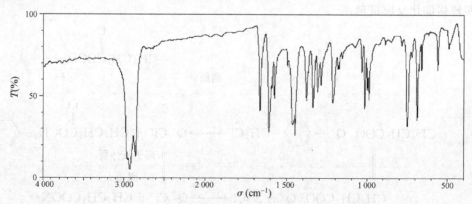

三、实验用试剂药品与仪器装置

试剂药品:50 mL 乙腈,0.1 mol 2-甲基咪唑,0.11 mol KOH,0.2 mol 1-溴代正丁烷,50 mL 甲苯,100 mL 蒸馏水,0.15 mol 氟硼酸钠(NaBF₄),50 mL 二氯甲烷,2 g 水滑石,50 mL 乙酸乙酯,5 mL(5.3 g,0.05 mol)新蒸馏的苯甲醛,6 mL(6 g,0.05 mol)苯乙酮。

仪器装置:圆底烧瓶(250 mL),锥形瓶(100 mL),温度计,布氏漏斗,磁力搅拌器,抽滤瓶,水浴。

四、实验步骤

1. [DBMIM]BF₄ 的合成

在带有磁力搅拌器的 250 mL 圆底烧瓶中加入 50 mL 乙腈作溶剂,再一次加入 0.1 mol 的 2-甲基咪唑和 0.11 mol 的 KOH,搅拌 1 h,控制温度为 303℃,在恒压下滴加 0.1 mol 的 1-溴代正丁烷至烧瓶并搅拌反应 3 h。过滤除去生成的 KBr 后,减压蒸馏得浅棕色液体 1-丁基-2-甲基咪唑(产率约为 97%)。再用 50 mL 甲苯作溶剂,依次加入 0.1 mol 前面得到的 1-丁基-2-甲基咪唑和 0.1 mol 1-溴代正丁烷,冷凝回流搅拌 6 h;通过减压蒸馏,可得到中间体 1,3-二丁基-2-甲基溴咪唑([DBMIM]Br),产率约为 95%。

在带有磁力搅拌器的 250 mL 圆底烧瓶中依次加入 50 mL 蒸馏水,0.1 mol 前面得到的 [DBMIM]Br 和 0.15 mol 的 NaBF₄,在室温下搅拌,反应 24 h;随后分别用 50 mL 二氯甲烷萃取反应液 3 次,再分别用 50 mL 蒸馏水洗涤二氯甲烷萃取液 2 次,以除去氟硼酸钠。洗涤后的萃取液,通过减压蒸馏二氯甲烷溶液,所得淡黄色液体即为离子液体[DBMIM]BF₄,产率为 90%左右。

2. 查尔酮的制备

在带有磁力搅拌器的 100 mL 锥形瓶中加入反应物 0.05 mol 苯乙酮和 0.05 mol 的新蒸馏苯甲醛,用 50 mL[DBMIM]BF₄ 作反应溶剂,再加入 2 g 水滑石催化剂,在 70℃恒温下水浴,搅拌 2 h。

图 5-1　查尔酮的红外光谱图

反应结束后,加入 50 mL 乙酸乙酯,振荡溶解反应产物,过滤,并用适量乙酸乙酯洗涤滤渣(水滑石),滤液([DBMIM]BF$_4$ 和乙酸乙酯溶液)在分液漏斗中静置分层,分出下层的[DBMIM]BF$_4$,经真空干燥后回收可重复使用;将乙酸乙酯溶液在旋转蒸发器中减压蒸馏,得浅黄色固体缩合物查尔酮 10.0 g,产率为 98%。粗产物用 95% 乙醇重结晶。

五、思考题

(1) 实验中可能产生哪些副反应?可采取哪些措施来避免这些副反应的发生?

(2) 苯甲醛和苯乙酮的羟醛缩合产物为什么不稳定,加热会立即失水?

(3) 为什么使用新蒸馏的苯甲醛?

实验 54　离子液体相转移催化合成丙酸苄酯

一、实验目的

(1) 掌握在离子液体[C$_4$MIM]BF$_4$ 中相转移催化制备丙酸苄醋的原理及基本操作。

(2) 掌握绿色化学的基本原理及离子液体的相转移催化在有机合成中的应用。

二、实验原理

丙酸苄酯是一种常用的香料,具有茉莉花的清甜香味,可用作玫瑰类、茉莉类调和香料的矫香剂。天然的丙酸苄酯存在于草莓等植物中。工业上丙酸苄酯的合成方法主要为苯甲醇-丙酸法,通过酯化反应制取。传统的催化剂为浓硫酸或 AlCl$_3$、FeCl$_3$ 等路易斯酸,但是这些催化剂存在腐蚀性强、副反应多、产物处理麻烦、排放的废液污染环境等问题。

离子液体是一种由烷基季铵离子与复合阴离子组成的复合盐,具有不挥发、不燃烧、无毒、液态存在的温度范围宽、使用安全等特点,被认为是未来理想的绿色、高效溶剂和催化剂。本实验以离子液体[C$_4$MIM]BF$_4$ 为溶剂,四丁基氯化铵为相转移催化剂合成丙酸苄酯,产率高,基本无环境污染,其反应方程式为:

$$CH_3CH_2COONa + ClH_2C\!-\!\langle\,\rangle \xrightarrow[\text{[C}_4\text{MIM]BF}_4]{\text{TBAC}} CH_3CH_2\overset{\displaystyle O}{\overset{\|}{C}}OCH_2\!-\!\langle\,\rangle$$

相转移催化反应机理:

$$CH_3CH_2\overset{\displaystyle O}{\overset{\|}{C}}OCH_2\!-\!\langle\,\rangle$$

酯层

$$CH_3CH_2COO^-Q^+ + \langle\,\rangle\!-\!CH_2Cl \longrightarrow Q^+Cl^- + CH_3CH_2\overset{\displaystyle O}{\overset{\|}{C}}OCH_2\!-\!\langle\,\rangle$$

离子液体层

固相

$$CH_3CH_2COO^-Q^+ + NaCl \longleftarrow Q^+Cl^- + CH_3CH_2COONa$$

三、实验用试剂药品与仪器装置

试剂药品：氯化苄 5.7 mL(6.3 g,0.05 mol),丙酸钠 6.2 g(0.065 mol),四丁基氯化铵(TBAC)0.6 g,N-甲基咪唑,正丁基氯,氟硼酸钠,丙酮,二氯乙烷,甲苯,乙酸乙酯,无水 $MgSO_4$。

仪器装置：三颈烧瓶(100 mL),球形冷凝管,温度计,圆底烧瓶(50 mL 和 25 mL 各一个),分液漏斗(60 mL),锥形瓶(25 mL),烧杯,机械搅拌器,减压蒸馏系统。

四、实验步骤

1. 离子液体的制备

(1) 氯化 1-正丁基-3-甲基咪唑盐[C₄MIM]Cl 的合成

在一带有冷凝管,机械搅拌器,温度计和氮气导管的烧瓶中,用氮气排尽空气,然后加入等物质的量的 N-甲基咪唑和正丁基氯,在油浴上控制温度回流,直至由浑浊变为透明,继续搅拌 2 h。将反应液倒入烧杯,放入冰箱冷却结晶 24 h。真空抽滤,滤饼用少量的乙酸乙酯反复洗涤,在80℃真空下烘干,即得到氯化正丁基咪唑白色小颗粒。

(2) [C₄MIM]BF₄ 的合成

在50 mL 的圆底烧瓶中,加入等物质的量的氯化正丁基咪唑和氟硼酸钠,丙酮为溶剂,在室温下搅拌 24 h,再用真空抽滤反应液,减压蒸馏出滤液中的丙酮后,加入二氯甲烷析出白色晶体,抽滤。滤液经真空减压蒸出二氯乙烷,将滤液置于 40℃真空烘箱干燥至恒重,得到无色黏稠液体,即为离子液体[C₄MIM]BF₄。

2. 丙酸苄酯的制备

在25 mL 的圆底烧瓶中加入10 mL 离子液体、0.05 mol 氯化苄、0.065 mol 丙酸钠、0.6 g 四丁基氯化铵,在75~80℃下反应 2.5~3.0 h,分出上面的有机层。如无有机成分分出,则用甲苯萃取。合并萃取液,用10 mL 水分两次洗涤,少量无水 $MgSO_4$ 干燥。静置30 min 后常压蒸馏回收甲苯并除去低沸点组分。常压蒸馏收集219~222℃的馏分,得无色、有香气的液体产品 7.8 g,产率 95%。

产品经阿贝折射仪测定,其折光率 $n_D^{20}=1.499$;IR 光谱测定(ν/cm^{-1}):3 032,1 735,1 497,1 456,1 347,1 380,1 273,1 174。

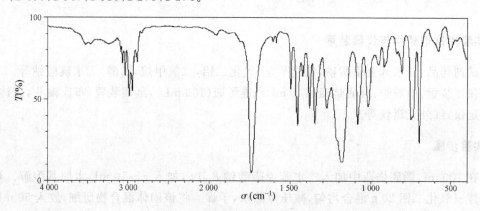

图 5-2　丙酸苄酯的红外光谱图

五、思考题

(1) 实验中使用相转移催化剂为什么可以提高丙酸乙酯的产量?

(2) 离子液体如何重复使用?

实验 55　微波辐射法合成苯基苄基砜

一、实验目的

(1) 掌握微波辐射下合成有机化合物的方法及其原理。

(2) 了解砜类有机化合物的制备方法。

(3) 巩固重结晶和熔点测定,学习光谱解析方法。

二、实验原理

自从 1986 年起,有人第一次在一台简单的家用微波炉中做了一次化学合成反应,从此微波有机合成(MAOS)就在现代化学合成的发展中逐渐变得流行起来。在过去的 10 年中,微波催化已经成功地用于加速和改进一些著名的有机合成反应。很多具有多种模式或单一模式的特殊设备或技术应运而生,以满足化学家们对精细反应的控制。准确的温度测量、压力感应以及软件支持的实验控制是复杂的微波反应器的主要优点。MAOS 的生产能力现在已经稳定地增长到克级合成的水平,已经离微波工业化生产(千克级别)越来越近了。

砜基可作为活化官能团,能在温和的条件下引入有机化合物,并易被除去。特别是砜基可以活化 α-碳原子,使其作为反应中心用于形成新的碳—碳键。同时,砜基的存在还有助于有机化合物晶体的形成,有利于反应中间体的纯化。砜的合成反应一般可以从硫醚的氧化;或者从亚磺酸钠与烷基化试剂进行 S-烷基化得到。但是,该反应的反应温度较高,反应时间长,产率不高。

本实验采用微波有机合成技术,以三氧化二铝为无机载体,以二水苯亚磺酸钠和氯化苄为原料,在无溶剂条件下直接合成苯基苄基砜。该方法具有反应过程和后处理简便、反应时间短、产物收率高等特点,是绿色有机合成方法。反应方程式为:

$$\text{\large⬡}-SO_2Na + ClH_2C-\text{\large⬡} \xrightarrow{Al_2O_3/MW} \text{\large⬡}-SO_2CH_2-\text{\large⬡}$$

三、实验用试剂药品与仪器装置

试剂药品:二水苯亚磺酸钠,氯化苄,三氧化二铝,二氯甲烷,乙醇,无水硫酸钠等。

仪器装置:微波炉,圆底烧瓶(100 mL),锥形瓶(100 mL),蒸馏装置,布氏漏斗,研钵,熔点测定仪,红外光谱仪等。

四、实验步骤

在 100 mL 圆底烧瓶中加入二水苯亚磺酸钠 8.0 g,加入 8~10 mL 水使其溶解。再加入中性三氧化二铝 20 g 混合均匀,减压蒸除水,干燥。将该固体混合物研细,放入 50 mL 烧杯中。再加入苄氯 2.3 mL,混合均匀,放入微波炉,调节不同火力和加热时间进行反应,找出最佳反应条件。

　　反应结束后,用 30 mL 二氯甲烷浸泡提取,并用二氯甲烷将吸附于三氧化二铝上的产物洗脱下来,合并二氯甲烷溶液,用冷水洗涤 3 次,每次 50 mL。然后用无水硫酸钠干燥有机层。水浴蒸除溶剂,得苯基苄基砜粗品。粗品可用乙醇重结晶,干燥后得到白色针状晶体,称重,计算产率。

　　测熔点及红外光谱,确定产物结构。苯基苄基砜的熔点为 148℃。

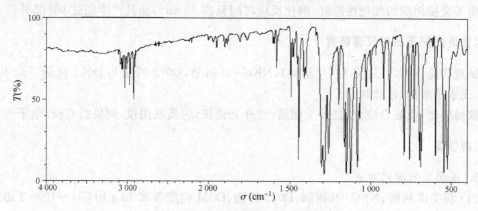

图 5-3　苯基苄基砜的红外光谱图

五、注意事项

　　(1) 实验中二水苯亚磺酸钠和三氧化二铝混合均匀后,必须将水除干净。

　　(2) 如将二水苯亚磺酸钠和无机载体三氧化二铝直接混合时,反应效果不佳。

　　(3) 微波辐射功率过大,反应时间过长,会使副产物增加。

　　(4) 反应结束后,要用二氯甲烷浸泡提取数小时。

六、思考题

　　(1) 微波辐射合成有机化合物适合于哪些反应?

　　(2) 微波有机合成法和常规加热法相比有哪些优势和特点?

实验 56　微波辐射下阳离子交换树脂催化合成 1-萘乙酸甲酯

一、实验目的

　　(1) 了解微波辐射法合成 1-萘乙酸甲酯的原理及方法。

　　(2) 学习 1-萘乙酸甲酯的表征方法。

　　(3) 熟悉阳离子交换树脂催化剂在酯化反应中的应用。

二、实验原理

　　1-萘乙酸甲酯,又称为抑芽酸酯,简称 MENA,是一种植物生长调节剂,广泛应用于马铃薯、小麦、薄荷等农作物的生长调节,又因其具有毒性低、无刺激性等特点,也常用作马铃薯的抑芽剂和熏蒸剂,以防止马铃薯变质腐烂,保存其营养价值和延长其贮存期。传统生产1-萘乙酸甲酯选用的催化剂为硫酸,其明显的不足是硫酸对设备具有强腐蚀性,而且由于浓硫酸用量大,造成副产物多、产品精制困难、污染大。将阳离子交换树脂类型如强酸性阳离子交换树脂732和大孔径阳离子交换树脂NKC-9、D072和D061,作为1-萘乙酸甲酯合成的催化剂,已有大量报道。本实验在微波辐射条件下利用强酸性阳离子交换树脂732和大孔径阳离子交换树脂NKC-9、D072和D061作催化剂,催化合成1-萘乙酸甲酯。微波法阳离子交换树脂的催化性能好,酯化反应时间只需30 min,而且产率高达99.05%。

三、实验用试剂药品与仪器装置

试剂药品:98%1-萘乙酸(化学纯),NKC-9树脂,D072树脂和D061树脂,732树脂,甲醇,无水硫酸钠,浓盐酸。

仪器装置:微波合成仪,红外干燥箱,红外光谱仪,色质联用仪,阿贝折光仪,电子天平。

四、实验步骤

1. 催化剂的活化方法

(1) 将732树脂、NKC-9树脂、D072树脂、D061树脂各取30 g用5%～10% 2倍固体物体积的盐酸溶液浸泡、搅拌4～8 h,过滤,用蒸馏水洗至中性;用常规方法干燥(在烘箱中80℃下烘至恒重,约48 h,贮存备用)。

(2) 同(1),后面干燥时用微波法干燥(在微波炉(400 W)中烘至恒重,约10 min,贮存备用)。

(3) 每次用过的催化剂(其参数见表5-1),分别回收处理。回收处理催化剂的方法:回收催化剂加5%～10%盐酸,浸泡、搅拌8 h,过滤,微波干燥至恒重,约10 min,贮存,备用。

表 5-1　催化剂的重要参数

催化剂	732	NKC-9	D061	D072
(干)氢交换量/(mmol/g)	4.5	4.7	4.2	4.2
(湿)氢交换量/(mmol/g)	1.8	1.5	1.4	1.4

2. 1-萘乙酸甲酯的合成

在250 mL洁净的圆底烧瓶中加入3 g 1-萘乙酸和10.22 mL无水甲醇,再加入2.7 g强酸性阳离子交换树脂(732树脂、NKC-9树脂、D072树脂、D061树脂),均匀混合放置于装有冷凝回流装置的微波合成仪中,把微波炉的功率调整为600 W,在微波辐射下累计反应30 min。反应完毕用布氏漏斗抽滤出催化剂,采用常压蒸馏装置蒸馏出甲醇。取下蒸馏瓶将其中油状液体倒入小烧杯中,并向其中加入15～20 mL蒸馏水,用无水碳酸钠中和,使溶液的pH大于7,以达到油水分离的目的。用分液漏斗分离出油层,将上层液体用无水乙醚萃取3次,每次用10 mL乙醚。将每次的上层清液与油层混合,再用无水硫酸镁或无水硫酸钠干燥,过滤,将滤液在常压下蒸馏出乙醚(35℃),即得产品1-萘乙酸甲酯。

3. 1-萘乙酸甲酯的表征

(1) 产品红外光谱分析及色质联用仪分析

将产品用红外吸收光谱仪检测,得出主要吸收峰(ν_{max}/cm^{-1}):3 047(m,CH),2 950(s,CH_2),1 732(vs,C=O),1 153(m,C—O—C),781(vs,苯环)。产品经色质联用仪检测,质

谱图显示样品相对分子质量为200。

（2）测定折光率

用阿贝折射仪测定产品的折光率一般为1.2985。

五、思考题

（1）试述微波辐射法合成1-萘乙酸甲酯的优点和缺点。

（2）阳离子交换树脂催化剂在有机合成上还有哪些应用？

实验 57　（＋）-(s)-3-羟基丁酸乙酯的生物催化合成

一、实验目的

（1）学习利用生物催化法合成（＋）-(s)-3-羟基丁酸乙酯的原理和方法。

（2）巩固萃取、减压蒸馏等基本操作。

二、实验原理

生物催化的手性合成（chiral synthesis with biocatalyst）是利用酶或有机体作为催化剂将无手性、潜手性化合物转变为手性产物的过程。生物催化中常用的有机体主要是微生物，其本质是利用微生物细胞内的酶催化非天然有机化合物的生物转化，又称为微生物转化。生物转化可以在温和的条件下，快速催化立体专一性反应，并且它们能以极精确的反应转化为数众多的底物，极小或根本不生成副产物，加上其本身无污染等特点，因而是一种绿色合成方法。

本实验主要以面包酵母为生物催化剂，催化乙酰乙酸乙酯的还原反应，得到（＋）-(s)-3-羟基丁酸乙酯，其反应方程式如下：

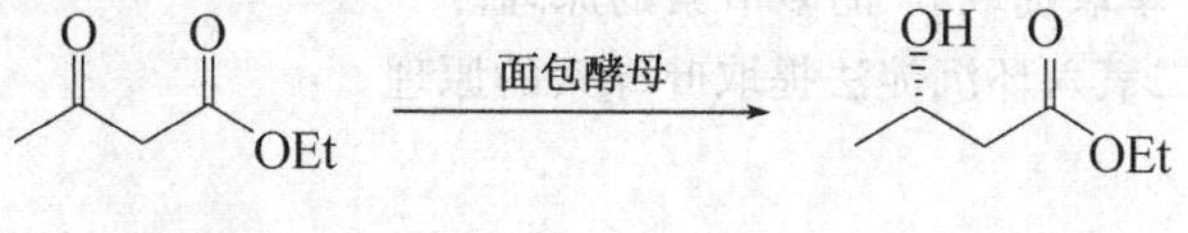

三、实验用试剂药品与仪器装置

试剂药品：乙酰乙酸乙酯，蔗糖（未经精制的砂糖），面包（酵母发面用酵母），硅藻土，乙醚，无水硫酸镁，氯化钠。

仪器装置：电子天平，机械搅拌器，玻璃沙漏斗（G4，12 cm），普通玻璃仪器，标准磨口仪器、Vigreux分馏柱。

四、实验步骤

在一只1 000 mL的三颈瓶上分别安装一个计泡器、温度计和机械搅拌器，向烧瓶中加入50 g面包酵母和温热到30 ℃的75 g蔗糖溶在400 mL新鲜自来水的溶液，将此混合物在25～30 ℃慢慢搅拌。1 h后，将5.0 g(0.038 mol)乙酰乙酸乙酯[1]加到剧烈搅拌的悬浮液中（每秒放出2个气泡），剧烈振荡，在室温下慢慢搅拌1天。将50 g新的蔗糖溶在250 mL自来水的溶液温热到40 ℃，而后加到三颈烧瓶中。放置1 h（每秒钟放出2个气泡）后加入5.0 g(0.038 mol)乙酰乙酸乙酯，再在室温下慢慢搅拌2天。

向反应混合物中加入 20 g 硅藻土,用玻璃沙漏斗过滤,水层用氯化钠饱和,用乙醚萃取三次,每次 100 mL。如果出现乳化现象,可加入少量甲醇。分出有机层,用无水硫酸镁干燥,滤去干燥剂,先用热水浴蒸去乙醚[2],再在 40℃减压蒸馏后,用 20 cm 长的 Vigreux 分馏柱减压蒸馏残留物,收集 73～74℃/1.87 kPa 馏分,得无色液体 6.0 g[2,3],产率 64%。

【注释】

[1] 乙酰乙酸乙酯在使用前需重新蒸馏,收集 74℃/1.87 kPa 的馏分。

[2] 使用面包酵母使羰基还原,生成光学活性的醇,这里只得到一种对映异构体。还原反应并不是对映选择性的。e.e.值约为:(*S*)-异构体 95%;(*R*)-异构体 5%。其原因是乙酰乙酸乙酯并不是天然的底物。

[3] (*S*)-异构体的纯化:把产物(混合物)用 3,5-二硝基苯甲酸酯进行结晶即可。

五、思考题

(1) 与一般的有机合成相比,生物合成具有哪些特点?

(2) 产物(+)-(*S*)-3-羟基丁酸乙酯与原料乙酰乙酸乙酯在 IR 和 ^1H NMR 上有何差别。

§5.2　天然有机产物的提取与分离

实验 58　绿色植物中天然色素的提取与薄层层析分离

一、实验目的

(1) 掌握有机溶剂提取叶绿体色素等天然化合物的原理和实验方法。

(2) 了解皂化—萃取提取 β-胡萝卜素的原理。

(3) 了解 1,4-二氧六环沉淀法提取叶绿素的原理。

二、实验原理

植物光合作用是自然界最重要的现象,它是人类所利用能量的主要来源。在把光能转化为化学能的光合作用过程中,叶绿体色素起着重要的作用。高等植物体内的叶绿体色素有叶绿素和类胡萝卜素两类,主要包括叶绿素 a、叶绿素 b、β-胡萝卜素和叶黄素四种。四种化合物及维生素 A 的结构式可分别表示为:

Chl a(R=CH_3)
Chl b(R=CHO)

β-Carotene(R=H)　　Lutein(R=OH)

Vit A

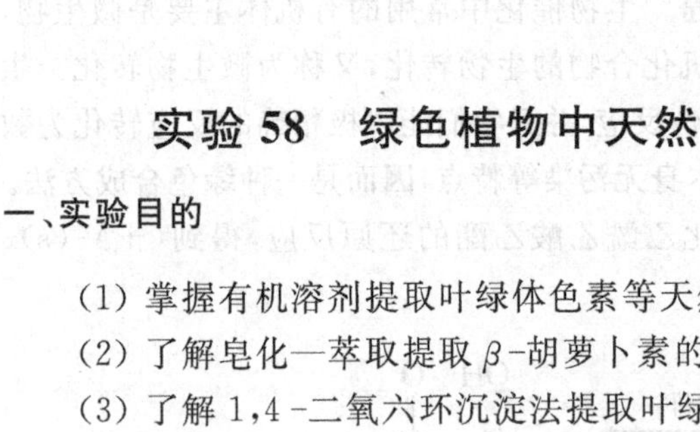

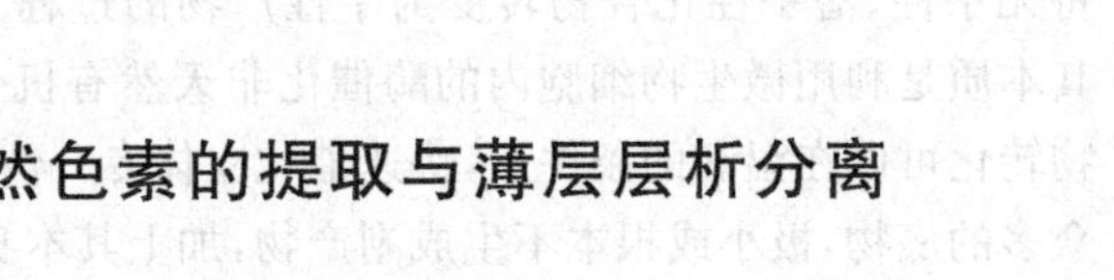

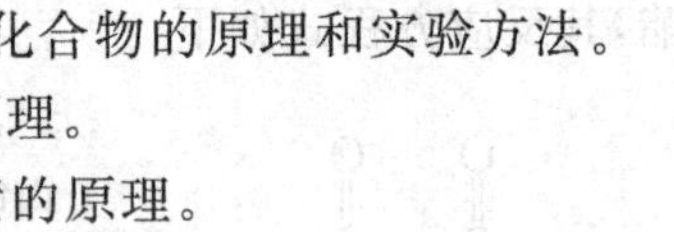

叶绿素(Chlorophyll)是叶绿酸的酯,它在植物进行光合作用中吸收可见光,并将光能转变为化学能。叶绿素是植物进行光合作用所必需的催化剂。在绿色植物中叶绿素主要以叶绿素 $a(C_{55}H_{72}O_5N_4Mg)$ 和叶绿素 $b(C_{55}H_{70}O_6N_4Mg)$ 两种结构相似的形式存在,其差别仅是叶绿素 a 中一个甲基被叶绿素 b 中的甲酰基所取代。

在叶绿素分子结构中含有四个吡咯环,它们由四个甲烯基联结成卟啉环,在卟啉环中央有一个镁原子,它以两个共价键和两个配位键与四个吡咯环的氮原子结合成内配盐,形成镁卟啉。在叶绿素分子中还有两个羧基,其中一个与甲醇酯化成 $COOCH_3$,另一个与叶绿醇酯化成 $COOC_{20}H_{39}$ 长链。

类胡萝卜素(Carotenoid)是一类不饱和的四萜类碳氢化合物(例如胡萝卜素,Carotene),或它们的氧化衍生物(例如叶黄素类,Xanthophylls)。所有的类胡萝卜素均源于非环状的 $C_{40}H_{56}$ 结构。类胡萝卜素在强光下可防止叶绿素的光氧化;在弱光下,可作为辅助色素吸收光能并传递给叶绿素分子。胡萝卜素有三种异构体,即 α-胡萝卜素、β-胡萝卜素和 γ-胡萝卜素,其中 β-胡萝卜素含量最多,也最为重要。β-胡萝卜素还具有维生素 A 的生理活性,其结构是由两分子维生素 A 在端链失去两分子水结合而成。在生物体内,β-胡萝卜素受酶催化氧化形成维生素 A。叶黄素($3,3'$-二羟基-α-胡萝卜素,Xanthophyll,$C_{40}H_{56}O_2$)是一种常见的氧化型的类胡萝卜素。β-胡萝卜素和叶黄素均属于脂溶性化合物。

叶绿素 a 和叶绿素 b 都是吡咯衍生物与金属镁的配合物,尽管它们分子中含有一些极性基团,但大的烷基结构使它们易溶于丙酮、乙醇、乙醚、石油醚等有机溶剂溶剂。β-胡萝卜素和叶黄素是脂溶性的四萜化合物。与胡萝卜素相比,叶黄素易溶于醇而在石油醚中的溶解度较小。根据它们在有机溶剂中的溶解特性,可将它们从植物叶片中提取出来。植物叶绿体色素通常可用丙酮、乙醇、乙醚、丙酮-乙醚、甲醇-石油醚等有机溶剂提取。由于粗提取液中还可能包括残余植物组织和其他可溶性杂质,实验中应对粗提液进一步纯化。

三、实验用试剂药品与仪器装置

试剂药品:丙酮,乙醇,92%甲醇,乙醚,石油醚,1,4-二氧六环,0.1 mol/L Na_2HPO_4-NaH_2PO_4 缓冲液(pH=7.0),30% KOH 甲醇溶液,饱和氯化钠水溶液,碳酸镁和无水硫酸钠等。

仪器装置:研钵,量筒,分液漏斗等常用玻璃仪器。

四、实验步骤

1. 叶绿体色素的提取

方法一:新鲜绿色植物叶片,如菠菜等,洗净后弃除叶柄和中脉,然后用纱布或吸水纸将菜叶表面的水分吸干。称取处理过的叶片 20 g,剪碎后放在干净的研钵内,加入 0.4 g 碳酸镁,先将菜叶粗捣烂,然后加入 20 mL 乙醇-石油醚(2∶3),迅速研磨 5~10 min。减压过滤除去叶片残渣,再将叶片残渣用 20 mL 乙醇-石油醚(2∶3)研磨提取一次。最后再用 20 mL 乙醇-石油醚(2∶3)洗涤研钵等容器,一并过滤。

方法二:类似于方法一,采用丙酮提取,但在纯化时应事先在分液漏斗中加入 15 mL 石油醚。

2. 粗提取液的纯化

纯化色素时,将合并的滤液转入分液漏斗,加入 5 mL 饱和 NaCl 溶液和 30 mL 蒸馏水,轻轻振荡,放置分层。小心地把下层的含乙醇水溶液放掉,用洗瓶沿分液漏斗内壁加入 30 mL 蒸馏水洗涤石油醚层 3 次,以彻底洗去乙醇或丙酮。每次都要轻轻转动分液漏斗,使叶绿体色素保留在上层的石油醚层中,静置,待分层清楚后,去掉下面的水溶液。再往石油醚色素提取液中加入少量无水 Na$_2$SO$_4$ 除去残余水分。最后用旋转蒸发器,控制 30~35℃ 水浴进行适当浓缩(约 10 mL),转入带塞的棕色瓶中置于暗处保存。

3. 柱层析分离

取 25 mL 酸式滴定管为层析柱,以中性层析氧化铝干法装柱。将试样用适量氧化铝吸附后蒸除溶剂,加到柱上部。先用 9∶1 石油醚-丙酮洗脱,接收第一个流出的橙黄色色带胡萝卜素(约用洗脱液 50 mL)。接着,改用 7∶3 石油醚-丙酮洗脱,接收第二个流出的棕黄色色带叶黄素(约用洗脱液 200 mL)。再换 2∶1∶1 的正丁醇-乙醇-水洗脱,分别接收绿色的叶绿素 a 和黄绿色的叶绿素 b(约用洗脱液 30 mL)。

除另有规定外,通常按流动相洗脱能力大小,递增变换流动相的品种和比例,分别收集流出液,至流出液中所含成分显著减少或不再含有时,再改变流动相的品种和比例。操作过程中应保持有充分的流动相留在吸附层的上面。

4. 皂化-萃取法提取 β-胡萝卜素

将 20 mL 的植物色素甲醇-石油醚提取溶液移入 100 mL 分液漏斗中,加入 5 mL 30% KOH-甲醇溶液(将 KOH 加到 90%甲醇水溶液中配制),充分混合后避光放置 1 h。叶绿素发生皂化反应脱去甲基和叶醇基,生成衍生叶绿素。然后,加水 25 mL,轻轻振荡后静置 10 min 分层,除去水溶液,即得黄色的 β-胡萝卜素石油醚溶液。然后将石油醚溶液用 100 mL 蒸馏水分 3 次洗涤,再经过适当浓缩后移入分液漏斗,用 10 mL 92%甲醇洗涤,摇动后静置分离,叶黄素萃取进入甲醇中。重复处理三次,合并所得 β-胡萝卜素石油醚溶液。

往分离后的甲醇溶液中加入等体积的乙醚和等体积的水。振荡后用分液漏斗分出上层乙醚溶液,加入少量无水硫酸钠进行干燥。过滤后蒸去乙醚,即得深红色的叶黄素软膏状物质。

5. 1,4-二氧六环沉淀法提取叶绿素

绿色植物叶片的叶绿素用异丙醇提取。往 40 mL 冷的浓缩粗提液中滴加 70 mL 1,4-二氧六环和 200 mL 0.1 mol/L Na$_2$HPO$_4$-NaH$_2$PO$_4$ 缓冲液(pH=7.0),然后放在 5℃冰箱过夜。由于 1,4-二氧六环与叶绿素中心的 Mg 原子进一步配合,降低了色素溶解度,析出叶绿素沉淀。离心分离后,可进一步用水洗去叶绿素沉淀表面吸附的黄色的类胡萝卜素。

6. 薄层层析分离

(1) 将分离得到的胡萝卜素在 10 cm×5 cm 硅胶 G 板上点样,展开剂为 7∶3 的石油醚-丙酮溶液。在紫外灯下可观察记录到 1~3 个样点,计算各样点的比移值。

(2) 将分离得到的叶黄素在 10 cm×5 cm 硅胶 G 板上点样,展开剂为 7∶3 的正丁醇-丙酮溶液。在紫外灯下可观察记录到 1~4 个样点,计算各样点的比移值。

(3) 将提取液及分离得到的 4 个样品同时在硅胶 G 板上点样,展开剂为 8∶2 的苯-丙酮溶液。在紫外灯下可观察记录各样点的位置和顺序,计算各样点的比移值。

五、注意事项

（1）叶绿体色素对光、温度、氧气环境、酸碱及其他氧化剂都非常敏感。色素的提取和分析一般都要在避光、低温及无酸碱等干扰的情况下进行。乙醚使用前应重蒸除去过氧化物。

（2）使用低沸点易挥发有机溶剂要注意实验室安全。实验室要保持良好的通风条件，不得靠近明火操作。

（3）提取液不宜长期存放，必要时应抽干充氮、避光低温保存。

六、思考题

（1）试讨论叶绿素、β-胡萝卜素的生理意义及实际应用。

（2）绿色植物叶片的主要成分是什么？提取液可能含有哪些化合物？

（3）一般天然产物的提取方式有哪些？残余的植物组织应如何除去？

（4）用乙醇-石油醚提取和用丙酮提取可能对结果产生什么影响？

实验 59　橙皮中挥发油——柠檬油的提取与色谱分析

一、实验目的

（1）学习挥发油的提取、分离和鉴定的原理和方法。

（2）掌握水蒸气蒸馏的基本原理和蒸馏装置。

（3）熟悉水蒸气蒸馏操作的各步骤，了解水蒸气蒸馏的应用范围。

二、实验原理

橙皮中含有大量的橙皮油，橙皮油中含有 90% 的柠檬烯，柠檬烯是一种具有橘皮愉快香气的无色液体，是一种用途广泛的天然柠檬烯。橙皮中含有的柠檬烯为右旋柠檬烯，其分子式为 $C_{10}H_{16}$，其熔点 $-74.3℃$，沸点 $178℃$，相对密度 $0.841\,1(20.4℃)$，比旋光度 $+125.6°$。柠檬烯可用于饮料、食品、牙膏、肥皂等的方面。现实生活中，橙皮作为垃圾被人们丢弃，而忽视了其珍贵的价值，从橙皮中提取柠檬烯就是一种变废为宝，资源再生，符合当前循环经济的需要。

柠檬烯

橙皮中提取柠檬烯的方法很多，如化学法、有机萃取法等，但是都离不开有机溶剂提取。有机溶剂的危害在于：① 对操作者危害较大；② 在产品中有残留，造成产品危害；③ 废有机溶剂的循环利用需要好的技术和费用；④ 提取液的排放造成环境污染。从绿色化学的观点出发，设计水蒸气蒸馏法提取柠檬烯，通过在回馏冷凝管下加分水器及时把反应过程中的水分离，再经蒸馏收集 178℃ 的组分（即柠檬烯）。提取过程取消了有机溶剂，实现了生产过程的无害化，达到了绿色生产的要求。

水蒸气蒸馏法是挥发油提取分离的最常用方法，而气相色谱法和气相色谱-质谱联用技术是挥发油定性、定量分析的常用方法。

三、实验用试剂药品与仪器装置

试剂药品：橙皮，二氯甲烷，无水硫酸钠等。

仪器装置:三颈烧瓶(500 mL),锥形瓶(50 mL、100 mL、250 mL),圆底烧瓶(50 mL),玻璃导管,蒸馏装置,分液漏斗,热浴,折光仪,GC-MS联用仪等。

四、实验步骤

1. 柠檬油的提取

先将 50 g 橙皮切成小的碎片,把这些碎片连同 200 mL 热水放入 500 mL 蒸馏瓶中,将此混合物进行蒸馏,用锥形瓶收集 100～150 mL 馏出物。将馏出液倒入分液漏斗,用 30 mL 二氯甲烷提取橙油三次,每次用 10 mL。合并提出液用无水硫酸钠干燥至液体澄清,然后把液体倾入已称重的加有沸石的 50 mL 圆底烧瓶中,在热水浴上蒸馏以除去溶剂。当体积减少到约 1 mL 时,改为减压蒸馏除去最后一点二氯甲烷。得到少量黄色油状物(柠檬油),称重,计算产率。

2. 柠檬油的色谱分析

(1) 气相色谱的分析

气相色谱条件:进样口温度 280℃;FID 温度 280℃;进样量 1 μL;载气为氮气,流量 1 mL·min^{-1}分流比 20:1。

色谱柱:HP-5MS,50 m×200 μm×0.33 μm 弹性石英毛细管柱;柱 1 程序升温,初始温度 40℃,以 5℃·min^{-1}升至 250℃,保持 10 min。

(2) 气相色谱-质谱联用分析

质谱条件:程序升温条件同上;载气为高纯氦气,流量 1 mL·min^{-1};离子源 EI 源;离子源温度 230℃;四极杆温度 150℃;电子能量 70 eV;倍增器电压 1 953 V;接口温度 280℃;溶剂延迟 5 min;扫描范围 30～500 u;扫描速度 1 s·dec^{-1}。

(3) 成分鉴定

以苧烯标准品为对照,用气相色谱法和气-质联用法鉴定结果及化合物的相对含量(按峰面积)。

五、注意事项

(1) 连接胶管尽可能短,减少散热;T 形管下放一烧杯;自由夹松紧应适度;冷凝管与蒸馏头应同轴。

(2) 蒸馏前,水蒸气蒸馏装置应经过检查,接口处必须严密不漏气。

(3) 密切注意水蒸气蒸馏装置系统内压力的变化,谨防压力过高发生事故。

(4) 控制好蒸气流量,以每秒馏出液 1～2 滴为宜。

(5) 停止蒸馏时应首先打开 T 形管上的夹子,然后再移去火源。

六、思考题

(1) 水蒸气蒸馏时,烧瓶内液体的量最多为多少?

(2) 水蒸气蒸馏装置中 T 形管的作用是什么?

(3) 在蒸馏完毕后,为何要先打开 T 形管螺旋夹方可停止加热?

实验 60　从茶叶中提取咖啡因

一、实验目的

（1）学习生物碱提取及其衍生物的制备方法。

（2）学会索氏提取器进行连续抽提、升华操作。

二、实验原理

咖啡碱（或称咖啡因，caffeine）具有刺激心脏，兴奋大脑神经和利尿等作用。主要用作中枢神经兴奋药。它也是复方阿斯匹林（A.P.C）等药物的组分之一。现代制药工业多用合成方法来制得咖啡碱。茶叶中含有多种生物碱，其中咖啡碱含量约为 1％～5％，丹宁酸（或称鞣酸）约占 11％～12％，色素、纤维素、蛋白质等约占 0.6％。咖啡因是弱碱性化合物，易溶于氯仿、水、热苯等。

咖啡碱为嘌呤的衍生物，化学名称是 1,3,7 -三甲基- 2,6 -二氧嘌呤，其结构式与茶碱、可可碱类似。

嘌呤(Purine)　　咖啡(Caffeine)　　茶碱(Guanine)　　可可碱(Adenine)

含结晶水的咖啡碱为白色针状结晶粉末，味苦。能溶于水、乙醇、丙酮、氯仿等。微溶于石油醚，在 100℃时失去结晶水，开始升华。120℃时升华显著，178℃以上升华加快。无水咖啡因的熔点为 238℃。

从茶叶中提取咖啡因，是用适当的溶剂（氯仿、乙醇、苯等）在脂肪提取器中连续抽提，浓缩得粗咖啡因。粗咖啡因中还含有一些其他的生物碱和杂质，可利用升华进一步提纯。咖啡因是弱碱性化合物，能与酸成盐。其水杨酸盐衍生物的熔点为 138℃，可借此进一步验证其结构。

三、实验用试剂药品与仪器装置

试剂药品：茶叶，95％乙醇，生石灰等。

仪器装置：索氏提取器，蒸馏装置，蒸发皿等。

四、实验步骤

1. 提取

称取 10 g 茶叶，研细后，放入脂肪提取器的滤纸套筒中，在圆底烧瓶中加入 110 mL 95％乙醇，用水浴加热，连续提取约 1 h 到提取液为浅色后，停止加热。稍冷，改成蒸馏装置，回收提取液中的大部分乙醇。

2. 升华法提取咖啡因

向提取液中加入 4 g 生石灰粉,搅成浆状,在蒸气浴上蒸干,除去水分,使之成粉状,然后移至石棉网上用酒精灯小火加热,焙炒片刻,除去水分。在蒸发皿上盖一张刺有许多小孔且孔刺向上的滤纸,再罩一个合适漏斗,漏斗颈部塞一小团疏松棉花,用酒精灯隔着石棉网小心加热,控制砂浴温度在 220℃左右(此时纸微黄)。当发现有棕色烟雾时,滤纸上出现许多白色毛状结晶时,停止加热,自然冷却至 100℃左右。冷却后,取下漏斗,轻轻揭开滤纸,刮下咖啡因,残渣经搅拌后,用较大火再加热片刻,使升华完全。合并几次升华的咖啡因。

计算茶叶中咖啡因的提取率并测定熔点(235~238℃)。

3. 红外光谱分析

咖啡因分子结构的主要官能团是环羰基,可通过羰基的特征吸收峰初步判断其结构。

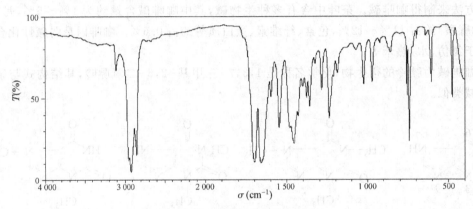

图 5-4　咖啡因的红外光谱图

五、注意事项

(1)滤纸套筒大小要合适,以既能紧贴器壁,又能方便取放为宜,其高度不得超过虹吸管;要注意茶叶末不能掉出滤纸套筒,以免堵塞虹吸管;纸套上面折成凹形,以保证回流液均匀浸润被萃取物,也可用塞棉花的方法代替滤纸套筒。用少量棉花轻轻阻住虹吸管口。

(2)瓶中乙醇不可蒸得太干,否则残液很黏,转移时损失较大。

(3)生石灰起吸水和中和作用,以除去部分酸性杂质。

(4)在萃取回流充分的情况下,升华操作是实验成败的关键。升华过程中,始终都需用小火间接加热。如温度太高,会使产物发黄。注意温度计应放在合适的位置,以便正确反映出升华的温度。

六、思考题

(1)索氏提取器的萃取原理是什么?它与一般的浸泡萃取比较,有哪些优点?

(2)本实验进行升华操作时,应注意什么?

实验 61　牛奶中乳糖的分离和鉴定

一、实验目的

（1）学习从奶粉等天然材料中提取分离糖类物质的方法和原理。
（2）学习糖的性质和鉴定方法。
（3）巩固重结晶、旋光度测定的方法和原理。

二、实验原理

牛奶是一种乳状液，主要由水、脂肪、蛋白质、乳糖和盐组成。乳糖是一种二糖，它由 β-D-半乳糖分子 C' 上的半缩醛羟基和 D-葡萄糖分子 C_1 上的醇羟基脱水通过 $\beta-1,4-$苷键连接而成。

利用牛奶中各组分在不同溶剂中溶解度的不同，使用不同的溶剂体系可以容易地从牛奶中分离出酪蛋白、乳糖和乳脂等。在分离提纯牛奶中的乳糖时，必须先除去酪蛋白。酪蛋白是牛奶中的主要蛋白质，是含磷蛋白质的复杂混合物。蛋白质是两性化合物，当调节牛奶的 pH 达到酪蛋白的等电点（pH＝4.8）时，蛋白质所带正、负电荷相等，呈电中性，此时酪蛋白的溶解度最小，会从牛奶中沉淀出来，以此分离酪蛋白。因酪蛋白不溶于乙醇和乙醚，可用此两种溶剂除去酪蛋白中的脂肪。

乳糖是还原性糖，绝大部分仅以 α-乳糖和 β-乳糖两种同分异构体形态存在，仅 α-乳糖的比旋光度 $[\alpha]_D^{20}=+86°$，β-乳糖的比旋光度 $[\alpha]_D^{20}=+35°$，水溶液中两种乳糖可互相转变，因此其水溶液有变旋光现象。乳糖也不溶于乙醇，当乙醇混入乳糖水溶液中，乳糖会结晶出来，从而达到分离的目的。

三、实验用试剂药品与仪器装置

试剂药品：脱脂奶粉，95％乙醇，无水乙醇，10％乙酸溶液，活性炭，碳酸钙等。
仪器装置：烧杯，量筒，锥形瓶，蒸馏装置，$3^\#$ 砂芯漏斗，布氏漏斗等。

四、实验步骤

1. 酪蛋白的分离

取 25 g 脱脂奶粉和 100 mL 水加入到 500 mL 烧杯中，搅拌至块状物消失。在恒温水浴中加热至 40℃，边搅拌边慢慢加入 10％醋酸溶液，使溶液开始析出大块胶状物，调节溶液至 pH＝4.4～4.6，继续加热搅拌 5 min。澄清后，放置冷却。在布氏漏斗上放置一层湿的过滤布过滤酪蛋白。

在滤液中加入 4.5 g 粉状碳酸钙，除去过量乙酸，不断搅拌下煮沸滤液 10 min。趁热用 $3^\#$ 砂芯漏斗减压过滤，除去碳酸钙、白蛋白和球蛋白。

2. 乳糖的分离提纯

将滤液置于 250 mL 烧杯中，加热搅拌浓缩至约 35 mL，稍冷后移入 500 mL 锥形瓶，在热溶液中加入约 180 mL 95％乙醇和沸石，再加热回流。稍冷后加入 1.8 g 活性炭，加热回流 5 min 脱色。趁热用 $3^\#$ 砂芯漏斗减压过滤，除去活性炭。滤液移至锥形瓶中，加塞，放置

2～4 h,让乳糖充分结晶,过滤分离出乳糖晶体。用冷的无水乙醇洗涤结晶 1～2 次,干燥后称重,计算牛奶中乳糖的含量。

3. 乳糖的纯度测定

不同浓度的乳糖溶液具有不同的旋光度,其旋光度与浓度成正比。因乳糖具有变旋光现象,其溶液需放置数小时或加入 2 滴浓氨水,使之达到平衡,再测定旋光度。配制不同浓度的标准乳糖溶液,放置过夜,用旋光仪测定其旋光度。乳糖为分析纯,含一个分子结晶水,$[\alpha]_D^{20}=52°$。以旋光度为纵坐标,乳糖溶液质量浓度为横坐标,绘制标准曲线。

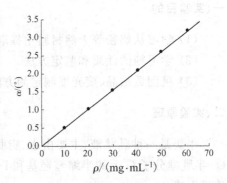

图 5-5　乳糖溶液标准曲线

乳糖溶液标准曲线(图 5-5)的拟合式为 $\alpha=-0.006+0.052\,8\rho,R=0.999\,9$,其中 α 为旋光度,ρ 为乳糖溶液质量浓度,R 为相关系数。将从奶粉溶液中分离的乳糖配制成合适的浓度,先测定其变旋光,后加入 2 滴浓氨水摇匀,静置 20 min 后,测定平衡时的旋光度。由标准曲线计算纯乳糖的浓度,与实际浓度比较,计算从牛奶中分离出来的乳糖的纯度。从牛奶中分离的乳糖的纯度一般在 90% 以上。

五、注意事项

(1)酪蛋白等电点随温度不同而变化,等电点的 pH 为 4.4～4.6。分离酪蛋白时,边加醋酸,边搅拌,边测 pH,同时观察沉淀。开始快搅拌,接近等电点时,应慢搅拌。

(2)酪蛋白沉淀用 200 目的尼龙布过滤比较好,同时进行抽滤。用滤纸很难过滤;而用纱布过滤,酪蛋白容易粘在其上。

(3)首次结晶出来的乳糖含有杂质,一般需要重结晶,否则乳糖难以溶解,且溶液混浊,测定的旋光度不准。

(4)测定乳糖的平衡旋光度时,应放置数小时或加入 2 滴浓氨水,待平衡后再测。

六、思考题

(1)为什么乳液 pH 为 4.4～4.6 时会产生酪蛋白沉淀? 加酸过量为何不利于酪蛋白沉淀?

(2)在滤液中为什么要加入碳酸钙? 如何再除去乳液中的碳酸钙?

(3)在乳糖的纯化过程中为什么先用 95% 的乙醇,后用无水乙醇?

实验 62　黄连中黄连素的提取分离和鉴定

一、实验目的

(1)学习从中草药提取生物碱的原理和方法。

(2)进一步掌握减压蒸馏的操作技术。

(3)进一步掌握索氏提取器的使用方法,巩固减压过滤操作。

二、实验原理

黄连为我国特产药材之一,又有抗菌、消炎、止泻的功效。对急性菌痢、急性肠炎、百日咳、猩红热等各种急性化脓性感染和各种急性外眼炎症都有效。黄连中含有多种生物碱,以黄连素(俗称小蘖碱,Berberine)为主要有效成分,随野生和栽培及产地的不同,黄连中黄连素的含量约 $45\%\sim10\%$。含黄连素的植物很多,如黄柏、三颗针、伏牛花、白屈菜、南天竹等均可作为提取黄连素的原料,但以黄连和黄柏中的含量为高。

黄连素是黄色针状体,微溶于水和乙醇,较易溶于热水和热乙醇中,几乎不溶于乙醚。黄连素的盐酸盐、氢碘酸盐、硫酸盐、硝酸盐均难溶于冷水,易溶于热水,故可用水对其进行重结晶,从而达到纯化目的。

黄连素存在三种互变异构体,黄连素在自然界多以季铵碱的形式存在,结构如下:

（醇式）　　　　　　　（醛式）　　　　　　　（季铵碱式）

从黄连中提取黄连素,往往采用适当的溶剂(如乙醇、水、硫酸等)。在脂肪提取器中连续抽提,然后浓缩,再加乙酸进行酸化,得到相应的盐。粗产品可以采取重结晶等方法进一步提纯。

黄连素被硝酸等氧化剂氧化,转变为樱红色的氧化黄连素。黄连素在强碱中部分转化为醛式黄连素,在此条件下,再加几滴丙酮,即可发生缩合反应,生成丙酮与醛式黄连素缩合产物的黄色沉淀。

三、实验用试剂药品与仪器装置

试剂药品:黄连(10 g),95%乙醇(约 100 mL),1%醋酸溶液,浓盐酸,浓硫酸,浓硝酸等,20%氢氧化钠溶液,丙酮。

仪器装置:索氏提取器,抽滤装置,蒸馏装置,蒸发皿等。

四、实验步骤

1. 黄连素的提取分离

称取 10 g 中药黄连,切开研碎磨烂,装入索氏提取器的滤纸套筒内,烧瓶内加入 100 mL 95%乙醇,加热萃取 2~3 h,至回流液体颜色很淡为止。在水泵减压下蒸馏,回收大部分乙醇,至瓶内残留液体呈棕红色糖浆状,停止蒸馏。浓缩液里加入 1%的醋酸 30 mL,加热溶解后趁热抽滤去掉固体杂质,在滤液中滴加浓盐酸,至溶液浑浊为止(约需 10 mL)。用冰水冷却上述溶液,降至室温下后即有黄色针状的黄连素盐酸盐析出,抽滤,所得结晶用冰水洗涤两次,可得黄连素盐酸盐的粗产品。将粗产品(未干燥)放入 100 mL 烧杯中,加入30 mL水,加热至沸,搅拌沸腾几分钟,趁热抽滤,滤液用盐酸调节 pH 为 2~3,室温下放置几小时,有较多橙黄色结晶析出后抽滤,滤渣用少量冷水洗涤两次,烘干即得成品。

　　2. 黄连素的鉴定

　　取盐酸黄连素少许,加浓硫酸 2 mL,溶解后加几滴浓硝酸,即呈樱红色溶液。

　　取盐酸黄连素约 50 mg,加蒸馏水 5 mL,缓缓加热,溶解后加 20％氢氧化钠溶液 2 滴,显橙色,冷却后过滤,滤液加丙酮 4 滴,即发生浑浊。放置后生成黄色的丙酮黄连素沉淀。

五、注意事项

　　(1) 得到纯净的黄连素晶体比较困难。将黄连素盐酸盐加热水至刚好溶解煮沸,用石灰乳调节 pH＝8.5～9.8,冷却后滤去杂质,滤液继续冷却至室温以下,即有针状体的黄连素析出,抽滤,将结晶在 50～60℃下干燥,熔点 145℃。

　　(2) 脂肪提取器,也可利用简单回流装置进行 2～3 次加热回流,每次约半小时,回流液体合并使用即可。

六、思考题

　　(1) 黄连素为何种生物碱类化合物?

　　(2) 黄连素的紫外光谱有何特征?

第六章 提高性与应用型实验

§6.1 提高性实验

实验 63 相转移催化法制备二茂铁

一、实验目的

(1) 学习相转移催化剂存在下合成金属有机化合物的方法。

(2) 通过合成二茂铁,掌握合成中惰性气氛的操作技术。

二、实验原理

双环茂二烯铁$(C_5H_5)_2Fe$,又名二茂铁。二茂铁是由两个环戊二烯负离子与一个 Fe^{2+} 形成的配合物,1951 年 Kealy T. J.、Pauson P. J 和 Miller S. A. 两个课题组都独立合成了这个化合物。次年,Wilkinson G. 和 Woodward R. B. 等提出了二茂铁的"夹心面包"结构,即铁原子夹在两个环中间,依靠环中 π 电子成键,10 个碳原子等同地与中间的亚铁离子键合,后者的外层电子层含有 18 个电子,达到惰性气体氖的电子结构,分子中有一个对称中心,两个环是交错的。

二茂铁"夹心面包"结构

此类化合物的出现,不仅在理论和结构研究上有重要意义,而且二茂铁及其衍生物可用作紫外线吸收剂、火箭燃料燃烧的添加剂、汽油抗震和橡胶熟化剂。二茂铁为橙色针状晶体,有樟脑气味,基本上不溶于水,能溶于苯、乙醚、石油醚等大多数有机溶剂,熔点为173~174℃,沸点249℃,高于 100℃时升华,加热到 400℃不分解,对碱和非氧化性酸稳定。

制备二茂铁的方法很多,但基本路线是首先生成环戊二烯负离子,然后与 Fe^{2+} 反应。在已报道的制备方法中,常用的较为直接和经济的有两种。

第一种方法是首先用细铁粉还原无水三氯化铁制得无水氯化亚铁,然后在乙二胺存在下,使环戊二烯与无水氯化亚铁在四氢呋喃溶剂中作用生成二茂铁;其中环戊二烯在常温下为二聚体,使用前应裂解为单体,全部实验操作都必须在严格无水无氧条件下进行。

第二种方法是采用二甲亚砜为溶剂,用 NaOH 作环戊二烯的脱质子剂,使它变成环戊二烯负离子,然后与 $FeCl_2$ 反应生成二茂铁。此法有一定的优越性,因为 NaOH 不仅用作环戊二烯的脱质子剂,而且也是一个脱水剂,所以可以使用普通的水合氯化亚铁。本实验采用第二种方法,同时使用低相对分子量的聚乙二醇作为相转移催化剂,反应式如下:

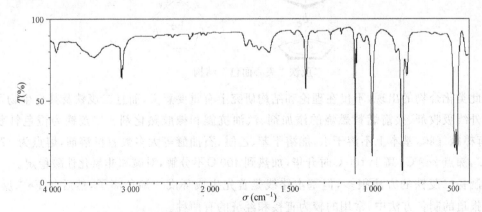

三、实验用试剂药品与仪器装置

试剂药品:环戊二烯 30 mL,二甲基亚砜 30 mL,聚乙二醇 0.6 mL,氢氧化钠 7.5 g(0.19 mol),无水乙醚 5 mL,四水合氯化亚铁 3.25 g(0.016 mol),18% 盐酸 50 mL 等。

仪器装置:圆底烧瓶(100 mL),三颈烧瓶(250 mL),滴液漏斗,布氏漏斗,干燥管,研钵,温度计,直形冷凝管,接引管,蒸馏头,分馏柱,磁力搅拌器等。

四、实验步骤

1. 环戊二烯的解聚

在 100 mL 烧瓶内加入 30 mL 环戊二烯,用分馏装置进行分馏,收集低于 44℃ 的馏分,新蒸出的环戊二烯必须在 2~3 h 内使用。

2. 二茂铁的合成

在装有搅拌器的 100 mL 三颈烧瓶中加入 30 mL 二甲基亚砜(DMSO),0.6 mL 聚乙二醇及 7.5 g 研成粉状的氢氧化钠,然后加入 5 mL 无水乙醚;于 25~30℃ 下,搅拌 15 min 后,加入 2.75 mL(0.033 mol)新解聚的环戊二烯与 3.25 g(0.016 mol)四水合氯化亚铁,剧烈搅拌反应 1 h。棕褐色的反应混合物边搅拌边倾入 50 mL 8% 盐酸和 50 g 冰的混合物中,此时即有固体生成。放置 1~2 h,使乙醚尽可能挥发掉,抽滤,并用水充分洗涤,晾干后得橙黄色产物,称量,计算产率。

图 6-1　二茂铁的红外光谱图

如果所得产物颜色较深,可将粗产物通过装有氧化铝的层析柱进行纯化,用 50% 乙醚-石油醚(60~90℃)混合液作为洗脱剂,所得溶液蒸出溶剂后可得具有樟脑气味的橙黄色的二茂铁。m. p. 为 173~174℃。

五、注意事项

(1) 无水乙醚的作用是去掉反应瓶中的空气,如用氮气保护进行该实验,效果更好,所得产物的质量均优。

(2) 一般的分析纯四水合氯化亚铁可以满足本实验的要求。如药品中已含有较多的褐色三价铁,则会降低实验效果。

实验 64　乙酰二茂铁的制备

一、实验目的

(1) 通过 Friedel-Crafts 酰基化反应,学习乙酰二茂铁的合成原理与实现方法。

(2) 熟练搅拌、滴加、重结晶、色谱分离等实验操作。

二、实验原理

二茂铁分子中环戊二烯负离子的 π 电子数为 6,符合 Hückel 规则,具有比较典型的芳香性。表现为:① 二茂铁具有反常的稳定性,加热到 470℃ 以上才开始分解;② 比苯更易发生芳环上的磺化、酰化、烷基化等亲电取代反应。由于二茂铁分子中存在亚铁离子,对氧化剂敏感,所以不能用混酸对其硝化,而且二茂铁的反应通常在隔绝空气的条件下进行。

由于二茂铁基团具有芳香性、氧化还原活性、稳定性和低毒性,其衍生物在聚合物、电化学、材料化学、医学等领域具有广泛应用。

通过 Friedel-Crafts 酰基化反应,二茂铁酰基化可得到一取代乙酰基二茂铁或二取代的二乙酰基二茂铁。因乙酰基的致钝作用,使两个乙酰基并不在一个环上。虽然二茂铁的交叉构象占优势,但发现二乙酰基二茂铁只有一种,说明环戊二烯能够绕着与金属键合的轴旋转。

本实验通过控制酰化反应的条件,来合成单取代的乙酰基二茂铁。

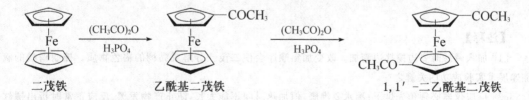

二茂铁　　　　　　　　乙酰基二茂铁　　　　　　　　1,1′-二乙酰基二茂铁

三、实验用试剂药品与仪器装置

试剂药品:二茂铁,乙酸酐,85% 磷酸,无水氯化钙,碳酸氢钠,乙醚,乙酸乙酯,石油醚(60~90℃),pH 试纸,薄层色谱硅胶板。

仪器装置:普通玻璃仪器,标准口玻璃仪器,水浴锅,磁力搅拌器,红外灯,抽滤装置,层析缸,显微熔点测定仪。

四、实验步骤

1. 乙酰二茂铁的制备

在 100 mL 圆底烧瓶中,加入 1 g(0.005 4 moL)二茂铁和 5 mL(5.1 g,0.05 mol)乙酸酐,用冷水浴冷却,在振荡下慢慢滴入 2 mL 85% 的磷酸[1]。加料结束后,用装有无水氯化钙的干燥管塞住瓶口,在沸水浴上加热 15 min[2]。然后将反应混合物倾入盛有 40 g 碎冰的 400 mL 烧杯中,并用 10 mL 冷水涮洗烧瓶,将涮洗液并入烧杯。在搅拌下,分批加入固体 NaHCO₃(约 20~25 g)[3],调节溶液至中性(pH=7~8)。将中和后的反应混合物置于冰浴中冷却 15 min,抽滤并收集析出的橙黄色固体,每次用 50 mL 冰水洗涮两次,压干后再晾干或在红外灯下(低于 60℃)烘干。干燥后的粗产物可用石油醚(60~90℃)重结晶[4],亦可用柱色谱分离提纯[5]。称重,计算产率。

纯乙酰二茂铁的熔点为 84~85℃。

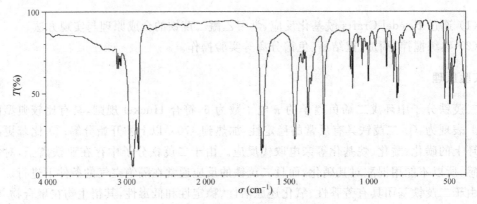

图 6-2　乙酰二茂铁的红外光谱图

2. 乙酰二茂铁的薄层分离

取少许干燥后的粗产物溶于苯,在薄层色谱硅胶 G 板上点样,用苯-乙醇(体积比 20：1)作展开剂[6],层析板上从上到下出现黄色、橙色和红色三个点,分别代表二茂铁、乙酰二茂铁和 1,1′-二乙酰基二茂铁[7],分别计算它们的 R_f 值。

【注释】

[1] 加入磷酸时要边搅拌边滴加。改变加料顺序会使二茂铁分解成黏稠的褐色物质。控制磷酸的滴加速度是实验成功的关键之一。

[2] 反应仪器必须预先烘干;沸水要沸腾,但加热时间不能太长,防止产物发黑,反应正常时析出橘红色结晶。

[3] 用 NaHCO₃ 中和粗产物时,逸出大量气体,出现激烈鼓泡现象,应小心操作,防止因加入过快导致产物逸出。也可用 Na₂CO₃ 饱和水溶液(约 50~60 mL)。

[4] 将干燥后的粗产物转入 100 mL 圆底烧瓶中,加入石油醚(先少量)、沸石。加热回流,补加石油醚至粗产物刚好完全溶解。若溶液澄清透明,则可冷却、结晶、抽滤。若溶液浑浊,则须在制成饱和溶液的基础上补加 20% 溶剂,加热回流 10 min,用保温漏斗快速过滤或用热的漏斗快速抽滤(远离火源),收集滤液,冷却、结晶、抽滤,得纯品。

　　[5] 将干燥后的粗产品用二氯甲烷溶解，加入 2～3 g 氧化铝拌匀，于红外灯下烘干。另将 20 g 层析用氧化铝填装于层析柱中，装填紧密后，将吸附有粗产物的氧化铝装入，然后以苯-乙醇（体积比 20∶1）或石油醚-乙醚（3∶1）溶液作为淋洗剂，首先流出的橙黄色部分是二茂铁，而后流出的橙红色部分为乙酰基二茂铁，最后若改用纯乙醚作为淋洗剂，得二乙酰基二茂铁。将相应的溶液分别于旋转蒸发仪上蒸除溶剂，或置于通风橱中让其自然挥发，可得纯二茂铁、乙酰二茂铁或二乙酰基二茂铁。

　　[6] 也可取少许干燥后的粗产物溶于乙醚，用石油醚-乙酸乙酯（9∶1）作展开剂。

　　[7] 可用碘蒸气或在紫外分析仪下显色。

五、思考题

　　(1) 二茂铁酰化形成二酰基二茂铁时，第二个酰基为什么不能进入第一个酰基所在的环上？

　　(2) 二茂铁比苯容易发生亲电取代反应，为什么不能用混酸进行硝化？

实验 65　相转移催化卡宾反应制备苦杏仁酸

一、实验目的

　　(1) 了解苦杏仁酸的合成制备原理和方法。

　　(2) 学习相转移催化合成基本原理和技术，巩固萃取及重结晶操作技术。

二、实验原理

　　苦杏仁酸（俗名扁桃酸）的化学名为 α-羟基苯乙酸，是尿中杀菌剂，用于消毒；也可作医药中间体，用于合成扁桃酸酯、扁桃酸乌洛托品及阿托品类解痉剂，也可用作测定铜和锆的试剂。

　　苦杏仁酸分子中含有一个手性碳原子，有一对对映异构体，而通过一般化学方法合成的苦杏仁酸是外消旋体，只有通过手性拆分才能获得单一对映异构体。

　　苦杏仁酸传统上可用扁桃腈 $[C_6H_4(OH)CN]$ 和 α,α-二氯苯乙酮（$C_6H_5COCHCl_2$）的水解来制备，但合成路线长、操作不便且欠安全。采用相转移（phase transfer, PT）催化反应，一步即可得到产物，显示了 PT 催化的优点。

　　本实验提供如下参考合成制备思路：

　　利用氯化三乙基苄基铵（TEBA）作为相转移催化剂，将苯甲醛、氯仿和氢氧化钠在同一反应器中进行混合，通过卡宾加成反应直接生成目标产物。反应式为：

$$\langle \text{苯} \rangle\!-\!CHO + CHCl_3 \xrightarrow{50\%\,NaOH} \langle \text{苯} \rangle\!-\!\overset{\displaystyle OH}{\underset{\displaystyle}{CH}}\!-\!COOH$$

　　由于苦杏仁酸[(±)-苯乙醇酸]是酸性外消旋体，故可以用碱性旋光体作拆分剂，一般常用(－)-麻黄碱。拆分时，(±)-苯乙醇酸与(－)-麻黄碱反应形成两种非对映异构体盐，进而可以利用其物理性质（如：溶解度）的差异对其进行分离。

三、实验用试剂药品与仪器装置

　　试剂药品：苄基氯 11.5 mL（12.65 g，0.1 mol），三乙胺 15.3 mL（11.13 g，0.11 mol），苯甲醛 6.8 mL（7.08 g，0.067 mol），氯仿 12 mL（17.81 g，0.16 mol），苯，乙醚，无水乙醇，氢氧化钠，无水硫酸钠，硫酸，盐酸等。

仪器装置:搅拌器,温度计,球形冷凝器,圆底烧瓶(100 mL),三颈瓶,锥形瓶,滴液漏斗,分液漏斗等。

四、实验步骤

1. 相转移催化剂 TEBA 的制备

在 100 mL 圆底烧瓶中,加入 11.5 mL 苄基氯,40 mL 1,2-二氯乙烷和 15.3 mL 三乙胺,水浴加热回流 3～4 h。冷却后,抽滤,用少许溶剂洗涤,白色结晶烘干后称重,计算产率。

2. 二氯卡宾反应合成扁桃酸

在 100 mL 装有搅拌器、回流冷凝管和温度计的三颈瓶中,加入 6.8 mL 苯甲醛、0.7 g TEBA 和 12 mL 氯仿。开动搅拌,在水浴上加热,待温度上升至 50～60℃,自冷凝管上口慢慢滴加配制的 50% 的氢氧化钠溶液。滴加过程中控制反应温度在 60～65℃,约需 45 min 到 1 h 加完。加完后,保持此温度继续搅拌 1 h。将反应液用 140 mL 水稀释,每次用 15 mL 乙醚萃取两次,合并乙醚萃取液,倒入指定容器待回收乙醚。此时水层为亮黄色透明状,用 50% 硫酸酸化至 pH 为 1～2 后,然后每次用 30 mL 乙醚萃取两次,合并酸化后的乙醚萃取液,用无水硫酸钠干燥。在水浴上蒸干乙醚,并用水泵减压抽净残留的乙醚(产物在醚中溶解度大),得粗产物 6～7 g。

将粗产物用甲苯-无水乙醇(体积比 8∶1)进行重结晶(每克粗产物约需 3 mL),趁热过滤,母液在室温下放置使结晶慢慢析出。冷却后抽滤,并用少量石油醚(30～60℃)洗涤促使其快干。产品为白色结晶,产量 4～5 g,熔点 118～119℃。

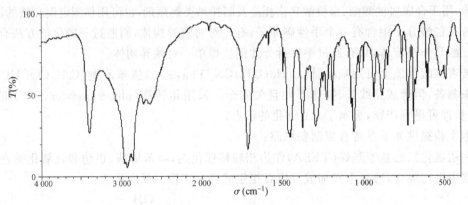

图 6-3　苦杏仁酸的红外光谱图

五、注意事项

(1) TEBA 熔点 310℃,易吸潮,应保存在干燥器中备用。

相转移催化剂是非均相反应,搅拌必须是有效和安全的,这是实验成功的关键。

(2) 合成液溶液呈浓稠状,腐蚀性极强,应小心操作。盛碱的分液漏斗用后要立即洗干净,以防活塞受腐蚀而黏结。

(3) 反应完时,反应液 pH 应接近中性,否则可适当延长反应时间。

(4) 重结晶亦可单独用甲苯重结晶(每克约需 1.5 mL)

（5）苦杏仁酸有较强的亲水性，如果要得到苦杏仁酸的晶体，必须进行充分的干燥，保证使用足够的干燥剂和足够的干燥时间。

（6）乙醚是易燃、低沸点溶剂，使用时周围不得有明火。

（7）氯仿是有毒溶剂，使用时请戴好防护手套，皮肤接触后请立即用肥皂洗干净。

六、思考题

（1）本实验中，酸化前后两次用乙醚萃取的目的何在？

（2）根据相转移反应原理，写出本反应中离子的转移和二氯卡宾的产生及反应过程。

（3）本实验反应过程中为什么必须保持充分的搅拌？

实验 66　外消旋 α-苯乙胺的合成及拆分

一、实验目的

（1）通过苯乙酮与甲酸铵反应合成 α-苯乙胺，学习醛、酮与伯胺的反应——Leuchart 反应。

（2）熟练水蒸气蒸馏和减压蒸馏操作。

（3）学习用化学方法将外消旋的化合物拆分为其对映异构体。

（4）熟练用旋光仪测定化合物的旋光性。

二、实验原理

1. 刘卡特反应（R. Leuchart Reaction）合成外消旋 α-苯乙胺的反应原理

醛、酮与甲酸和氨（或伯胺、仲胺），或与甲酰胺作用发生还原胺化反应，称为刘卡特反应。反应通常不需要溶剂，将反应物混合在一起加热（100～180℃）即能发生。选用适当的胺（或氨）可以合成伯胺、仲胺、叔胺。反应中氨首先与羰基发生亲核加成，接着脱水生成亚胺，亚胺随后被还原生成胺。与还原胺化不同，这里不是用催化氢化，而是用甲酸作为还原剂。反应过程如下：

$$HC{-}ONH_4 \Longrightarrow HCOOH + NH_3$$

$$C{=}O + NH_3 \xrightarrow{-H_2O} C{=}NH \xrightarrow{NH_4^+} C{=}\overset{+}{N}H_2$$

$$O{=}C{-}H + C{=}\overset{+}{N}H_2 \longrightarrow CO_2 + H{-}C{-}NH_2$$

苯乙酮在高温下与甲酸铵反应得到 $(\pm)$-α-苯乙胺：

$$C_6H_5CCH_3 \xrightarrow[185℃]{HC{-}ONH_4} C_6H_5CHCH_3(NH_2)$$

$$C_6H_5\overset{O}{\overset{\|}{C}}CH_3 + 2HCOONH_4 \longrightarrow C_6H_5\overset{CH_3}{\underset{|}{CH}}-NHCHO + NH_3\uparrow + CO_2\uparrow + 2H_2O$$

$$C_6H_5\overset{CH_3}{\underset{|}{CH}}-NHCHO + HCl + H_2O \longrightarrow C_6H_5\overset{CH_3}{\underset{|}{CH}}NH_3^+Cl^- + HCOOH$$

$$C_6H_5\overset{CH_3}{\underset{|}{CH}}NH_3^+Cl^- + NaOH \longrightarrow C_6H_5\overset{NH_2}{\underset{|}{CH}}CH_3 + NaCl + H_2O$$

(±)-α-苯乙胺

2. (±)-α-苯乙胺的拆分原理

用化学方法拆分外消旋体,其原理是用旋光性试剂把外消旋的对映异构体变成可分离的非对映异构体混合物,再利用非对映异构体的物理性质不同,将其分离。常用的方法是利用有旋光性的有机酸(或有机碱)与外消旋的有机碱(或有机酸)反应得到两种非对映异构体的盐的混合物,再利用它们在某种溶剂中的溶解度不同,用分步结晶法将它们分离。

本实验采用 L-(+)-酒石酸与(±)-α-苯乙胺反应,产生两种非对映异构体的盐的混合物,这两种盐在甲醇中的溶解度有显著差异,可以用分步结晶法将它们分离开来,然后再分别用碱对这两种已分离的盐进行处理,就能使(+)、(−)-α-苯乙胺分别游离出来,从而获得纯的(+)-α-苯乙胺及(−)-α-苯乙胺。

反应如下:

$$(+)\text{-}C_6H_5\text{-}\overset{CH_3}{\underset{|}{CH}}\text{-}NH_2 + (-)\text{-}C_6H_5\text{-}\overset{CH_3}{\underset{|}{CH}}\text{-}NH_2$$

(±)-α-苯乙胺

$$(+)\text{-HOOC}\overset{H}{\underset{|}{\underset{OH}{C}}}\overset{H}{\underset{|}{\underset{OH}{C}}}\text{-COOH}$$

$$\Big\downarrow$$

$$[(+)\text{-}C_6H_5\text{-}\overset{CH_3}{\underset{|}{CH}}\text{-}\overset{\oplus}{NH_3} \cdot (+)\text{-}\ominus OOC\text{-}\overset{OH}{\underset{|}{CH}}\text{-}\overset{OH}{\underset{|}{CH}}\text{-COOH}]$$

$$+$$

$$[(-)\text{-}C_6H_5\text{-}\overset{CH_3}{\underset{|}{CH}}\text{-}\overset{\oplus}{NH_3} \cdot (+)\text{-}\ominus OOC\text{-}\overset{OH}{\underset{|}{CH}}\text{-}\overset{OH}{\underset{|}{CH}}\text{-COOH}]$$

通过甲醇分步结晶分离

$$[(+)\text{-}C_6H_5\text{-}\overset{CH_3}{\underset{|}{CH}}\text{-}\overset{\oplus}{NH_3} \cdot (+)\text{-}\ominus OOC\text{-}\overset{OH}{\underset{|}{CH}}\text{-}\overset{OH}{\underset{|}{CH}}\text{-COOH}]$$

$$[(-)\text{-}C_6H_5\text{-}\overset{CH_3}{\underset{|}{CH}}\text{-}\overset{\oplus}{NH_3} \cdot (+)\text{-}\ominus OOC\text{-}\overset{OH}{\underset{|}{CH}}\text{-}\overset{OH}{\underset{|}{CH}}\text{-COOH}]$$

$$\xrightarrow{\text{NaOH}} (+)\text{-}C_6H_5\text{-}\overset{CH_3}{\underset{|}{CH}}\text{-}NH_2 + (+)\text{-NaOOC}\text{-}\overset{OH}{\underset{|}{CH}}\text{-}\overset{OH}{\underset{|}{CH}}\text{-COONa}$$

$$\xrightarrow{\text{NaOH}} [(-)\text{-}C_6H_5\text{—}\underset{\underset{CH_3}{|}}{CH}\text{—}NH_2 + (+)\text{-}NaO_2C\text{—}\underset{\underset{OH}{|}}{CH}\text{—}\underset{\underset{OH}{|}}{CH}\text{—}CO_2Na]$$

$$\xrightarrow[\text{②蒸馏}]{\text{①乙醚萃取}} (+)\text{-}C_6H_5\text{—}\underset{\underset{CH_3}{|}}{CH}\text{—}NH_2$$

$$\xrightarrow[\text{②蒸馏}]{\text{①乙醚萃取}} (-)\text{-}C_6H_5\text{—}\underset{\underset{CH_3}{|}}{CH}\text{—}NH_2$$

三、实验用试剂药品与仪器装置

试剂药品:苯乙酮,甲酸铵,L-(+)-酒石酸,盐酸,无水硫酸镁,甲苯,甲醇,乙醚,氢氧化钠等。

仪器装置:旋光仪,旋转蒸发仪,水蒸气蒸馏装置,减压蒸馏装置,电磁搅拌器,电热套和熔点测定仪等。

四、实验步骤

1. 外消旋 α-苯乙胺的制备

在 100 mL 三颈烧瓶中加入苯乙酮 30 g、甲酸铵 50 g 及几粒沸石,温度计插入溶液中,装分水回流装置。用电热套缓缓加热,混合物先熔成两层,至 150~155℃时逐渐变为均相。沸腾下有水、苯乙酮及碳酸铵馏出,同时不断产生泡沫放出氨气和二氧化碳气体。待温度达 180℃[1],将分水器中的上层全部返回反应瓶,然后控温 180~185℃继续反应 2 h。

反应混合物冷却后转入分液漏斗,加入 30 mL 水洗涤反应混合物,以除去甲酸铵和甲酰胺。分出油层(粗 N-甲酰-α-苯乙胺)放入原来的烧瓶中,水相每次用 10 mL 甲苯萃取两次,甲苯萃取液与油相合并,加入 30 mL 浓盐酸和几粒沸石慢慢加热回流 40~50 min。充分冷却后,用分液漏斗分出有机层(未反应完全的苯乙酮和其他中性物质[2]),水层每次用 10 mL 甲苯萃取两次,将甲苯萃取液与上述有机层合并,倒入废液回收瓶。

将水相转入 500 mL 圆底烧瓶,冷水浴冷却下,通过普通漏斗小心加入事先准备好的氢氧化钠溶液(25 g 氢氧化钠溶解于 50 mL 水),进行水蒸气蒸馏[3],收集馏出液至弱碱性(大约 200 mL)为止。将馏出液上层分开置于 100 mL 分液漏斗中,水相每次用 20 mL 甲苯萃取3 次,合并萃取液于以上 100 mL 分液漏斗,有机相用粒状氢氧化钠干燥过夜。将干燥后的萃取液转入 100 mL 圆底瓶中[4],蒸出甲苯[5],然后改用空气冷凝管蒸馏,收集 180~190℃馏分,产品约 16 g,为无色透明油状液体。塞好瓶口[6],以备拆分实验使用。

2. (±)-α-苯乙胺的拆分

(1) S-(-)-α-苯乙胺-L-(+)-酒石酸盐

选适当的容器(最好是茄形瓶,以便晶体转移)放入与(±)-α-苯乙胺等物质的量的 L-(+)-酒石酸,加入甲醇[按每 0.1 mol(±)-α-苯乙胺加 200 mL 甲醇计算],加热回流使酒石酸全部溶解,稍冷,用洁净的吸管往热的酒石酸溶液中慢慢加入制备好的(±)-α-苯乙胺[7]。加毕,如有晶种,加一粒晶种,微热回流使溶液清澈透明[8],将溶液静置慢慢冷却,24 h 以上,析出白色棱状结晶(假如析出的是针形结晶,重新加热溶解,冷却至棱形结晶析出)。

为确保 S-(-)-α-苯乙胺-L-(+)-酒石酸盐纯净,而不含有 R-(+)-α-苯乙胺-L-(+)酒石酸盐,过滤前先不要搅动晶体,将清澈母液经一普通漏斗转入圆底烧瓶中,加少量冷甲醇于盛有晶体的容器中,洗涤晶体后,用希氏漏斗抽滤,洗涤晶体的甲醇滤到以上盛母液的圆底烧瓶中并再用少量冷甲醇洗涤结晶(母液保留),红外灯下干燥产品,称重保存。

分别测定其熔点与旋光度,S-(-)-α-苯乙胺-L-(+)-酒石酸盐 m. p. 179~182℃ (分解),$[\alpha]_D = +13°(H_2O\ 5\%)$。母液保留用作获得 R-(+)-α-苯乙胺。将 S-(-)-α-苯乙胺-L-(+)-酒石酸盐保存,使用时可用碱将 S-(-)-α-苯乙胺游离出来。

(2) R-(+)-α-苯乙胺粗品(设计实验)

设计实验方案。处理以上母液,从中得到 R-(+)-α-苯乙胺粗品(为何称为粗品?),实验室提供 20% NaOH 溶液、乙醚、无水 $MgSO_4$。测所得到的 R-(+)-α-苯乙胺粗品的旋光度,计算其 e. e. 百分率以及 R 构型和 S 构型各占的百分比。

【注释】

[1] 需缓慢加热,否则影响产率。

[2] 若分层不明显,可加入少量水。

[3] 水蒸气蒸馏的各接口应涂抹凡士林,以防粘连。

[4] 干燥用过的氢氧化钠可再配成水溶液,用于水蒸气蒸馏前的中和。

[5] 可蒸馏后再用。

[6] 游离胺易吸收空气中的二氧化碳形成碳酸盐,故应塞好瓶口隔绝空气。

[7] 热溶液加(±)-α-苯乙胺能得到较好的晶体,但加胺时容易起泡使溶液冲出,应格外小心。

[8] 如有沉淀要进行热过滤除去。

五、思考题

(1) 实验中有三次甲苯萃取,其目的分别是什么?

(2) 用 HCl 水解后,进行水蒸气蒸馏以前为什么要加入 NaOH 溶液?

(3) 测定 R-(+)-α-苯乙胺粗产物的旋光度,根据其 $[\alpha]_D$ 和文献值计算其 e. e. %值。

(4) 若要使用 S-(-)-α-苯乙胺,将怎样处理 S-(-)-α-苯乙胺-L-(+)-酒石酸盐(用实验流程图表示)?

实验 67　植物生长调节剂——2,4-二氯苯氧乙酸的合成

一、实验目的

(1) 学习多步骤有机合成实验方法。

(2) 了解 2,4-二氯苯氧乙酸的制备方法。

二、实验原理

2,4-二氯苯氧乙酸(2,4-D)是一个熟知的除草剂和植物生长调节剂,是 20 世纪开发

最成功、全球应用最广的除草剂之一。从 1942 年上市以来半个多世纪持续占有较大的市场份额,广泛用于预混,芽后防治一年及多年生阔叶杂草。它属选择性内吸除草剂,易被根和叶吸收。

工业上通常采用下列方法:① 苯酚氯化缩合法,即苯酚在其熔融状态下氯化,随后将得到的二氯酚与氯乙酸缩合;② 苯酚与氯乙酸在碱性条件下缩合生成苯氧乙酸,再使用氯气氯化来生产。前一方法有许多缺陷,最重要的是此法不能确保制备完全没有二噁英类化合物(dioxins)的 2,4-D,而二噁英是剧毒物质,即使在每十亿分之几的极低量下就对人和动植物造成毒害。例如,2,3,7,8-四氯二苯并-对-二噁英的大鼠口服半致死剂量 LD_{50} 为 20 $\mu g/kg$。其次,用此法制备高质量产品所需的纯化操作冗长,成本高。在氯酚生产厂中存在的剧毒难闻物质不仅对生产人员直接构成危险,而且对周围环境造成严重的安全性问题。此外,由二氯酚与氯乙酸缩合时产生的大量有毒废物带来费用昂贵的三废治理问题。相反,后一方法可防止二噁英的生成,并克服了前一方法的其他缺陷,三废处理量较小,因而较优。

本实验遵循先缩合后氯化的合成路线,并采用浓盐酸加过氧化氢和次氯酸钠在酸性介质中的分步氯化来制备 2,4-二氯苯氧乙酸。

其反应式如下:

$$ClCH_2COOH \xrightarrow{NaCO_3} ClCH_2COONa \xrightarrow[\text{NaOH}]{\text{OH}} \text{(OCH}_2\text{COONa)} \xrightarrow{HCl} \text{(OCH}_2\text{COOH)}$$

$$\text{(OCH}_2\text{COOH)} \xrightarrow{HCl+H_2O_2+FeCl_3} \text{(OCH}_2\text{COOH, Cl)} \xrightarrow[\text{H}^+]{\text{NaOCl}} \text{(OCH}_2\text{COOH, Cl, Cl)}$$

第一步是制备酚醚,这是一个亲核取代反应,在碱性条件下易于进行。

第二步是苯环上的亲电取代,$FeCl_3$ 作催化剂,氯化剂是 Cl^+,引入第一个 Cl。

$$2HCl+H_2O_2 \longrightarrow Cl_2+2H_2O \qquad Cl_2+FeCl_3 \longrightarrow [FeCl_4]^- +Cl^+$$

第三步仍是苯环上的亲电取代,从 HOCl 产生的 H_2O^+Cl 和 Cl_2O 作氯化剂,引入第二个 Cl。

$$HOCl+H^+ \Longrightarrow H_2O+Cl \qquad\qquad 2HOCl \Longrightarrow Cl_2O+H_2O$$

三、实验用试剂药品与仪器装置

试剂药品:氯乙酸 3.8 g(0.04 mol),苯酚 2.5 g(0.026 6 mol),$FeCl_3$ 20 mg,饱和 Na_2CO_3 水溶液,35% NaOH 溶液,浓 HCl,冰醋酸,5% NaOCl 等。

仪器装置:三颈烧瓶(50 mL),烧杯,磁力搅拌器,回流冷凝管,锥形瓶等。

四、实验步骤

1. 苯氧乙酸的制备

(1)成盐:将 3.8 g(0.04 mol)氯乙酸和 10 mL 水加入装有回流冷凝管和恒压滴液漏斗的 50 mL 三颈烧瓶中,开动磁力搅拌,慢慢滴加约 7 mL 饱和 Na_2CO_3 水溶液,调节 pH 至

7~8,使氯乙酸转变为氯乙酸钠[1]。

(2)取代:在搅拌下,往氯乙酸钠溶液中加入2.5 g(0.0266 mol)苯酚,并慢慢滴加35%NaOH液使反应混合物溶液pH等于12。将反应混合物加热回流30 min。在反应过程中pH会下降,应及时补加氢氧化钠溶液,保持pH为12。再加热5 min使取代反应完全。

(3)酸化沉淀:将三颈烧瓶移出水浴,把反应混合物转入锥形瓶中。摇动下滴加浓HCl,酸化至pH 3~4,此时有苯氧乙酸结晶析出。经冰水冷却[2],抽滤,冷水洗2次,在60~65℃下干燥,得粗品苯氧乙酸。测熔点,称重,计算产率。粗品可直接用于对氯苯氧乙酸的制备。纯苯氧乙酸的熔点为98~99℃。

2. 对氯苯氧乙酸的制备

(1)氯代。在装有回流冷凝管和恒压滴液漏斗的50 mL三颈烧瓶中加入3 g(0.02 mol)苯氧乙酸和10 mL冰醋酸,水浴加热至55℃,搅拌下加入20 mg FeCl₃和10 mL浓HCl。在浴温升至60~70℃时,在10 min内滴加3 mL 33% H_2O_2溶液[3]。滴加完后,保温20 min。此时有部分固体析出,升温使固体全部溶解。

(2)分离。经冷却、结晶、抽滤、水洗、干燥,得粗品对氯苯氧乙酸。

(3)重结晶。将粗品对氯苯氧乙酸从1:3乙醇-水溶液中重结晶,即得精品对氯苯氧乙酸。纯对氯苯氧乙酸的熔点为158~159℃。

3. 2,4-二氯苯氧乙酸(2,4-D)的制备

(1)氯代。在100 mL锥形瓶中混合1 g(0.0053 mol)对氯苯氧乙酸和12 mL冰醋酸,随后置冰浴中冷却,摇动下分批滴加19 mL 5% NaOCl溶液,加完后撤掉冰浴,待温度达到室温后反应5 min,此时颜色变深[4]。

(2)分离。加水100 mL,用6 mol/L HCl酸化至刚果红试纸变蓝(pH<3)。在分液漏斗中用2×25 mL乙醚萃取两次,合并醚层液。用15 mL水洗涤后,用15 mL 10% Na₂CO₃溶液萃取醚层。分离水层碱性萃取液。

(3)酸化。在烧杯中加入碱性萃取液和25 mL水,用浓HCl酸化至刚果红试纸变蓝,此时析出2,4-D结晶。经冷却、抽滤、水洗、干燥,得粗品2,4-D。称重,计算产率。

(4)重结晶。将粗品2,4-D从CCl₄或40%~60%乙酸溶液中重结晶,便得精品2,4-D。纯2,4-二氯苯氧乙酸的熔点为138℃。

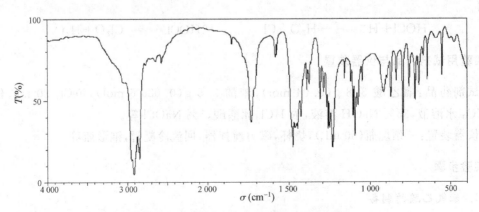

图6-4 2,4-二氯苯氧乙酸的红外光谱图

五、注意事项

（1）先用饱和碳酸钠溶液将氯乙酸转变为氯乙酸钠，以防氯乙酸水解。因此，滴加碱液的速度宜慢。

（2）冰水冷却 10 min 使结晶完全，此时母液透明。

（3）HCl 勿过量，滴加 H_2O_2 宜慢，严格控温，让生成的 Cl_2 充分参与亲核取代反应。Cl_2 有刺激性，特别是对眼睛、呼吸道和肺部器官。应注意操作勿使其逸出，并注意开窗通风。

（4）严格控制温度、pH 和试剂用量是 2,4 - D 制备实验的关键。NaClO 用量勿多，反应保持在室温以下。

六、思考题

（1）从亲核取代反应、亲电取代反应和产品分离纯化的要求等方面说明本实验中各步反应调节 pH 的目的和作用？

（2）以苯氧乙酸为原料，如何制备对溴苯氧乙酸？

实验 68　5 - 丁基巴比妥酸的制备（丙二酸酯合成法）

一、实验目的

（1）训练学生综合运用有机化学实验技能，独立完成原料的准备和处理，中间体的制备与分离，目的产物合成与纯化全过程。

（2）学习有机产物的鉴定。

二、实验原理

$$CH_2(COOC_2H_5)_2 + CH_3CH_2ONa \longrightarrow NaCH(COOC_2H_5)_2 + C_2H_5OH$$

$$NaCH(COOC_2H_5)_2 + CH_3CH_2CH_2CH_2Br \longrightarrow CH_3CH_2CH_2CH_2CH(COOC_2H_5)_2 + NaBr$$

$$CH_3CH_2CH_2CH_2CH(COOC_2H_5)_2 + NH_2CONH_2 \longrightarrow$$

$$CH_3CH_2CH_2CH_2CH \underset{CO—HN}{\overset{CO—HN}{\Big\langle}} C{=}O + 2C_2H_5OH$$

三、实验用试剂药品与仪器装置

试剂药品：丙二酸二乙酯 7.5 mL（11.5 g，0.05 mol），正溴丁烷 5.5 mL（6.9 g，0.05 mol），金属钠 1.4 g（0.06 mol），绝对无水乙醇 20 mL，无水碘化钾 0.7 g，无水硫酸镁，乙酸乙酯等。

正丁基丙二酸二乙酯 4.4 mL（4.3 g，0.02 mol），金属钠 0.5 g（0.02 mol），尿素 1.2 g（0.02 mol），绝对无水乙醇 44 mL，浓盐酸，石油醚（60～90 ℃）等。

仪器装置：三颈瓶（100 mL），球形冷凝管，恒压滴液漏斗，分液漏斗，蒸馏装置等。

四、实验步骤

1. 正丁基丙二酸二乙酯的制备

在 100 mL 三颈瓶中加入 20 mL 绝对无水乙醇，将 1.4 g 金属钠切成小片，逐步投入反应瓶中以控制反应不间断。金属钠完全反应后，加入 0.7 g 干燥的碘化钾粉末。搅拌，小火加热至沸后，慢慢滴加 7.5 mL 新蒸馏的丙二酸二乙酯，滴完后继续回流 10 min。然后滴加新蒸馏的 5.5 mL 正溴丁烷，加完后继续搅拌回流 40 min，固体物逐渐增多。待冷却至室温后，加入 50 mL 水使固体溶解。反应物转移到分液漏斗，分出酯层，用乙酸乙酯萃取水层两次，每次 20 mL。萃取液与酯层合并，用无水硫酸镁干燥。常压蒸馏回收乙酸乙酯，减压蒸出正丁基丙二酸二乙酯，收集 $130\sim135\,^{\circ}\mathrm{C}/2\,666\,\mathrm{Pa}(20\,\mathrm{mmHg})$。

纯正丁基丙二酸二乙酯为无色透明液体，沸点 $235\sim240\,^{\circ}\mathrm{C}$，$n_{\mathrm{D}}^{20}=1.425$。

2. 5-丁基巴比妥酸的制备

在 100 mL 三颈烧瓶中加入 44 mL 绝对乙醇，将 0.5 g 金属钠切成小片，逐步加入三颈瓶中以保持反应不间断。金属钠完全反应后，慢慢滴加 4.3 g 正丁基丙二酸二乙酯，搅拌混合均匀。加入 1.2 g 干燥的尿素，搅拌回流反应 1.5 h，有固体生成。冷却后加入 15 mL 水使固体溶解，然后加入 2 mL 浓盐酸酸化（pH=2～3），蒸馏回收乙醇。当烧瓶中反应液浓缩为约 20 mL 时停止蒸馏。用冰水浴冷却，产物呈无色晶体析出。抽滤，用少量乙醇洗涤，干燥。产物用水重结晶，测定熔点。纯 5-丁基巴比妥酸熔点为 $209\sim210\,^{\circ}\mathrm{C}$。

用 TLC 检查 5-丁基巴比妥酸的纯度。测定 IR 谱。

五、注意事项

（1）本实验所使用的仪器必须是干燥的。

（2）无水碘化钾最好在 110℃ 的烘箱中烘 2 h 后使用。

（3）试剂丙二酸二乙酯要重新蒸馏，去掉前馏分再用。

（4）正溴丁烷用无水硫酸镁干燥、蒸馏后再用。

（5）尿素须在 110℃ 烘箱中烘烤 45 min 以上，放到干燥器中冷却、备用。

六、思考题

（1）本实验为什么加入无水碘化钾粉末？是否可以不加碘化钾粉末？

（2）制备正丁基丙二酸二乙酯的实验会产生什么副产物？如何减少副产物？

（3）最终反应液为什么要酸化后浓缩？

（4）粗产物用水重结晶除去什么杂质？

实验 69 5-氨基四唑-1-乙酸及 Cu(Ⅱ)配合物合成与表征

一、实验目的

（1）掌握有机环化反应、取代反应和配合物的基础知识。

（2）熟练有机合成操作和配合物单晶的培养方法。

（3）学习使用红外光谱仪、核磁共振谱仪等仪器和表征有机化合物的结构。了解用 X-

射线单晶衍射仪测试单晶化合物的结构。

二、四唑类化合物应用与合成

杂环化合物是包含一种或一种以上的杂原子的环状化合物。杂环化合物的数目和种类众多,几乎占全部有机化合物的三分之二,是有机化合物的一个重要的组成部分。分布在自然界的半数以上的化合物都含有杂环体系。例如,几乎所有植物中的生物碱如吗啡碱和奎宁碱,都属于杂环化合物类。而和生命过程有关的核酸、蛋白质都是由多种杂环组成的,例如核酸中的嘌呤和嘧啶、氨基酸中的组氨酸和脯氨酸,都含有不同的杂环取代基。杂环化合物大都具有一定的生理活性和药用价值,其药理作用与杂环的存在是分不开的。

四唑是常见的含氮原子的五元杂环。有关四唑衍生物的合成和应用研究,对促进农业、国防科技和医药工业的发展都具有深远的意义。自从 1885 年 Bladin 合成出第一个四唑衍生物(2-氰基-5-苯基四唑)以来,直到 1950 年才合成出 300 多种四唑类化合物。20 世纪 50 年代以来,由于四唑类化合物在农业、生物化学、药理学和摄影技术等方面的广泛应用,使"四唑化学"的研究得以迅速发展。推动四唑化合物研究的另一个重要因素是其在国防科技中可用于火箭推进剂和安全钝感起爆药。随着研究的深入,越来越多的具有抗过敏性病原、血管紧缩和消炎等药理性质的四唑衍生物被开发出来。此外,许多唑类化合物在配位化学、材料化学领域都有广泛的应用。

5-氨基四唑-1-乙酸(Hatza)的合成原理:

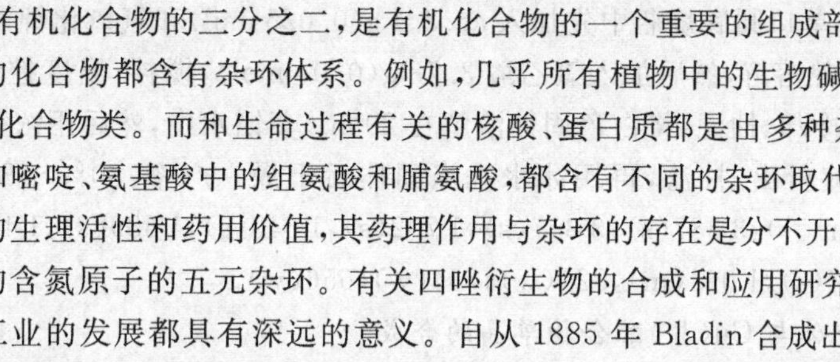

三、实验用试剂药品与仪器装置

试剂药品:双氰胺,叠氮钠,氯乙酸,浓盐酸,氢氧化钾,氯化铜,甲醇,乙醇等。

仪器装置:三颈瓶(250 mL),球形冷凝管,恒压漏斗(20 mL),常用玻璃仪器,磁力搅拌器,加热油浴,抽滤装置,红外光谱仪,熔点仪,显微镜,X-射线单晶衍射仪,电子天平等。

四、实验步骤

1. 5-氨基四唑-1-乙酸的合成

(1) 5-氨基-1H-1,2,3,4-四唑(atz)的合成与表征

在 250 mL 三颈烧瓶中依次加入 0.05 mol(4.2 g)二氰二胺,150 mL 水,0.1 mol(6.5 g) NaN_3。搅拌升温至 75℃后,用恒压漏斗很慢地滴加 12 mL 18% 的盐酸。在 75℃ 下继续反应 12 h。用薄层色谱方法进行监测反应(展开剂为乙酸乙酯:石油醚=1:1)。将反应液倒入烧杯中,封盖,放入冰箱中冷冻后析出大量白色晶体。用布氏漏斗进行抽滤后烘干,得到产物 5-氨基-1H-1,2,3,4-四唑。产率:65%～76%。用熔点仪测熔点为 206～207℃。

用红外光谱仪进行初步表征(产物无 N_3 -和 CN -特征吸收峰)。IR(ν/cm^{-1}):3 416(s),3 200(s),1 651(s),1 587(s),1 452(w),1 401(w),1 264(m),1 143(w),1 064(m),1 048(m),997(m),770(m),734(w),676(w)

(2) 5 -氨基四唑- 1 -乙酸(Hatz)的合成与表征

向 150 mL 单口圆底烧瓶中先加入 atz 2.1 g(0.025 mol)和氢氧化钾 4.2 g(0.075 mol),甲醇 80 mL,加热溶解,然后加入氯乙酸 3.78 g(0.04 mol),搅拌,温度控制在 75℃左右,加热回流 24 h 后冷却、抽滤,将白色固体溶解在 20 mL 蒸馏水中,然后用浓盐酸调节 pH 为 2,冷藏至大量沉淀析出,抽滤,再用冰水洗涤固体后干燥。产率:80%～86%。熔点:210～230℃。IR(ν/cm^{-1}):3 387(s),3 317(s),1 702(s),1 640(s),1 589(s),1 494(m),1 418(m),1 357(m),1 254(s),1 094(m),821(w),754(w),656(w)。

2. atza -配体与 Cu(Ⅱ)配合物单晶的合成

用电子天平称量 $CuCl_2 \cdot 2H_2O$ 0.017 0 g(0.1 mmol),放入试管中,加入 5 mL 的蒸馏水,再加入 Hatza 0.028 6 g(0.2 mmol),振荡试管,使其溶解。将试管管口用塑料薄膜封好后,放在 80℃水浴锅里反应 2 h,然后冷却、抽滤,滤液收集在干净的小玻璃瓶中(青霉素类小药瓶),放置约十几小时,即可得到蓝色块状的 Cu(Ⅱ)-atza 配合物单晶。IR(ν/cm^{-1}):3 419(s),1 645(s),1 616(s),1 498(m),1 383(s),1 290(m),1 151(m),1 083(m),1 028(m),825(s),613(m)。

3. Cu(Ⅱ)- atza 配合物的表征

(1) 红外光谱表征

配合物样品及 Hatza 配体分别做红外光谱测试。

(2) X -射线单晶衍射表征

挑选合适的配合物单晶做 X -射线单晶衍射测试。

atza 阴离子中即含有四唑基团又含有羧基,因为四唑基与羧基分别具有丰富的配位模式,所以 atza 更具有多变的、新颖的配位模式,是构筑配合物的优良配体,不仅可以与过渡金属形成配合物,还可以与主族金属和稀土金属形成配合物。

本实验采用 atza 作为配体,在水溶液中与 Cu(Ⅱ)盐反应,合成含 atza 配体与 Cu(Ⅱ)的配合物单晶,并通过红外光谱、X -射线单晶衍射分析对该配合物的结构进行表征。

$CuCl_2 \cdot 2H_2O$ 与 Hatza(物质的量之比为 1:2)在水溶液中于 80℃反应,通过溶剂挥发法得到配合物的单晶。X -射线单晶衍射测试表征该配合物的晶体结构。该配合物分子组成为 $\{[Cu(atza)_2] \cdot 2H_2O\}_n$,晶体属单斜晶系,空间群 $P_{21/n}$,晶胞参数为 $a=5.014\ 3(12)$,$b=12.031(3)$,$c=10.818(3)$Å,$\alpha=90.00$,$\beta=92.023(4)$,$\gamma=90.00(°)$。

配合物 $\{[Cu(atza)_2] \cdot 2H_2O\}_n$ 晶体中,中心 Cu(Ⅱ)为四配位,并形成了一个二维的平面结构(如图 6 - 5)。

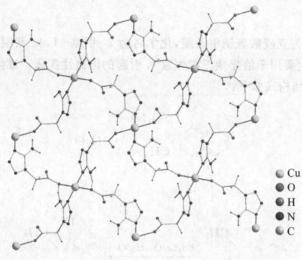

图 6 - 5　$\{[Cu(atza)_2] \cdot 2H_2O\}_n$ 的二维结构图

五、思考题

（1）分析配合物和配体的红外光谱图，找出四唑基和羧基对应的特征吸收峰，解释羧基的特征吸收峰在配合物和配体的红外光谱图上位移的原因。

（2）根据老师给出的 X-射线单晶衍射数据解析结果，分析 Cu(Ⅱ)的配位环境、atza 配体的配位模式、晶体结构、结晶水的位置等等。

（3）写出合成 atza，Hatza 可能的反应机理和反应类型。在 Hatza 的合成中使用甲醇作溶剂，能否改用乙醇或极性更小的溶剂呢？分析改用不同溶剂可能出现的现象。

六、教学建议

1. 本实验以学生研究小组为单位进行，可在高年级开设。

2. X-射线单晶衍射数据解析由指导老师完成。对有兴趣的同学，老师可指导学生学习做图软件的使用。

3. 实验报告以论文的形式完成，训练学生书写科技论文的能力。

§6.2　应用型实验

实验 70　维生素 K_3 的制备

一、实验目的

（1）掌握氧化反应、加成反应在有机合成实验中的实施要领和处理方法。

（2）进一步熟练掌握有关实验操作过程。

二、实验原理

维生素 K_3 亦称为亚硫酸氢钠甲萘醌,化学名为 2 - 甲基 - 1,4 - 萘醌亚硫酸氢钠。维生素 K_3 是促凝血药,主要用于治疗缺乏维生素 K 引起的出血性疾病。维生素 K_3 的固体结晶带有 3 个结晶水,其结构式如下:

反应式为:

β - 甲基萘在硫酸存在下用重铬酸钠氧化[1]成相应的萘醌,然后用亚硫酸氢钠加成。

三、实验用试剂药品与仪器装置

试剂药品: β - 甲基萘,重铬酸钠,浓硫酸,丙酮,亚硫酸氢钠,95% 乙醇。

仪器装置:三颈瓶(100 mL),搅拌回流装置,滴液漏斗,恒温水浴锅,抽滤装置,热滤装置。

四、实验步骤

1. 甲萘醌的制备

称取 5 g β - 甲基萘,并量取 13 mL 丙酮加入装有搅拌器、冷凝管和滴液漏斗的 100 mL 三颈瓶中,搅拌至溶解。将 25 g 重铬酸钠溶于 38 mL 水中,再缓慢加入 16 mL(30 g)浓硫酸混合,转入滴液漏斗中,在 40℃[2]以下慢慢滴加至三颈瓶中。滴加完毕后保持 40℃ 反应 30 min,然后将水浴温度升至 60℃ 反应 1 h。趁热将反应物倾入 200 mL 冷水中,使甲萘醌完全析出,抽滤并水洗抽干。

2. 维生素 K_3 的制备

在附有搅拌装置、冷凝管的三颈瓶中加入 4.5 mL 水和 3.1 g 亚硫酸氢钠,搅拌使之完全溶解,加入以上制得的甲萘醌,在 38～40℃[3]水浴中搅拌均匀,加入 8 mL 95% 乙醇继续搅拌反应 45 min,取少许反应液滴入纯水中应能全部溶解,再加入 8 mL 95% 乙醇,继续搅拌 30 min 使之反应完全。冷却至 10℃ 以下使结晶充分析出,抽滤,结晶用少许冷乙醇洗涤抽干,得维生素 K₃ 粗品。

　　3. 精制

　　粗品放入锥形瓶中加 4 倍量 95％乙醇及少许亚硫酸钠[4],在 70℃以下溶解,加入粗品量 1.5％的活性炭。水浴 68～70℃,保温 15 min,脱色,趁热过滤,滤液冷却至 10℃以下析出晶体。抽滤,结晶用少量冷乙醇洗涤后抽干,70℃以下干燥,得精品维生素 K₃。测熔点(105～107℃),称重,计算产率。

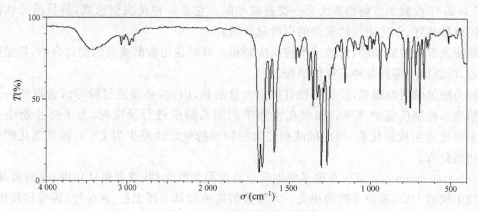

图 6-6　维生素 K3 的红外光谱图

【注释】

　　[1] 药物合成中常用 $K_2Cr_2O_7 + H_2SO_4$ 作为氧化剂来氧化酚、芳胺及多环芳烃成醌,因为 $K_2Cr_2O_7$ 的溶解度较小,故用 $Na_2Cr_2O_7$ 来代替。

　　[2] 在氧化过程中必须注意温度的控制,温度过高或氧化剂局部浓度过大,都会导致氧化进一步进行,引起侧链氧化甚至环的开裂,使产率降低。

　　[3] 加成反应温度控制也很重要,不能超过 40℃,因加成产物维生素 K3 受到热和光的作用时会发生逆向分解。

　　[4] 亚硫酸钠的加成反应是可逆的,加入少量亚硫酸氢钠可抑制加成物的分解。

五、思考题

　　在氧化反应和加成反应中,若温度过高会形成哪些副产物? 写出可能的反应式。

实验 71　驱蚊剂 N,N-二乙基间甲基苯甲酰胺的合成

一、实验目的

　　(1) 掌握驱蚊剂的合成、光谱表征、含量检测方法及应用。

　　(2) 掌握柱色谱分离操作。

　　(3) 熟悉红外光谱仪、核磁共振仪和气相色谱仪的使用。

二、实验原理

　　蚊虫是重要的病媒之一,其体内携带多种致病微生物,到处传播各种疾病,严重危害人类健康。目前,人类一般用杀虫剂和驱避剂对其进行防治。杀虫剂以灭杀蚊虫为目的,但由

于大量使用所造成的抗药性及环境污染等问题,已逐渐引起人们的关注。驱避剂则不直接使蚊虫致死,其主要功能是防止蚊虫的叮咬,可设计成各种剂型,因而国内外非常重视蚊虫驱避剂的研究。一般优良的蚊虫驱避剂应具有下列特点:高效、长效、广谱的驱避作用;对人畜无害或者毒性很低;使用时对皮肤无明显刺激,香气适宜,性质稳定且携带方便。

能作为驱蚊剂的化合物分子结构范围广。1953 年,科学家在 2 万多种化合物中筛选潜在的驱蚊化学药品,发现 N,N -二乙基间甲基苯甲酰胺(简称 DEET/DETA)具有驱蚊特性,于 1956 年投放于市场而成为第一类避蚊产品。它是一种昆虫信息素,是目前公认的实际应用效果最好、广泛使用的安全的广谱驱蚊剂。

酰胺通常由羧酸和胺、伯胺或季胺反应制得。有时也用酸酐或者酯类化合物,但是酰氯最有效,可以衍生得到各种各样的酰胺。

因为酰氯的活性很强,反应很快且放出大量的热,因此,必须通过冷却或者选用一种合适的溶剂来控制反应的速率。如果在惰性溶剂如乙醚中进行反应时,为了防止所生成的 HCl 和胺反应生成氯化铵,所用的胺和底物的物质的量之比最少为 2:1,而且氯化铵很难与产物相分离。

Schotten-Baumann 反应在酰氯发生反应阶段用氢氧化钠(或者氢氧化钾)作为溶剂,中和反应生成的 HCl,避免了胺的损失。大多数游离的胺具有挥发性、腐蚀性,操作比较困难,而胺盐酸盐和碱反应会原位释放出游离的胺,所以在反应体系中加入碱性溶液,则可以用胺盐酸盐代替胺作为反应物。

本实验以间甲基苯甲酸为原料,先与氯化亚砜反应制备间甲基苯甲酰氯,然后经 Schotten-Baumann 反应得到目标产物 N,N -二乙基间甲基苯甲酰胺。粗产品经真空蒸馏或柱层析纯化。纯化后的产品可通过气相色谱检测其纯度,经红外光谱、核磁共振氢谱进行结构表征。

反应式:

A. （结构式）$+ SOCl_2 \longrightarrow$ （结构式）$+ HCl + SO_2$

B. $(CH_3CH_2)NH_2^+ Cl^- + NaOH \longrightarrow (CH_3CH_2)NH + NaCl + H_2O$

（结构式）$+ (CH_3CH_2)NH + NaOH \longrightarrow$ （结构式）$+ NaCl + H_2O$

三、实验用试剂药品与仪器装置

试剂药品:间甲基苯甲酸,NaOH,乙醚,二氯亚砜,乙二胺盐酸盐,正己烷,十二烷基磺酸钠,NaCl,无水硫酸镁。

仪器装置:三颈瓶(100 mL),滴液漏斗,冷凝管,温度计,电磁加热搅拌器,旋转蒸发仪,气相色谱仪,核磁共振仪,红外光谱仪。

四、实验步骤

1. 间甲基苯甲酰氯的制备

在装有滴液漏斗、回流冷凝管（连接气体吸收装置）的 100 mL 三颈瓶中加入 30 mmol 间甲基苯甲酸，滴加 2.6 mL（约 36 mmol）二氯亚砜，水浴加热至少 30min 至反应结束（不再有气体放出）。将反应混合物在冰水浴中冷却至 10℃ 或更低温度。

2. N,N-二乙基间甲基苯甲酰胺的制备

量取 35 mL 4.0 mol·L^{-1} 的氢氧化钠溶液倒入锥形瓶中，然后在冰水浴中冷却。于通风橱中，搅拌下分批加入 25.0 mmol 乙二胺盐酸盐，再加入 0.1 g 十二烷基磺酸钠。将此溶液转移至分液漏斗，加入步骤 1 的反应混合物中（每分钟 6～8 mL，搅拌，冰水浴）。然后在热水浴中加热至少 15 min。

3. N,N-二乙基间甲基苯甲酰胺的分离纯化

将反应混合物冷却至室温后用分液漏斗转移出来，以乙醚萃取三次，每次 20 mL。合并萃取液，先用 1 mol·L^{-1} 的盐酸溶液 30 mL 洗涤，再用 30 mL 饱和氯化钠溶液洗涤，然后用无水硫酸镁干燥，最后将乙醚蒸馏回收。得到粗产品以氧化铝进行柱层析，正己烷为洗脱溶剂，收集黄色色带。收集液旋转蒸发回收正己烷，得到纯化的产品（粗产品也可减压蒸馏提纯）。

4. 含量检测

应用 GC 检验所制 DETA 的纯度。

5. 结构表征

测产物的红外光谱和 ^{1}H NMR 谱，并对谱图进行结构表征。

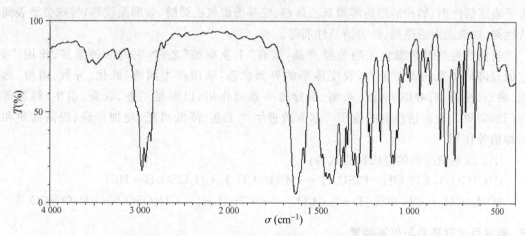

图 6-7　N,N-二乙基间甲基苯甲酰胺的红外光谱图

6. 应用研究

检测所制备的驱蚊剂的效用：用异丙醇溶解产品，配制成 15% 的溶液，然后将一块粗棉布浸泡于其中。当粗棉布晾干之后，拿到一个蚊子很多的地方，然后缠到自己的一个手臂上，用另外一块没经过任何处理的棉布缠到另一个手臂上作对比，观察哪一个手臂吸引的蚊子更多。

五、注意事项

(1) 称量有机试剂(尤其是二氯亚砜)时要小心,实验在通风橱进行。

(2) 所用玻璃仪器需干燥。

六、思考题

(1) 在间甲基苯甲酰氯的合成中,如果仪器或试剂含有水分,对反应的影响如何?

(2) 后处理过程中,洗涤醚层的作用是什么?

(3) 对产物的氢谱数据进行表征,并与原料间甲基苯甲酸进行比较。

(4) 查阅文献,对于 DETA 还有哪些其他的合成方法?

实验 72　表面活性剂十二烷基硫酸钠的合成与应用

一、实验目的

(1) 了解表面活性剂的用途与分类。

(2) 掌握十二烷基硫酸钠的合成原理及方法。

(3) 学习氯磺酸对高级醇的硫酸化作用的原理和实验方法。

二、表面活性剂的分类、应用与实验原理

表面活性剂可分为阴离子表面活性剂,如高级脂肪酸盐、烷基苯磺酸盐、硫酸酯盐等;阳离子表面活性剂,如胺盐型、季铵盐型等;两性离子表面活性剂,如氨基酸型、咪唑啉型等;非离子表面活性剂,如长链脂肪醇聚氧乙烯醚、烷基酚聚氧乙烯醚、烷醇酰胺等;特殊类型表面活性剂,如氟表面活性剂、硅表面活性剂等。

表面活性剂是精细化工的重要产品,素有"工业味精"之称,它的品种繁多、作用广,它通过降低体系的表面张力,改变体系的界面状态,从而产生润滑、乳化、分散、增溶、起泡、渗透、洗涤、抗静电、润湿、杀菌、医疗等一系列作用,以满足工业、农业、卫生、科技等部门的需要。表面活性剂的应用可起到改进生产工艺、降低消耗、增加产量、提高品质和附加值等作用。

十二烷基硫酸钠的合成反应式为:

$$CH_3(CH_2)_{10}CH_2OH + ClSO_3H \longrightarrow CH_3(CH_2)_{10}CH_2OSO_3H + HCl$$

$$2CH_3(CH_2)_{10}CH_2OSO_3H + Na_2CO_3 \longrightarrow 2CH_3(CH_2)_{10}CH_2OSO_3Na + H_2O + CO_2 \uparrow$$

三、实验用试剂药品与仪器装置

试剂药品:氯磺酸,月桂醇,双氧水,30%碳酸钠。

仪器装置:搅拌器,温度计,滴液漏斗,气体吸收装置,三颈瓶(250 mL),冷凝管,水浴,Y形蒸馏头,酒精灯,铁架台。

四、实验步骤

在装有搅拌器、温度计、滴液漏斗和气体吸收装置的 250 mL 三颈瓶中,加入 23.3 g 月

桂醇(0.125 mol),室温下慢慢滴加 16 g 氯磺酸(0.125 mol)[1],约 15 min 滴完,此时瓶内有固体析出。升温到 40～50℃,变为浅棕色溶液,在此温度下继续搅拌 1 h,冷却到室温,慢慢滴加 30％的碳酸钠溶液,温度上升,产物越来越黏稠,当 pH＝7 时,此时为半固态黄色产物。然后缓慢滴加 12 mL 30％双氧水[2],搅拌 20 min,得浅白色黏稠的十二烷基硫酸钠。在约 90℃温度下挥发溶剂并干燥,称重,计算产率。

应用实例——洗洁精的配制：

各种洗涤剂在人们的日常生活中得到了广泛的应用,表 6-1 洗洁精配方具有良好的洗涤效果。

表 6-1　洗洁精配方示例

十二烷基硫酸钠(自制)	3％	苯甲酸、香精	适量
6501(又叫尼纳尔,非离子表面活性剂)	5％	食盐	约 1.5％
AES(又叫脂肪醇聚氧乙烯醚硫酸钠,属于阴离子表面活性剂)	6％	去离子水	余量
十二烷基苯磺酸钠	4％		

将上述原料(香精、食盐除外)加入烧杯中,加热到 80～90℃,不断搅拌,变为微黄色透明液体。冷却至 40～45℃时,加入适量香精,室温时加入食盐增稠,控制 pH 为 7～8。然后用 NDJ-79 型旋转式黏度计测定其黏度。此洗涤剂泡沫适中,具有良好的去污性能。

【注释】

[1] 由于氯磺酸的强烈挥发性,称料应在通风橱中进行,并装入恒压滴液漏斗中滴加。滴加速度要慢,否则由于产生大量的气泡容易引起冲料。

[2] 滴加双氧水也容易引起冲料,应小心进行。

五、思考题

(1) 十二烷基硫酸钠属于何种类型的表面活性剂?

(2) 加入 30％碳酸钠溶液中和后,为何还要加入双氧水?

实验 73　肥皂的制备

一、实验目的

(1) 了解皂化反应原理及皂化的制备方法。

(2) 熟练回流装置的安装、盐析及减压过滤操作方法。

二、实验原理

本实验中以猪油为原料制取肥皂。反应式如下：

$$
\begin{array}{c}
\underset{\displaystyle R_1C-O-CH_2}{\overset{\displaystyle O}{\|}} \\[2mm]
\underset{\displaystyle R_2C-O-CH}{\overset{\displaystyle O}{\|}} \xrightarrow[\triangle]{\ NaOH/H_2O\ } \begin{array}{l} R_1COONa \\[2mm] R_2COONa \end{array} + \begin{array}{c} CH_2-CH-CH_2 \\[1mm] \ \ |\ \ \ \ \ |\ \ \ \ \ | \\[1mm] \ OH\ \ \ OH\ \ \ OH \end{array} \\[2mm]
\underset{\displaystyle R_3C-O-CH_2}{\overset{\displaystyle O}{\|}} \qquad R_3COONa
\end{array}
$$

在反应混合液中加入溶解度较大的无机盐,以降低水对有机酸盐的溶解作用,可使肥皂较为完全地从溶液中析出,这一过程叫做盐析。利用盐析的原理,可使肥皂和甘油较好的分离开。

三、实验用试剂药品与仪器装置

试剂药品:猪油,95%乙醇,40%氢氧化钠溶液,饱和食盐水等。

仪器装置:圆底烧瓶(250 mL),球形冷凝管,烧杯,减压过滤装置等。

四、实验步骤

1. 加入物料,安装仪器

在 250 mL 圆底烧瓶中加入 10 g 猪油,30 mL 乙醇和 30 mL 氢氧化钠溶液,然后安装普通回流装置。

2. 加热皂化

检查装置后,先开通冷却水,再用石棉网小火加热,保持微沸 40 min。此间若烧瓶内产生大量泡沫,可从冷凝管上口滴加少量 1∶1 的乙醇和氢氧化钠的混合溶液以防泡沫冲入冷凝管中。

皂化反应结束后,先停止加热,稍冷后再停止通冷却水,拆除实验装置。

3. 盐析,过滤

在搅拌下,趁热将反应混合液倒入盛有 150 mL 饱和食盐水的烧杯中,静置冷却。

安装减压过滤装置。将充分冷却后的皂化液倒入布氏漏斗中,减压抽滤。用冷却水洗涤沉淀两次,抽干。

4. 干燥称量

滤饼取出后,随意压制成型,自然晾干后,称量并计算产率。

实验 74   磺胺类药物——对氨基苯磺酰胺的制备

一、实验目的

(1)学习对氨基苯磺酰胺的制备方法,掌握苯环上的磺化反应、酰氯的氨解和乙酰氨基衍生物水解反应。

(2)巩固回流、脱色、重结晶及抽滤等基本操作。

二、实验原理

对氨基苯磺酰胺是一种最简单的磺胺药,俗称 SN。它是以乙酰苯胺为原料,然后再氯磺化和氨解,最后在酸性介质中水解除去乙酰基而制得。乙酰苯胺的氯磺化需要用过量的氯磺酸[1],对于 1 mol 的乙酰苯胺至少要用 2 mol 的氯磺酸,否则会有磺酸生成。过量氯磺酸的作用是将磺酸转变为磺酰氯。

反应式:

$$\text{NHCOCH}_3\text{-C}_6\text{H}_4 + 2\text{HOSO}_2\text{Cl} \longrightarrow \text{NHCOCH}_3\text{-C}_6\text{H}_4\text{-SO}_2\text{Cl} + \text{H}_2\text{SO}_4 + \text{HCl}$$

$$\text{NHCOCH}_3\text{-C}_6\text{H}_4\text{-SO}_2\text{Cl} + \text{NH}_3 \longrightarrow \text{NHCOCH}_3\text{-C}_6\text{H}_4\text{-SO}_2\text{NH}_2 + \text{HCl}$$

$$\text{NHCOCH}_3\text{-C}_6\text{H}_4\text{-SO}_2\text{NH}_2 + \text{H}_2\text{O} \xrightarrow{\text{H}^+} \text{NH}_2\text{-C}_6\text{H}_4\text{-SO}_2\text{NH}_2 + \text{CH}_3\text{COOH}$$

三、实验用试剂药品与仪器装置

试剂药品:乙酰苯胺,氯磺酸,浓盐酸,浓氨水,碳酸钠。

仪器装置:电子天平,电热套,量筒,分液漏斗,烧杯,温度计,常量标准口玻璃仪器。

四、实验步骤

1. 对乙酰氨基苯磺酰氯

在干燥的 100 mL 锥形瓶中,加入 5 g(0.037 mol)干燥的乙酰苯胺,用小火加热熔化[2]。瓶壁上若有少量水汽凝结,应用干净的滤纸吸去。冷却使熔化物凝结成块,将锥形瓶置于冰水浴中充分冷却后,迅速倒入 12.5 mL(0.192 mol)氯磺酸,立即塞上带有氯化氢导气管的塞子,导气管插入抽滤瓶中。反应迅速发生,若反应过于激烈,可用冰水浴冷却。待反应缓和后,轻轻摇动锥形瓶使固体全溶,然后再在温水浴中加热 10～15 min 使反应完全,直至无氯化氢气体产生[3]。将反应瓶在冷水中充分冷却后,于通风橱中在强烈搅拌下,将反应液以细流慢慢倒入盛 75 g 碎冰的烧杯中[4],用少量冷水洗涤反应瓶,洗涤液倒入烧杯中。搅拌数分钟,并尽量将大块固体粉碎[5],使之成为颗粒小而均匀的白色固体。抽滤收集,用少量冷水洗涤,压干,立即进行下一步反应。

2. 对乙酰氨基苯磺酰胺

将上述粗产物移入烧杯中,在不断搅拌中慢慢加入 18 mL(0.457 mol)浓氨水(在通风橱内),立即发生放热反应并产生白色糊状物。加完后,继续搅拌 15 min,使反应完全。然后加入 10 mL 水,用小火加热 10～15 min,并不断搅拌,以除去多余的氨,得到的混合物可直接用于下一步合成[6]。

3. 对氨基苯磺酰胺(磺胺)

将上述反应物放入圆底烧瓶中,加入 3.5 mL(0.112 mol)浓盐酸和几粒沸石,小火加热回流 0.5 h。冷却后,应得一几乎澄清的溶液。若有固体析出[7],检测溶液的酸碱性,不呈酸性时酌情外加盐酸,继续加热,使反应完全。如溶液呈黄色,并有极少量固体存在时,需加入少量活性炭煮沸 10 min,趁热过滤。将滤液转入大烧杯中,在搅拌下小心加入粉状碳酸钠[8]至恰呈碱性(约 4 g)。在冰水浴中冷却,抽滤收集固体,用少量冰水洗涤,压干。粗产物用水重结晶(每克产物约需 12 mL 水),产量约 3～4 g。

纯对氨基苯磺酰胺为白色针状晶体,熔点 163～164℃,其红外图谱见图 6-8。

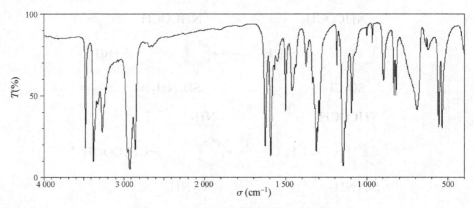

图 6-8　对氨基苯磺酰胺的红外光谱图

【注释】

[1] 氯磺酸有强烈的腐蚀性,遇空气会冒出大量氯化氢气体,遇水会发生猛烈的放热反应,甚至爆炸,故取用时必须特别注意不能碰到皮肤和水。反应中所用仪器及药品皆须十分干燥。含氯磺酸的废液也不能倒入水槽。

[2] 氯磺酸与乙酰苯胺的反应非常剧烈,将乙酰苯胺凝结成块状,可使反应缓和进行,当反应过于激烈时,应适当冷却。

[3] 在氯磺化过程中,将有大量氯化氢气体放出。为避免污染室内空气,装置应严密,导气管的末端要与接受器内的水面接近,但不能插入水中,否则可能倒吸而引起严重事故!

[4] 加入速度必须缓慢,必须充分搅拌,以免局部过热而使对乙酰氨基苯磺酰胺水解。这是实验成功的关键。

[5] 尽量洗去固体所夹杂和吸附的盐酸,否则产物在酸性介质中放置过久,会很快水解,因此在洗涤后,应尽量压干,且在 1～2 h 内将它转变为磺胺类化合物。

[6] 为了节省时间,这一步的粗产物可不必分出。若要得到产品,可在冰水浴中冷却,抽滤,用冰水洗涤,干燥即可。粗品用水重结晶,纯品熔点为 219～220℃。

[7] 对乙酰氨基苯磺酰胺在稀酸中水解成磺胺,后者又与过量的盐酸形成水溶性的盐酸盐,所以水解完成后,反应液冷却时应无晶体析出。由于水解前溶液中氨的含量不同,加 3.5 mL 盐酸有时不够,因此,在回流至固体全部消失前,应测一下溶液的酸碱性,若酸性不够,应补加盐酸回流一段时间。

[8] 用碳酸钠中和滤液中的盐酸时,有二氧化碳产生,故应控制加热速度并不断搅拌使其逸出。磺胺

是两性化合物,在过量的碱溶液中也易变成盐类而溶解。故中和操作必须仔细进行,以免降低产量。

五、思考题

（1）为什么在氯磺化反应完成以后处理反应混合物时,必须移到通风橱中,且在充分搅拌下缓缓倒入碎冰中? 若在未倒完前冰就化完了,是否应补加冰块? 为什么?

（2）为什么苯胺要乙酰化后再氯磺化? 直接氯磺化行吗?

（3）为什么对氨基苯磺酰胺可溶于过量的碱液中?

实验 75　聚乙烯醇缩甲醛啤酒瓶商标胶的制备和贴标试验

一、实验目的

（1）掌握改性聚乙烯醇缩甲醛胶黏剂制备的原理及方法。

（2）掌握回流、搅拌的操作。

（3）了解啤酒生产线的贴标工艺流程及对商标胶性能的要求。

二、实验原理

我国啤酒生产规模很大且发展迅速,对标签的要求亦越来越多。各啤酒生产厂家为了扩大生产量和提高产品档次,逐渐引进国外先进的包装生产线。贴标机速度由原来的几千瓶/小时,提高到几万瓶/小时,而且纷纷采用铝箔或锡箔纸作封口标,即为现流行的"金啤"包装。各啤酒生产厂家使用的商标胶多为淀粉胶、聚乙烯醇胶、聚乙烯醇缩甲醛胶等化学胶,近年来制备了"金啤"包装用高性能酪蛋白商标胶[1]。由于酪蛋白胶生产中使用了价格昂贵的干酪素(市场售价在 46 000～65 000 元/吨)为原料,随着酪蛋白胶市场竞争的日益激烈,该产品的经济效益每况愈下。而淀粉和聚乙烯醇的价格低廉,但单纯的淀粉胶和聚乙烯醇胶只能满足贴标机速在 2.0 万瓶/小时左右的贴标机对纸标的贴标要求,不能满足铝箔或锡箔纸商标的高速贴标要求。因此开发一种既经济又能满足贴标机要求的淀粉改性聚乙烯醇缩甲醛商标胶就显得尤为重要和迫切,从而提高聚乙烯醇缩甲醛商标胶的经济效益和市场竞争力。

采用淀粉等原料对聚乙烯醇缩甲醛胶进行改性,制得的产品具有黏度大,初黏力好,标签涂胶后经瞬间施压不剥落,不翘曲,干燥速度快,耐水性好(冷藏过程中无商标起皱、脱标现象)以及回收清洗商标容易等特点。完全能够满足贴标机速在 3.6 万瓶/小时以下的贴标机对铝箔或锡箔纸商标的高速贴标要求。

第一阶段缩醛反应是聚乙烯醇与甲醛在酸催化作用下反应,得到聚乙烯醇缩甲醛,其反应方程式如下:

$$\text{—CH}_2\text{—CH—CH}_2\text{—CH—} + \text{HCHO} \xrightarrow{\text{酸}} \text{—CH}_2\text{—CH—CH}_2\text{—CH—}$$

（以 OH、OH 在左侧；右侧为 OCH$_2$OH、OH）

半缩醛

第二阶段为尿素改性反应,在酸性环境中,尿素与未反应的甲醛发生反应生成一羟甲基脲和二羟甲基脲,如下式所示:

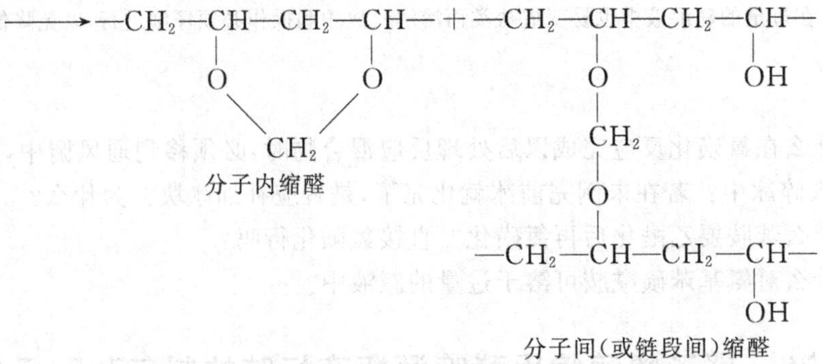

$$\longrightarrow \quad -CH_2-CH-CH_2-CH- \quad + \quad -CH_2-CH-CH_2-CH-$$

分子内缩醛

分子间（或链段间）缩醛

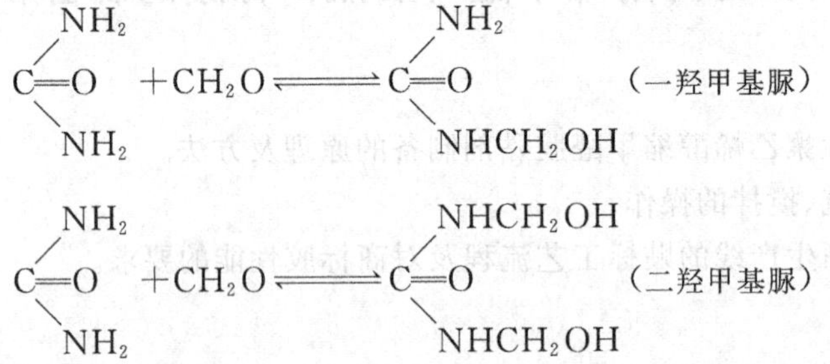

$$\underset{NH_2}{\overset{NH_2}{C}}=O \ + CH_2O \Longleftrightarrow \underset{NHCH_2OH}{\overset{NH_2}{C}}=O \qquad （一羟甲基脲）$$

$$\underset{NH_2}{\overset{NH_2}{C}}=O \ + CH_2O \Longleftrightarrow \underset{NHCH_2OH}{\overset{NHCH_2OH}{C}}=O \qquad （二羟甲基脲）$$

由于羟甲基脲分子中存在活泼的羟甲基，它还可以进一步与聚乙烯醇缩甲醛分子中的羟基缩合，生成聚乙烯醇缩脲甲醛。

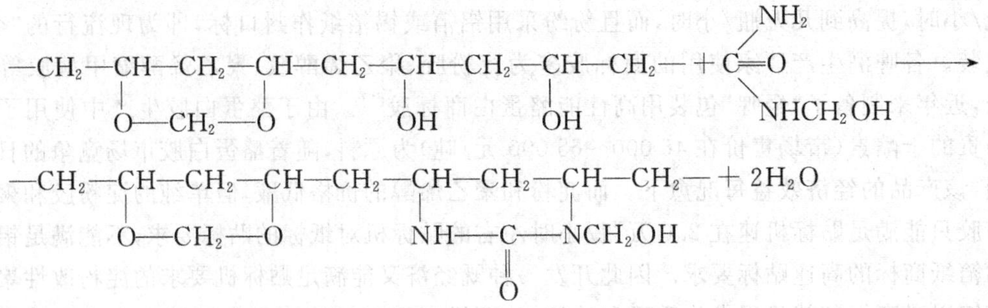

$$-CH_2-CH-CH_2-CH-CH_2-CH-CH_2-CH-CH_2- \ + \underset{NHCH_2OH}{\overset{NH_2}{C}}=O \longrightarrow$$

$$-CH_2-CH-CH_2-CH-CH_2-CH-CH_2-CH-CH_2- \ + \ 2H_2O$$

三、实验用试剂药品与仪器装置

试剂药品：聚乙烯醇 29.2 g，甲醛溶液 4 g，尿素 3 g，淀粉 5.4 g，浓盐酸（适量），氢氧化钠（适量）等。

仪器装置：数显恒温水浴锅，电动搅拌器，旋转式黏度计，电热恒温干燥箱，四颈圆底烧瓶，球形冷凝管等。

四、实验步骤

将一定量的水、聚乙烯醇和淀粉加入到四颈烧瓶中，在不断搅拌下升温至 95 ℃以上，使聚乙烯醇完全溶解。降温至 85 ℃以下约 15 min，用盐酸调 pH 约 2～3，然后将计量好的甲醛在 20 min 内滴加完毕，保温反应 1.5 h。加入尿素，继续反应 0.5 h。降温至 60 ℃，滴加氢氧化钠，调节 pH=7 左右，冷却至室温，出料即得聚乙烯醇缩甲醛啤酒瓶商标胶。

五、产品质量检验

（1）固体含量：按 GB2793-81 胶黏剂不挥发份含量测定方法测定。

（2）黏度：用旋转黏度计在(30±)1℃下按 GB2794-81 测定方法测定。

（3）pH：用 pH 1～14 广泛试纸测定。

（4）抗冻性：将试样置于恒温冰箱内测定。

（5）贮存期：试样密封后置于室内存放一段时间仍保持原样为合格。

（6）耐水性：将商标胶以 30 g·m⁻² 涂布量均匀涂布在标签上，贴在预先洗净的玻璃瓶上并压平，或者是直接从啤酒厂家贴标流水线上取下的贴好标签的啤酒瓶。将贴有标签的玻璃瓶在室温 20℃以上，相对湿度低于 65％的环境中放置 3 日后，垂直浸在冰水中，每隔 12 h 旋转玻璃瓶数次，看标签有无翘边或脱落，以三个平行样品中至少有一个翘边或脱落前的时间为耐水时间。

六、商标胶的使用

由于啤酒瓶商标胶的使用厂家不同，设备不同，贴标机速不同，对其黏度要求也不相同。因此必须根据贴标机速等确定合适的黏度，又因为改性聚乙烯醇缩甲醛商标胶的黏度随温度等条件变化很大，因此在实际使用中可根据情况适当调节设备。

使用过程中若出现掉标或撕标现象，这主要是因为黏度过大或涂胶量过少所致。解决的方法如下：有加热装置的贴标机可升高使用温度；对于没有加热装置的贴标机，若是夏天，温度已经很高，不能调整温度，可将贴标机刮刀间距调大，或提高机速。如仍不能解决问题，则需换用黏度低的产品。若出现甩标现象，是由于黏度低，初黏力小所致，解决方法与上述相反，即调低温度，调小刮刀间距，降低机速或用黏度大的产品。

实验 76　聚醋酸乙烯酯乳液（白乳胶）的制备和胶合试验

一、实验目的

（1）了解 O/W 型乳液聚合的原理和方法。

（2）了解表面活性剂在聚合反应中的作用。

（3）了解聚醋酸乙烯酯乳液的用途。

二、实验原理

聚醋酸乙烯乳液（PVAc 乳液），俗称白乳胶。因其单组成，价格低，生产方便，黏结强度高，无毒等特点，广泛用于木材加工、织物黏结、家具组装、包装材料、建筑装璜等领域中多孔材料的黏结，随着国民经济的发展，其用量还将大幅度增加，其主要缺点是耐水性、耐寒性、耐热性较差，使聚醋酸乙烯乳液的应用受到了极大的限制。

近年来，随着经济的发展，一些应用领域对胶黏剂提出了更高的性能要求。如高档木制家具，要求胶黏剂的耐水、耐热性要能与耐水性胶黏剂（如酚醛树脂胶黏剂）相近似；使用工艺与 PVAc 乳液相似；无有害气体（甲醛、甲苯等）释出。又如汽车内装饰、汽车蓬布用胶黏剂，不仅能够耐水、耐热，而且能够黏结聚氯乙烯（PVC）、人造革等材料。

　　尽管各生产厂家在聚醋酸乙烯乳液聚合生产中所选用的引发剂、增塑剂、保护胶体、助剂有所不同,用量不一,合成工艺有差异,但都存在一个共同的缺点,即耐水性差,蠕变性较大,在湿热条件下黏结强度会有较大程度的下降,从而使聚醋酸乙烯乳液胶黏剂的应用受到一定的限制。为了改善白乳胶的性能,我们对传统的生产聚醋酸乙烯乳液的方法进行了改进。本实验通过添加不同性能的改性剂,在一定条件下进行改性,以达到提高和改善黏结强度和改善耐水性耐寒性的目的。

　　聚醋酸乙烯酯乳液(白乳胶)是将醋酸乙烯在水介质中,以聚乙烯醇作保护胶体,加入阴离子或非离子型表面活性剂,在一定的 pH 下,采用游离型引发系统,进行乳液聚合制得。它广泛用作木材、纸张、皮革的黏合剂和建筑涂料等。一般反应式如下:

$$n\ CH_2=CH \xrightarrow{\text{引发剂}} \left[CH_2-CH\right]_n$$
$$\qquad\qquad OOCCH_3 \qquad\qquad OOCCH_3$$

三、实验用试剂药品与仪器装置

　　试剂药品:醋酸乙烯酯 44 g,聚乙烯醇(1799) 4 g,改性剂 17～19 g,混合交联剂 16～18 g,邻苯二甲酸二丁酯 3 g,过硫酸铵 0.1 g,十二烷基苯磺酸钠 0.92 g 等。

　　仪器装置:数显恒温水浴锅,电动搅拌器,旋转式黏度计,电热恒温干燥箱,冰箱,四颈圆底烧瓶,球形冷凝管等。

四、实验步骤

1. 主剂的合成

　　将聚乙烯醇和水同时加入四颈烧瓶中,开始搅拌并升温至 90～95℃溶解,保温 20 min 后降温至 70℃后加入部分混合单体并滴加部分引发剂过硫酸铵进行聚合。余下的过硫酸铵及混合单体在 2 h 内滴加完毕,保温 4～6 h 再升温至 90℃,再反应 0.5 h,然后又将温度降至 65℃后加入邻苯二甲酸二丁酯,搅拌均匀,降至室温,然后加入羧基丁苯胶乳 18 g、十二烷基苯磺酸钠 0.92 g,于室温下搅拌 15～20 min,搅拌均匀后即得主剂。产物外观为乳白色,无粗颗粒和异物,pH 为 6～7.5。

2. 混合交联剂的合成

称取 450 g 多苯基多异氰酸酯(PAPI)加入干燥的反应瓶中,开动电动搅拌机,然后加入 50.6 g 对甲苯磺酰氯,于室温下搅拌 25～30 min,即得混合交联剂。产物为红棕色黏稠液体,室温黏度为 312～467 mPa·s。密封贮存备用。

3. 改性聚醋酸乙烯乳液的制备

称取 100 g 主剂于反应瓶中,开动电动搅拌机,然后加入 14～16 g 混合交联剂,于室温下搅拌均匀,即得聚醋酸乙烯乳液。产物外观为乳白色,无粗颗粒和异物,pH 为 4～6。

4. 胶合试验

将制得的产品用于对木材、纸张等的胶合试验评价。

五、产品质量检验

(1) 固体含量:按 GB2793-81 胶黏剂不挥发份含量测定方法测定。

(2) 黏度:用旋转黏度计在 30℃下按 GB2794-81 测定方法测定。

(3) pH:用 pH 1～14 广泛试纸测定。

(4) 抗冻性:将试样置于恒温冰箱内测定。

(5) 耐水性:主要测试纸管黏合干燥后的吸潮情况。

(6) 贮存期:试样密封后置于室内存放一段时间仍保持原样为合格。

(7) 黏结强度:取 25 mm * 100 mm 的卷管纸二张,将其中的一张均匀涂刷一层纸管胶,然后与另一张纸黏合,立即用胶辊滚压一遍,30 s 后剥离,观察到纸纤维全部被破坏为合格。

六、聚醋酸乙烯乳液的特点和固化过程

(1) 乳液聚合物相对分子量很高,因此机械强度极好。高相对分子量聚合物的溶液黏度很大,故使用方便。

(2) 乳液是以水为分散介质,成本低而且无毒。

(3) 对多孔性被黏物来说,使用胶液时由于溶剂和树脂会同时被黏物所吸收,很容易造成缺胶,而使用乳液黏合剂时由于聚合物的微粒具有一定直径不容易因渗析而造成缺胶现象。

(4) 改性聚醋酸乙烯乳液黏合剂适合于胶接多孔性材料,使用方法简便。它的固化过程大致是这样的:胶接之后由于乳液中的水渗透到多孔性材料中并逐渐使聚醋酸乙烯乳液的浓度不断增大,由于表面的张力作用使聚合物析出。若环境温度很低,聚合物就成为不连续的颗粒,这样得不到胶结强度。当环境温度超过一定的数值时,聚醋酸乙烯乳液黏合剂就凝聚成为强度好的连续胶膜。

实验 77　高分子絮凝剂的制备及废水处理试验

一、实验目的

(1) 了解高分子絮凝剂的制备原理和方法。

(2) 了解废水处理的有关知识,增强环保意识,培养绿色化学理念。

(3) 通过化学混凝法处理印染废水最佳条件的探索,掌握废水处理操作技能。

二、实验原理

染料废水具有组成复杂,废水量大,色度深,有机污染物含量高等特点。近些年来随着化纤织物的发展,仿真丝的兴起和印染整理技术的进步,使染料品种在日益增多的同时,在功能上亦朝着抗光解、抗氧化、抗生物氧化方向发展,从而使染料废水处理难度加大。含水溶性染料,如活性染料、酸性染料等的废水,很难在目前成熟的废水处理工艺中被去除。因此,研究对这类染料有特效脱色功能的脱色剂是含染料废水处理的一个重要研究方向。美国、日本等国在 20 世纪 90 年代初已有产品投放市场,但价格昂贵,而国内目前这方面的研究较少。

本实验以双氰胺和甲醛为主要原料,以硫酸铝为催化剂并引入添加剂合成了高分子絮凝剂(DF)产品,并与絮凝剂聚合铝(PAC)和助凝剂聚丙烯酰胺(PAM)复配使用处理模拟染料废水,通过正交试验寻求出最佳实验条件。试验表明,双氰胺甲醛缩聚物是一类优良性能的高分子阳离子絮凝剂,具有脱除染料废水颜色的特殊功能,它能提供大量阳离子使染料分子上所带的负电荷被中和而失稳,同时高效脱色剂因水解生成大量的絮状物具有网捕、架桥和卷扫作用,从而大大提高对染料废水的脱色效果。在 pH＝8～9,5% DF 用量为 0.4～1.5 mL/L,PAC 用量为 40～100 mg/L,PAM 用量为 0.01% 时,对活性染料、酸性染料、分散染料的脱色率均可达 96% 以上,COD 的去除率因染料种类的不同而有差异。采用此法处理染料废水具有絮凝沉降速度快,污泥量少,处理成本低等优点。

1. 高分子絮凝剂(DF)的合成原理

双氰胺、甲醛的缩聚反应与脲醛树脂的缩聚反应相似。根据脲醛树脂的反应机理,我们认为双氰胺、甲醛的缩聚反应是分两步进行的,即先在一定条件下进行甲醛与双氰胺的加成反应,生成羟甲基双氰胺;然后在一定条件下进行羟甲基化合物的缩聚反应。

2. 产品结构

所合成的产品为线型聚合物,按照体型缩聚物的概念,只有参加反应的单体的平均官能度大于 2,才能得到三向网状结构的体型聚合物。一羟甲基双氰胺[HN(CN)—C(＝NH)—OH]分子中可以进行缩聚反应的官能团是羟甲基和其他三个连在 N 上的 H,分子中共有四个活性基团,然而,由于一羟甲基双氰胺进行缩聚,并不是真正的(4,4)体系,因为一羟甲基双氰胺分子中的羟基只能与另外的一羟甲基双氰胺分子中的羟甲基进行缩聚,而 N 上的三个 H 也只能与另一个一羟甲基氰胺分子中的羟甲基进行缩聚,所以,实际上每一个一羟甲基双氰胺分子中只有两个可以进行缩聚的活性基团,属(2,2)体系,即平均官能度为 2,因此,一般获得线型聚合物。

3. 活性基团

所合成的聚合物均为水溶性阳离子聚合物,聚合物分子链上有许多活性基团:$-NH_2$,$H^+N=$,$-CONH_2$,$-CN$。

4. 脱色絮凝作用机理

所合成的聚合物都含有胺基基团,当将它们加到印染废水中时,不仅是靠中和废水中胶粒的负电荷,对胶粒吸附架桥而达到絮凝效果,而且聚合物分子上的胺基可与染料分子中的磺酸基团等阴离子基团之间相互作用生成牢固的离子链,形成不溶于水的高分子化合物。这类化合物被吸附在水中的胶体杂质的负电荷粒子上,联络成大絮体,从而达到絮凝效果。故所合成的高分子絮凝剂(DF)脱色效果都很好。

三、实验用试剂药品与仪器装置

试剂药品:双氰胺,甲醛,硫酸铝,20%聚合铝(PAC)水溶液,0.1%聚丙烯酰胺(PAM)水溶液等。染料:活性蓝 KR,活性橙 KGN,活性草绿 GN,酸性蒽醌兰,弱酸藏青,分散蓝 HGL,分散黄 SE-6GFL,红玉 S-2GFR,分散黄棕 S-2RFL 等。

仪器装置:FT-IR 红外光谱仪,721 型分光光度,数显恒温水浴锅,电动搅拌器,旋转式黏度计,电热恒温干燥箱,pHS-3C 型酸度计,四颈圆底烧瓶,球形冷凝管等。

四、实验步骤

1. 高分子絮凝剂(DF)的制备

在装有电动搅拌器、温度计、回流冷凝管的四颈烧瓶中,依次加入双氰胺 29.5 g、硫酸铝 6 g、硫酸铵或氯化铵 18.6 g、甲醛 59.8 g,搅拌溶解后,控制反应温度为 (70 ± 1) ℃,保温反应 3 h,冷却到室温即制得高分子絮凝剂(DF)产品。

根据聚合物与相反电荷聚合物或表面活性剂生成沉淀的原理,确定产品为阳离子型聚合物。产品经真空干燥后,制作成 KBr 压片,用岛津 FT-IR-8700 型红外光谱仪进行分析,结果如下:

$3\,302\sim3\,170$ cm^{-1}($-NH_2$);$1\,630$ cm^{-1}($-CONH_2$):$1\,680$ cm^{-1}($C=O$);$2\,190$ cm^{-1}($-CN$)

2. 沉降性能试验

沉降速度的测定是将活性印染废水试样加入 100 mL 的量筒至满刻度,添加一定量的净水剂,立即搅拌均匀,静置,观察沉降过程。混凝过程中,絮状物的生成速率和沉降性能也是衡量净水剂性能优劣的重要指标,沉渣体积是混凝设备设计的重要参数。在絮凝剂投加量相同的条件下,分别采用 PAC、DF 和 DF/PAC 絮凝剂进行沉降性能试验。

3. 混凝脱色试验

在快速搅拌下$(120$ r·min$^{-1})$向 500 mL 废水中加入一定量的絮凝剂,快搅 3 min 后改为慢搅$(40$ r·min$^{-1})$12 min,静置沉降 12 min 后,取上层清液测定色度、吸光度和 COD$_{Cr}$。并计算脱色率和 COD$_{Cr}$ 去除率。

五、实验提示

(1) 分别将 500 mL 上述模拟印染废水盛于干净的大烧杯中,搅拌速度为 120 r·min^{-1},

加入一定量的高效脱色剂，PAC，搅拌 2 min 后加入适量助凝剂 PAM，再搅拌 3 min，静置分层，取上层清液进行测定。反应在室温下进行。

（2）分别将染料配成浓度为 100 mg·L^{-1} 的水溶液，在 721 型分光光度计上测定各染料的最大吸收波长，分别作为光电比色时的工作波长。

（3）色度测定：单一染料的测定采用分光光度法，混合染料的测定采用稀释倍数法。

六、产品质量检验

（1）固体含量：按 GB2793 - 81 不挥发份含量测定方法测定。

（2）黏度：用 NDJ - 79 型旋转黏度计在(30±1)℃下按 GB2794 - 81 测定方法测定。

（3）pH：用 pH 1～14 广泛试纸测定。

（4）密度：按 GB14591 - 93 进行测定。

（5）脱色率的计算：

脱色率 $R\% = (1 - A/A_0) \times 100\%$（$A$ 为处理后的吸光度，A_0 为处理前的吸光度）。

（6）化学需氧量测定采用重铬酸钾法，并计算出 COD$_{Cr}$ 去除率。

实验 78　环保固体酒精生产工艺和燃烧试验

一、实验目的

（1）了解固体酒精的生产原理和方法。

（2）掌握固体酒精的生产工艺和操作技能。

二、实验原理

酒精是一种易燃、易挥发的液体，沸点是 78℃，凝固点是 -114℃。它是一种重要的有机化工原料，可广泛应用于化学、食品等工业，也可作为燃料应用于日常生活中。使工业酒精凝固成燃料块（又称为方便燃料块），利用硬脂酸钠受热时软化，冷却后又重新凝固的性质，将液体酒精包含在硬脂酸钠网状骨架（骨架间隙中充满了酒精分子），但硬脂酸钠的价格昂贵，且市场上不易买到。为此，本工艺改进采用硬脂酸在一定的温度下与氢氧化钠反应，生成硬脂酸钠，大大降低了固体酒精燃料的成本。在配方中加入石蜡等物料作为黏结剂，可以得到质地更加结实的固体酒精燃料，添加硝酸铜是为了燃烧时改变火焰的颜色，美观，有欣赏价值，还可以添加溶于酒精的染料制成各种颜色的固体燃料。由于所用的添加剂为可燃的有机化合物，不仅不影响酒精的燃烧性能，而且燃烧得更为持久，并能够释放出应有的热能，在实际应用中更加安全方便。

本产品用火柴即可点燃，而且可以多次点火和灭火，燃烧升温快，生产使用安全方便，燃烧时无味、无烟、无毒，适用于工厂、家庭、医院、办公室、饮食店的火锅、小餐车、学生野营、部队行军以及旅行、燃烧煤炭、临时引火和小饮食生活用的方便固体燃料。它用塑料袋密封包装，可长期保存，固体酒精燃料产品的主要技术指标不变。

通过反复的研究，对固体酒精燃料的生产配方进行改进，优化了工业条件，以使固体酒精燃料更利于日常应用，实现资源的最大利用。

三、实验用试剂药品与仪器装置

试剂药品：酒精（工业级，≥93％），氢氧化钠（工业级，≥92％），硬脂酸（工业级，≥90％），石蜡（工业级，90％），硝酸铜（化学纯，≥98％）等。

仪器装置：数显恒温水浴锅，三颈烧瓶（1 000 mL），圆底烧瓶（250 mL），球形冷凝，模具等。

四、实验步骤

1. 固体酒精的一般制法

向装有回流冷凝管的 250 mL 的圆底烧瓶中加入 9.0 g（约 0.035 mol）硬脂酸、50 mL 酒精和数粒水沸石，摇匀。在水浴上加热至约 60℃，并保温至固体溶解为止。

将 3.0 g（约 0.074 mol）氢氧化钠和 23.5 g 水加入 250 mL 烧杯中，搅拌溶解后再加入 25 mL 酒精，搅匀，将液体从冷凝管上端加进含有硬脂酸、石蜡和酒精的圆底烧瓶中，在水浴上加热回流 15 min，使反应完全，移去水浴，待物料稍冷而停止回流时，趁热倒进模具，冷却后密封即得到成品。

2. 固体酒精生产方法改进

在装有搅拌器、温度计和回流冷凝管的 1 000 mL 三颈烧瓶中加入 14.5 g（约 0.051 mol）硬脂、4.0 g 石蜡、300 mL 酒精，在水浴上加热至 70℃，并保温至固体全部溶解。

将 2.5 g（约 0.062 mol）氢氧化钠和 10 g 水进入 100 mL 烧杯中，搅拌，全部溶解后再加入 200 mL 酒精，搅匀，将液体在 1 min 内从冷凝管上端加进烧瓶中（要始终保持酒精沸腾）。在水浴上加热，搅拌数分钟后加入 0.2 g 硝酸铜，再回流 15 min，使反应完全，移去水浴，趁热倒进模具，冷却后密封即得到成品。

改进后的固体酒精燃料明显优越于一般制法中制得的固体酒精燃料，而且更利于日常应用。本工艺改进采用硬脂酸在一定温度下与氢氧化钠反应，生成硬脂酸钠，大大降低了固体酒精燃料的成本。最佳配比工艺为硬脂酸 14.5 g，石蜡 4.0 g，酒精 500 mL，氢氧化钠 2.5 g，水 10 g，回流温度 70℃。采用该工艺生产的固体酒精燃料具有原料易得，工艺简单，质地均匀，易成形包装，易用于工业化生产等优点，特别适合中小企业和家庭生产产品，具有广阔的市场前景。

3. 燃烧试验

把 500 mL 常温水（20±2℃）盛入容器（底面直径不超过 200 mm 的金属锅），用 50 g 固体酒精燃料块在专用炉具上燃烧，用秒表测定。

以制得的固体酒精燃料作为燃烧样品，称取 50 g 固体酒精燃料于铁罐中，点燃，上面用一只 1 000 mL 的烧杯放冷水在酒精罐上加热，燃烧时间为 15 min，可把 500 g 水烧沸。

五、技术指标或产品性能

生产时无须专用设备及动力电。产品可用塑料袋或塑料盒包装。无须燃具亦可使用，燃烧时不熔化，直接由固体升华为气体燃烧，蓝色火焰，不挥发、不浪费、火力大、热值高（100 g 煮开 3 kg 水）、燃时特长（200 g/块，燃 2.5 h，且可调更长，是传统酒精 70 min 的 1 倍以上，比目前最好的 2 h 长 20％），产品无毒无烟无味，燃烧后无残渣，不黑锅底，是家庭、宾馆、饭店及野炊的理想燃料。可用于替代传统固体酒精、液化气（不安全）及燃煤（有污染）。

六、适用范围及市场前景

固体酒精广泛应用于家庭、饭店、火锅城、小吃摊以及科研、航海、渔业、勘探、建设工地、军事训练、登山旅游等场所，是煮饭、炒菜及涮羊肉、制作火锅、烧烤和野外工作者的首选热源。该产品无毒无害，除国内消费外，还可大量出口，因此市场前景巨大。

附 录

附录 1　常用元素相对原子质量表

元素名称		相对原子质量	元素名称		相对原子质量
银	Ag	107.868 2	镁	Mg	24.305 0
铝	Al	26.981 538	锰	Mn	54.938 049
溴	Br	79.904	氮	N	14.006 74
碳	C	12.010 7	钠	Na	22.989 770
钙	Ca	40.078	镍	Ni	58.693 4
氯	Cl	35.452 7	氧	O	15.999 4
铬	Cr	51.996 1	磷	P	30.973 761
铜	Cu	63.546	铅	Pb	207.2
氟	F	18.998 4	钯	Pd	106.42
铁	Fe	55.845	铂	Pt	195.078
氢	H	1.007 94	硫	S	32.066
汞	Hg	200.59	硅	Si	28.085 5
碘	I	126.904 47	锡	Sn	118.710
钾	K	39.098 3	锌	Zn	65.39

附录 2　常用有机溶剂的物理常数

溶 剂	熔点 (℃)	沸点 (℃)	密度 (g·cm⁻³)	折光率 (n_D^{20})	介电常数 (ε)	摩尔折光率 (R_D)	偶极矩 (D)
乙醇	−114	78.5	0.789 3	1.361 1	24.6	12.8	1.69
乙醚	−117	34.51	0.713 78	1.352 6	4.33	22.1	1.30
乙腈	−44	82	0.787 5	1.346 0	37.5	11.1	3.45
乙酸	17	118	1.049 2	1.371 6	6.2	12.9	1.68
乙酸乙酯	−84	77.06	0.900 3	1.372 4	6.02	22.3	1.88
二乙胺	−50	56	0.707	1.386 4	3.6	24.4	0.92
N,N-二甲基甲酰胺	−60	152	0.948 7	1.430 5	36.7	19.9	3.86
N,N-二甲基乙酰胺	−20	166	0.937	1.438 4	37.8	24.2	3.72
二甲基亚砜	18.5	189	1.095 4	1.478 3	46.7	20.1	3.90

续表

溶　剂	熔　点 (℃)	沸　点 (℃)	密　度 (g·cm^{-3})	折光率 (n_D^{20})	介电常数 (ε)	摩尔折光率 (R_D)	偶极矩 (D)
二氯乙烷	−95	40	1.325 5	1.424 6	8.93	16	1.55
1,2-二氯乙烷	−36	83.7	1.253	1.444 8	10.36	21	1.86
1,4-二氧六环	12	101.5	1.033 7	1.422 4	2.25	21.6	0.45
1,2-二甲氧基乙烷	−68	85	0.863	1.379 6	7.2	24.1	1.71
三乙胺	−115	90	0.726	1.401 0	2.42	33.1	0.87
三氯乙烯	−86	87	1.465	1.476 7	3.4	25.5	0.81
三氟乙酸	−15	72	1.489	1.285 0	8.55	13.7	2.26
2,2,2-三氟乙醇	−44	77	1.384	1.291 0	8.55	12.4	2.52
六甲基膦酰胺	7	235	1.027	1.458 8	30.0	47.7	5.54
丙酮	−95	56.2	0.789 9	1.358 8	20.7	16.2	2.85
四氯化碳	−23	76.54	1.594 0	1.460 1	2.24	25.8	0.00
四氢呋喃	−109	67	0.889 2	1.405 0	7.58	19.9	1.75
甲醇	−98	64.96	0.791 4	1.328 4	32.7	8.2	1.70
甲苯	−95	110.6	0.866 9	1.496 9	2.38	31.1	0.43
甲酰胺	3	211	1.133	1.447 5	111.0	10.6	3.37
异丙醇	−90	82	0.786	1.377 2	17.9	17.5	1.66
邻二氯苯	−17	181	1.306	1.551 4	9.93	35.9	2.27
环己烷	6.5	81	0.778	1.426 2	2.02	27.7	0.00
苯	5	80.1	0.878 7	1.501 1	2.27	26.2	0.00
硝基苯	6	210.8	1.203 7	1.556 2	34.82	32.7	4.02
硝基甲烷	−28	101	1.137	1.381 7	35.87	12.5	3.54
吡啶	−42	115.5	0.981 9	1.509 5	12.4	24.1	2.37
氯仿	−64	61.7	1.483 2	1.444 5	4.81	21	1.15
氯苯	−46	132	1.106	1.524 8	5.62	31.2	1.54
溴苯	−31	156	1.495	1.558 0	5.17	33.7	1.55

附录3　常用有机溶剂的纯化

　　在有机化学实验中,经常使用各类溶剂作为反应介质或用来分离提纯粗产物。很多反应对试剂或溶剂的要求较高,即使微量的杂质或水分的存在,也会对反应的速率、产率和产品纯度带来一定影响,很多市售试剂在使用前常要进行一些处理后才能使用,现介绍几种实验室常用有机溶剂的纯化方法。

【乙醚】

　　沸点34.51℃,折光率1.352 6,相对密度0.713 78。普通乙醚常含有2%乙醇和0.5%水。久藏的乙醚还常含有少量过氧化物。在干燥处理前必须先进行过氧化物的检验,以免发生爆炸。然后,用下述方法进行处理,制得纯化乙醚。

　　过氧化物的检验和除去:在洁净试管中加入少量乙醚和等体积的2%碘化钾溶液(若碘化钾溶液已被

空气氧化,可用亚硫酸钠稀溶液滴到黄色消失)和1～2滴淀粉溶液,加入几滴稀盐酸一起振荡,若使淀粉溶液呈紫色或蓝色,即证明有过氧化物存在。除去过氧化物可用新配制的硫酸亚铁稀溶液(配制方法是在100 mL水中加入6 mL浓硫酸,再加入60 g硫酸亚铁)。将一定体积的乙醚和相当于乙醚体积1/5的新配制硫酸亚铁溶液放在分液漏斗中洗涤数次,直至无过氧化物为止。

醇、水的检验和除去:乙醚中加入少许高锰酸钾粉末和一粒氢氧化钠。放置后,氢氧化钠表面附有棕色树脂,即证明有醇存在。水的存在用无水硫酸铜检验。先用无水氯化钙除去大部分水,再经金属钠干燥。其方法是:将100 mL乙醚放入干燥锥形瓶中,加入20～25 g无水氯化钙,瓶口用软木塞塞紧,放置一天以上,其间间断摇动,然后蒸馏,收集33～37℃的馏分。用压钠机将1 g金属钠直接压成钠丝放入盛乙醚的瓶中,用带有氯化钙干燥管的软木塞塞住,或在木塞中插一根末端拉成毛细管的玻璃管。这样既可防止潮气浸入,又可使产生的气体逸出。放置24 h以上,使乙醚中残留的少量水和乙醇转化为氢氧化钠和乙醇钠。若无气泡发生,同时钠的表面较好,即可储放备用;若放置后,钠丝表面已变黄变粗时,须再蒸一次,然后再压入钠丝。

【乙醇】

沸点78.5℃,折光率1.361 6,相对密度0.789 3。制备无水乙醇的方法很多,根据对无水乙醇质量要求不同而选择不同的方法。若要求98％～99％的乙醇,可采用下列方法:

(1) 利用苯、水和乙醇形成低共沸混合物的性质。将苯加入乙醇中,进行分馏,在64.9℃时蒸出苯、水、乙醇的三元恒沸混合物,多余的苯在68.3℃与乙醇形成二元恒沸混合物被蒸出,最后蒸出乙醇。工业多采用此法。

(2) 用生石灰脱水。于100 mL 95％乙醇中加入新鲜的块状生石灰20 g,加热回流3～5 h,然后进行蒸馏。

若要99％以上的绝对无水乙醇,可采用下列方法:

(1) 用金属钠制取　在250 mL圆底烧瓶中,放置100 mL 99％乙醇和2 g金属钠,加入几粒沸石,加热回流0.5 h后,再加入4 g邻苯二甲酸二乙酯,再回流10 min。然后按收集无水乙醇的要求进行蒸馏。产品储于带有磨口塞或橡皮塞的容器中。金属钠虽能与乙醇中的水作用,产生氢气和氢氧化钠,但所生成的氢氧化钠会与乙醇发生平衡反应,因此单独使用金属钠不能完全除去乙醇中的水,须加入过量的高沸点酯,如邻苯二甲酸二乙酯与生成的氢氧化钠作用,抑制上述反应,从而达到进一步脱水的目的。

(2) 用金属镁制取　在250 mL干燥的圆底烧瓶中,加入0.6 g干燥纯净的镁丝和10 mL 99.5％的乙醇,安装回流冷凝管,冷凝管上口附加一支无水氯化钙干燥管。

在沸水浴上加热至微沸,移去热源,立刻加入几粒碘(注意此时不要振荡),可观察到随即在碘粒附近发生反应,若反应较慢,可稍加热,若不见反应发生,可补加几粒碘。当金属镁全部反应完毕后,再加入100 mL 99.5％乙醇和几粒沸石,水浴加热回流1 h。改成蒸馏装置,补加沸石后,水浴加热蒸馏,收集78.5℃馏分,贮存在试剂瓶中,用橡胶塞或磨口塞封口。此法制得的绝对乙醇,纯度可达99.95％。

【丙酮】

沸点56.2℃,折光率1.358 8,相对密度0.789 9,能与水、乙醇、乙醚互溶。市售丙酮中往往含有少量的水及甲醇、乙醛等还原性杂质,可采用下述两种方法提纯。

(1) 在250 mL圆底烧瓶中,加入100 mL丙酮和0.5 g高锰酸钾,安装回流冷凝管,水浴加热回流。若高锰酸钾紫色很快消失,则需补加少量高锰酸钾,继续回流,直到紫色不再消失为止。改成蒸馏装置,加入几粒沸石,水浴加热蒸出丙酮,用无水碳酸钾干燥1 h。将干燥好的丙酮倒入250 mL圆底烧瓶中,水浴加热蒸馏(全部仪器均须干燥!),收集55.0～56.5℃馏分。用此法纯化丙酮时,须注意丙酮中含还原性物质不能太多,否则会过多消耗高锰酸钾和丙酮,使处理时间增长。

(2) 将100 mL丙酮装入分液漏斗中,先加入4 mL 10％硝酸银溶液,再加入3.5 mL 1 mol/L氢氧化钠溶液,振荡10 min,除去还原性杂质。过滤,滤液用无水硫酸钾或无水硫酸钙进行干燥。蒸馏收集55～56.5℃馏分。此法比方法(1)要快,但硝酸银较贵,只宜做小量纯化用。

【乙酸乙酯】

沸点 77.1℃,折光率 1.372 3,相对密度 0.900 3。市售的乙酸乙酯含量一般为 95%～98%,常含有微量水、乙醇和乙酸。可采用下列两种方法进行纯化:

(1)可先用等体积的 5% 碳酸钠溶液洗涤,再用饱和氯化钙溶液洗涤,酯层倒入干燥的锥形瓶中,加入适量无水碳酸钾干燥 1 h,然后蒸馏,收集 77.0～77.5℃馏分。

(2)于 1 000 mL 乙酸乙酯中加入 100 mL 乙酸酐,10 滴浓硫酸,加热回流 4 h,除去乙醇和水等杂质,然后进行蒸馏。馏出液用 20～30 g 无水碳酸钾振荡干燥后,再蒸馏,最终产物沸点为 77℃,纯度可达 99% 以上。

【石油醚】

石油醚是石油分馏出来的低相对分子质量的多种烃类的混合物。其沸程为 30～150℃,收集的温度区间一般为 30℃左右。根据沸程范围不同可分为 30～60℃、60～90℃和 90～120℃等不同规格的石油醚。石油醚中常含有少量沸点与烷烃相近的不饱和烃,难以用蒸馏法进行分离,必要时可用浓硫酸和高锰酸钾将其除去,方法如下:

通常将石油醚用其体积十分之一的浓硫酸洗涤 2～3 次,再用 10% 硫酸与高锰酸钾配制的饱和溶液洗涤,直至水层中紫色不再消失为止。然后再用蒸馏水洗涤 2 次后,用无水氯化钙干燥 1 h 后,蒸馏,收集需要规格的馏分。若需绝对干燥的石油醚,可压入钠丝(与无水乙醚纯化相同)除水。

【氯仿】

沸点 61.7℃,折光率 1.445 9,相对密度 1.483 2。氯仿在空气和光作用下易氧化并分解产生光气(剧毒),故氯仿应保存在棕色瓶中,装满到瓶口加以密封,以防止和空气接触。市场上供应的氯仿多用 1% 酒精做稳定剂,以消除氯仿分解为有毒的光气。氯仿中乙醇的检验可用碘仿反应,游离氯化氢的检验可用硝酸银的醇溶液。

除去乙醇的一种方法是将氯仿用一半体积的水洗涤 5～6 次后,将分出的氯仿用无水氯化钙干燥数小时后,再进行蒸馏,收集 60.5～61.5℃馏分。

另一种纯化方法:将氯仿与少量浓硫酸一起振动 2～3 次。每 200 mL 氯仿用 10 mL 浓硫酸,分去酸层以后的氯仿用水洗涤,干燥,然后蒸馏。

【苯】

沸点 80.1℃,折光率 1.501 1,相对密度 0.878 65。普通苯常含有少量水和噻吩(沸点 84℃),与苯接近,不能用分馏或分步结晶等方法除去。

噻吩的检验:取 1 mL 苯加入 2 mL 溶有 2 mg α,β-吲哚醌的浓硫酸,振荡片刻,若酸层显黑绿色或蓝色,则说明有噻吩存在。

噻吩和水的除去:将苯装入分液漏斗中,加入相当于苯体积 15% 的浓硫酸,振荡使噻吩磺化,弃去酸液,再加入新的浓硫酸,重复操作几次,直到酸层呈现无色或淡黄色并检验无噻吩为止。分去酸层,将上述无噻吩的苯依次用水、10% 碳酸钠溶液、水洗至中性,再用氯化钙干燥,蒸馏,收集 79～81℃的馏分。若要高度干燥,最后用金属钠脱去微量的水得无水苯。

【四氢呋喃】

沸点 67℃(64.5℃),折光率 1.405 0,相对密度 0.889 2。四氢呋喃与水能混溶,并常含有少量水分及过氧化物。过氧化物可用酸化的碘化钾来检查(见“乙醚”)。如要制得无水四氢呋喃,可用氢化铝锂在隔绝潮气下回流(通常 1 000 mL 约需 2～4 g 氢化铝锂)除去其中的水和过氧化物,然后常压下蒸馏,收集 66℃的馏分(蒸馏时不要蒸干,将剩余少量残液倒出)。精制后的液体应加入钠丝并应在氮气氛中保存。

【吡啶】

沸点 115.5℃,折光率 1.509 5,相对密度 0.981 9。分析纯的吡啶含有少量水分,可供一般实验用。如要制得无水吡啶,可将吡啶与粒状氢氧化钾(钠)一同回流,然后隔绝潮气蒸出备用。干燥的吡啶吸水性很强,保存时应将容器口用石蜡封好。

【甲醇】

沸点 64.7℃,折光率 1.328 8,相对密度 0.791 4。市售试剂级甲醇纯度能达 99.85%,含约 0.02%丙酮和 0.1%水。而工业甲醇中上述杂质的含量达 0.5%~1%。为了制得纯度达 99.9%以上的甲醇,可将甲醇用分馏柱分馏,收集 64℃的馏分,再用镁除水(见绝对乙醇的制备)。若含水量低于 0.1%,也可用 3A 或 4A 型分子筛干燥。甲醇有毒,处理时应防止吸入其蒸气。

【二甲亚砜】

沸点 189℃,熔点 18.5℃,折光率 1.478 3,相对密度 1.095 4。市售试剂级二甲亚砜含水量约为 1%,通常先减压蒸馏,然后用 4A 型分子筛长期放置加以干燥。也可用氢化钙粉末搅拌 4~8 h,然后减压蒸馏,收集 64~65℃/533 Pa(4 mmHg)馏分。蒸馏时,温度不可高于 90℃,否则会发生歧化反应生成二甲砜和二甲硫醚。

【N,N-二甲基甲酰胺】

沸点 149~156℃,折光率 1.430 5,相对密度 0.948 7。无色液体,与多数有机溶剂和水可任意混合,对有机和无机化合物的溶解性能较好。市售的 N,N-二甲基甲酰胺含有少量水、胺和甲醛等杂质。

若有游离胺存在,可用 2,4-二硝基氟苯产生颜色来检查。在常压蒸馏时有些分解,产生二甲胺与一氧化碳。若有酸或碱存在时,分解加快,在加入固体氢氧化钾或氢氧化钠后,在室温放置数小时,即有部分分解。因此最好用硫酸钙、硫酸镁、氧化钡、硅胶或分子筛干燥,然后减压蒸馏,收集 76℃/4.79 kPa(36 mmHg)的馏分。如其中含水较多时,可加入十分之一体积的苯,在常压及 80℃以下蒸去水和苯,然后用硫酸镁或氧化钡干燥,再进行减压蒸馏。纯化后的 N,N-二甲基甲酰胺要避光贮存。

【乙腈】

沸点 81.6℃,折光率 1.346 04,相对密度 0.787 5。无色透明液体,有与醚相似的气味。乙腈中常含水、丙烯腈、醚、氨等杂质,甚至还有乙酸和氨等水解产物。在乙腈中加入五氧化二磷(0.5~1% W/V),可以除去其中的大部分水。应避免加入过量的五氧化二磷,否则可能生成橙色聚合物。在蒸馏出的乙腈中加入少量的碳酸钾再蒸馏,可以除去痕量的五氧化二磷,最后用分馏柱分馏。

加入硅胶或 4A 分子筛并摇晃,也可以除去乙腈中的大部分水,然后使之与氢氧化钙一起搅拌,直至不再放出氢气为止,分馏,可以得到只含痕量水而不含乙酸的乙腈。乙腈还可以与二氯甲烷、苯和三氯乙烯一起恒沸蒸馏而干燥。

【苯胺】

无色油状液体,沸点 184.1℃,折光率 1.579 4,相对密度 1.021 73。

市售苯胺经氢氧化钾(钠)干燥。要除去含硫的杂质,可在少量氯化锌存在下,用氮气保护,水泵减压蒸馏,收集 77~78℃/2.00 kPa(15 mmHg)的馏分。

【苯甲醛】

沸点 179℃,折光率 1.546 3,相对密度 1.041 5,无色液体,具有类似苦杏仁的香味,曾称苦杏仁油。由于在空气中易氧化成苯甲酸,使用前需经蒸馏。

【二氯甲烷】

沸点 40℃,折光率 1.424 6,相对密度 1.325 5。使用二氯甲烷比氯仿安全,因此常来代替氯仿作为比水重的萃取剂。普通的二氯甲烷一般都能直接做萃取剂用。其主要杂质是醛类。先用浓硫酸洗至酸层不变色,水洗除去残留的酸,再用 5%~10%氢氧化钠或碳酸钠溶液洗涤 2 次,接着用水洗涤至中性,然后用无水氯化钙干燥,蒸馏收集 40~41℃的馏分,保存于棕色瓶中避光保存。

【二硫化碳】

沸点 46.25℃,折光率 1.631 9,相对密度 1.263 2。二硫化碳为有毒化合物,能使血液和神经组织中毒,具有高度的挥发性和易燃性,因此,使用时应避免与其蒸气接触。

对二硫化碳纯度要求不高的实验,在二硫化碳中加入少量磨碎的无水氯化钙干燥几小时,干燥后滤去干燥剂,在水浴 55~65℃下加热蒸馏、收集。如需要制备较纯的二硫化碳,在试剂级的二硫化碳中加入

0.5%高锰酸钾水溶液洗涤 3 次。除去硫化氢,再用汞不断振荡以除去硫。最后用 2.5%硫酸汞溶液洗涤,除去所有的硫化氢(洗至没有恶臭为止),再经氯化钙干燥,蒸馏收集。

【冰醋酸】

沸点 117℃,熔点 16~17℃,折光率 1.371 6,相对密度 1.049 2。将市售乙酸在 4℃下缓慢结晶,并在冷却下迅速过滤,压干。少量的水可用五氧化二磷加热回流干燥几小时除去。冰醋酸对皮肤有腐蚀作用,触及皮肤或溅到眼睛时,要用大量水冲洗。

【醋酸酐】

沸点 138.6℃,折光率 1.390 1,相对密度 1.082 0,无色透明液体,有刺鼻辛辣的臭味。通常是加入无水醋酸钠(20 g·L^{-1})回流并蒸馏进行提纯。

【亚硫酰氯】

沸点:78.8℃,相对密度 1.64。淡黄色至红色、发烟液体,有强烈的刺激性气味。

工业品常含有氯化钡、一氯化硫、二氯化硫,一般经蒸馏纯化,但经常仍有黄色。需要更高纯度的试剂时,可用喹啉和亚麻油一次重蒸纯化,但处理手续麻烦,收率低,剩余残渣难以洗净。使用硫磺处理,操作较为方便,效果较好。搅拌下将硫磺(20 g·L^{-1})加入到亚硫酰氯中,加热回流 4.5 h,用分馏柱分馏,得无色纯品。

【过氧化二苯甲酰】

熔点 104~106℃。过氧化二苯甲酰是一种危险物质,很容易爆炸。商业产品很便宜,一般含水 25%。在实验中少量的过氧化二苯甲酰可在强碱存在的条件下由苯甲酰氯和过氧化氢反应制备。

在通风橱中,向浸没于冰浴中的 600 mL 烧杯中加入 50 mL(0.175 mol)12%的过氧化氢,同时装上机械搅拌,将 30 mL 4 mol·L^{-1}的氢氧化钠溶液和 30 g(25 mL,0.214 mol)新蒸馏的苯甲酰氯(有催泪性,注意防护)分别装入两个滴液漏斗,将漏斗颈浸没于烧杯中,搅拌下同时滴入烧杯中。滴加过程中要注意溶液保持弱碱性,温度不超过 5~8℃。全部加完后,继续搅拌半小时,此时不再有苯甲酰氯的气味,抽滤絮状沉淀,用少量冷水洗涤,然后放在滤纸上风干,得到 12 g 纯度为 46%的过氧化二苯甲酰。可溶于一体积的氯仿,再加入两体积的甲醇析出沉淀的方法来提纯。在热的氯仿中过氧化二苯甲酰不能重结晶,因为会产生非常剧烈的爆炸。过氧化二苯甲酰在 160℃时熔化并分解,与所有的有机过氧化物一样,过氧化二苯甲酰应在防护屏后小心处理,而且应使用角勺或聚乙烯勺处理。

确定过氧化二苯甲酰含量(含有其他有机过氧化物)的方法:准确称取 0.5 g 过氧化二苯甲酰,溶于装有 15 mL 氯仿的 350 mL 锥形瓶中,冷却到−5℃,加入 25 mL 0.1 mol·L^{-1}的甲醇-甲醇钠溶液,冷却,振荡 5 min。在−5℃时,剧烈搅拌,依次加入 100 mL 冰水、5 mL 10%的硫酸和 2 g 溶于 20 mL 10%硫酸的碘化钾,然后用 0.10 mol·L^{-1}的标准亚硫酸钠滴定析出的碘。

【福尔马林】

福尔马林是含 37~40%甲醛的水溶液(每毫升含甲醛 0.37~0.40 g),加入 12%的甲醇作稳定剂。当需要干燥的气态甲醛时,可通过多聚甲醛在 180~200℃解聚得到。

【水合肼】

沸点 119℃,相对密度 1.03。肼是一种致癌物,在使用时要采取相应的预防措施。常用含 60%肼的水溶液。如果需要更高浓度的肼,可用下面方法浓缩:将 150 g(144 mL)60%肼的水溶液和 230 mL 二甲苯置于 500 mL 的圆底烧瓶中,氮气保护下进行分馏,所有的二甲苯全部蒸出,同时带出 85 mL 水,对剩余物进行蒸馏,得到约 50 g 90~95%肼的水溶液。

用 100%的水合肼(95%的水合肼与 20%质量的 KOH 混合,放置过夜,再过滤出沉淀)与相同质量的 NaOH 颗粒一起加热回流 2 h,然后在缓慢的氮气流中蒸馏,收集 114~116℃的馏分,可制得无水肼。在空气中蒸馏肼会发生爆炸。

【四氯化碳】

沸点 76.5℃,相对密度 1.594 0,折光率 1.460 3。四氯化碳不溶于水,但溶于有机溶剂。不易燃,能溶解油脂类物质,使用时避免吸入蒸气,皮肤接触后用大量水冲洗。否则都可导致中毒。

普通四氯化碳中含二硫化碳 4%。纯化时,将 100 mL 四氯化碳加入 6 g 氢氧化钠溶于 6 mL 水和 10 mL 乙醇的溶液中,在 50～60℃剧烈振摇 30 min,然后水洗,再重复操作一次(氢氧化钾的量减半)。分出四氯化碳,先用水洗,再用少量浓硫酸洗至无色,然后再水洗,最后用氯化钙干燥,过滤,蒸馏收集 76.7℃的馏分。四氯化碳中残余的乙醇可以用氯化钙除掉。四氯化碳不能用金属钠干燥,否则会有爆炸危险。

【N-溴代丁二酰亚胺】

熔点 175～178℃,相对密度 2.098。

将丁二酰亚胺溶于稍过量的冷的氢氧化钠溶液中(大约为 3 mol/L),剧烈搅拌下快速加入溶于同体积四氯化碳的 1 mol 的溴(小心),溶液析出白色晶体,过滤收集,用冷水洗涤,可用十倍量的热水或冰醋酸进行重结晶。

附录 4 常用有机试剂的配制

【卢卡斯(Lucas)试剂】

将 34 g 无水氯化锌在蒸发皿中强热熔融,稍冷后放在干燥器中冷至室温。取出捣碎,溶于 23 mL 浓盐酸中。配制时须加以搅动,并把容器放在冰水浴中冷却,以防氯化氢逸出。此试剂一般是临时配制。

【硝酸铈铵溶液】

取 100 g 硝酸铈铵加 250 mL 2 mol/L 硝酸,加热使之溶解并冷却。

【2,4-二硝基苯肼溶液】

Ⅰ. 在 15 mL 浓硫酸中,溶解 3 g 2,4-二硝基苯肼。另在 70 mL 95%乙醇里加 20 mL 水,然后把硫酸苯肼倒入稀乙醇溶液中,搅动混合均匀即成橙红色溶液(若有沉淀应过滤)。

Ⅱ. 将 1.2 g 2,4-二硝基苯肼溶于 50 mL 30%高氯酸中,配好后贮存于棕色瓶中,不易变质。

Ⅰ法配制的试剂,2,4-二硝基苯肼浓度较大,反应时沉淀多便于观察。Ⅱ法配制的试剂由于高氯酸盐在水中溶解度很大,因此便于检验水中醛且较稳定,长期贮存不易变质。

【饱和亚硫酸氢钠溶液】

取 100 mL 40%亚硫酸氢钠溶液,加入 25 mL 不含醛的无水乙醇,将少量结晶过滤,得澄清溶液。此溶液不稳定,易被氧化或分解,配制好后密封放置,但不宜太久,最好是用时新配。

【托伦(Tollens)试剂】

Ⅰ. 取 0.5 mL 10%硝酸银溶液于一支洁净的试管里,滴加氨水,开始溶液中出现棕色沉淀,再继续滴加氨水,边滴边摇动试管,滴到沉淀刚好溶解为止,得澄清的硝酸银氨水溶液,即托伦试剂。

Ⅱ. 取一支洁净试管,加入 4 mL 5%硝酸银,滴加 5%氢氧化钠 2 滴,产生沉淀,然后滴加 5%氨水,边振荡边滴加,直到沉淀消失为止,即得托伦试剂。

注意:配制 Tollens 试剂时,氨的量不宜多,否则会影响试剂的灵敏度。Ⅰ法配制的 Tollens 试剂较Ⅱ法的碱性弱,在进行糖类实验时,用Ⅰ法配制的试剂较好。

【斐林(Fehling)试剂】

斐林试剂由斐林试剂 A 和斐林试剂 B 组成,使用时将两者等体积混合,其配制方法分别如下。斐林 A:将 3.5 g 五水合硫酸铜溶于 100 mL 的水中即得淡蓝色的斐林 A 试剂。斐林 B:将 17 g 无结晶水的酒石酸钾钠溶于 20 mL 热水中,然后加入含有 5 g 氢氧化钠的水溶液 20 mL,稀释至 100 mL 即得无色清亮的斐林 B 试剂。

【班尼迪克(Benedict)试剂】

把 4.3 g 研细的硫酸铜溶于 25 mL 热水中,待冷却后用水稀释至 40 mL。另把 43 g 柠檬酸钠及 25 g 无水碳酸钠(若用有结晶水的碳酸钠,则取量应按比例计算)溶于 150 mL 水中,加热溶解,待溶液冷却后,再加入上面所配的硫酸铜溶液，加水稀释至 250 mL，将试剂贮存于试剂瓶中，瓶口用橡皮塞塞紧。

【希夫（Schiff）试剂】

在 100 mL 热水中溶解 0.2 g 品红盐酸盐，放置冷却后，加入 2 g 亚硫酸氢钠和 2 mL 浓盐酸，再用蒸馏水稀释至 200 mL。或先配制 10 mL 二氧化硫的饱和水溶液，冷却后加入 0.2 g 品红盐酸盐，溶解后放置数小时使溶液变成无色或淡黄色，用蒸馏水稀释至 200 mL。

此外，也可将 0.5 g 品红盐酸盐溶于 100 mL 热水中，冷却后用二氧化硫气体饱和至粉红色消失，加入 0.5 g 活性炭，振荡过滤，再用蒸馏水稀释至 500 mL。

本试剂所用的品红是假洋红（Para-rosaniline 或 Para-Fuchsin），此物与洋红（Rosaniline 或 Fuchsin）不同。希夫试剂应密封贮存在暗冷处，倘若受热、见光、露置空气中过久，试剂中的二氧化硫易失，结果又显桃红色。遇此情况，应再通入二氧化硫，使颜色消失后使用。但应指出，试剂中过量的二氧化硫愈少，反应就愈灵敏。

【铬酸试剂】

将 20 g 三氧化铬（CrO_3）加到 20 mL 浓硫酸中，搅拌成均匀糊状，然后糊状物用 60 mL 蒸馏水小心稀释至浆状液，搅拌，直至形成透明的橘红色溶液。

【氯化亚铜氨溶液】

在一支洁净的大试管中加入 1 g 氯化亚铜，再加入 1～2 mL 浓氨水和 10 mL 水，用力振荡试管后，静置片刻，再倒出溶液，并投入 1 块铜片（或一根铜丝）贮存备用。

【硝酸银-乙醇试液】

取硝酸银 4 g，加 10 mL 水溶解后，再加入乙醇稀释成 100 mL 即得。本溶液应置玻璃瓶内，在暗处保存。

【谢里瓦诺夫（Seliwanoff）试剂】

将 0.05 g 间苯二酚溶于 50 mL 浓盐酸中，再用蒸馏水稀释至 100 mL。

【茚三酮溶液】

将 1 g 茚三酮溶于 50 mL 水中。配制后应在两天内用完，放置过久，易变质失灵。

【莫利许（Molish）试剂】

将 2 g α-萘酚溶于 20 mL 95％乙醇中，再用 95％乙醇稀释至 100 mL，贮存于棕色瓶中，用前配制。

【苯肼试剂】

将 5 g 盐酸苯肼溶于 160 mL 水中，必要时可加微热助溶，如果溶液呈深色，加活性炭脱色，过滤后加 9 g 醋酸钠晶体或用相同量的无水醋酸钠，搅拌使之溶解，贮存于棕色瓶中备用。

【淀粉-碘化钾试纸】

取 3 g 可溶性淀粉，加入 25 mL 水，搅匀，加入 225 mL 沸水中，再加入 1 g 碘化钾及 1 g 结晶硫酸钠，用水稀释到 500 mL，将滤纸片（条）浸渍，取出晾干，密封备用。

【蛋白质溶液】

取新鲜鸡蛋清 50 mL，加蒸馏水至 100 mL，搅拌溶解。如果浑浊，加入 5％氢氧化钠至刚清亮为止。

【Millon 试剂】

将 2 g 金属汞溶于 3 mL 浓硝酸中，用水稀释至 100 mL，放置过夜，过滤即得。

【1％淀粉溶液】

将 1 g 可溶性淀粉溶于 5 mL 冷蒸馏水中，用力搅成稀浆状，然后倒入 94 mL 沸水中，即得近于透明的胶体溶液，放冷使用。

【α-萘酚试剂】

取 2 g α-萘酚溶于 20 mL 95％乙醇中，并用 95％乙醇稀释至 100 mL，贮存在棕色瓶中。一般应在使用前配置。

【酚酞试剂】

将 0.1 g 酚酞溶于 500 mL 95％乙醇中,得到无色的酚酞乙醇溶液,本试剂在室温时变色范围 pH 值为 8.2～10。

【碘-碘化钾溶液】

Ⅰ. 将 20 g 碘化钾溶于 100 mL 蒸馏水中,然后加入 10 g 研细的碘粉,搅拌使其全溶,呈深红色溶液。

Ⅱ. 将 1 g 碘化钾溶于 100 mL 蒸馏水中,然后加入 0.5 g 碘,加热溶解即得红色清亮溶液。

附录5　部分共沸混合物的性质

附表 5-1　与水形成的二元共沸物

溶剂	沸点 (℃)	共沸点 (℃)	含水量 (％)	溶剂	沸点 (℃)	共沸点 (℃)	含水量 (％)
氯仿	61.7	56.1	2.8	甲苯	110.5	84.1	19.6
四氯化碳	76.5	66.0	4.0	正丙醇	97.2	87.7	28.8
苯	80.1	69.2	8.8	异丁醇	108.4	89.9	33.2
丙烯腈	78.0	70.0	13.0	二甲苯	137	92.0	37.5
二氯乙烷	83.7	72.0	19.5	正丁醇	117.8	92.4	37.5
乙腈	81.6	76.0	16.0	吡啶	115.5	94.0	42
乙醇	78.5	78.1	4.4	异戊醇	131.0	95.1	49.6
乙酸乙酯	77.1	70.4	8.2	正戊醇	138.3	95.4	44.7
异丙醇	82.4	80.4	12.1	氯乙醇	129.0	97.8	59.0
乙醚	34.6	34	1.0	二硫化碳	46	44	2.0
甲酸	100.8	107	22.5	苯甲酸乙酯	212	99.4	84

附表 5-2　常见有机溶剂间的共沸混合物

共沸混合物	组分的沸点(℃)	共沸物的组成(质量)(％)	共沸物的沸点(℃)
乙醇-乙酸乙酯	78.5,77.1	30:70	72.0
乙醇-苯	78.5,80.1	32:68	68.2
乙醇-氯仿	78.5,61.7	7:93	59.4
乙醇-四氯化碳	78.5,76.5	16:84	64.9
乙酸乙酯-四氯化碳	78.0,76.5	43:57	74.8
甲醇-四氯化碳	64.7,76.5	21:79	55.7
甲醇-苯	64.7,80.1	39:61	58.3
氯仿-丙酮	61.7,56.2	80:20	65.5
甲苯-乙酸	101.5,118	72:28	105.4
乙醇-苯-水	78.5,80.1,100	19:74:7	64.9

附录6　常用酸碱溶液相对密度及组成

附表 6-1　硫　酸

硫酸质量百分数(%)	相对密度 (d_4^{20})	100 mL 水溶液中含硫酸的质量(g)	硫酸质量百分数(%)	相对密度 (d_4^{20})	100 mL 水溶液中含硫酸的质量(g)
1	1.005 1	1.005	65	1.553 3	101.0
2	1.011 8	2.024	70	1.610 5	112.7
3	1.018 4	3.055	75	1.669 2	125.2
4	1.025 0	4.100	80	1.727 2	138.2
5	1.031 7	5.159	85	1.778 6	151.2
10	1.066 1	10.66	90	1.814 4	163.3
15	1.102 0	16.53	91	1.819 5	165.6
20	1.139 4	22.79	92	1.824 0	167.8
25	1.178 3	29.46	93	1.827 9	170.2
30	1.218 5	36.56	94	1.831 2	172.1
35	1.259 9	44.10	95	1.833 7	174.2
40	1.302 8	52.11	96	1.835 5	176.2
45	1.347 6	60.64	97	1.836 4	178.1
50	1.395 1	69.76	98	1.836 1	179.9
55	1.445 3	79.49	99	1.834 2	181.6
60	1.498 3	89.90	100	1.830 5	183.1

附表 6-2　硝　酸

硝酸质量百分数(%)	相对密度 (d_4^{20})	100 mL 水溶液中含硝酸的质量(g)	硝酸质量百分数(%)	相对密度 (d_4^{20})	100 mL 水溶液中含硝酸的质量(g)
1	1.003 6	1.004	65	1.391 3	90.43
2	1.009 1	2.018	70	1.413 4	98.94
3	1.014 6	3.044	75	1.433 7	107.5
4	1.020 1	4.080	80	1.452 1	116.2
5	1.025 6	5.128	85	1.468 6	124.8
10	1.054 3	10.54	90	1.482 6	133.4
15	1.084 2	16.26	91	1.485 0	135.1
20	1.115 0	22.30	92	1.487 3	136.8
25	1.146 9	28.67	93	1.489 2	138.5
30	1.180 0	35.40	94	1.491 2	140.2
35	1.214 0	42.49	95	1.493 2	141.9
40	1.246 3	49.85	96	1.495 2	143.5
45	1.278 3	57.52	97	1.497 4	145.2
50	1.310 0	65.50	98	1.500 8	147.1
55	1.339 3	73.66	99	1.505 6	149.1
60	1.366 7	82.00	100	1.512 9	151.3

附表 6-3 盐 酸

盐酸质量百分数(%)	相对密度(d_4^{20})	100 mL 水溶液中含盐酸的质量(g)	盐酸质量百分数(%)	相对密度(d_4^{20})	100 mL 水溶液中含盐酸的质量(g)
1	1.003 2	1.003	22	1.108 3	24.38
2	1.008 2	2.006	24	1.118 7	26.85
4	1.018 1	4.007	26	1.129 0	29.35
6	1.027 9	6.167	28	1.139 2	31.90
8	1.037 6	8.301	30	1.149 2	34.48
10	1.047 4	10.47	32	1.159 3	37.10
12	1.057 4	12.69	34	1.169 1	39.75
14	1.067 5	14.95	36	1.178 9	42.44
16	1.077 6	17.24	38	1.188 5	45.16
18	1.087 8	19.58	40	1.198 0	47.92
20	1.098 0	21.96			

附表 6-4 醋 酸

醋酸质量百分数(%)	相对密度(d_4^{20})	100 mL 水溶液中含醋酸的质量(g)	醋酸质量百分数(%)	相对密度(d_4^{20})	100 mL 水溶液中含醋酸的质量(g)
1	0.999 6	0.999 6	65	1.066 6	69.33
2	1.001 2	2.002	70	1.068 5	74.80
3	1.002 5	3.008	75	1.069 6	80.22
4	1.004 0	4.016	80	1.070 0	85.60
5	1.005 5	5.028	85	1.068 9	90.86
10	1.012 5	10.13	90	1.066 1	95.95
15	1.019 5	15.29	91	1.065 2	96.93
20	1.026 3	20.53	92	1.064 3	97.92
25	1.032 6	25.82	93	1.063 2	98.88
30	1.038 4	31.15	94	1.061 9	99.82
35	1.043 8	36.53	95	1.060 5	100.7
40	1.048 8	41.95	96	1.058 8	101.6
45	1.053 4	47.40	97	1.057 0	102.5
50	1.057 5	52.88	98	1.054 9	103.4
55	1.061 1	58.36	99	1.052 4	104.2
60	1.064 2	63.85	100	1.049 8	105.0

附表 6-5 氢氧化钠

氢氧化钠质量百分数(%)	相对密度(d_4^{20})	100 mL 水溶液中含氢氧化钠的质量(g)	氢氧化钠质量百分数(%)	相对密度(d_4^{20})	100 mL 水溶液中含氢氧化钠的质量(g)
1	1.009 5	1.010	8	1.086 9	8.695
2	1.020 7	2.041	10	1.108 9	11.09
4	1.042 8	4.171	12	1.130 9	13.57
6	1.064 8	6.389	14	1.153 0	16.14

续表

氢氧化钠质量百分数(%)	相对密度(d_4^{20})	100 mL 水溶液中含氢氧化钠的质量(g)	氢氧化钠质量百分数(%)	相对密度(d_4^{20})	100 mL 水溶液中含氢氧化钠的质量(g)
16	1.175 1	18.80	34	1.369 6	46.57
18	1.197 2	21.55	36	1.390 0	50.04
20	1.219 1	24.38	38	1.410 1	53.58
22	1.241 1	27.30	40	1.430 0	57.20
24	1.262 9	30.31	42	1.449 4	60.87
26	1.284 8	33.40	44	1.468 5	64.61
28	1.306 4	36.58	46	1.487 3	68.42
30	1.327 9	39.84	48	1.506 5	72.31
32	1.349 0	43.17	50	1.525 3	76.27

附表 6-6　氢氧化钾

氢氧化钾质量百分数(%)	相对密度(d_4^{20})	100 mL 水溶液中含氢氧化钾的质量(g)	氢氧化钾质量百分数(%)	相对密度(d_4^{20})	100 mL 水溶液中含氢氧化钾的质量(g)
1	1.008 3	1.008	28	1.269 5	35.55
2	1.017 5	2.035	30	1.290 5	38.72
4	1.035 9	4.144	32	1.311 7	41.97
6	1.054 4	6.326	34	1.333 1	45.33
8	1.073 0	8.584	36	1.354 9	48.78
10	1.091 8	10.92	38	1.376 9	52.32
12	1.110 8	13.33	40	1.399 1	55.96
14	1.129 9	15.82	42	1.421 5	59.70
16	1.149 3	19.70	44	1.444 3	63.55
18	1.168 8	21.04	46	1.467 3	67.50
20	1.188 4	23.77	48	1.490 7	71.55
22	1.208 3	26.58	50	1.514 3	75.72
24	1.228 5	29.48	52	1.538 2	79.99
26	1.248 9	32.47			

附表 6-7　碳酸钠

碳酸钠质量百分数(%)	相对密度(d_4^{20})	100 mL 水溶液中含碳酸钠的质量(g)	碳酸钠质量百分数(%)	相对密度(d_4^{20})	100 mL 水溶液中含碳酸钠的质量(g)
1	1.008 6	1.009	12	1.124 4	13.49
2	1.019 0	2.038	14	1.146 3	16.05
4	1.039 8	4.159	16	1.168 2	18.50
6	1.060 6	6.364	18	1.190 5	21.33
8	1.081 6	8.653	20	1.213 2	24.26
10	1.102 9	11.03			

附表 6 - 8　氨　水

氨水质量百分数(%)	相对密度(d_4^{20})	100 mL 水溶液中含氨的质量(g)	氨水质量百分数(%)	相对密度(d_4^{20})	100 mL 水溶液中含氨的质量(g)
1	0.993 9	0.994	16	0.936 2	14.98
2	0.989 5	1.997	18	0.929 5	16.73
4	0.981 1	3.924	20	0.922 9	18.46
6	0.973 0	5.838	22	0.916 4	20.16
8	0.965 1	7.721	24	0.910 1	21.84
10	0.957 5	9.575	26	0.904 0	23.50
12	0.950 1	11.40	28	0.898 0	25.14
14	0.943 0	13.20	30	0.892 0	26.76

附录 7　常见易燃、易爆、有毒化学药品

有机化学实验工作,常常会用到一些易燃、易爆和有毒化学药品,了解和掌握危险化学药品的一些知识,树立安全第一的思想,严格执行操作规程,才能有效地避免事故发生,保证实验顺利进行。

1. 易燃易爆化学药品

在实验室,除一些可燃性气体与空气或氧气混合易发生爆炸外,绝大多数有机化合物都具有可燃性,若使用或保管不当,极易引起火灾或爆炸事故。闪点,又称闪燃点,是液体物质容易燃烧程度的指标之一。美国国立防火协会(NFPA)根据闪点对易燃化学品进行了分类,见附表 7 - 1。一些易燃性化学品的闪点和混合气体的爆炸范围见附表 7 - 2,供参考。

附表 7 - 1　按液体闪点分类的相对易燃性

级　别	闪点/℃	说　明
0	815 以上	非燃烧性
1	93.4 以上	可燃烧性
2	37.8～93.4	中等可燃性
3	22.8～37.8	高度易燃性
4	22.8 以下	极端易燃性

附表 7 - 2　一些常用易燃性化学药品的易燃性

化学物质	闪点/℃	爆炸极限/%
一氧化碳		12.5 ～ 75
氢气		4.1 ～ 75
硫化氢		4.3 ～ 45.4
氨		15.7 ～ 27.4
甲烷		5.0 ～ 15
甲醇	12	6.0 ～ 36.5
乙醇	12	3.3 ～ 19
乙炔		3 ～ 82
乙醚	－45	1.85 ～ 48

续表

化学物质	闪点/℃	爆炸极限/%
环氧乙烷	−18	3 ～ 100
四氢呋喃	−14	2 ～ 11.8
苯	−11	1.4 ～ 8.0
甲苯	4.4	1.4 ～ 6.7
二氯乙烷	13	6.2 ～ 15.9
丙酮	−18	3 ～ 13
醋酸	43	4 ～ 16
醋酸乙酯	−4.4	2.18 ～ 9
石油醚	−57	1 ～ 6

气体经压缩成为压缩气体或液化气体而储存于钢瓶中。此类化学品不论其本身性质如何,都具有受热膨胀的特性。若内部压力大于容器所能承受耐压限度时,或撞击使容器受损时,即有可能引起爆炸燃烧的危险。其中除了氖、氩、氦、氮是不燃气体外,氰化氢、液氯、液氨为剧毒气体,乙炔、氢等为易燃气体,氧气是助燃气体。

有些固体属易燃物品:红磷、三硫化二磷、萘、镁、铝粉等,黄磷为自燃固体,金属钠、钾遇水即爆炸。

氧化剂都具有强氧化性能,除部分有机氧化剂外,其本身虽不燃烧,但在一定条件下,如受摩擦、振动、撞击、高热或遇酸碱的物质,或在接触易燃物、有机物、还原剂和性质有抵触的物品时,即能分解,发生燃烧和爆炸。无机氧化剂包括碱金属及碱土金属的氯酸盐及高氯酸盐(如氯酸钾、氯酸钠、高氯酸钾、高氯酸钠),过氧化物(如过氧化氢、过氧化钠),碱金属及碱土金属的硝酸盐(如硝酸钾、硝酸钠),重铬酸盐(如重铬酸铵、重铬酸钾、重铬酸钠)和亚硝酸盐(亚硝酸钾、亚硝酸钠)。有机氧化剂主要是有机的过氧化物,如过氧化二苯甲酰、过氧乙酸等。

极易爆炸的有机物多为含氮有机化合物,如硝基及亚硝基化合物、重氮及叠氮化合物,此外乙炔金属盐也易爆炸。

2. 腐蚀性化学药品

此类化学品具有强烈的腐蚀性,可对皮肤、粘膜等造成急性损害,发生灼伤。按临床表现分为体表(皮肤)化学灼伤、呼吸道化学灼伤、消化道化学灼伤、眼化学灼伤。常见的致伤物有酸(如硫酸、硝酸、盐酸、磷酸、甲酸、冰醋酸、氯乙酸等)、碱(如烧碱、甲醇钠等)、酚类、黄磷等。某些化学物质在致伤的同时可经皮肤粘膜吸收引起中毒,如黄磷灼伤、酚灼伤、氯乙酸灼伤、溴灼伤、硫酸二甲酯灼伤等。

眼损害分为接触性和中毒性两类。接触性眼损害主要是指酸、碱及其他腐蚀性毒物引起的眼灼伤。眼部的化学灼伤救治不及时可造成终生失明。引起中毒性眼病最主要的毒物为甲醇和三硝基甲苯,甲醇急性中毒者的眼部表现有视觉模糊、眼球压痛、畏光、视力减退、视野缩小等症状;严重中毒时可导致复视、双目失明。慢性三硝基甲苯中毒的主要临床表现之一为中毒性白内障,即眼晶状体发生混浊,混浊一旦出现,停止接触不会自行消退,晶状体全部混浊时可导致失明。

3. 毒害化学品

一些化学品毒害性非常强烈,少量侵入人体、畜体内或触及皮肤时即可造成局部刺激或中毒,甚至死亡。通常用半数致死量 LD_{50} 和 LC_{50} 来表示化学品毒性相对大小,相对急性毒性标准见附表 7-3。

附表 7-3　相对急性毒性标准

级别	$LD_{50}/mg \cdot kg^{-1}$ 大鼠经口	$LD_{50} \times 10^{-6}$ 大鼠吸入	$LD_{50}/mg \cdot kg^{-1}$ 兔经皮	说明
0	5 000 以上	10 000 以上	2 800 以上	无明显毒害
1	500～5 000	1 000～10 000	340～2 800	低毒
2	50～500	100～1 000	43～340	中等毒害
3	1～50	10～100	5～43	高度毒害
4	1 以下	10 以下	5 以下	剧毒

（1）剧毒品

六氯苯、羰基铁、氰化钠、氢氟酸、氯化氰、氰化氢、氰化钾、氯化汞、砷酸汞、汞蒸气、砷化氢、光气、氟光气、磷化氢、三氧化二砷、有机磷化物、有机氟化物、有机硼化物、铍及其化合物、丙烯腈和乙腈等。

（2）高毒品

氟化钠、对二氯苯、甲基丙烯腈、丙酮氰醇、二氯乙烷、三氯乙烷、偶氮二异丁腈、黄磷、三氯氧磷、五氯化磷、三氯化磷、五氧化二磷、三氧化铍、三氯甲烷、溴甲烷、二乙烯酮、氧化亚氮、铊化合物、四乙基铅、四乙基锡、三氯化锑、溴水、氯气、五氧化二钒、二氧化锰、二氯硅烷、三氯甲硅烷、苯胺、硫化氢、硼烷、氯化氢、氟乙酸、丙烯醛、乙烯酮、溴乙酸乙酯、氯乙酸乙酯、有机氰化物、芳香胺、硒和硒化合物、草酸和草酸盐等。

（3）中毒品

苯、四氯化碳、三氯硝基甲烷、三硝基甲苯、硫酸、砷化镓、丙烯酰胺、环氧乙烷、环氧氯丙烷、烯丙醇、二氯丙醇、糖醛、三氟化硼、四氯化硅、硫酸镉、氯化镉、硝酸、甲醛、甲醇、肼(联氨)、二硫化碳、甲苯、二甲苯、一氧化碳、一氧化氮、硝基苯等芳香族硝基化合物。

（4）低毒品

三氯化铝、钼酸胺、间苯二胺、正丁醇、叔丁醇、乙二醇、丙烯酸、甲基丙烯酸、顺丁二酸酐、二甲基甲酰胺、己内酰胺、亚铁氰化钾、铁氰化钾、氨及氢氧化胺、四氯化锡、氯化锗、对氯苯胺、三硝基甲苯、对硝基氯苯、二苯甲烷、苯乙烯、二乙烯苯、邻苯二甲酸、四氢呋喃、吡啶、三苯基膦、烷基铝、苯酚、三硝基苯酚、对苯二酚、丁二烯、异戊二烯、氢氧化钾、盐酸、乙醚、丙酮等。

4. 致癌物

黄曲霉素 B_1、亚硝酸盐和 3,4-苯并芘已是人们所熟知的致癌物。国际癌症研究机构(IARC)1994 年公布了对人肯定有致癌性的 63 种物质或环境。致癌物质有苯、钛及其化合物、镉及其化合物、六价铬化合物、镍及其化合物、环氧乙烷、砷及其化合物、α-萘胺、4-氨基联苯、联苯胺等芳胺及其衍生物、N-亚硝基化合物、煤焦油、沥青、石棉、碘甲烷、硫酸二甲酯、重氮甲烷、对甲基苯磺酸甲酯、氯甲醚等烷基化试剂；致癌环境有煤的气化、焦炭生产等场所。我国 1987 年颁布的职业病名单中规定石棉致肺癌、间皮瘤；联苯胺致膀胱癌；苯致白血病；氯甲醚致肺癌；砷致肺癌、皮肤癌；氯乙烯致肝血管肉瘤；焦炉工人肺癌和铬酸盐制造工人肺癌为法定的职业性肿瘤。

附录 8　常见英文缩略语

aa	Acetic acid	醋酸	AcOH	acetic acid	乙酸
abs	absolute	绝对的	addi	additional	附加的
Ac	acetyl	乙酰基	al	alcohol	醇(通常指乙醇)
ac	acid	酸	alk	alkali	碱
ace	acetone	丙酮	Am	amyl[pentyl]	戊基

amor	amorphous	无定形的	dil	diluted	稀释、稀的
anal	analysis	分析	diox	dioxane	二噁烷、二氧
anh	anhydrous	无水的			杂环己烷
anhyd	anhydride	酐	diq	deliquescent	潮解的、易
aq	aqueous	水的、含水的			吸湿气的
Ar	aryl	芳基	distb	distillable	可蒸馏的
as	asymmetric	不对称的	dist	distill	蒸馏
atm	atmosphere	大气,大气压	dk	dark	黑暗的,暗(颜色)
avg	average	平均	DMF	dimethyl forma-	二甲基甲酰胺
b	boiling	沸腾		mide	
bipym	bipyramidal	双锥体的	DMSO	dimethyl	二甲亚砜
bk	black	黑(色)		sulphoxide	
bl	blue	蓝(色)	DNP	dinitrophenyl	2,4-二硝基苯基
Bn	benzyl	苄基	et. ac.	ethyl acetate	乙酸乙酯
b. p.	boiling point	沸点	Et	ethyl	乙基
br	brown	棕(色),褐(色)	eth	ether	醚、(二)乙醚
bt	bright	嫩(色),浅(色)	exp	explodes	爆炸
Bu	butyl	丁基	Fc	ferrocenyl	二茂铁基
Bz	benzene	苯	fl	flakes	絮片体
Bz	benzoyl	苯甲酰基	flr	fluorescent	荧光的
cat.	catalyst	催化剂	fr. p.	freezing point	冰点、凝固点
c	cold	冷的(塑料	fr	freezes	冻、冻结
		表面)无光(彩)	fum	fuming	发烟的
chem	chemistry	化学的,化学	gel	gelatinous	胶凝的
chl	chloroform	氯仿	gl	glacial	冰的
CMC	carboxymethyl	羧甲基纤维素	glyc	glycerin	甘油
	cellulose		gold	golden	(黄)金的、
co	columns	柱、塔、列			金色的
col	colorless	无色	gran	granular	粒状
comb	combine	混合,结合,	gr	green	绿的,新鲜的
		化合,组合	gy	gray	灰(色)的
comp	compound	化合物	hex	hexagonal	六方形的
con	concentrated	浓的	h	hot	热
Cp	cyclopentadienyl	环戊二烯基	HI	hazard index	危害指数
cr	crystals	结晶、晶体	HMPA	hexamethyl	六甲基膦酰
DCC	dicyclohexyl	二环己基羰二		phosphoru-	三胺
	carbodiimide	亚胺		striamide	
dd	double	双的,双重的	hp	heptane	庚烷
dec	decompose	分解	hx	hexane	己烷
deg	degree	度	hyd	hydrate	水合物
den	density	密度	Hz		赫兹
detn	determination	测定	I. No.	iodine number	碘值
dia	diagram	图,图表			

IER	ion-exchange resin	离子交换树脂	NMR	nuclear magnetic resonance	核磁共振
ig p	ignition point	着火点	n	normal chain	正链
ign	ignites	点火、着火		refractive index	折光率
i	insoluble	不溶(解)的	Nu	nucleophile	亲核
i	iso-	异	oct	octahedral	八面体
inflam	inflammable	易燃的	og	orange	橙色的
infus	infusible	不熔的	o	ortho-	正、邻(位)
Inter.	Intermediate	中间体、中间产物	opt.	optical	光(学)的，旋光的
IR	infrared	红外	ord	ordinary	普通的
isom	isomer	异构体	org	organic	有机的
J	Joule	焦耳	orh	orthorhombic	斜方(晶)的
lab	laboratory	实验室	par	partial	部分的
LAH	Lithium Aluminium Hydride	氢化铝锂	PCC	Pyridinium Chlorochromate	氯铬酸吡啶盐
LD$_{50}$	medium lethal dose	半数致死量	PEG	Polyethylene glycol	聚乙二醇
lic	licence	许可证,特许	PE	polyethylene	聚乙烯
lim	limit	极限,限度	peth	petroleum ether	石油醚
liq	liquid	液体、液态的	Ph	phenyl	苯基
liter	literature	文献	pk	pink	桃红
lt	light	轻的、浅(色)的	pois	poisonous	有毒的
m. p.	melting point	熔点	PPA	Polyphosphoric acid	聚磷酸
max	maximal	最大的			
MCPBA	m-chloroperoxy benzoic acid	间氯过氧苯甲酸	p	para-	对(位)
			prep	prepare	准备,制备
Me	methyl	甲基	prog	progress	进展的,进度
mg	milligram	毫克	pr	prism	棱镜、棱柱体、三棱形
micro	microscopic	显微(镜)的、微观的			
			pr	propyl	丙基
mix	mixture	混合物	purp	purple	紫红(色)
mL	milliliter	毫升	pw	powder	粉末、火药
m	melting	熔化	pym	pyramid	棱锥形、角锥
m	meta	间位(有机物命名)、偏(无机酸)	Py	pyridine	吡啶
			qual	qualitative	定性的
mol	mole	摩尔	quan	quantitative	定量的
MS	mass spectrum	质谱	rac	racemic	外消旋的
mut	mutarotatory	变旋光(作用)	rect	rectangular	长方(形)的
NBS	N-bromo-succinimide	N-溴代丁二酰亚胺	red	reduction	还原
			ref	reflux	回流
nd	needle	针状晶体	ref	reference	参考,参考资料
neu	neutral	中性的,中和的	rhd	rhombohedral	菱形的

rh	rhombic	正交(晶)的		THF	tetrahydrofuran	四氢呋喃
rt	room temperature	室温		THP	tetrahydropyran	四氢吡喃
satd	saturated	饱和的		TLC	Thin-Layer Chromatography	薄层色谱
sep	separation	分离				
sf	soften	软化		TMS	Tetramethyl silicane	四甲基硅烷
silv	silvery	银的、银色的				
sol	solution	溶液、溶解		to	toluene	甲苯
solv	solvent	溶剂、溶解力的		tox	toxic	有毒的,中毒的
				tr	transparent	透明的
so	solid	固体		Ts	p-toluenesulfonyl	对甲苯磺酰基
sph	sphenoidal	半面晶形的		t	tertiary	特、叔、第三的
s	secondary	仲、第二的		undil	undiluted	未稀释的
s	soluble	可溶解的		unst	unstable	不稳定的
st	stable	稳定的		uns	unsymmetrical	不对称的
sub	sublimes	升华		vac	vacuum	真空
sub	substitute	取代,代替		var	vapor	蒸汽
suc	supercooled	过冷的		VC	vinyl chloride	氯乙烯
sulf	sulfuric acid	硫酸		visc	viscous	粘(滞)的
sym	symmetrical	对称的		volat	volatile	挥发(性)的
syn	synthetic	合成的		vt	violet	紫色
ta	tablet	平片体		wh	white	白(色)的
tcl	triclinic	三斜(晶)的		wr	warm	温热的、加(温)
tetr	tetragonal	四方(晶)的		W	water	水
tet	tetrahedron	四面体		wx	waxy	蜡状的
TFA	Trifluoroacetic acid	三氟乙酸		xyl	xylene	二甲苯
				yel	yellow	黄(色)的
Tf	trifluoromethanesulfonyl	三氟甲烷磺酰基				

参考文献

[1] 崔玉.有机化学实验.北京:科学出版社,2009.

[2] 曾昭琼.有机化学实验.第三版.北京:高等教育出版社,2000.

[3] 陈东红.有机化学实验.上海:华东理工大学出版社,2009.

[4] 曹健,郭玲香.有机化学实验.南京:南京大学出版社,2009.

[5] 丁长江.有机化学实验.北京:科学出版社,2006.

[6] 关烨第.有机化学实验.北京:北京大学出版社,2002.

[7] 高占先.有机化学实验.第四版.北京:高等教育出版社,2004.

[8] 郭书好.有机化学实验.武汉:华中科技大学出版社,2008.

[9] 胡智华,朱长文,徐秉如,谭涌霞.医用有机化学实验(下册).南京:东南大学出版社,1991.

[10] 兰州大学,复旦大学化学系有机化学教研室.有机化学实验.第二版.北京:高等教育出版社,1994.

[11] 李妙葵,贾瑜,高翔,李志铭.大学有机化学实验.上海:复旦大学出版社,2006.

[12] 李吉海,刘金庭.基础化学实验(Ⅱ)——有机化学实验.第二版.北京:化学工业出版社,2007.

[13] 李霁良,微型半微型有机化学实验.北京:高等教育出版社,2003.

[14] 李兆陇,阴金香,林天舒.有机化学实验.北京:清华大学出版社,2001.

[15] 刘宝殿.化学合成实验.北京:高等教育出版社,2005.

[16] 刘湘,刘士荣.有机化学实验.北京:化学工业出版社,2007.

[17] 龙盛京.有机化学实验教程.北京:高等教育出版社,2007.

[18] 马军营.有机化学实验.北京:化学工业出版社,2007.

[19] 麦禄根.有机合成实验.北京:高等教育出版社,2002.

[20] 任玉杰.绿色有机化学实验.北京:化学工业出版社,2008.

[21] 苏州大学有机化学教研室.有机化学演示实验.北京:高等教育出版社,1992.

[22] 唐玉海,刘芸.有机化学实验.西安:西安交通大学出版社,2002.

[23] 王福来.有机化学实验.武汉:武汉大学出版社,2001.

[24] 王清廉,沈凤嘉.有机化学实验.第二版.北京:高等教育出版社,1994.

[25] 王兴涌.有机化学实验.北京:科学出版社,2004.

[26] 徐家宁,张锁秦,张寒琦.基础化学实验(中册)——有机化学实验.北京:高等教育出版社,2006.

[27] 叶彦春,章军,郭燕文.有机化学实验.北京:北京理工大学出版社,2007.

[28] 张毓凡,曹玉蓉,冯宵等.有机化学实验.天津:南开大学出版社,1999.

[29] 周建峰.有机化学实验.上海:华东理工大学出版社,2002.

[30] 周宁怀,王德琳.微型有机化学实验.北京:科学出版社,1999.

[31] 周志高,蒋鹏举.有机化学演示实验.北京:化学工业出版社,2005.

[32] 朱霞石.大学化学实验.南京:南京大学出版社,2006.